演習 大学院入試問題

[数学] II ⟨第3版⟩

姫野俊一
陳　啓浩 =共著

サイエンス社

第3版にあたって

　第2版出版以来，約20年を経過し，大学院入試状況も変わり，旧版の誤りも発見されたため，第3版を出版することにした．改訂に際し，新問題を加え，旧版のプログラムを削除した．誤りがないように努めたつもりであるが，存在するかもしれない．そのような箇所についてはご教示を賜ることができれば幸いである．

　最後に，有益な助言を戴いた北海道情報大学の関 正治名誉教授（工博），文献の著者，大学院入試問題を提供して戴いた方々，サイエンス社の方々に謝意を表する．

2015年秋　　　　　　　　　　　　　　　　　　　　　　　　著　者

第2版にあたって

　初版を出版以来数年が経過したが，依然として大学院入試は改善される気配がない．しかし，出題傾向はその間に多少変わり，かつ旧著の誤りも多数発見されたので，共著者，新問題を加えて，第2版を出版することにした．誤りがないように努めたつもりであるが，多少存在するかもしれない．そのような箇所については御教授を賜ることができれば幸いである．

　最後に，大学院入試問題を提供または御意見を戴いた多数の方々，出版に協力戴いたサイエンス社の方々に謝意を表する．

1997年春　　　　　　　　　　　　　　　　　　　　　　　　著　者

まえがき

　本書は，東京大学大学院理学系および工学系研究科修士課程の「基礎数学（一般教育科目）」の過去20年以上に渡る入試問題に加えて，東大以外の全国数十大学院の基礎数学の入試問題を収録・分類し，要項，解析解，FORTRAN による数値計算を付したものである．

　近年，大学院が重視された結果，修士課程受験者は増加しており，大学によっては，学部学生の定員とほぼ同数を入学させている所もある．しかし残念ながら，大学院入試問題が秘密にされていたり，修士でも別途入学を行っている大学が多々ある．(東大の場合，専攻によって異なるが，東大の卒業生に限り，定員の半数以内修士に別途入学可能．また，東大の修士修了者に限り，博士に別途入学可能．東工大なども別途入学を行っている．)　試験科目・程度は各大学・各専攻で異なるが，試験入学者のために公表されている修士の基礎数学の問題の範囲は，ほぼ本書中に網羅されているような内容といえよう．それゆえ，本書は理学志望者にも工学志望者にも役立つであろう．

　本書の各問題には大学名を記し，さらに実際に出題された問題を改題したものには†印を，類題には＊印を付して傾向を示した(出題年度は省略した)．数値計算には，ほとんど MS-FORTRAN (一部 N88 BASIC)，PC-9801VM21 (NEC)を用いた．問題が多数のため，代表的な問題に対してのみプログラムと入出力結果を示した．数値計算法の原理の詳細については他書を参照されたい．なお，解答のほとんどは著者が行ったが数値計算の一部は東海産業短期大学の学生諸君が実行したことを付記しておく．完全を期したつもりであるが，誤りがあるかもしれない．そのような箇所については読者の御教示を賜ることができれば幸いである．

　本書の執筆に当り，多数の著書を参照させていただいた．読者の便を計るためにそれらを巻末に示した．また，上記の短大助教授新倉保夫氏には有益な助言をいただいた．最後に，本書の出版に当り田島伸彦氏，山田新一氏をはじめとするサイエンス社の方々に大変お世話になった．心からお礼を申し上げる．

1990年9月
　　　　読者の中からノーベル賞級の科学者が輩出することを祈りながら

著　者

目 次

4編 ラプラス変換，フーリエ解析，特殊関数，変分法
- **1** ラプラス変換 ·································· 1
  - §1 ラプラス変換の定理 ···················· 1
  - §2 諸 公 式 ······························ 1
  - §3 ラプラス変換の例 ······················ 2
  - §4 部分分数分解とヘビサイドの展開定理 ···· 3
  - §5 ラプラス変換による定数係数微分方程式の解法 ···· 5
        例題 4.1〜4.7
        問 題 研 究 ·························· 20
- **2** フーリエ解析 ································ 24
  - §1 直 交 関 数 ·························· 24
  - §2 フーリエ級数 ·························· 24
  - §3 フーリエ積分 ·························· 25
  - §4 偏微分方程式の解法 ···················· 27
  - §5 積分方程式の解法 ······················ 27
        例題 4.8〜4.17
        問 題 研 究 ·························· 52
- **3** 特 殊 関 数 ································ 58
  - §1 べき級数による常微分方程式の解法 ······ 58
  - §2 ガウス，クンメルの微分方程式と超幾何関数，合流型超幾何関数 ···· 58
  - §3 ルジャンドルの微分方程式と球関数 ······ 59
  - §4 ベッセルの微分方程式と円柱関数 ········ 61
  - §5 エルミートの微分方程式とエルミートの多項式 ···· 62
  - §6 ラゲールの微分方程式とラゲールの多項式 ···· 62
  - §7 楕円積分と楕円関数 ···················· 62
  - §8 ガンマ関数，ベータ関数 ················ 63
        例題 4.18〜4.26

目 次　　　　　　　　　　　　v

　　　　問 題 研 究 ･････････････････････････････････････ 85
4 変 分 法 ･･･ 89
　§1　オイラーの方程式 ･･････････････････････････････ 89
　§2　直 接 法 ･･････････････････････････････････････ 90
　　　　例題 4.27〜4.29
　　　　問 題 研 究 ･････････････････････････････････････101

5編　複素関数論
1 複 素 数 ･･･103
　§1　複 素 数 ･･････････････････････････････････････103
2 正 則 関 数 ･･･････････････････････････････････････103
　§1　微分の定義 ････････････････････････････････････103
　§2　微 分 公 式 ････････････････････････････････････104
　§3　初 等 関 数 ････････････････････････････････････104
　§4　複 素 数 列 ････････････････････････････････････106
　§5　複 素 級 数 ････････････････････････････････････106
　§6　べき級数と無限乗積 ････････････････････････････106
　　　　例題 5.1
　　　　問 題 研 究 ･････････････････････････････････････109
3 複 素 積 分 ･･･････････････････････････････････････111
　§1　複素積分の性質 ････････････････････････････････111
　§2　コーシーの積分定理 ････････････････････････････111
　§3　不 定 積 分 ････････････････････････････････････111
　§4　コーシーの積分表示（公式）････････････････････112
　§5　その他の定理 ･･････････････････････････････････112
4　関数の級数展開 ････････････････････････････････････112
　§1　テイラー展開 ･･････････････････････････････････112
　§2　ローラン展開 ･･････････････････････････････････112
　§3　極，零点 ･･････････････････････････････････････113
　§4　有理型関数 ････････････････････････････････････113

5 留 数 ……………………………………………………113
- §1 留数の定義 ……………………………………113
- §2 留 数 定 理 ……………………………………114
- §3 無限遠点における留数 …………………………114

6 定積分への応用 ………………………………………114
- §1 有理型関数の場合 ……………………………114
- §2 三角関数（複素指数）を含む場合 ……………115
  - 例題 5.2～5.15
  - 問 題 研 究 ……………………………………147

7 等 角 写 像 ……………………………………………154
- §1 写像と等角写像 ………………………………154
  - 例題 5.16～5.18
  - 問 題 研 究 ……………………………………161

6編　確率・統計

1 順列・組合せ …………………………………………163
- §1 順 列 …………………………………………163
- §2 組 合 せ ………………………………………163
- §3 2項定理と多項定理 …………………………163

2 確 率 …………………………………………………164
- §1 事 象 …………………………………………164
- §2 確率の基本定理 ………………………………164
- §3 条件付き確率と独立性 ………………………164
- §4 確 率 変 数 ……………………………………165
- §5 平均，分散，標準偏差，積率 ………………167
- §6 主要な確率分布 ………………………………169
- §7 その他の定理 …………………………………172
  - 例題 6.1～6.5
  - 問 題 研 究 ……………………………………180

3 統 計 …………………………………………………184
- §1 資料の整理 ……………………………………184

　　　　　　　　　目　次

　§2　標本分布 ……………………………………………186
4　確率過程 …………………………………………………186
　　　　　　例題 6.6〜6.20
　　　　　　問題研究 ……………………………………216

問題解答 ………………………………………………………222
索　引 …………………………………………………………374

第Ⅰ巻の内容
1編　線形代数
　1　代　数　学
　2　幾　何　学

2編　微分・積分学
　1　微　分
　2　積　分
　3　数列と級数
　4　偏　微　分
　5　重　積　分

3編　微分方程式
　1　常微分方程式
　2　偏微分方程式

- Mathematica は Wolfram Research 社の登録商標です．
- その他，本書に掲載されている会社名，製品名は一般に各メーカーの登録商標または商標です．
- なお，本書では™，®は明記しておりません．

　　　　サイエンス社のホームページのご案内
　　　　　　http://www.saiensu.co.jp
　　　ご意見・ご要望は　rikei@saiensu.co.jp　まで．

数学記号一覧

$[x]$	ガウスの記号：x を超えない最大の整数
$\bar{z}$	複素数 z の共役複素数
$\arg(z)$	複素数 z の偏角
$\mathrm{Re}(z); \mathrm{Im}(z)$	z の実数部，虚数部
$\sum_{k=1}^{n} a_k$	総和記号 $= a_1 + a_2 + \cdots + a_n$
$\prod_{k=1}^{n} a_k$	総乗記号 $= a_1 \cdot a_2 \cdot \cdots \cdot a_n$
$O(x), o(x)$	ランダウの記号：$0 < \|f(x)\|/\|x\| \leq K \Rightarrow f(x) = O(x)$, $\lim_{x \to \infty} f(x)/x = 0 \Rightarrow f(x) = o(x)$
Sgn, sgn	符号記号
$\in, \ni$	$a \in M : a$ が M に属する
$\supset, \subset$	$M \supset N : N$ が M に含まれる
$\forall \varepsilon$	任意の ε
$\|\boldsymbol{a}\|$	ノルム：$\|\boldsymbol{a}\|$ はベクトル $\boldsymbol{a}$ の長さ
δ_{ik}	クロネッカーのデルタ：$\delta_{ik} = \begin{cases} 1 & (i=k) \\ 0 & (i \neq k) \end{cases}$
A^{-1}	行列 A の逆行列
${}^t A, A^T, A'$	行列 A の転置行列
A^*	随伴行列 $= {}^t \bar{A}$
$\|A\|, \det A$	行列 A の行列式
$\boldsymbol{a} \times \boldsymbol{b}, [\boldsymbol{a}, \boldsymbol{b}]$	外積，ベクトル積
$\boldsymbol{a} \cdot \boldsymbol{b}, (\boldsymbol{a}, \boldsymbol{b})$	内積，スカラー積
$\boldsymbol{R}, (\boldsymbol{C})$	実数(複素数)の集合
$\boldsymbol{R}^n, (\boldsymbol{C}^n)$	n 次元実(複素)ユークリッド空間
$\boldsymbol{K}, \boldsymbol{K}^n$	$\boldsymbol{R}$ または $\boldsymbol{C}$, $\boldsymbol{R}^n$ または $\boldsymbol{C}^n$
$\mathrm{diag}(a_1, \cdots, a_n)$	対角成分が $a_1, \cdots, a_n$, 他の成分が 0 の行列
$\mathrm{Tr}\, A, \mathrm{tr}\, A, \mathrm{Sp}\, A$	行列 A の対角成分の和
${}^t \boldsymbol{u}, {}^t(u_1, \cdots, u_n)$	列(縦)ベクトル
$e^A, \exp A$	行列 A の指数級数 $= \sum_{n=0}^{\infty} \dfrac{A^n}{n!}$
∇	ハミルトンの演算子，ナブラ
∇^2, Δ	ラプラシアン
$\dfrac{D(y_1, \cdots, y_n)}{D(x_1, \cdots, x_n)}$	ヤコビアン
$\mathscr{L}[f]$	関数 f のラプラス変換
$\mathscr{L}^{-1}[F]$	関数 F の逆ラプラス変換
$\mathscr{F}[f], \hat{f}$	関数 f のフーリエ変換
$\mathscr{F}^{-1}[F], \check{F}$	関数 F の逆フーリエ変換
$\Gamma(z)$	ガンマ関数
$B(p, q)$	ベータ関数
$J_\nu(z)$	ν 次の第 1 種ベッセル関数
$Y_\nu(z)$	ν 次の第 2 種ベッセル関数
$P_\nu(z)$	ν 次の第 1 種ルジャンドル関数
$Q_\nu(z)$	ν 次の第 2 種ルジャンドル関数
$\mathrm{Res}(a), \mathrm{Res}(f:a)$	点 a における $f(z)$ の留数
${}_n P_r$	順列の数 $= \dfrac{n!}{(n-r)!}$
${}_n C_r, \binom{n}{r}$	2 項係数，組合せの数 $= \dfrac{n!}{r!(n-r)!}$
$n!$	n の階乗 $= 1 \cdot 2 \cdot \cdots \cdot n$
$E(X)$	X の期待値
$\mathrm{Var}(X), V(X)$	X の分散

4編　ラプラス変換，フーリエ解析，特殊関数，変分法

1　ラプラス変換

§1　ラプラス変換の定義
1.1　$t > 0$ で定義された関数を $f(t)$, s を複素数とするとき,

$$\int_0^\infty e^{-st} f(t)\, dt = F(s) \quad (\mathrm{Re}\, s > \alpha) \tag{4.1}$$

を $f(t)$ の**ラプラス変換**といい，$\mathscr{L}[f(t)]$ でも表わす．$\mathrm{Re}\, s > \alpha$ を**収束域**という．

1.2　反転（逆変換）公式

(4.1)を満足する $f(t)$ を $F(s)$ の**逆ラプラス変換**といい，$\mathscr{L}^{-1}[F(s)]$ で表わす．また，

$$\frac{1}{2}[f(t-0) + f(t+0)] = \frac{1}{2\pi i} \lim_{T \to \infty} \int_{c-iT}^{c+iT} e^{ts} F(s)\, ds \quad (c > \alpha) \tag{4.2}$$

が成立する．$f(t)$ が t で連続のとき，左辺は $f(t)$ となる．

1.3　たたみ込み（重畳）定理

$\mathscr{L}[f(t)] = F(s),\quad \mathscr{L}[g(t)] = G(s),$

$$(f * g)(t) = \int_0^t f(t-\tau) g(\tau)\, d\tau = \int_0^t f(\tau) g(t-\tau)\, d\tau \tag{4.3}$$

とすると

$$\begin{aligned}
\mathscr{L}[(f * g)(t)] &= \mathscr{L}\left[\int_0^t f(t-\tau) g(\tau)\, d\tau\right] \\
&= \mathscr{L}[f(t)] \mathscr{L}[g(t)] = F(s) G(s)
\end{aligned} \tag{4.4}$$

$f * g$ を f と g の**合成積**または**重畳積**という．

§2　諸　公　式
(ⅰ)　$\mathscr{L}[af(t) + bg(t)] = a\mathscr{L}[f(t)] + b\mathscr{L}[g(t)]$ (4.5)

(ⅱ)　$\mathscr{L}[f(at)] = \dfrac{1}{a} F\left(\dfrac{s}{a}\right)$　（拡大定理） (4.6)

(ⅲ)　$\mathscr{L}[e^{at} f(t)] = F(s-a)$　（移動定理） (4.7)

(ⅳ)　$\mathscr{L}[f(t-a)] = \mathscr{L}[u(t-a) f(t-a)] = e^{-as} F(s)$

$$(\mathrm{Re}\, s > \alpha, \quad a > 0) \quad (4.8)$$

ただし, $u(t-a) = \begin{cases} 1 & (a < t) \\ 0 & (t < a) \end{cases}$ （ヘビサイドの単位関数）

(v) $\mathscr{L}[f^{(n)}(t)] = s^n F(s) - s^{n-1} f(0) - s^{n-2} f'(0) - \cdots - f^{(n-1)}(0)$
$$(n = 1, 2, 3, \cdots) \quad (4.9)$$

(vi) $\mathscr{L}[t^n f(t)] = (-1)^n \dfrac{d^n F(s)}{ds^n} \quad (4.10)$

(vii) $\mathscr{L}\left[\dfrac{f(t)}{t}\right] = \displaystyle\int_s^\infty F(s)\, ds,$

$\mathscr{L}\left[\dfrac{f(t)}{t^n}\right] = \underbrace{\displaystyle\int_s^\infty ds \cdots \int_s^\infty}_{(n\,\text{回積分})} F(s)\, ds \quad (4.11)$

(viii) $\mathscr{L}[tf'(t)] = -\dfrac{d}{ds}[sF(s)] = -sF'(s) - F(s),$

$\mathscr{L}[tf''(t)] = -\dfrac{d}{ds}[s^2 F(s) - sf(0)] = -s^2 F'(s) - 2sF(s) + f(0) \quad (4.12)$

(ix) $\mathscr{L}\left[\displaystyle\int_0^t f(t)\, dt\right] = \dfrac{F(s)}{s} + \dfrac{f^{-1}(0)}{s},\quad$ ただし $f^{-1}(0) = \displaystyle\lim_{t\to 0}\int_0^t f(t)\, dt$
$$(4.13)$$

$\mathscr{L}\left[\underbrace{\displaystyle\int \cdots \int}_{(n\,\text{回積分})} f(t)\,(dt)^n\right] = \dfrac{F(s)}{s^n} + \dfrac{f^{-1}(0)}{s^n} + \dfrac{f^{-2}(0)}{s^{n-1}}$
$$+ \cdots + \dfrac{f^{-n}(0)}{s}$$

(x) $f(t+T) = f(t)\quad$(T: 周期) のとき,

$$F(s) = \dfrac{\displaystyle\int_0^T e^{-st} f(t)\, dt}{1 - e^{-Ts}} \quad (4.14)$$

(xi) 初期値定理 : $\displaystyle\lim_{s\to\infty} sF(s) = \lim_{t\to 0} f(t)$

最終値定理 : $\displaystyle\lim_{s\to 0} sF(s) = \lim_{t\to\infty} f(t)$
$$(4.15)$$

§3 ラプラス変換の例

(i) $\mathscr{L}[t^n] = \dfrac{n!}{s^{n+1}}\quad (\mathrm{Re}\, s > 0,\quad n = 0, 1, 2, \cdots) \quad (4.16)$

(ii) $\mathscr{L}[e^{at}] = \dfrac{1}{s-a}\quad (\mathrm{Re}\, s > \mathrm{Re}\, a) \quad (4.17)$

(iii)　$\mathscr{L}[t^n e^{at}] = \dfrac{n!}{(s-a)^{n+1}}$　$(\mathrm{Re}\, s > \mathrm{Re}\, a)$　(4.18)

(iv)　$\mathscr{L}[\cos \omega t] = \dfrac{s}{s^2 + \omega^2}$,　$\mathscr{L}[\sin \omega t] = \dfrac{\omega}{s^2 + \omega^2}$　$(\mathrm{Re}\, s > \mathrm{Im}\, \omega)$　(4.19)

(v)　$\mathscr{L}[e^{at}\cos \omega t] = \dfrac{s-a}{(s-a)^2 + \omega^2}$,　$\mathscr{L}[e^{at}\sin \omega t] = \dfrac{\omega}{(s-a)^2 + \omega^2}$

(4.20)

(vi)　$\mathscr{L}[\cosh \omega t] = \dfrac{s}{s^2 - \omega^2}$,　$\mathscr{L}[\sinh \omega t] = \dfrac{\omega}{s^2 - \omega^2}$

$(\mathrm{Re}\, s > |\mathrm{Re}\, \omega|)$　(4.21)

(vii)　$\mathscr{L}[\delta(t)] = 1$,　$\mathscr{L}[u(t)] = \dfrac{1}{s}$　$(\mathrm{Re}\, s > 0)$　(4.22)

ただし，$f(t) = \begin{cases} \dfrac{1}{\varepsilon} & (0 \leqq t \leqq \varepsilon) \\ 0 & (\varepsilon < t) \end{cases}$ とするとき，$\displaystyle\lim_{\varepsilon \to 0} f(t) = \delta(t)$ をディラックの**デルタ関数**といい，$\displaystyle\int_{-\infty}^{\infty} \delta(t)\, dt = 1$ となる．

また，$\delta(t) = \displaystyle\lim_{n \to \infty} \sqrt{n/\pi}\, e^{-nt^2} = \lim_{n \to \infty} \dfrac{\sin nt}{\pi t}$ でも定義される．

§4　部分分数分解とヘビサイドの展開定理

ラプラス変換関数（**裏関数**ともいう）が

$$G(s) = \dfrac{P(s)}{Q(s)} = \dfrac{a_m s^m + a_{m-1} s^{m-1} + \cdots + a_0}{b_n s^n + a_{n-1} s^{n-1} + \cdots + b_0} \tag{4.23}$$

で表わされるとき

4.1　$m \geqq n$ の場合

$$G(s) = \dfrac{P(s)}{Q(s)} = \dfrac{P_0(s)}{Q(s)} + A_0 + A_1 s + \cdots + A_r s^r \tag{4.24}$$

と書ける．ただし $P_0(s)$ の次数 $< Q(s)$ の次数．ゆえに逆変換関数（**表関数**ともいう）は

$$\begin{aligned} g(t) &= \mathscr{L}^{-1}[Q(s)] \\ &= \mathscr{L}^{-1}\left[\dfrac{P_0(s)}{Q(s)}\right] + A_0 \delta(t) + A_1 \delta^{(1)}(t) + \cdots + A \delta^{(r)}(t) \end{aligned} \tag{4.25}$$

ただし，$\delta^{(i)}(t)$ $(i = 1, \cdots, r)$ は $\delta(t)$ の第 i 次微分係数．

4.2 $m < n$ の場合

4.2.1 $Q(s) = 0$ が単実根のみをもつ場合

$$G(s) = \frac{P(s)}{Q(s)} = \frac{P(s)}{(s-s_1)(s-s_2)\cdots(s-s_n)}$$

$$= \frac{K_1}{s-s_1} + \frac{K_2}{s-s_2} + \cdots + \frac{K_k}{s-s_k} + \cdots + \frac{K_n}{s-s_n} \tag{4.26}$$

ただし,

$$K_k = [(s-s_k)G(s)]_{s=s_k} = \frac{P(s_k)}{Q'(s_k)} \quad (Q'(s_k) \neq 0) \tag{4.27}$$

したがって

$$g(t) = \mathscr{L}^{-1}[G(s)] = \sum_{k=1}^{n} \frac{P(s_k)}{Q'(s_k)} e^{s_k t} \tag{4.28}$$

4.2.2 $Q(s) = 0$ が共役複素数根をもつ場合

共役複素根を $s = \alpha \pm j\omega$ とすると

$$G(s) = \frac{P(s)}{Q(s)} = \frac{P(s)}{Q_1(s)[s-(\alpha+j\omega)][s-(\alpha-j\omega)]} + h_1(s)$$

$$= \frac{K}{s-(\alpha+j\omega)} + \frac{\bar{K}}{s-(\alpha-j\omega)} + h_1(s) = \frac{as+b}{(s-\alpha)^2+\omega^2} + h_1(s)$$

$$= a\frac{s-\alpha}{(s-\alpha)^2+\omega^2} + \frac{b+a\alpha}{\omega}\frac{\omega}{(s-\alpha)^2+\omega^2} + h_1(s) \tag{4.29}$$

と書ける. ただし, $h_1(s)$ は $(s-\alpha)^2 + \omega^2$ の因数以外の項の和であり,

$$K = \frac{P(\alpha+j\omega)}{Q_1(\alpha+j\omega)(2j\omega)} = [\{s-(\alpha+j\omega)\}G(s)]_{s=+j\omega}$$

$$\bar{K} = \frac{P(\alpha-j\omega)}{Q_1(\alpha-j\omega)(-2j\omega)} = [\{s-(\alpha-j\omega)\}G(s)]_{s=-j\omega} \tag{4.30}$$

または, $G(s) = \dfrac{N(s)}{(s-\alpha)^2+\omega^2} = -\dfrac{as+b}{(s-\alpha)^2+\omega^2} + h_1(s)$ とおいて a, b を決定する. ゆえに

$$g(t) = \mathscr{L}^{-1}[G(s)] = ae^{\alpha t}\cos\omega t + \frac{b+a\alpha}{\omega}e^{\alpha t}\sin\omega t + \mathscr{L}^{-1}[h_1(s)]$$

$$= \sqrt{a^2 + \left(\frac{b+a\alpha}{\omega}\right)^2} e^{\alpha t}\cos(\omega t + \theta) + \mathscr{L}^{-1}[h_1(s)] \tag{4.31}$$

ただし, $\theta = \tan^{-1}\left(-\dfrac{b+a\alpha}{\omega}\right)$ とする.

4.2.3 $Q(s) = 0$ が多重根をもつ場合

$$G(s) = \frac{R(s)}{(s-s_1)^r} \quad (r \geq 2)$$

$$= \frac{c_1}{(s-s_1)} + \frac{c_2}{(s-s_1)^2} + \cdots + \frac{c_k}{(s-s_1)^k} + \cdots + \frac{c_r}{(s-s_1)^r} + h_2(s) \tag{4.32}$$

と書ける．ただし，$h_2(s)$ は $(s-s_1)^k (k=1,\cdots,r)$ 以外の因数に対する項の和であり，

$$c_k = \frac{1}{(r-k)!}\left[\frac{d^{r-k}}{ds^{r-k}}(s-s_1)^r G(s)\right]_{s=s_1} = \frac{1}{(r-k)!}R^{(r-k)}(s_1) \tag{4.33}$$

ゆえに，

$$g(t) = \mathscr{L}^{-1}[G(s)] = \sum_{k=1}^{r}\mathscr{L}^{-1}\frac{c_k}{(s-s_1)^k} + \mathscr{L}^{-1}[h_2(s)]$$

$$= \sum_{k=1}^{r}e^{s_1 t}\frac{t^{k-1}}{(k-1)!(r-k)!}\left[\frac{d^{r-k}}{ds^{r-k}}\{(s-s_1)^r G(s)\}\right]_{s=s_1} + \mathscr{L}^{-1}[h_2(s)]$$

$$= e^{s_1 t}\left[\frac{R^{(r-1)}(s_1)}{(r-1)!} + \frac{R^{(r-2)}(s_1)}{(r-2)!}t + \cdots + \frac{R(s_1)}{1}t^{r-1}\right] + \mathscr{L}^{-1}[h_2(s)] \tag{4.34}$$

§5 ラプラス変換による定数係数微分方程式の解法
5.1 定数係数線形常微分方程式

$$a_0 y^{(n)} + a_1 y^{(n-1)} + \cdots + a_n y = f(x) \tag{4.35}$$

において，$\mathscr{L}[y(x)] = Y(s)$, $\mathscr{L}[f(x)] = F(s)$ 等として両辺をラプラス変換し，初期条件

$$y(0) = c_0, \quad y'(0) = c_1, \quad \cdots, \quad y^{(n-1)}(0) = c_{n-1} \tag{4.36}$$

を代入すれば，

$$(a_0 s^n + a_1 s^{n-1} + \cdots + a_n)Y(s) = b_0 s^{n-1} + b_1 s^{n-2} + \cdots + b_{n-1} + F(s)$$

ただし，

$$b_k = a_0 c_k + a_1 c_{k-1} + \cdots + a_{k-1}c_1 + a_k c_0 \quad (k=0,1,\cdots,n-1) \tag{4.37}$$

$$\sum_{k=0}^{n} a_k s^{n-k} = A(s), \quad \sum_{k=0}^{n} b_k s^{n-1-k} = B(s)$$

とおくと

$$Y(s) = \frac{B(s)}{A(s)} + \frac{F(s)}{A(s)} \tag{4.38}$$

両辺のラプラス逆変換を行えば，解 $y(x) = \mathscr{L}^{-1}[Y(s)]$ が求められる．連立方程式の場合も同様にして求められる．

5.2　多項式係数をもつ線形常微分方程式
この場合には，
$$\mathscr{L}[t^m y^{(n)}] = (-1)^m \frac{d^m}{ds^m} \mathscr{L}[y^{(n)}] \tag{4.39}$$
および導関数に対するラプラス変換の結果を用いることによって解ける．

5.3　特殊な偏微分方程式
$x, t (\geqq 0)$ を独立変数とするとき，
$$\begin{cases} \dfrac{\partial^i u}{\partial t^i} = a \dfrac{\partial^2 u}{\partial t^2} + b \dfrac{\partial u}{\partial t} + cu & (a, b, c：定数，i = 1, 2) \\ 境界条件 \\ 初期条件 \end{cases} \tag{4.40}$$
において，
$$U(x, s) = \int_0^\infty u(x, t) e^{-st} dt = \mathscr{L}[u(x, t)] \tag{4.41}$$
として，(4.41)および境界条件の両辺をラプラス変換し，初期条件を代入すれば，
$$U(x, s) = f(x, s) \quad (既知関数) \tag{4.42}$$
になる．方程式の解は $u(x, t) = \mathscr{L}^{-1}[f(x, s)]$ から求められる．

― 例題 4.1 ―

$f(t)$ のラプラス変換を $F(s) \equiv \int_0^\infty e^{-st} f(t)\, dt$ とするとき,次の関数のラプラス変換を求めよ.
(1) $e^{\lambda t} f''(t)$ (λ は定数)
(2) $f(at - b)$ ($a > 0$; $x \leqq 0$ のとき $f(x) = 0$) (東大工)

【解答】(1) $G(s) \equiv \int_0^\infty e^{-st} e^{\lambda t} f''(t)\, dt = \int_0^\infty e^{-(s-\lambda)t} f''(t)\, dt$

$$= \left[f'(t)\, e^{-(s-\lambda)t} \right]_0^\infty - \int_0^\infty f'(t)\{-(s-\lambda)\} e^{-(s-\lambda)t}\, dt$$

$$= -f'(0) + (s - \lambda) \int_0^\infty f'(t)\, e^{-(s-\lambda)t}\, dt$$

ここで,

$$\int_0^\infty f'(t)\, e^{-(s-\lambda)t}\, dt = \left[f(t)\, e^{-(s-\lambda)t} \right]_0^\infty - \int_0^\infty f(t)\{-(s-\lambda)\} e^{-(s-\lambda)t}\, dt$$

$$= -f(0) + (s - \lambda) \int_0^\infty f(t)\, e^{-(s-\lambda)t}\, dt$$

$$= -f(0) + (s - \lambda) F(s - \lambda)$$

∴ $G(s) = -f'(0) - (s - \lambda) f(0) + (s - \lambda)^2 F(s - \lambda)$

(2) $H(s) \equiv \int_0^\infty e^{-st} f(at - b)\, dt$

ここで,$at - b = x$ とおくと

$$H(s) = \int_{-b}^\infty e^{-s(x+b)/a} f(x)\, dx/a = \frac{e^{-sb/a}}{a} \int_{-b}^\infty e^{-sx/a} f(x)\, dx$$

$$= \frac{e^{-sb/a}}{a} \int_0^\infty e^{-sx/a} f(x)\, dx = \frac{e^{-sb/a}}{a} F\left(\frac{s}{a} \right)$$

【別解】(1) 公式を知っていれば直ちに,

$\mathscr{L}[f''(t)] = s^2 \mathscr{L}[f(t)] - s f(0) - f'(0)$
$\quad\quad\quad = s^2 F(s) - s f(0) - f'(0)$

∴ $\mathscr{L}[e^{\lambda t} f''(t)] = (s - \lambda)^2 F(s - \lambda) - (s - \lambda) f(0) - f'(0)$

(2) $\mathscr{L}[f(at - b)] = \mathscr{L}\left[f\left(a\left(t - \frac{b}{a} \right) \right) \right] = e^{-(b/a)s} \frac{1}{a} F\left(\frac{s}{a} \right)$

例題 4.2

$$\frac{d^2 x_j}{dt^2} - \alpha_j^2 x_j = e^{-t} - 2e^{-jt}$$

において，$j \neq \alpha_j, \alpha_j > 1$，また，$t \geqq 0$ とする．初期条件は $t = 0$ において，

$$\frac{dx_j}{dt} = 0, \quad x_j = 0$$

であり，$t = \infty$ において x_j が発散しないものとする．また，j は以上の条件を満足する任意の正の整数とする．以下の設問に答えよ．

（1） α_j と j の関係を求めよ．
（2） j の最小値 J を求めよ．
（3） x_j を j と t の関数として表わせ．
（4） $F = \sum_{j=J}^{\infty} x_j$ を求めよ． （東大工）

【解答】（1） $\mathscr{L}[x_j(t)] = X_j(s)$ として，与式をラプラス変換すると

$$s^2 X_j(s) - s x_j(0) - x_j'(0) - \alpha_j^2 X_j(s) = \frac{1}{s+1} - \frac{2}{s+j}$$

初期条件 $x_j'(0) = 0, x_j(0) = 0$ を用いると，

$$X_j(s) = \frac{1}{s^2 - \alpha_j^2} \frac{1}{s+1} - \frac{1}{s^2 - \alpha_j^2} \frac{2}{s+j}$$

$$= \frac{1}{(s+\alpha_j)(s-\alpha_j)(s+1)} - \frac{2}{(s+\alpha_j)(s-\alpha_j)(s+j)}$$

$$= \frac{A}{s+\alpha_j} + \frac{B}{s-\alpha_j} + \frac{C}{s+1} - 2\left(\frac{D}{s+\alpha_j} + \frac{E}{s-\alpha_j} + \frac{G}{s+j}\right) \quad ①$$

$$A = \frac{1}{-2\alpha_j(-\alpha_j + 1)}, \quad B = \frac{1}{(2\alpha_j)(\alpha_j + 1)}, \quad C = \frac{1}{(-1+\alpha_j)(-1-\alpha_j)}$$

$$D = \frac{1}{-2\alpha_j(-\alpha_j + j)}, \quad E = \frac{1}{(2\alpha_j)(\alpha_j + j)}, \quad G = \frac{1}{(-j+\alpha_j)(-j-\alpha_j)}$$

①を逆変換すると

$$x_j(t) = \mathscr{L}^{-1}[X_j(s)] = A e^{-\alpha_j t} + B e^{\alpha_j t} + C e^{-t} - 2(D e^{-\alpha_j t} + E e^{\alpha_j t} + G e^{-jt})$$

$x_j(\infty)$ が発散しないためには，$(B - 2E) = 0$ となる．よって，$B = 2E$．すなわち，

$$\frac{1}{2\alpha_j(\alpha_j + 1)} = 2 \frac{1}{(2\alpha_j)(\alpha_j + j)} \quad \therefore \quad \alpha_j = j - 2$$

（2） $\alpha_j = j - 2 > 1 \Longrightarrow j > 3 \quad \therefore \quad J = 4$

(3)　$x_j(t) = Ae^{(-j+2)t} + Ce^{-t} - 2(De^{(-j+2)t} + Ge^{-jt})$

$$= \frac{1}{-2(j-2)(-j+2+1)} e^{-(j-2)t}$$

$$+ \frac{1}{(-1+j-2)(-1-j+2)} e^{-t}$$

$$-2\left\{ \frac{1}{-2(j-2)(-j+2+j)} e^{-(j-2)t} \right.$$

$$\left. + \frac{1}{(-j+j-2)(-j-j+2)} e^{-jt} \right\}$$

$$= \frac{1}{2(j-3)} e^{-(j-2)t} - \frac{1}{2(j-1)} e^{-jt} - \frac{1}{(j-3)(j-1)} e^{-t}$$

(4)　$F = \sum\limits_{j=4}^{\infty} x_j$

$$= \frac{1}{2} \sum_{j=4}^{\infty} \frac{1}{j-3} e^{-(j-2)t} - \frac{1}{2} \sum_{j=4}^{\infty} \frac{1}{j-1} e^{-jt} - \sum_{j=4}^{\infty} \frac{1}{(j-3)(j-1)} e^{-t}$$

$$= \frac{1}{2} e^{-t} \sum_{j=4}^{\infty} \frac{1}{j-3} e^{-(j-3)t} - \frac{1}{2} e^{-t} \sum_{j=4}^{\infty} \frac{1}{j-1} e^{-(j-1)t}$$

$$- \frac{1}{2} e^{-t} \sum_{j=4}^{\infty} \left[\frac{1}{j-3} - \frac{1}{j-1} \right]$$

$$= \frac{1}{2} e^{-t} \left\{ \sum_{i=2}^{\infty} \frac{1}{i-1} e^{-(i-1)t} - \sum_{j=4}^{\infty} \frac{1}{j-1} e^{-(j-1)t} \right\}$$

$$- \frac{1}{2} e^{-t} \left\{ 1 + \frac{1}{2} \right\} \quad (i = j - 2 \text{ とおく})$$

$$= \frac{1}{2} e^{-t} \left\{ e^{-t} + \frac{1}{2} e^{-2t} \right\} - \frac{3}{4} e^{-t}$$

$$= -\frac{3}{4} e^{-t} + \frac{1}{2} e^{-2t} + \frac{1}{4} e^{-3t}$$

例題 4.3

初期条件 $q(0) = 0$ のもとに次の微分方程式：

$$R\frac{dq}{dt} + \frac{q}{C} = e(t)$$

$$e(t) = \begin{cases} 0, & 2nT < t \leq (2n+1)T \\ 1, & (2n+1)T < t \leq 2(n+1)T \end{cases} \quad (n = 0, 1, 2, \cdots)$$

において n が非常に大きい場合に 1 サイクル $[2nT < t \leq 2(n+1)T]$ について $t - 2nT$ の関数として q の形を求めよ．ただし，R, C は正の定数とする．

(東大工)

【解答】 $e(t) = e(t - 2T)$ であるから（周期：$2T$），

$$e_1(t) = u(t - T) - u(t - 2T) \quad (u:単位段階関数)$$

とおき，ラプラス変換すると，

$$\mathscr{L}[e_1(t)] = E_1(s) = \frac{1}{s}e^{-Ts} - \frac{1}{s}e^{-2Ts} = \frac{e^{-Ts}}{s}(1 - e^{-Ts})$$

$$\therefore \quad \mathscr{L}[e(t)] = E(s) = \frac{E_1(s)}{1 - e^{-2Ts}} = \frac{1}{1 - e^{-2Ts}}\frac{e^{-Ts}}{s}(1 - e^{-Ts})$$

$$= \frac{e^{-Ts}}{s}\frac{1}{1 + e^{-Ts}}$$

与えられた微分方程式のラプラス変換は，$\mathscr{L}[q(t)] = Q(s)$ とし，初期条件を代入すると

$$R\{sQ(s) - q(0)\} + \frac{1}{C}Q(s) = E(s)$$

$$\therefore \quad Q(s) = \frac{C}{CRs + 1}E(s) = \frac{1}{R}\frac{1}{s(s + 1/CR)}\frac{e^{-Ts}}{1 + e^{-Ts}}$$

$$= \frac{1}{R}\frac{1}{s(s + s_0)}\frac{e^{-Ts}}{1 + e^{-Ts}} \quad \left(s_0 = \frac{1}{CR}\right)$$

$$= \frac{1}{R}\left(\frac{1/s_0}{s} - \frac{1/s_0}{s + s_0}\right)\frac{e^{-Ts}}{1 + e^{-Ts}}$$

$$= C\left(\frac{1}{s} - \frac{1}{s + s_0}\right)e^{-Ts}\{1 + (-e^{-Ts}) + (-e^{-Ts})^2 + \cdots\}$$

$$= C\left(\frac{1}{s} - \frac{1}{s + s_0}\right)\{e^{-Ts} - e^{-2Ts} + e^{-3Ts} - \cdots\}$$

この逆ラプラス変換は

$$q(t) = \mathscr{L}^{-1}[Q(s)]$$
$$= C[\{u(t-T) - e^{-s_0(t-T)}u(t-T)\}$$
$$\quad - \{u(t-2T) - e^{-s_0(t-2T)}u(t-2T)\}$$
$$\quad + \{u(t-3T) - e^{-s_0(t-3T)}u(t-3T)\}$$
$$\quad - \{u(t-4T) - e^{-s_0(t-4T)}u(t-4T)\} + \cdots]$$

$0 < t \leq T$ のとき，
$$q(t) = 0$$

$T < t \leq 2T$ のとき，
$$q(t) = C[1 - e^{-s_0(t-T)}]$$

$2T < t \leq 3T$ のとき，
$$q(t) = C[-e^{-s_0(t-T)} + e^{-s_0(t-2T)}] = -Ce^{-s_0(t-T)}[1 - e^{s_0 T}]$$

$3T < t \leq 4T$ のとき，
$$q(t) = C[1 - e^{-s_0(t-T)} + e^{-s_0(t-2T)} - e^{-s_0(t-3T)}]$$
$$= C[1 - e^{-s_0(t-T)}(1 - e^{s_0 T} + e^{2s_0 T})]$$

$4T < t \leq 5T$ のとき，
$$q(t) = C[-e^{-s_0(t-T)} + e^{-s_0(t-2T)} - e^{-s_0(t-3T)} + e^{-s_0(t-4T)}]$$
$$= -Ce^{-s_0(t-T)}[1 - e^{s_0 T} + e^{2s_0 T} - e^{3s_0 T}]$$

$\cdots\cdots\cdots$

一般に，$2nT < t \leq (2n+1)T$ のとき，
$$q(t) = -Ce^{-s_0(t-T)}[1 - e^{s_0 T} + e^{2s_0 T} - e^{3s_0 T} + \cdots - e^{(2n-1)s_0 T}]$$
$$= -Ce^{-s_0(t-T)} \frac{1 - (e^{s_0 T})^{2n}}{1 + e^{s_0 T}} = C \frac{1 - e^{-2ns_0 T}}{1 + e^{-s_0 T}} e^{-s_0(t-2nT)}$$

$(2n+1)T < t \leq 2(n+1)T$ のとき，
$$q(t) = C[1 - e^{-s_0(t-T)}(1 - e^{s_0 T} + e^{2s_0 T} - \cdots + e^{2ns_0 T})]$$
$$= C\left[1 - e^{-s_0(t-T)} \frac{1 + (e^{s_0 T})^{2n+1}}{1 + e^{s_0 T}}\right]$$
$$= C\left[1 - \frac{1 + e^{-(2n+1)s_0 T}}{1 + e^{-s_0 T}} e^{-s_0\{t-(2n+1)T\}}\right]$$

例題 4.4

$f(t)$ を $0 \leqq t < \infty$ で定義された関数とする.
$$F(p) = \int_0^\infty e^{-pt} f(t)\, dt$$
が存在するとき，複素数 p の関数 $F(p)$ を $f(t)$ のラプラス変換という．次の問に答えよ．

（1）次の関数のラプラス変換を求めよ（a は実数）．
　（i）e^{at} （$\mathrm{Re}(p) > a$）　（ii）$\sin at$

（2）$\dfrac{df}{dt}$ のラプラス変換を，$f(t)$ のラプラス変換 $F(p)$ を用いて表わせ．

（3）常微分方程式：$\dfrac{d^2 x}{dt^2} + 2\varepsilon \dfrac{dx}{dt} + \omega^2 x = f(t)$ （ε, ω は正の定数）

　　$t=0$ で，$x=0, \dfrac{dx}{dt}=0$ を満足する関数 $x(t)$ のラプラス変換 $X(p)$ を $f(t)$ のラプラス変換 $F(p)$ を用いて表わせ．

（4）関数 $f(t), g(t)$ のラプラス変換をそれぞれ $F(p), G(p)$ とするとき，
$\int_0^t f(t-\xi) g(\xi)\, d\xi$ のラプラス変換は $F(p) G(p)$ で与えられる．

　　これを用いて，問（3）の解 $x(t)$ を求めよ．　　　　　　　　　　（東大理）

【解答】（1）（i）$\mathscr{L}[e^{at}] = \displaystyle\int_0^\infty e^{-pt} e^{at}\, dt = \int_0^\infty e^{-(p-a)t}\, dt = \left[\dfrac{e^{-(p-a)t}}{-(p-a)}\right]_0^\infty$

$$= \dfrac{1}{p-a} \quad (\mathrm{Re}(p) > a) \qquad\qquad ①$$

（ii）$\mathscr{L}[\sin at] = \displaystyle\int_0^\infty e^{-pt} \sin at\, dt = \left[\dfrac{e^{-pt}}{-p} \sin at\right]_0^\infty - \int_0^\infty \dfrac{e^{-pt}}{-p}(a\cos at)\, dt$

$$= \dfrac{a}{p} \int_0^\infty e^{-pt} \cos at\, dt$$

$$= \dfrac{a}{p} \left\{ \left[\dfrac{e^{-pt}}{-p} \cos at\right]_0^\infty - \int_0^\infty \dfrac{e^{-pt}}{-p}(-a\sin at)\, dt \right\}$$

$$= \dfrac{a}{p^2} - \dfrac{a^2}{p^2} \mathscr{L}[\sin at]$$

$$\therefore\ \mathscr{L}[\sin at] = \dfrac{a}{p^2 + a^2}$$

(2) $\mathscr{L}\left[\dfrac{df}{dt}\right] = \displaystyle\int_0^\infty p^{-pt}\dfrac{df}{dt}dt = [f(t)\,e^{-pt}]_0^\infty - \int_0^\infty f(t)(-p)\,e^{-pt}\,dt$

$= -f(0) + p\displaystyle\int_0^\infty e^{-pt}f(t)\,dt = -f(0) + pF(p)$

(3) $\mathscr{L}\left[\dfrac{d^2f}{dt^2}\right] = \displaystyle\int_0^\infty e^{-pt}\dfrac{d^2f}{dt^2}dt = \left[\dfrac{df}{dt}e^{-pt}\right]_0^\infty - \int_0^\infty \dfrac{df}{dt}(-p)\,e^{-pt}\,dt$

$= -f'(0) + p\displaystyle\int_0^\infty e^{-pt}\dfrac{df}{dt}dt = -f'(0) + p\{-f(0) + pF(p)\}$

$= -f'(0) - pf(0) + p^2F(p)$

$\mathscr{L}[x(t)] = X(p),\ \mathscr{L}[f(t)] = F(p)$ とし，与式の両辺のラプラス変換をとり，初期条件を代入すると，

$p^2X(p) - px(0) - x'(0) + 2\varepsilon\{pX(p) - x(0)\} + \omega^2 X(p) = F(p)$

$(p^2 + 2\varepsilon p + \omega^2)X(p) = F(p) \quad \therefore\quad X(p) = \dfrac{F(p)}{p^2 + 2\varepsilon p + \omega^2}$

(4) $\mathscr{L}[f(t)] = F(p),\ \ \mathscr{L}[g(t)] = G(p)$

$\mathscr{L}\left[\displaystyle\int_0^t f(t-\xi)g(\xi)\,d\xi\right] = F(p)G(p)$

$\dfrac{1}{x^2 + y^2} = \dfrac{1}{2iy}\left(\dfrac{1}{x-iy} - \dfrac{1}{x+iy}\right)$

であるから

$X(p) = \dfrac{F(p)}{p^2 + 2\varepsilon p + \omega^2} = \dfrac{F(p)}{(p+\varepsilon)^2 + (\sqrt{\omega^2 - \varepsilon^2})^2}$

$= F(p)\dfrac{1}{2i\sqrt{\omega^2 - \varepsilon^2}}\left(\dfrac{1}{p+\varepsilon - i\sqrt{\omega^2-\varepsilon^2}} - \dfrac{1}{p+\varepsilon + i\sqrt{\omega^2-\varepsilon^2}}\right)$

$= \dfrac{1}{2i\sqrt{\omega^2-\varepsilon^2}}\left(F(p)\dfrac{1}{p+\varepsilon - i\sqrt{\omega^2-\varepsilon^2}} - F(p)\dfrac{1}{p+\varepsilon + i\sqrt{\omega^2-\varepsilon^2}}\right)$

$\therefore\ x(t) = \mathscr{L}^{-1}[X(p)]$

$= \dfrac{1}{2i\sqrt{\omega^2-\varepsilon^2}}\displaystyle\int_0^t \{f(t-\xi)\,e^{(i\sqrt{\omega^2-\varepsilon^2}-\varepsilon)\xi} - f(t-\xi)\,e^{(-i\sqrt{\omega^2-\varepsilon^2}-\varepsilon)\xi}\}\,d\xi$

$= \dfrac{1}{\sqrt{\omega^2-\varepsilon^2}}\displaystyle\int_0^t f(t-\xi)\,e^{-\varepsilon\xi}\dfrac{e^{i\sqrt{\omega^2-\varepsilon^2}\xi} - e^{-i\sqrt{\omega^2-\varepsilon^2}\xi}}{2i}\,d\xi$

$= \dfrac{1}{\sqrt{\omega^2-\varepsilon^2}}\displaystyle\int_0^t e^{-\varepsilon\xi}f(t-\xi)\,\sin\sqrt{\omega^2-\varepsilon^2}\,\xi\,d\xi$

〈注〉（1）①より，$\mathscr{L}[e^{\pm iat}] = \dfrac{1}{p \mp ia}$

$\therefore \mathscr{L}[\sin at] = \dfrac{1}{2i}\mathscr{L}[e^{iat} - e^{-iat}] = \dfrac{1}{2i}\left(\dfrac{1}{p-ia} - \dfrac{1}{p+ia}\right) = \dfrac{a}{p^2+a^2}$

（2） $\mathscr{L}\left[\dfrac{d^n f}{dt^n}\right] = F^{(n)}(p)$ とおくと，

$$\begin{aligned}F^{(n)}(p) &= \int_0^\infty e^{-pt}\dfrac{d^n f}{dt^n}dt = \left[e^{-pt}\dfrac{d^{n-1}f}{dt^{n-1}}\right]_0^\infty - \int_0^\infty (-p)e^{-pt}\dfrac{d^{n-1}f}{dt^{n-1}}dt \\ &= -f^{(n-1)}(0) + p\int_0^\infty e^{-pt}\dfrac{d^{n-1}f}{dt^{n-1}}dt \\ &= -f^{(n-1)}(0) + p\{-f^{(n-2)}(0) + pF^{(n-1)}(p)\} \\ &= \cdots = p^n F(s) - p^{n-1}f(0) - p^{n-2}f'(0) - \cdots - f^{(n-1)}(0)\end{aligned}$$

（4） $X(p) = \dfrac{F(p)}{(p+\varepsilon)^2 + (\sqrt{\omega^2 - s^2})^2}$

$f(t) = \mathscr{L}^{-1}[F(p)]$

$g(t) = \mathscr{L}^{-1}\left[\dfrac{1}{(p+\varepsilon)^2 + (\sqrt{\omega^2 - \varepsilon^2})^2}\right] = \dfrac{1}{\sqrt{\omega^2 - \varepsilon^2}}e^{-\varepsilon t}\sin\sqrt{\omega^2 - \varepsilon^2}\,t$

((1)の(ii) および移動定理より)

$\therefore X(t) = \mathscr{L}^{-1}[F(p)]$
$= \mathscr{L}^{-1}\left[F(p)\cdot\dfrac{1}{(p+\varepsilon)^2 + (\sqrt{\omega^2 - p^2})^2}\right]$
$= \displaystyle\int_0^t f(t-\xi)g(\xi)\,d\xi$ （与えられた重畳定理より）
$= \dfrac{1}{\sqrt{\omega^2 - \varepsilon^2}}\displaystyle\int_0^t e^{-\varepsilon\xi}f(t-\xi)\sin\sqrt{\omega^2 - \varepsilon^2}\,\xi\,d\xi$

── 例題 4.5 ───────────────────────────────
ラプラス変換を用いて，次の方程式をみたす $f(t)$ を求めよ．
$$\frac{d}{dt}f(t) + f(t) - 4\int_0^t f(t-\tau)\cos 2\tau\, d\tau + (\cos 2t + \sin 2t) = 0$$
$$(t \geqq 0)$$
ただし，$f(0) = 1$ とする． （東北大）

【解答】 $f(t)$ のラプラス変換を $F(s)$ とおき，与えられた方程式をラプラス変換すると，
$$sF(s) - f(0) + F(s) - 4F(s)\mathscr{L}[\cos 2t] + \mathscr{L}[\cos 2t + \sin 2t] = 0 \quad ①$$

$f(0) = 1, \quad \mathscr{L}[\cos 2t] = \dfrac{s}{s^2+4}, \quad \mathscr{L}[\sin 2t] = \dfrac{2}{s^2+4}$

ゆえに，①は
$$sF(s) - 1 + F(s) - 4F(s)\cdot\frac{s}{s^2+4} + \frac{s+2}{s^2+4} = 0$$

すなわち，
$$\left(s + 1 - \frac{4s}{s^2+4}\right)F(s) = 1 - \frac{s+2}{s^2+4}$$

$$\therefore \quad F(s) = \frac{1}{s+2}$$

したがって，
$$f(t) = \mathscr{L}^{-1}[F(s)] = \mathscr{L}^{-1}\left[\frac{1}{s+2}\right] = e^{-2t} \quad (t \geqq 0)$$

例題 4.6

$\dfrac{\partial u}{\partial t} = \dfrac{\partial^2 u}{\partial x^2}$, $(0 < x < 1, \ t > 0)$ を境界条件

$\left.\begin{array}{l} u(x,0) = 0 \quad (0 < x < 1) \\ u(0,t) = 0, \quad u(1,t) = f(t) \quad (t > 0) \end{array}\right\}$

のもとで解け. (阪大*, 九大*)

【解答】 $\mathscr{L}[u(x,t)] = U(x,s)$, $\mathscr{L}[f(t)] = F(s)$ とおくと,

$sU(x,s) = U_{xx}(x,s)$ ①

$U(0,s) = 0$ ②

$U(1,s) = F(s)$ ③

①の一般解は,特性根が $\lambda = \pm\sqrt{s}$ であるから,

$U(x,s) = A\,e^{\sqrt{s}\,x} + B\,e^{-\sqrt{s}\,x}$

境界条件②, ③より

$\begin{cases} 0 = A + B \\ F(s) = A\,e^{\sqrt{s}} + B\,e^{-\sqrt{s}} \end{cases} \implies A = -B = \dfrac{F(s)}{e^{\sqrt{s}} - e^{-\sqrt{s}}}$

$\therefore\ U(x,s) = F(s)\dfrac{e^{\sqrt{s}\,x} - e^{-\sqrt{s}\,x}}{e^{\sqrt{s}} - e^{-\sqrt{s}}}$

$G(x,s) \equiv \dfrac{e^{\sqrt{s}\,x} - e^{-\sqrt{s}\,x}}{e^{\sqrt{s}} - e^{-\sqrt{s}}}$, $g(x,t) = \mathscr{L}^{-1}[G(x,s)]$

とおくと,

$u(x,t) = \mathscr{L}^{-1}[U(x,s)] = \mathscr{L}^{-1}[F(s)\cdot G(x,s)] = \displaystyle\int_0^t f(t-\tau)g(x,\tau)\,d\tau$

(∵ 重畳定理) ④

$G(x,s) = \dfrac{e^{\sqrt{s}\,x}}{e^{\sqrt{s}} - e^{-\sqrt{s}}} - \dfrac{e^{-\sqrt{s}\,x}}{e^{\sqrt{s}} - e^{-\sqrt{s}}} = \dfrac{e^{\sqrt{s}\,(x-1)}}{1 - e^{-2\sqrt{s}}} - \dfrac{e^{-\sqrt{s}\,(x+1)}}{1 - e^{-2\sqrt{s}}}$

$= e^{\sqrt{s}\,(x-1)}\displaystyle\sum_{n=0}^{\infty}(e^{-2\sqrt{s}})^n - e^{-\sqrt{s}\,(x+1)}\sum_{n=0}^{\infty}(e^{-2\sqrt{s}})^n$

$= \displaystyle\sum_{n=0}^{\infty}\left[e^{-\sqrt{s}\,(2n+1-x)} - e^{-\sqrt{s}\,(2n+1+x)}\right]$ ⑤

$\mathscr{L}^{-1}[e^{-k\sqrt{s}}] = \dfrac{k}{2\sqrt{\pi t^3}}e^{-k^2/4t}$ ⟨注⟩

$\equiv \varphi(k,t)$

を利用すると,⑤より

$$g(x,t) = \mathscr{L}^{-1}\left[\sum_{n=0}^{\infty}(e^{-\sqrt{s}\,(2n+1-x)} - e^{-\sqrt{s}\,(2n+1+x)})\right]$$

$$= \sum_{n=0}^{\infty}\varphi(2n+1-x,t) - \sum_{n=0}^{\infty}\varphi(2n+1+x,t)$$

$$\varphi(2n+1+x,t) = \frac{2n+1+x}{2\sqrt{\pi t^3}}e^{-(2n+1+x)^2/4t}$$

$$= -\frac{-(2n+1)-x}{2\sqrt{\pi t^3}}e^{-(-(2n+1)-x)^2/4t}$$

$$= -\varphi(-(2n+1)-x,t)$$

$$\therefore\ g(x,t) = \sum_{n=0}^{\infty}\varphi(2n+1-x,t) + \sum_{n=0}^{\infty}\varphi(-(2n+1)-x,t)$$

$$= \sum_{n=0}^{\infty}\varphi(2n+1-x,t) + \sum_{n=-1}^{-\infty}\varphi(2n+1-x,t)$$

$$= \sum_{n=-\infty}^{\infty}\varphi(2n+1-x,t)$$

これを④に代入すると，

$$u(x,t) = \sum_{n=-\infty}^{\infty}\int_{0}^{t}f(t-\tau)\varphi(2n+1-x,\tau)\,d\tau$$

$$= \sum_{n=-\infty}^{\infty}\frac{2n+1-x}{2\sqrt{\pi}}\int_{0}^{t}f(t-\tau)\cdot\frac{e^{-(2n+1-x)^2/4\tau}}{\sqrt{\tau^3}}\,d\tau$$

〈注〉 $\mathscr{L}\left[\dfrac{1}{\sqrt{t^3}}e^{-k^2/4t}\right] = \displaystyle\int_{0}^{\infty}e^{-k^2/4t}\cdot t^{-3/2}e^{-st}\,dt\quad (\mathrm{Re}\,s > 0)$

$$= \frac{4}{k}\int_{0}^{\infty}\exp\left\{-\left(\tau^2 + \frac{k^2 s}{4\tau^2}\right)\right\}d\tau\quad \left(\tau = \frac{k}{2\sqrt{t}}\ \text{とおく}\right)$$

$$= \frac{4}{k}e^{-k\sqrt{s}}\int_{0}^{\infty}\exp\left\{-\left(\tau - \frac{k\sqrt{s}}{2\tau}\right)^2\right\}d\tau$$

$$= \frac{4}{k}\cdot\frac{\sqrt{\pi}}{2}\cdot e^{-2\cdot k\sqrt{s}/2}\quad (\because\ \text{ガウス積分})$$

$$= \frac{2\sqrt{\pi}}{k}e^{-k\sqrt{s}}$$

したがって，$\mathscr{L}^{-1}[e^{-k\sqrt{s}}] = \dfrac{k}{2\sqrt{\pi t^3}}e^{-k^2/4t}$ である．

例題 4.7

(a) $\dfrac{\sin t}{t}$ および $\displaystyle\int_0^t \dfrac{\sin \tau}{\tau}\,d\tau$ のラプラス変換を求めよ．

(b) $x(t)$ がベッセルの微分方程式
$$tx'' + x' + tx = 0, \quad x(0) = 1, \quad x'(0) = 0$$
を満足するものとする．$x(t)$ のラプラス変換 $g(s)$ が $\dfrac{c}{\sqrt{s^2+1}}$ で与えられることを示せ．ただし c は定数．$g(s)$ を $s^{-1},\ s^{-3},\ s^{-5},\ \cdots$ の級数に展開し，$g(s)$ の逆変換を求めよ．また初期条件を用いて定数 c を決めよ．

(東北大工，東洋大[*])

【解答】 (a) $\mathscr{L}\left\{\dfrac{f(t)}{t}\right\} = \displaystyle\int_s^\infty F(s)\,ds$ であるから，$\dfrac{\sin t}{t}$ のラプラス変換は

$$\mathscr{L}\left[\dfrac{\sin t}{t}\right] = \int_s^\infty \mathscr{L}[\sin t]\,ds_1 = \int_s^\infty \dfrac{1}{s_1^2+1}\,ds_1$$
$$= \left[\tan^{-1} s_1\right]_s^\infty = \dfrac{\pi}{2} - \tan^{-1} s$$

$\displaystyle\int_0^t \dfrac{\sin \tau}{\tau}\,d\tau$ のラプラス変換は，$\mathscr{L}\left\{\displaystyle\int_0^t f(t)\,dt\right\} = \dfrac{1}{s}F(s)$ より，

$$\mathscr{L}\left[\int_0^t \dfrac{\sin \tau}{\tau}\,d\tau\right] = \dfrac{1}{s}\mathscr{L}\left[\dfrac{\sin t}{t}\right]$$
$$= \dfrac{\pi}{2s} - \dfrac{1}{s}\tan^{-1} s$$

(b) $x(t)$ のラプラス変換 $\mathscr{L}[x(t)]$ を $g(s)$ とおくと，
$$\mathscr{L}[tx'' + x' + tx] = 0$$
より
$$(-s^2 g'(s) - 2s g(s) + x(0)) + (s g(s) - x(0)) - g'(s) = 0$$
が得られるから
$$g'(s) + \dfrac{s}{1+s^2} g(s) = 0$$
この方程式を解き，
$$g(s) = c e^{-\int (s/(1+s^2))\,ds} = \dfrac{c}{\sqrt{1+s^2}}$$
ここで，

$$\frac{1}{\sqrt{1+s^2}} = \frac{1}{s}\left(1+\frac{1}{s^2}\right)^{-1/2}$$

$$= \frac{1}{s} + \sum_{n=1}^{\infty} \frac{-\frac{1}{2}\left(-\frac{1}{2}-1\right)\cdots\left(-\frac{1}{2}-n+1\right)}{n!}\frac{1}{s^{2n+1}}$$

$$= \frac{1}{s} + \sum_{n=1}^{\infty} (-1)^n \frac{1\cdot 3\cdots(2n-1)}{2^n\cdot n!}\frac{1}{s^{2n+1}}$$

$$\therefore \quad x(t) = \mathscr{L}^{-1}\left[\frac{c}{\sqrt{1+s^2}}\right]$$

$$= c\left\{\mathscr{L}^{-1}\left[\frac{1}{s}\right] + \sum_{n=1}^{\infty} (-1)^n \frac{1\cdot 3\cdots(2n-1)}{2^n\cdot n!}\mathscr{L}^{-1}\left[\frac{1}{s^{2n+1}}\right]\right\}$$

$$= c\left\{1 + \sum_{n=1}^{\infty} (-1)^n \frac{1\cdot 3\cdots(2n-1)}{2^n\cdot n!}\cdot\frac{1}{(2n)!}t^{2n}\right\}$$

$$= c\left\{1 + \sum_{n=1}^{\infty} (-1)^n \frac{1}{(2^n\cdot n!)^2}t^{2n}\right\}$$

$$= c\left\{1 + \sum_{n=1}^{\infty} (-1)^n \frac{1}{(n!)^2}\left(\frac{t}{2}\right)^{2n}\right\}$$

$x(0) = 1$ より $c = 1$. したがって

$$x(t) = 1 + \sum_{n=1}^{\infty} (-1)^n \frac{1}{(n!)^2}\left(\frac{t}{2}\right)^{2n} = J_0(t) \quad (0\text{ 次ベッセル関数})$$

問 題 研 究

4.1 $0 \leq t < \infty$ で定義される関数 $f(t)$ のラプラス変換を

$$F(s) = \int_0^\infty \exp(-st)f(t)dt$$

で定義する．ラプラス変換に関する以下の問に答えよ．

（1） ラプラス変換を用いて，次の微分方程式と積分方程式を解け．
　（a） $y''(t) + y(t) = q(t)$, $y(0) = 1$, $y'(0) = 0$
　（b） $y''(t) + 2y'(t) + y(t) = 0$, $y(0) = 0$, $y(1) = 1$
　（c） $y(t) = t + \int_0^t \sin(t-\tau)y(\tau)d\tau$

（2） 関数 $|\sin t|$ のラプラス変換を求めよ．　　　　　（阪大，電通大*）

4.2 任意の実関数 $f(x)$ について

$$\int_{-\infty}^\infty f(x)\delta(x-x_0)dx = f(x_0)$$

をみたす $\delta(x)$ をデルタ関数と定義する．デルタ関数が以下の性質をもつことを示せ．

　（a） $\delta(ax) = \dfrac{1}{|a|}\delta(x)$

　　ただし，a は実定数 ($a \neq 0$) とする．

　（b） $\delta(z - g(x)) = \sum_i \delta(x - x_i)\dfrac{1}{|g'(x_i)|}$

　　ただし，z は実定数，$g(x)$ は実関数，$g'(x)$ は $g(x)$ の 1 次微分であり，x_i は $z = g(x)$ の実数解とする．ここで，x_i は必ず一つ以上存在するものとし，かつ $|g'(x_i)| \neq 0$ とする．なお，$\sum_i$ はすべての実数解についての和を表わす．

　（c） $\delta((x-a)(x-b)) = |a-b|^{-1}\{\delta(x-a) + \delta(x-b)\}$

　　ただし，$a \neq b$ とする．　　　　　　　　　　　　　　　　　（東大†）

4.3 $x(t), y(t)$ に関する連立微分方程式

$$\begin{cases} \dfrac{dx}{dt} + a\dfrac{dy}{dt} + x = f(t) \\ a\dfrac{dx}{dt} + \dfrac{dy}{dt} + y = 0 \end{cases} \quad (t \geq 0)$$

について，以下の問に答えよ．ここで

$$0 \leqq a < 1, \quad f(t) = \begin{cases} \dfrac{1}{\delta} & (0 \leqq t \leqq \delta) \\ 0 & (t > \delta) \end{cases}$$

とする．ただし $\delta > 0$．

（1）この方程式を初期条件 $x(0) = 0, y(0) = 0$ のもとに解け．ただし，$x(t), y(t)$ は $t = \delta$ で連続であるとする．

（2）上で求めた解 $x(t), y(t)$ から，δ を限りなく 0 に近づけたときの解の極限 $x_0(t), y_0(t)$ を求めよ．さらに，積分

$$X \equiv \int_0^\infty x_0(t)\,dt \quad \text{および} \quad Y \equiv \int_0^\infty y_0(t)\,dt$$

を計算せよ．　　　　　　　　　　　　　　　　　　　　　　　　　　（東大工）

4.4 n 次ベッセル関数 $J_n(x)$ $(n = 0, 1, 2, \cdots)$ を次の無限級数により定義する．

$$J_n(x) = \left(\frac{x}{2}\right)^n \sum_{k=0}^{\infty} \frac{(-1)^k}{k!(n+k)!} \left(\frac{x}{2}\right)^{2k} \tag{A}$$

（1）（A）の右辺の無限級数の収束半径を求めよ．

（2）$J_n(x)$ は次の微分方程式をみたすことを示せ．

$$\frac{d^2y}{dx^2} + \frac{1}{x}\frac{dy}{dx} + \left(1 - \frac{n^2}{x^2}\right)y = 0 \tag{B}$$

（3）1 次のベッセル関数のラプラス変換

$$\int_0^\infty J_1(x)\,e^{-sx}\,dx$$

を求めよ．ただし，$s > 1$ とする．　　　　　　　　　　　　　　　（早大）

4.5 微分方程式

$$\left.\begin{aligned} \frac{dx}{dt} &= \phantom{-x + {}} y + 2z \\ \frac{dy}{dt} &= \phantom{-{}}x \phantom{{}+ y} + z \\ \frac{dz}{dt} &= -x + y + z \end{aligned}\right\}$$

を初期条件

$$x(0) = 3, \quad y(0) = 2, \quad z(0) = 0$$

のもとで解け．　　　　　　　　　　　　　　　　　　　　　　　　　（東大理）

4.6 $x(t), y(t)$ に関する連立微分方程式

$$\begin{cases} \dfrac{d^2x}{dt^2} + x + y = \sin t \\ \dfrac{d^2y}{dt^2} - 5x - y = 0 \end{cases} \quad (0 \leq t < \infty)$$

を初期条件

$$x(0) = 0, \quad \frac{dx(0)}{dt} = 0, \quad y(0) = 0, \quad \frac{dy(0)}{dt} = 0$$

のもとに解き，$x(t), y(t)$ を求めよ． (東大工)

4.7 次の微分方程式について，以下の問に答えよ．

$$\frac{d^2y}{dt^2} + 2\gamma \frac{dy}{dt} + \omega_0^2 y = f_0 \cos \Omega t$$

ただし，ここで $\gamma, \omega_0, f_0, \Omega$ は正の定数で $\omega_0 > \gamma$ とする．

（1） この微分方程式の右辺を 0 とおいた斉次微分方程式の解を求めよ．

（2） この微分方程式の特解および一般解を求めよ．

（3） この微分方程式は，減衰のある系における強制振動について記述する微分方程式になっている．そこで，十分時間 (t) が経った後のこの方程式の解の性質について考えてみよう．

　　　系の固有振動数 ω_0 および減衰係数 γ が与えられたとき，外力の振動数 Ω の値をゼロに近い値から出発して非常に大きな値になるまで変えていくとき，励起される強制振動の振幅はどのように変わっていくか，振幅を外力の振動数 Ω の関数として図示し（概念図でよい），論ぜよ．

（4） また，励起される強制振動の外力に対する位相差がどのように変わっていくかについても，同じように図示し論ぜよ． (東大理，阪大*)

4.8 微分方程式

$$\frac{dy}{dx} + ay = e^{-bx} + \cos cx$$

の一般解を求めよ． (東大工)

4.9 非負の実数に対して定義され，任意の有限区間で積分可能な関数 f を関数 F へ，以下のように変換する演算子 $\mathscr{L}$ を考える：

$$F(s) = \mathscr{L}[f(t)] = \lim_{T \to \infty} \int_0^T \exp(-st) f(t)\, dt$$

以下の設問（1）-（4）に答えよ．

（1） $f(t) = t$ のとき，$F(s) = \mathscr{L}[f(t)]$ を求めよ．
（2） $f(t) = \sin t$ のとき，$F(s) = \mathscr{L}[f(t)]$ を求めよ．
（3） a を正の実数としたとき，ヘビサイドの単位関数
$$H(t-a) \equiv \begin{cases} 0 & \cdots\ t < a\ \text{の場合} \\ 1 & \cdots\ a \leqq t\ \text{の場合} \end{cases}$$
に対して，$\mathscr{L}[H(t-a)f(t-a)] = \exp(-as)\mathscr{L}[f(t)]$ であることを示せ．

（4） 演算子 $\mathscr{L}$ には，$f*g \equiv \int_0^t f(u)g(t-u)\,du$ に対して，
$$\mathscr{L}(f*g) = \mathscr{L}[f(t)] \cdot \mathscr{L}[g(t)] \qquad ①$$
という性質がある．また，$\lim_{s \to \infty} F(s) = 0$ の場合，$\mathscr{L}$ の逆演算子 $\mathscr{L}^{-1}$ は，唯一つに定まる．これらのことを考慮した上で，
$$y(t) = f(t) + \int_0^t \sin(t-u)y(u)\,du \qquad ②$$
をみたす関数 $y(t)$ を求めよ． （東大理，電通大*，神戸大*，九大*）

2 フーリエ解析

§1 直交関数

1.1 関数 $\phi_1(x), \phi_2(x), \cdots, \phi_n(x), \cdots$ が区間 (a, b) において，内積

$$(\phi_i, \phi_j) = \int_a^b \phi_i(x) \overline{\phi_j}(x) \, dx = 0 \quad (i \neq j ; i, j = 1, 2, \cdots)$$

ならば直交関数系をつくり，

$$(\phi_i, \phi_i) = \int_a^b |\phi_i(x)|^2 \, dx = 1 \quad (i = 1, 2, \cdots)$$

ならば正規直交関数系をつくる（実関数の場合はバーと絶対値記号を除く）．

1.2 $\dfrac{1}{\sqrt{2\pi}}, \dfrac{1}{\sqrt{\pi}} \cos nx, \dfrac{1}{\sqrt{\pi}} \sin nx (n = 1, 2, \cdots)$ および $\dfrac{1}{\sqrt{2\pi}} e^{inx} (n = 0, \pm 1, \pm 2, \cdots)$ は，$[-\pi, \pi]$ で正規直交関数系をなす．

§2 フーリエ級数

2.1 区間 $[-\pi, \pi]$ で区間的に滑らかな任意の関数 $f(x)$ は直交関数系 $\{\cos nx, \sin nx\}$，または $\{e^{inx}\}$ によって次のように展開できる：

$$f(x) = \frac{a_0}{2} + \sum_{n=1}^{\infty} (a_n \cos nx + b_n \sin nx) = \sum_{n=-\infty}^{\infty} c_n e^{inx} \tag{4.43}$$

ただし，

$$a_n = \frac{1}{\pi} \int_{-\pi}^{\pi} f(x) \cos nx \, dx, \quad b_n = \frac{1}{\pi} \int_{-\pi}^{\pi} f(x) \sin nx \, dx \quad (n = 0, 1, 2, \cdots)$$

$$c_n = \frac{1}{2\pi} \int_{-\pi}^{\pi} f(x) e^{-inx} \, dx \quad (n = 0, \pm 1, \pm 2, \cdots) \tag{4.44}$$

$$c_n = \frac{1}{2}(a_n - ib_n), \quad c_n = \overline{c_{-n}}$$

〈注〉 $f(x)$ が 2π を周期とする周期関数 $(f(x + 2\pi) = f(x))$ ならば，積分 $\int_{-\pi}^{\pi}$ は $\int_d^{d+2\pi}$ で置換してもよい．

2.2 偶関数，奇関数のフーリエ級数

2.2.1 $f(x)$ が $[-\pi, \pi]$ で偶関数 $(f(x) = f(-x))$ のとき

$$f(x) = \frac{a_0}{2} + \sum_{n=1}^{\infty} a_n \cos nx, \quad a_n = \frac{2}{\pi} \int_0^{\pi} f(x) \cos nx \, dx \quad \text{（余弦級数）} \tag{4.45}$$

2.2.2 $f(x)$ が $[-\pi, \pi]$ で奇関数 $(f(x) = -f(-x))$ のとき

$$f(x) = \sum_{n=1}^{\infty} b_n \sin nx, \quad b_n = \frac{2}{\pi} \int_0^{\pi} f(x) \sin nx \, dx \quad \text{(正弦級数)} \tag{4.46}$$

2.3 区間 $[-l, l]$ で区間的に滑らかな任意の関数 $f(x)$ は次のように展開できる：

$$f(x) = \frac{a_0}{2} + \sum_{n=1}^{\infty} a_n \cos \frac{n\pi x}{l} + b_n \sin \frac{n\pi x}{l} = \sum_{n=-\infty}^{\infty} c_n e^{in\pi x/l} \tag{4.47}$$

$$a_n = \frac{1}{l} \int_{-l}^{l} f(x) \cos \frac{n\pi x}{l} dx, \quad b_n = \frac{1}{l} \int_{-l}^{l} f(x) \sin \frac{n\pi x}{l} dx$$

$$c_n = \frac{1}{2l} \int_{-l}^{l} f(x) e^{-in\pi x/l} dx \tag{4.48}$$

2.4 区間 $[a, b]$ で区間的に滑らかな任意の関数 $f(x)$ は次のように展開できる：

$$f(x) = \frac{a_0}{2} + \sum_{n=1}^{\infty} a_n \cos 2n\pi \frac{x-c}{d} + \sum_{n=1}^{\infty} b_n \sin 2n\pi \frac{x-c}{d} \tag{4.49}$$

ただし，

$$c = \frac{a+b}{2}, \quad d = b - a$$

$$a_n = \frac{2}{d} \int_a^b f(x) \cos \left(2n\pi \frac{x-c}{d}\right) dx,$$

$$b_n = \frac{2}{d} \int_a^b f(x) \sin \left(2n\pi \frac{x-c}{d}\right) dx \tag{4.50}$$

2.5 パーシバルの等式

周期 2π の関数 $f(x)$ が区間的に滑らかならば

$$\frac{1}{\pi} \int_{-\pi}^{\pi} |f(x)|^2 dx = \frac{a_0^2}{2} + \sum_{n=1}^{\infty} (a_n^2 + b_n^2) = 2 \sum_{n=-\infty}^{\infty} |c_n|^2 \tag{4.51}$$

§3 フーリエ積分

3.1 フーリエ変換

関数 $f(x)$ が $(-\infty, \infty)$ で区間的に滑らかで，$\int_{-\infty}^{\infty} |f(x)| \, dx < \infty$ のとき，

$$\frac{1}{\sqrt{2\pi}} \int_{-\infty}^{\infty} f(x) e^{-i\omega x} dx = F(\omega) \tag{4.52}$$

を $f(x)$ の**フーリエ変換**といい，$\mathscr{F}[f(x)]$ でも表わす．

3.2 フーリエ逆変換

$\dfrac{1}{\sqrt{2\pi}} \displaystyle\int_{-\infty}^{\infty} F(\omega) \, e^{i x \omega} \, d\omega$ を $f(x)$ の**フーリエ逆変換**といい，$\mathscr{F}^{-1}[F(\omega)]$ で表わす．

また，

$$\frac{1}{2}[f(x+0)+f(x-0)] = \frac{1}{\sqrt{2\pi}} \lim_{T\to\infty} \int_{-T}^{T} F(\omega)\, e^{ix\omega}\, d\omega \tag{4.53}$$

が成立する．$f(x)$ が x で連続のとき，左辺は $f(x)$ となる．

3.3 フーリエ余弦変換，正弦変換

$$F_c(\omega) = \sqrt{\frac{2}{\pi}} \int_0^{\infty} f(x) \cos \omega x\, dx \tag{4.54}$$

$$F_s(\omega) = \sqrt{\frac{2}{\pi}} \int_0^{\infty} f(x) \sin \omega x\, dx \tag{4.55}$$

をそれぞれ $f(x)$ のフーリエ余弦変換，正弦変換という．

3.4 たたみ込み（重畳）定理

$$(f*g)(x) = \int_{-\infty}^{\infty} f(x-y)g(y)\, dy = \int_{-\infty}^{\infty} f(y)g(x-y)\, dy \tag{4.56}$$

を重畳積または合成積といい，$\mathscr{F}[f(x)] = F(\omega)$, $\mathscr{F}[g(x)] = G(\omega)$ とすると，

$$\mathscr{F}[(f*g)(x)] = \mathscr{F}\left[\int_{-\infty}^{\infty} f(x-y)g(y)\, dy\right] = \sqrt{2\pi} F(\omega) G(\omega) \tag{4.57}$$

3.5 パーシバルの等式

$\mathscr{F}[f(x)] = F(\omega)$ とすると，

$$\int_{-\infty}^{\infty} |f(x)|^2\, dx = \int_{-\infty}^{\infty} |F(\omega)|^2\, d\omega \tag{4.58}$$

3.6 諸公式

$\mathscr{F}[f(x)] = F(\omega)$, $\mathscr{F}[g(x)] = G(\omega)$ とすると

(ⅰ)　$\mathscr{F}[af(x) + bg(x)] = aF(\omega) + bG(\omega)$　$(a, b:$ 定数$)$ 　　(4.59)

(ⅱ)　$\mathscr{F}[f(ax)] = \dfrac{1}{|a|} F\left(\dfrac{\omega}{a}\right)$ 　　(4.60)

(ⅲ)　$\mathscr{F}[e^{iax} f(x)] = F(\omega - a)$ 　　(4.61)

(ⅳ)　$\mathscr{F}[f(x+a)] = e^{ia\omega} F(\omega)$ 　　(4.62)

(ⅴ)　$\mathscr{F}[f^{(n)}(x)] = (i\omega)^n F(\omega)$　$(n = 1, 2, \cdots)$ 　　(4.63)

(ⅵ)　$\mathscr{F}[x^n f(x)] = i^n \dfrac{d^n F(\omega)}{d\omega^n}$　$(n = 1, 2, \cdots)$ 　　(4.64)

(ⅶ)　$\mathscr{F}[f(-x)] = F(-\omega)$ 　　(4.65)

3.7 フーリエ変換の例

(ⅰ)　$\mathscr{F}[\delta(x)] = \dfrac{1}{\sqrt{2\pi}}$, 　$\mathscr{F}[\delta^{(n)}(x)] = \dfrac{1}{\sqrt{2\pi}} (i\omega)^n$　$(n = 0, 1, \cdots)$

(ⅱ)　$\mathscr{F}[1] = \sqrt{2\pi}\, \delta(\omega)$, 　$\mathscr{F}[x^n] = \sqrt{2\pi}\, i^n \delta^{(n)}(\omega)$　$(n = 0, 1, \cdots)$

ただし，$\delta(x) = \lim_{n \to \infty} \sqrt{\dfrac{n}{\pi}} e^{-nx^2}$ とする．

〈注〉 フーリエ変換とフーリエ逆変換を次のように定義する場合もある．

$$\begin{cases} F(\omega) = \displaystyle\int_{-\infty}^{\infty} f(x)\, e^{-i\omega x}\, dx \\ f(x) = \dfrac{1}{2\pi} \displaystyle\int_{-\infty}^{\infty} F(\omega)\, e^{ix\omega}\, d\omega \end{cases},\quad \begin{cases} F(\omega) = \dfrac{1}{2\pi} \displaystyle\int_{-\infty}^{\infty} f(x)\, e^{-i\omega x}\, dx \\ f(x) = \displaystyle\int_{-\infty}^{\infty} F(\omega)\, e^{ix\omega}\, d\omega \end{cases},$$

$$\begin{cases} F(\omega) = \displaystyle\int_{-\infty}^{\infty} f(x)\, e^{-i2\pi\omega x}\, dx \\ f(x) = \displaystyle\int_{-\infty}^{\infty} F(\omega)\, e^{i2\pi x\omega}\, d\omega \end{cases}$$

§4 偏微分方程式の解法

フーリエ解析，ラプラス変換，グリーン関数（省略）等により解ける．Ⅰ巻第3編参照．

§5 積分方程式の解法

フーリエ解析，ラプラス変換，逐次近似等により解ける．例題，問題研究参照．

例題 4.8

$$f(x) = \sum_{n=-\infty}^{\infty} g(2\pi n + x)$$

は一様に収束するフーリエ級数に展開可能な関数とする．このとき

$$\sum_{n=-\infty}^{\infty} g(2\pi n + x) = \frac{1}{2\pi} \sum_{r=-\infty}^{\infty} e^{irx} \int_{-\infty}^{\infty} g(y)\, e^{-iry}\, dy$$

が成り立つことを示せ．ただし，$|g(y)|$ は $-\infty < y < \infty$ で積分可能，連続，有界変動で，$y \to \pm\infty$ のとき単調に 0 に収束するものとする．　　　　（東大工）

【解答】 $\sum_{n=-\infty}^{\infty} g(2\pi n + x)$ は周期 2π の周期関数であるから，例えば $0 \leq x \leq 2\pi$ で複素フーリエ級数に展開可能である．ゆえに，公式

$$f(x) = \sum_{n=-\infty}^{\infty} C_n e^{inx}$$

$$C_n = \frac{1}{2\pi} \int_{-\pi}^{\pi} f(x)\, e^{-inx}\, dx \quad (n = 0, \pm 1, \pm 2, \cdots)$$

を用いると，

$$\begin{aligned}
\sum_{n=-\infty}^{\infty} g(x + 2n\pi) &= \sum_{r=-\infty}^{\infty} \frac{1}{2\pi} \int_{-\pi}^{\pi} \sum_{n=-\infty}^{\infty} g(y + 2n\pi)\, e^{-iry}\, dy \cdot e^{irx} \\
&= \frac{1}{2\pi} \sum_{r=-\infty}^{\infty} e^{irx} \sum_{n=-\infty}^{\infty} \int_{0}^{2\pi} g(y + 2n\pi)\, e^{-iry}\, dy \\
&= \frac{1}{2\pi} \sum_{r=-\infty}^{\infty} e^{irx} \sum_{n=-\infty}^{\infty} \int_{2n\pi}^{2(n+1)\pi} g(y)\, e^{-iry}\, dy \\
&= \frac{1}{2\pi} \sum_{r=-\infty}^{\infty} e^{irx} \int_{-\infty}^{\infty} g(y)\, e^{-iry}\, dy
\end{aligned}$$

〈注〉 これはポアッソンの公式と呼ばれる．

─ 例題 4.9 ─

関数 $f(x)$ と $F(y)$ は互いに次の式で定義されるフーリエ変換の関係にある.

$$f(x) = \frac{1}{\sqrt{2\pi}} \int_{-\infty}^{\infty} e^{-ixy} F(y)\, dy$$

$$F(y) = \frac{1}{\sqrt{2\pi}} \int_{-\infty}^{\infty} e^{ixy} f(x)\, dx$$

（1） $h(x) = \int_{-\infty}^{\infty} f(x-y)g(y)\, dy$ のフーリエ変換が $H(y) = \sqrt{2\pi}\, F(y)G(y)$

となることを示せ. ただし $G(y)$ は $g(x)$ のフーリエ変換とする.

（2）（1）の結果を用いて積分方程式

$$\exp\left(-\frac{x^2}{\alpha^2}\right) = \int_{-\infty}^{\infty} f(x-y) \exp\left(-\frac{y^2}{\beta^2}\right) dy$$

を解いて $f(x)$ を求めよ. ただし

$$\exp(-ax^2) = \frac{1}{\sqrt{2\pi}} \int_{-\infty}^{\infty} e^{-ixy} \left\{\frac{1}{\sqrt{2a}} \exp\left(-\frac{y^2}{4a}\right)\right\} dy \quad (a > 0)$$

である. 　　　　　　　　　　　　　　　　　　　　　　　　　　　　　　　（東大理）

【解答】（1） 定義より,

$$h(x) = \int_{-\infty}^{\infty} f(x-y)g(y)\, dy = \frac{1}{\sqrt{2\pi}} \int_{-\infty}^{\infty} \int_{-\infty}^{\infty} e^{-i(x-y)\omega} F(\omega) g(y)\, dy\, d\omega$$

$$= \int_{-\infty}^{\infty} e^{-ix\omega} F(\omega) \left\{\frac{1}{\sqrt{2\pi}} \int_{-\infty}^{\infty} e^{i\omega y} g(y)\, dy\right\} d\omega$$

$$= \int_{-\infty}^{\infty} e^{-ix\omega} F(\omega) G(\omega)\, d\omega \qquad ①$$

一方, 定義より,

$$h(x) = \frac{1}{\sqrt{2\pi}} \int_{-\infty}^{\infty} e^{-ix\omega} H(\omega)\, d\omega \qquad ②$$

①, ②より, $F(\omega)G(\omega) = H(\omega)/\sqrt{2\pi}$ である.

$\omega \to y$ と置換すれば,

$$H(y) = \sqrt{2\pi} F(y) G(y)$$

（2） $h(x) = e^{-x^2/\alpha^2}$, $g(y) = e^{-y^2/\beta^2}$ とおくと,（2）のただし書きより

$$\exp\left(-\frac{x^2}{\alpha^2}\right) = \frac{1}{\sqrt{2\pi}} \int_{-\infty}^{\infty} e^{-ixy} \left\{\frac{1}{\sqrt{2/\alpha^2}} \exp\left(-\frac{y^2}{4/\alpha^2}\right)\right\} dy$$

$$= \frac{1}{\sqrt{2\pi}} \int_{-\infty}^{\infty} e^{-ixy} \frac{\alpha}{\sqrt{2}} \exp\left(-\frac{\alpha^2 y^2}{4}\right) dy$$

$$\therefore \quad H(\omega) = \mathscr{F}\left[\exp\left(-\frac{x^2}{\alpha^2}\right)\right] = \frac{\alpha}{\sqrt{2}} \exp\left(-\frac{\alpha^2 \omega^2}{4}\right) \qquad \text{③}$$

同様にして

$$G(\omega) = \mathscr{F}\left[\exp\left(-\frac{x^2}{\beta^2}\right)\right] = \frac{\beta}{\sqrt{2}} \exp\left(-\frac{\beta^2 \omega^2}{4}\right) \qquad \text{④}$$

③, ④を（1）の結果 $H(\omega) = \sqrt{2\pi}\,F(\omega)G(\omega)$（ただし, $F(\omega) = \mathscr{F}[f(x)]$）に代入すると,

$$\frac{\alpha}{\sqrt{2}} e^{-\alpha^2 \omega^2/4} = \sqrt{2\pi} F(\omega) \cdot \frac{\beta}{\sqrt{2}} e^{-\beta^2 \omega^2/4}$$

$$\therefore \quad F(\omega) = \frac{1}{\sqrt{2\pi}} \frac{\alpha}{\beta} e^{-(\alpha^2-\beta^2)\omega^2/4}$$

$$= \frac{\alpha}{\sqrt{\pi}\,\beta\sqrt{\alpha^2-\beta^2}} \frac{1}{\sqrt{2\cdot 1/(\alpha^2-\beta^2)}} \exp\left(-\frac{\omega^2}{4/(\alpha^2-\beta^2)}\right)$$

したがって,

$$f(x) = \frac{\alpha}{\sqrt{\pi}\,\beta\sqrt{\alpha^2-\beta^2}} \exp\left(-\frac{x^2}{\alpha^2-\beta^2}\right) \quad (\because \text{（2）のただし書き})$$

$$= \frac{\alpha}{\beta\sqrt{\pi(\alpha^2-\beta^2)}} \exp\left(-\frac{x^2}{\alpha^2-\beta^2}\right) \quad (\alpha > \beta)$$

例題 4.10

$-1 < r < 1$ のとき,
$$f_n(x) = \sum_{m=1}^{n} r^m \cos mx$$
で与えられる関数列において, $\lim_{n\to\infty} f_n(x)$ を求めよ.

また, この結果を用いて, 定積分
$$\int_0^\pi \frac{\cos kx}{1 - 2r\cos x + r^2} dx \quad (k = 0, 1, 2, \cdots)$$
の値を求めよ. (東大工)

【解答】 (i) $z = r(\cos x + i\sin x)$ とおけば, ド・モアブルの定理より
$$\sum_{m=1}^{\infty} z^m = \sum_{m=1}^{\infty} r^m (\cos mx + i \sin mx)$$
一方, $|z| = r < 1$ より
$$\sum_{m=1}^{\infty} z^m = \frac{z}{1-z} = \frac{r\cos x + ir\sin x}{1 - r\cos x - ir\sin x}$$
$$= \frac{(r\cos x + ir\sin x)(1 - r\cos x + ir\sin x)}{(1 - r\cos x)^2 + (ir\sin x)^2}$$
$$= \frac{r\cos x - r^2 + ir\sin x}{1 + r^2 - 2r\cos x}$$
$$\therefore \lim_{n\to\infty} f_n(x) = \sum_{m=1}^{\infty} r^m \cos mx = \mathrm{Re}\left(\sum_{m=1}^{\infty} z^m\right) = \frac{r\cos x - r^2}{1 + r^2 - 2r\cos x}$$

(ii) (i)より
$$\frac{1}{2} + \sum_{m=1}^{\infty} r^m \cos mx = \frac{1}{2} + \frac{r\cos x - r^2}{1 + r^2 - 2r\cos x} = \frac{1 - r^2}{2(1 + r^2 - 2r\cos x)}$$
よって, $[0, \pi]$ で関数 $\dfrac{1 - r^2}{2(1 + r^2 - 2r\cos x)}$ の余弦級数係数 $a_m = r^m$ を求めると
$$\frac{2}{\pi}\int_0^\pi \frac{1 - r^2}{2(1 + r^2 - 2r\cos x)} \cos mx \, dx = \frac{1 - r^2}{\pi}\int_0^\pi \frac{\cos mx}{1 + r^2 - 2r\cos x} dx$$
$$= r^m$$
したがって, $\displaystyle\int_0^\pi \frac{\cos kx}{1 + r^2 - 2r\cos x} dx = \frac{\pi r^k}{1 - r^2} \quad (k = 0, 1, 2, \cdots)$ である.

例題 4.11

（1）区間 $0 \leq x < 2\pi$ において次のように定義される周期 2π の関数 $f(x)$ をフーリエ級数に展開せよ．

$$f(x) = \begin{cases} 0 & (x = 0) \\ \pi - x & (0 < x < 2\pi) \end{cases}$$

（2）周期 2π の区分的に連続な関数 $g(x)$ において，そのフーリエ級数は

$$g(x) = \frac{a_0}{2} + \sum_{k=1}^{\infty} (a_k \cos kx + b_k \sin kx)$$

で表わされる．（1）の結果を利用して，次の二つの関係式を証明せよ．

（ i ） $\displaystyle\frac{1}{2\pi} \int_0^{2\pi} g(x)(\pi - x)\, dx = \sum_{k=1}^{\infty} \frac{b_k}{k}$

（ ii ） $\displaystyle\frac{1}{2\pi} \int_0^{2\pi} g(x + t)(\pi - x)\, dx = \sum_{k=1}^{\infty} \frac{b_k \cos kt - a_k \sin kt}{k}$

（3）（2）の結果を利用して，$\displaystyle\sum_{n=1}^{\infty} \frac{(-1)^n}{n^2}$ の値を求めよ． （東大工）

【解答】（1）$\displaystyle A_k = \frac{1}{\pi} \int_0^{2\pi} f(x) \cos kx\, dx = \frac{1}{\pi} \int_0^{2\pi} (\pi - x) \cos kx\, dx$

$\displaystyle \qquad\qquad = \frac{(-1)^k}{\pi} \int_{-\pi}^{\pi} t \cos kt\, dt \quad (t = \pi - x \text{ とおく})$

$\displaystyle \qquad\qquad = 0 \quad (k = 0, 1, 2, \cdots)$

$\displaystyle B_k = \frac{1}{\pi} \int_0^{2\pi} f(x) \sin kx\, dx = \frac{(-1)^{k+1}}{\pi} \int_{-\pi}^{\pi} t \sin kt\, dt$

$\displaystyle \qquad = \frac{2(-1)^{k+1}}{\pi} \int_0^{\pi} t \sin kt\, dt$

$\displaystyle \qquad = \frac{2(-1)^{k+1}}{\pi} \left\{ \left[-\frac{t}{k} \cos kt \right]_0^{\pi} + \int_0^{\pi} \frac{\cos kt}{k}\, dt \right\}$

$\displaystyle \qquad = \frac{2(-1)^{k+1}}{\pi} \left\{ \frac{-\pi(-1)^k}{k} + \left[\frac{\sin kt}{k^2} \right]_0^{\pi} \right\}$

$\displaystyle \qquad = \frac{2}{k} \quad (k = 1, 2, \cdots)$ ①

$\displaystyle \therefore\ f(x) = \frac{A_0}{2} + \sum_{k=1}^{\infty} A_k \cos kx + B_k \sin kx = \sum_{k=1}^{\infty} \frac{2}{k} \sin kx$

(2) (i) $\dfrac{1}{\pi}\displaystyle\int_0^{2\pi} g(x)(\pi - x)\,dx$

$$= \dfrac{1}{\pi}\int_0^{2\pi} \left\{\dfrac{a_0}{2} + \sum_{k=1}^{\infty} a_k \cos kx + b_k \sin kx\right\}(\pi - x)\,dx$$

$$= \dfrac{1}{\pi}\int_{-\pi}^{\pi} \left\{\dfrac{a_0}{2} + \sum_{k=1}^{\infty} (-1)^k a_k \cos kt + (-1)^{k+1} b_k \sin kt\right\} t\,dt$$

$$= \sum_{k=1}^{\infty} b_k \cdot \dfrac{(-1)^{k+1}}{\pi}\int_{-\pi}^{\pi} t \sin kt\,dt = \sum_{k=1}^{\infty} \dfrac{2 b_k}{k} \quad (\because \text{①})$$

$\therefore\ \dfrac{1}{2\pi}\displaystyle\int_0^{2\pi} g(x)(\pi - x)\,dx = \sum_{k=1}^{\infty} \dfrac{b_k}{k}$

(ii) $\dfrac{1}{\pi}\displaystyle\int_0^{2\pi} g(x + t)(\pi - x)\,dx$

$$= \dfrac{1}{\pi}\int_0^{2\pi} \left\{\dfrac{a_0}{2} + \sum_{k=1}^{\infty} a_k \cos k(x+t) + b_k \sin k(x+t)\right\}(\pi - x)\,dx$$

$$= \dfrac{1}{\pi}\int_0^{2\pi} \dfrac{a_0}{2}(\pi - x)\,dx + \sum_{k=1}^{\infty} \dfrac{1}{\pi}\int_0^{2\pi}\{a_k(\cos kx \cos kt - \sin kx \sin kt)$$
$$+ b_k(\sin kx \cos kt + \cos kx \sin kt)\}(\pi - x)\,dx$$

$$= \sum_{k=1}^{\infty} (-1)^k \dfrac{1}{\pi}\int_{-\pi}^{\pi}\{a_k(\cos ku \cos kt + \sin ku \sin kt)$$
$$+ b_k(-\sin ku \cos kt + \cos ku \sin kt)\}u\,du \quad (u = \pi - x\ \text{とおく})$$

$$= \sum_{k=1}^{\infty} (-1)^k \dfrac{1}{\pi}\int_{-\pi}^{\pi} (a_k \sin ku \sin kt - b_k \sin ku \cos kt) u\,du$$

$$= \sum_{k=1}^{\infty} (-a_k \sin kt + b_k \cos kt) \dfrac{(-1)^{k+1}}{\pi}\int_{-\pi}^{\pi} u \sin ku\,du$$

$$= \sum_{k=1}^{\infty} \dfrac{2(b_k \cos kt - a_k \sin kt)}{k} \quad (\because \text{①})$$

$\therefore\ \dfrac{1}{2\pi}\displaystyle\int_0^{2\pi} g(x + t)(\pi - x)\,dx = \sum_{k=1}^{\infty} \dfrac{b_k \cos kt - a_k \sin kt}{k}$

(3) (2)の(ii)で $t = \pi$, $g(x) = f(x)$ とおくと,

$$\dfrac{1}{2\pi}\int_0^{2\pi} f(x + \pi)(\pi - x)\,dx = \sum_{k=1}^{\infty} (-1)^k \dfrac{b_k}{k}$$

$$f(x + \pi) = \begin{cases} -x & (0 \leqq x < \pi) \\ 2\pi - x & (\pi \leqq x < 2\pi) \end{cases}$$

$$g(x) = f(x) \implies b_k = B_k = \frac{2}{k}$$

$$\therefore \sum_{n=1}^{\infty} \frac{2(-1)^n}{n^2} = \frac{1}{2\pi} \left[\int_0^{\pi} \{-x(\pi - x)\} \, dx + \int_{\pi}^{2\pi} (2\pi - x)(\pi - x) \, dx \right]$$

$$- \frac{1}{2\pi} \left[\int_0^{\pi} (x^2 - \pi x) \, dx + \int_{\pi}^{2\pi} (2\pi^2 - 3\pi x + x^2) \, dx \right]$$

$$= \frac{1}{2\pi} \left(-\frac{\pi^3}{6} - \frac{\pi^3}{6} \right) = -\frac{\pi^2}{6}$$

$$\therefore \sum_{n=1}^{\infty} \frac{(-1)^n}{n^2} = -\frac{\pi^2}{12}$$

── 例題 4.12 ──────────────────────────

関数 $f(x)$ に関するフーリエ変換とフーリエ逆変換を次のように定義する.

$$F(\omega) = \frac{1}{\sqrt{2\pi}} \int_{-\infty}^{\infty} f(x)\, e^{-i\omega x}\, dx, \quad f(x) = \frac{1}{\sqrt{2\pi}} \int_{-\infty}^{\infty} F(\omega)\, e^{i\omega x}\, d\omega$$

次のように定義される関数 $g(x), h(x)$ に関して以下の問に答えよ.ただし,$0 < a < b$ とする.

$$g(x) = \begin{cases} 1 & (|x| < a) \\ 1/2 & (|x| = a) \\ 0 & (|x| > a) \end{cases}, \quad h(x) = \begin{cases} 1 & (|x| < b) \\ 1/2 & (|x| = b) \\ 0 & (|x| > b) \end{cases}$$

（1） $g(x)$ のフーリエ変換を求めよ.

（2） 次の積分を計算して,$I(x)$ のグラフを描け.

$$I(x) = \int_{-\infty}^{\infty} g(x-y) h(y)\, dy$$

（3） $I(x)$ のフーリエ変換を求めよ.

（4） 以上の結果を利用して,次の積分を求めよ.ただし,$0 < a < b$ とする.

$$\int_{-\infty}^{\infty} \frac{\sin a\omega \sin b\omega}{\omega^2}\, d\omega \qquad \text{(東大工)}$$

──────────────────────────

【解答】（1） $g(x)$ のフーリエ変換を $G(\omega)$ とおくと,

$$G(\omega) = \frac{1}{\sqrt{2\pi}} \int_{-\infty}^{\infty} g(x)\, e^{-i\omega x}\, dx = \frac{1}{\sqrt{2\pi}} \int_{-a}^{a} e^{-i\omega x}\, dx$$

$$= \frac{1}{\sqrt{2\pi}} \left\{ \int_{-a}^{a} \cos \omega x\, dx + i \int_{-a}^{a} \sin \omega x\, dx \right\}$$

$$= \sqrt{\frac{2}{\pi}} \int_{0}^{a} \cos \omega x\, dx$$

$$= \sqrt{\frac{2}{\pi}} \left[\frac{1}{\omega} \sin \omega x \right]_{0}^{a}$$

$$= \sqrt{\frac{2}{\pi}} \frac{\sin \omega a}{\omega}$$

（2） $g(x-y)h(y) = \begin{cases} 1 & ((x,y) \in \text{平行四辺形 ABCD 内部}) \\ 0 & (\text{その他}) \end{cases}$ （図 a）

$$\therefore\ I(x) = \int_{-\infty}^{\infty} g(x-y) h(y)\, dy$$

図 a

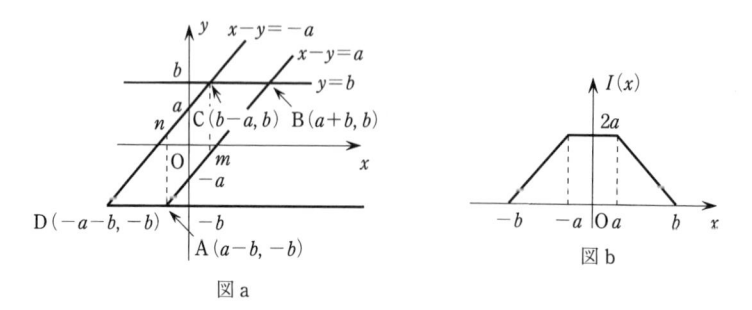

図 b

$$= \begin{cases} 0 & (x < -a-b) \\ \int_{-b}^{x+a} dy & (-a-b \leq x < a-b) \\ \int_{x-a}^{x+a} dy & (a-b \leq x < b-a) \\ \int_{x-a}^{b} dy & (b-a \leq x < a+b) \\ 0 & (x \geq a+b) \end{cases}$$

$$= \begin{cases} x+a+b & (-a-b \leq x < a-b) \\ 2a & (a-b \leq x < b-a) \\ a+b-x & (b-a \leq x < a+b) \\ 0 & (その他) \end{cases}$$

(3) $h(x), I(x)$ のフーリエ変換をそれぞれ $H(\omega), \mathscr{I}(\omega)$ とおくと，(1) より

$$H(\omega) = \sqrt{\frac{2}{\pi}} \frac{\sin b\omega}{\omega}$$

重畳定理より

$$\mathscr{F}\{I(x)\} \equiv \mathscr{I}(\omega) = \sqrt{2\pi} G(\omega) H(\omega)$$
$$= \sqrt{2\pi} \sqrt{\frac{2}{\pi}} \frac{\sin a\omega}{\omega} \cdot \sqrt{\frac{2}{\pi}} \frac{\sin b\omega}{\omega}$$
$$= 2\sqrt{\frac{2}{\pi}} \frac{\sin a\omega \cdot \sin b\omega}{\omega^2}$$

(4) $\int_{-\infty}^{\infty} \frac{\sin a\omega}{\omega^2} \sin x\omega \, d\omega = \pi \frac{1}{\sqrt{2\pi}} \int_{-\infty}^{\infty} \sqrt{\frac{2}{\pi}} \frac{\sin a\omega}{i\omega^2} e^{ix\omega} \, d\omega$

$$= \pi \mathscr{F}^{-1}\left[\sqrt{\frac{2}{\pi}} \cdot \frac{\sin a\omega}{i\omega^2}\right] = \pi \mathscr{F}^{-1}\left[\frac{1}{i\omega} G(\omega)\right]$$

$$= \frac{1}{2}\pi \mathscr{F}^{-1}\left[\sqrt{2\pi}\cdot\sqrt{\frac{2}{\pi}}\frac{1}{i\omega}\cdot G(\omega)\right]$$

$$= \frac{\pi}{2}\int_{-\infty}^{\infty}\mathrm{sgn}\,(x-t)g(t)\,dt^{\langle 注\rangle} \quad (\because\ 重畳定理)$$

$$\therefore\ \int_{-\infty}^{\infty}\frac{\sin a\omega\cdot\sin b\omega}{\omega^2}\,d\omega = \frac{\pi}{2}\int_{-\infty}^{\infty}\mathrm{sgn}\,(b-t)g(t)\,dt$$

$$= \frac{\pi}{2}\int_{-a}^{a}\mathrm{sgn}\,(b-t)\,dt$$

$$= \frac{\pi}{2}\int_{-a}^{a}dt = \pi a$$

〈注〉 $\mathrm{sgn}\,(x) = \begin{cases} 1 & (x>0) \\ 0 & (x=0) \\ -1 & (x<0) \end{cases}$

$$\mathscr{F}[\mathrm{sgn}\,(x)] \equiv \lim_{\tau\to 0}\mathscr{F}[\mathrm{sgn}\,(x)\cdot e^{-\tau|x|}]$$

$$= \lim_{\tau\to 0}\frac{1}{\sqrt{2\pi}}\int_{-\infty}^{\infty}\mathrm{sgn}\,(x)\cdot e^{-\tau|x|}\,e^{-i\omega x}\,dx$$

$$= \lim_{\tau\to\infty}\frac{1}{\sqrt{2\pi}}\left[\int_{-\infty}^{0}-e^{(\tau-i\omega)x}\,dx + \int_{0}^{\infty}e^{(-\tau-i\omega)x}\,dx\right]$$

$$= \lim_{\tau\to 0}\frac{1}{\sqrt{2\pi}}\left\{\left[\frac{-1}{\tau-i\omega}e^{(\tau-i\omega)x}\right]_{-\infty}^{0} + \left[\frac{1}{-\tau-i\omega}e^{(-\tau-i\omega)x}\right]_{0}^{\infty}\right\}$$

$$= \lim_{\tau\to\infty}\frac{1}{\sqrt{2\pi}}\left\{\frac{-1}{\tau-i\omega} + \frac{1}{\tau+i\omega}\right\} = \sqrt{\frac{2}{\pi}}\frac{1}{i\omega}$$

── 例題 4.13 ──────────────

熱伝導方程式の初期値問題
$$\begin{cases} \dfrac{\partial u}{\partial t} - k^2 \dfrac{\partial^2 u}{\partial x^2} = f(x,t) \quad (t>0) \\ u(x,0) = \varphi(x) \end{cases}$$
をフーリエ変換を用いて解け．ただし $f(x,t)$ は t について連続，x について S (急減少)，$\varphi(x)$ は S の関数とする． (早大)

【解答】 $u(x,t), f(x,t), \varphi(x)$ のフーリエ変換をそれぞれ $\hat{u}(\xi,t), \hat{f}(\xi,t), \hat{\varphi}(\xi)$ とおき，$\dfrac{d^2}{dx^2}\hat{u}(\xi,t) = (i\xi)^2 \hat{u}(\xi,t)$ を利用すると，与えられた初期値問題は次のような ξ をパラメータにもつ $\hat{u}$ に関する 1 階線形常微分方程式の初期値問題になる．

$$\begin{cases} \dfrac{d}{dt}\hat{u}(\xi,t) + k^2\xi^2 \hat{u}(\xi,t) = \hat{f}(\xi,t) \\ \hat{u}(\xi,0) = \hat{\varphi}(\xi) \end{cases} \qquad ①$$

この解は
$$\hat{u}(\xi,t) = e^{-k^2\xi^2 t}\left(\int_0^t e^{k^2\xi^2 \tau}\hat{f}(\xi,\tau)\,d\tau + c\right)$$

初期条件①より，$c = \hat{\varphi}(\xi)$．ゆえに
$$\hat{u}(\xi,t) = \hat{\varphi}(\xi)\,e^{-k^2\xi^2 t} + \int_0^t e^{-k^2\xi^2(t-\tau)}\hat{f}(\xi,\tau)\,d\tau \qquad ②$$

$\hat{g}(\xi,t) = e^{-k^2\xi^2 t}$ とおくと，②は
$$\hat{u}(\xi,t) = \hat{\varphi}(\xi)\cdot\hat{g}(\xi,t) + \int_0^t \hat{g}(t-\tau)\hat{f}(\xi,\tau)\,d\tau$$

になる．したがって
$$u(x,t) = \mathscr{F}^{-1}[\hat{u}(\xi,t)]$$
$$= \mathscr{F}^{-1}[\hat{\varphi}(\xi)\cdot\hat{g}(\xi,t)] + \mathscr{F}^{-1}\left[\int_0^t \hat{g}(t-\tau)\hat{f}(\xi,\tau)\,d\tau\right] \qquad ③$$

ここで，
$$\mathscr{F}^{-1}[\hat{g}(\xi,t)] = \dfrac{1}{\sqrt{2\pi}}\int_{-\infty}^{\infty} e^{-k^2\xi^2 t}\cdot e^{i\xi x}\,d\xi$$
$$= \dfrac{1}{\sqrt{2\pi}} e^{-x^2/4k^2 t}\int_{-\infty}^{\infty} e^{-k^2 t(\xi - ix/2k^2 t)^2}\,d\xi$$

$$= \exp\left(-\frac{x^2}{4k^2 t}\right) \frac{1}{k\sqrt{2t}} \cdot \frac{1}{\sqrt{2\pi} \cdot \frac{1}{k\sqrt{2t}}}$$

$$\times \int_{-\infty}^{\infty} \exp\left(-\frac{\left(\xi - \frac{ix}{2k^2 t}\right)^2}{2 \cdot \frac{1}{2k^2 t}}\right) d\xi$$

$$= \frac{1}{k\sqrt{2t}} \exp\left(-\frac{x^2}{4k^2 t}\right) \equiv g(x, t)$$

よって，③の第 1 項は

$$\mathscr{F}^{-1}[\hat{\varphi}(\xi) \cdot \hat{g}(\xi, t)] = \frac{1}{\sqrt{2\pi}} \int_{-\infty}^{\infty} g(x - y, t)\varphi(y)\, dy \quad (\because \text{ 重畳定理})$$

$$= \frac{1}{2k\sqrt{\pi t}} \int_{-\infty}^{\infty} \exp\left(-\frac{(x - y)^2}{4k^2 t}\right) \varphi(y)\, dy \qquad ④$$

第 2 項は

$$\mathscr{F}^{-1}\left[\int_0^t \hat{g}(\xi, t - \tau)\hat{f}(\xi, \tau)\, d\tau\right] = \int_0^t \mathscr{F}^{-1}[\hat{g}(\xi, t - \tau)\hat{f}(\xi, \tau)]\, d\tau$$

$$= \int_0^t \left\{\int_{-\infty}^{\infty} \frac{1}{2k\sqrt{\pi(t - \tau)}} \exp\left(-\frac{(x - y)^2}{4k^2(t - \tau)}\right) f(y, \tau)\, dy\right\} d\tau \qquad ⑤$$

④，⑤を③に代入すると，

$$u(x, t) = \frac{1}{2k\sqrt{\pi}} \left\{\int_{-\infty}^{\infty} \frac{1}{\sqrt{t}} \exp\left(-\frac{(x - y)^2}{4k^2 t}\right) \varphi(y)\, dy\right.$$

$$\left. + \int_0^t \int_{-\infty}^{\infty} \exp\left(-\frac{(x - y)^2}{4k^2(t - \tau)}\right) \frac{f(y, \tau)}{\sqrt{t - \tau}}\, dy\, d\tau\right\}$$

例題 4.14

関数 $f(t)$ を
$$f(t) = \phi(t) \cos \omega_0 t \quad (\omega_0 \equiv 2\pi/T_0)$$
とするとき，次の問に答えよ．

(1) 関数 $\phi(t)$ が，周期 $T_M(\equiv 2\pi/\omega_M)$ の周期関数で $-\frac{1}{2}T_M < t \leq \frac{1}{2}T_M$ において
$$\phi(t) = \begin{cases} 1 & \left(|t| \leq \frac{1}{2}\tau\right) \\ 0 & \left(\frac{1}{2}\tau < |t| \leq \frac{1}{2}T_M\right) \end{cases}$$
のように定義されている．ここで，τ は $0 < \tau < T_M$ の定数である．
$\phi(t)$ を複素フーリエ級数に展開せよ．

(2) (1)において，τ を一定に保ち，$T_M \to \infty$ とするとき，$f(t)$ のフーリエ変換 $F(\omega)$ を求めよ．また，$\omega_0 \tau = 10\pi$ のときのスペクトル $F(\omega)$ を図示せよ．

(3) (2)で求めた $f(t)$ と $F(\omega)$ を用いてパーセバルの等式
$$\int_{-\infty}^{\infty} |f(t)|^2 dt = \frac{1}{2\pi}\int_{-\infty}^{\infty} |F(\omega)|^2 d\omega$$
が成り立つことを示せ．ただし，必要があれば次の関係を用いよ．
$$\int_0^{\infty} \frac{\sin x}{x} dx = \frac{\pi}{2}, \quad \int_0^{\infty} \frac{\sin^2 x}{x^2} dx = \frac{\pi}{2}$$

(東北大)

【解答】 (1) $\phi(t) = \sum_{n=-\infty}^{\infty} C_n e^{i2n\pi t/T_M}$ とおくと，

$$C_0 = \frac{1}{T_M}\int_{-T_M/2}^{T_M/2} \phi(t)\, dt = \frac{1}{T_M}\int_{-\tau/2}^{\tau/2} d\tau = \frac{\tau}{T_M}$$

$$C_n = \frac{1}{T_M}\int_{-T_M/2}^{T_M/2} \phi(t)\, e^{-i2n\pi t/T_M} dt = \frac{1}{T_M}\int_{-\tau/2}^{\tau/2} e^{-i2n\pi t/T_M} dt$$

$$= \frac{1}{T_M} \cdot \frac{T_M}{-i2n\pi}\left[e^{-i2n\pi t/T_M}\right]_{-\tau/2}^{\tau/2}$$

$$= \frac{1}{n\pi} \cdot \frac{1}{-2i}\left\{e^{-in\pi\tau/T_M} - e^{in\pi\tau/T_M}\right\}$$

$$= \frac{1}{n\pi}\sin\frac{n\pi\tau}{T_M} \quad (n = \pm 1, \pm 2, \cdots)$$

よって,

$$\phi(t) = \sum_{n=-\infty}^{-1} \frac{1}{n\pi} \sin \frac{n\pi\tau}{T_M} e^{i2n\pi t/T_M} + \frac{\tau}{T_M} + \sum_{n=1}^{\infty} \frac{1}{n\pi} \sin \frac{n\pi\tau}{T_M} e^{i2n\pi t/T_M}$$

(2) $\displaystyle F(\omega) \equiv \int_{-\infty}^{\infty} f(t)\, e^{-i\omega t}\, dt = \int_{-\tau/2}^{\tau/2} \cos \omega_0 t \, e^{-i\omega t}\, dt$

$\displaystyle \qquad = \int_{-\tau/2}^{\tau/2} \cos \omega_0 t (\cos \omega t - i \sin \omega t)\, dt = \int_0^{\tau/2} \cos \omega_0 t \cos \omega t\, dt$

$\displaystyle \qquad = \int_0^{\tau/2} \{\cos (\omega + \omega_0)t + \cos (\omega - \omega_0)t\}\, dt$

$\displaystyle \qquad = \left[\frac{\sin (\omega + \omega_0)t}{\omega + \omega_0} + \frac{\sin (\omega - \omega_0)t}{\omega - \omega_0} \right]_0^{\tau/2}$

$\displaystyle \qquad = \frac{\sin (\omega + \omega_0)\dfrac{\tau}{2}}{\omega + \omega_0} + \frac{\sin (\omega - \omega_0)\dfrac{\tau}{2}}{\omega - \omega_0}$

$\displaystyle \therefore\ F(\omega) = \frac{\sin (\omega + \omega_0)\dfrac{\tau}{2}}{\omega + \omega_0} + \frac{\sin (\omega - \omega_0)\dfrac{\tau}{2}}{\omega - \omega_0}$ (図略)

(3) $\displaystyle \int_{-\infty}^{\infty} |f(t)|^2\, dt = \int_{-\tau/2}^{\tau/2} \cos^2 \omega_0 t\, dt = \int_0^{\tau/2} (1 + \cos 2\omega_0 t)\, dt$

$\displaystyle \qquad = \frac{\tau}{2} + \frac{1}{2\omega_0} \sin \omega_0 \tau \qquad$ ①

$\displaystyle \int_{-\infty}^{\infty} |F(\omega)|^2\, d\omega = \int_{-\infty}^{\infty} \left\{ \frac{\sin (\omega+\omega_0)\dfrac{\tau}{2}}{\omega + \omega_0} + \frac{\sin (\omega-\omega_0)\dfrac{\tau}{2}}{\omega - \omega_0} \right\}^2 d\omega$

$\displaystyle \qquad = \int_{-\infty}^{\infty} \left(\frac{\sin (\omega + \omega_0)\dfrac{\tau}{2}}{\omega + \omega_0} \right)^2 d\omega + \int_{-\infty}^{\infty} \left(\frac{\sin (\omega - \omega_0)\dfrac{\tau}{2}}{\omega - \omega_0} \right)^2 d\omega$

$\displaystyle \qquad\quad + \int_{-\infty}^{\infty} \frac{2 \sin (\omega + \omega_0)\dfrac{\tau}{2} \cdot \sin (\omega - \omega_0)\dfrac{\tau}{2}}{\omega^2 - \omega_0^2}\, d\omega$

$\displaystyle \qquad \equiv I_1 + I_2 + I_3 \qquad$ ②

$\displaystyle I_1 = \int_{-\infty}^{\infty} \left(\frac{\sin (\omega + \omega_0)\dfrac{\tau}{2}}{\omega + \omega_0} \right)^2 d\omega = \frac{\tau}{2} \int_{-\infty}^{\infty} \left(\frac{\sin u}{u} \right)^2 du$

$$= \tau \int_0^\infty \left(\frac{\sin u}{u}\right)^2 du = \frac{\pi\tau}{2} \qquad ③$$

同様にして

$$I_2 = \frac{\pi\tau}{2} \qquad ④$$

$$I_3 = \int_{-\infty}^\infty \frac{2\sin(\omega+\omega_0)\frac{\tau}{2}\cdot\sin(\omega-\omega_0)\frac{\tau}{2}}{\omega^2-\omega_0^2} d\omega$$

$$= \frac{1}{\omega_0}\left\{\int_{-\infty}^\infty \frac{\sin(\omega+\omega_0)\frac{\tau}{2}\sin(\omega-\omega_0)\frac{\tau}{2}}{\omega-\omega_0} d\omega\right.$$

$$\left.-\int_{-\infty}^\infty \frac{\sin(\omega+\omega_0)\frac{\tau}{2}\cdot\sin(\omega-\omega_0)\frac{\tau}{2}}{\omega+\omega_0} d\omega\right\}$$

$$= \frac{1}{\omega_0}\left\{\int_{-\infty}^\infty \frac{\sin(v+\tau\omega_0)\cdot\sin v}{v} dv - \int_{-\infty}^\infty \frac{\sin u\cdot\sin(u-\tau\omega_0)}{u} du\right\}$$

$$\left(v=(\omega-\omega_0)\frac{\tau}{2},\ u=(\omega+\omega_0)\frac{\tau}{2}\ とおく\right)$$

$$= \frac{1}{\omega_0}\int_{-\infty}^\infty \frac{\sin v(\sin(v+\tau\omega_0)-\sin(v-\tau\omega_0))}{v} dv$$

$$= \frac{1}{\omega_0}\int_{-\infty}^\infty \frac{\sin v\cdot 2\cos v\sin\tau\omega_0}{v} dv = \frac{\sin\tau\omega_0}{\omega_0}\int_{-\infty}^\infty \frac{\sin 2v}{v} dv$$

$$= \frac{\sin\tau\omega_0}{\omega_0}\int_{-\infty}^\infty \frac{\sin\alpha}{\alpha} d\alpha \quad (\alpha=2v\ とおく)$$

$$= \frac{\sin\tau\omega_0}{\omega_0} 2\int_0^\infty \frac{\sin\alpha}{\alpha} d\alpha = \frac{\pi\sin\tau\omega_0}{\omega_0} \qquad ⑤$$

③, ④, ⑤を②に代入すると,

$$\int_{-\infty}^\infty |F(\omega)|^2 d\omega = \frac{\pi\tau}{2}+\frac{\pi\tau}{2}+\frac{\pi\sin\tau\omega_0}{\omega_0}$$

$$= \pi\tau+\frac{\pi\sin\tau\omega_0}{\omega_0} \qquad ⑥$$

①, ⑥より, $\int_{-\infty}^\infty |f(t)|^2 dt = \frac{1}{2\pi}\int_{-\infty}^\infty |F(\omega)|^2 d\omega$ が成立する.

―― 例題 **4.15** ――

2個の独立な実変数 x と t の実関数，$F(x, t)$ が①の偏微分方程式の解として与えられるものとする．

$$\frac{\partial F}{\partial t} - \frac{\partial^2 F}{\partial x^2} = x \qquad ①$$

x と t との変域は，$0 \leqq x \leqq 1, \ 0 \leqq t < +\infty$ である．

$F(x, t)$ を②の形の x に関するフーリエ級数解として求めよう．

$$F(x, t) = \sum_{n=0}^{\infty} y_n(t) f_n(x) \qquad ②$$

ここで，$f_n(x) \ (n = 0, 1, 2, \cdots)$ は

$$\int_0^1 f_n(x) f_m(x) \, dx = 1; \ n = m \\ \hspace{3.5em} = 0; \ n \neq m \quad (n, m = 0, 1, 2, \cdots)$$

のように直交規格化された実関数である．次の問に答えよ．

（a）x に関する境界条件が

$$f_n(x) = 0 \text{ at } x = 0 \\ df_n(x)/dx = 0 \text{ at } x = 1 \qquad ③$$

であるとする．実関数 $f_n(x)$ を求めよ．

（b）$y_n(t)$ に対する常微分方程式が

$$\frac{dy_n}{dt} - \alpha_n^2 y_n = \beta_n$$

の形になることを示せ．また，前問で求めた $f_n(x)$ を用いて，α_n と β_n を求めよ．

（c）t に関する境界条件が

$$y_n(t) = 0 \text{ at } t = 0 \qquad ④$$

であるとする．$y_n(t)$ を求めよ． （九大工）

【解答】（a）$F(x, y) = \sum_{n=0}^{\infty} y_n(t) f_n(x)$ を①に代入すると

$$\sum_{n=0}^{\infty} (y_n' f_n - y_n f_n'') = x \qquad ⑤$$

$$f_n''(x) = \lambda f_n(x) \quad (\lambda < 0)$$

とおくと，

$$f_n(x) = A_n \cos \sqrt{-\lambda} \, x + B_n \sin \sqrt{-\lambda} \, x$$

境界条件③より

$$\begin{cases} 0 = A_n \\ 0 = -A_n\sqrt{-\lambda}\sin\sqrt{-\lambda} + B_n\sqrt{-\lambda}\cos\sqrt{-\lambda} \end{cases}$$

$$\Longrightarrow A_n = 0, \quad \lambda = -\left[\frac{1}{2}(2n+1)\pi\right]^2,$$

$$f_n(x) = B_n \sin\frac{1}{2}(2n+1)\pi x \quad (n = 0, 1, \cdots)$$

$\{f_n(x)\}$ は規格直交化された実関数系なので,

$$B_n = \sqrt{2}$$

$$\therefore \quad f_n(x) = \sqrt{2}\sin\frac{1}{2}(2n+1)\pi x \quad (n = 0, 1, \cdots)$$

（b） いま, x を $\{f_n(x)\}$ によって展開すれば,

$$x = \sum_{n=0}^{\infty} \beta_n f_n(x)$$

ただし,

$$\beta_n = \int_0^1 x f_n(x)\,dx = \sqrt{2}\int_0^1 x\sin\frac{1}{2}(2n+1)\pi x\,dx$$

$$= \sqrt{2}\left\{ x \cdot \frac{-1}{\frac{1}{2}(2n+1)\pi}\cos\frac{1}{2}(2n+1)\pi x\Big|_0^1 \right.$$

$$\left. -\int_0^1 \frac{-1}{\frac{1}{2}(2n+1)\pi}\cos\frac{1}{2}(2n+1)\pi x\,dx \right\}$$

$$= \frac{\sqrt{2}}{\frac{1}{2}(2n+1)\pi}\int_0^1 \cos\frac{1}{2}(2n+1)\pi x\,dx$$

$$= \frac{\sqrt{2}}{\left[\frac{1}{2}(2n+1)\pi\right]^2}\sin\frac{1}{2}(2n+1)\pi x\Big|_0^1 = \frac{4\sqrt{2}(-1)^n}{(2n+1)^2\pi^2} \qquad ⑥$$

⑥ および $f_n''(x) = -\left[\frac{1}{2}(2n+1)\pi\right]^2 f_n(x)$ を ⑤ に代入すると,

$$\sum_{n=0}^{\infty}\left\{ y_n'f_n + y_n\cdot\left[\frac{1}{2}(2n+1)\pi\right]^2 f_n \right\} = \sum_{n=0}^{\infty}\beta_n f_n$$

$$\therefore \quad y_n' + \left[\frac{1}{2}(2n+1)\pi\right]^2 y_n = \beta_n$$

ゆえに,
$$\alpha_n^2 = -\left[\frac{1}{2}(2n+1)\pi\right]^2, \quad \beta_n = \frac{4\sqrt{2}}{[(2n+1)\pi]^2}(-1)^n$$
$$(n = 0, 1, 2, \cdots) \quad \text{⑦}$$

(c) ⑦より
$$y_n(t) = e^{\alpha_n^2 t}\left(c - \frac{\beta_n}{\alpha_n^2}e^{-\alpha_n^2 t}\right)$$

境界条件④より, $c = \dfrac{\beta_n}{\alpha_n^2}$ である. したがって

$$y_n(t) = \frac{\beta_n}{\alpha_n^2}(e^{\alpha_n^2 t} - 1)$$
$$= \left(\frac{4}{(2n+1)\pi}\right)^2 \sqrt{2}\,(-1)^n (e^{-[(1/2)(2n+1)\pi]^2 t} - 1) \quad (n = 0, 1, \cdots)$$

── 例題 4.16 ──

(a) $f(x) = \dfrac{a}{2} - \left| x - \dfrac{a}{2} \right|$ $(0 < x < a)$ をフーリエ正弦級数に展開せよ．

(b) ラプラス方程式

$$\frac{\partial^2 \phi}{\partial x^2} + \frac{\partial^2 \phi}{\partial y^2} = 0 \quad (0 < x < a,\ 0 < y < b)$$

の解 $\phi(x, y)$ を
$x = 0$ で $\phi = 0$，$x = a$ で $\phi = 0$，$y = 0$ で $\phi = f(x)$，$y = b$ で $\phi = 0$
の条件のもとに求めよ．ただし，$f(x)$ は前問（a）の $f(x)$ である．

(東北大)

【解答】 （a） $f(x)$ のフーリエ正弦級数の係数を $b_n (n = 1, 2, \cdots)$ と書くと，

$$b_n = \frac{2}{a} \int_0^a f(x) \sin \frac{n\pi}{a} x\, dx$$

$$= \frac{2}{a} \left\{ \int_0^{a/2} x \sin \frac{n\pi}{a} x\, dx + \int_{a/2}^a (a - x) \sin \frac{n\pi}{a} x\, dx \right\}$$

$$= \frac{2}{a} \left\{ \int_0^{a/2} (1 + (-1)^{n-1}) x \sin \frac{n\pi}{a} x\, dx \right\}$$

$$\left(t = x - a \text{ のとき，} \int_{a/2}^a (a - x) \sin \frac{n\pi}{a} x\, dx = (-1)^{n-1} \int_0^{a/2} t \sin \frac{n\pi}{a} t\, dt \right)$$

$$= \frac{2}{a} (1 + (-1)^{n-1}) \left[x \cdot \frac{-1}{\frac{n\pi}{a}} \cos \frac{n\pi}{a} x \bigg|_0^{a/2} - \frac{-1}{\frac{n\pi}{a}} \int_0^{a/2} \cos \frac{n\pi}{a} x\, dx \right]$$

$$= \begin{cases} 0 & (n = 2m) \\ \dfrac{2a}{(2m - 1)\pi} (-1)^{m-1} & (n = 2m - 1) \end{cases}$$

よって，$f(x)$ のフーリエ正弦級数は

$$f(x) = \sum_{m=1}^\infty \frac{2a(-1)^{m-1}}{(2m-1)\pi} \sin \frac{2m-1}{a} \pi x$$

（b） $\phi(x, y) = X(x)Y(y)$ とおくと，与式は

$$-\frac{Y''}{Y} = \frac{X''}{X} = -\lambda^2 \quad (\lambda > 0) \qquad ①$$

$$\therefore\ X'' + \lambda^2 X = 0$$

$$X = A \cos \lambda x + B \sin \lambda x \qquad ②$$

境界条件 $\phi(0, y) = \phi(a, y) = 0$ から得られる $X(0) = X(a) = 0$ を②に代入すると,

$$\begin{cases} 0 = A \\ 0 = A \cos \lambda a + B \sin \lambda a \end{cases} \Longrightarrow A = 0, \quad \sin \lambda a = 0$$

$$\sin \lambda a = 0 \Longrightarrow \lambda = \lambda_n = \frac{n\pi}{a} \quad (n = 1, 2, \cdots)$$

$$\therefore \quad X(x) = B_n \sin \lambda_n x = B_n \sin \frac{n\pi}{a} x$$

①より, λ_n に対応する $Y = Y_n$ は $Y'' - \lambda_n^2 Y = 0$ をみたすから,

$$Y_n = C_n e^{\lambda_n y} + D_n e^{-\lambda_n y} \quad (n = 1, 2, \cdots)$$

$$\therefore \quad \phi(x, y) = \sum_{n=1}^{\infty} B_n \sin \frac{n\pi}{a} x (C_n e^{\lambda_n y} + D_n e^{-\lambda_n y})$$

境界条件 $\phi(x, 0) = f(x), \phi(x, b) = 0$ より,

$$\begin{cases} \sum_{n=1}^{\infty} (B_n C_n + B_n D_n) \sin \frac{n\pi}{a} x = \sum_{m=1}^{\infty} \frac{2a(-1)^{m-1}}{(2m-1)\pi} \sin \frac{2m-1}{a} \pi x \\ \sum_{n=1}^{\infty} (B_n C_n e^{\lambda_n b} + B_n D_n e^{-\lambda_n b}) \sin \frac{n\pi}{a} x = 0 \end{cases}$$

すなわち

$$\begin{cases} B_n C_n + B_n D_n = \begin{cases} 0 & (n = 2m) \\ \dfrac{2a(-1)^{m-1}}{(2m-1)\pi} & (n = 2m - 1) \end{cases} \\ B_n C_n e^{\lambda_n b} + B_n D_n e^{-\lambda_n b} = 0 \end{cases}$$

$$\therefore \quad B_{2m} C_{2m} = B_{2m} D_{2m} = 0$$

$$B_{2m-1} C_{2m-1} = -\frac{a(-1)^{m-1}}{(2m-1)\pi} \cdot \frac{e^{-\lambda_{2m-1} b}}{\sinh \lambda_{2m-1} b}$$

$$B_{2m-1} D_{2m-1} = \frac{a(-1)^{m-1}}{(2m-1)\pi} \cdot \frac{e^{\lambda_{2m-1} b}}{\sinh \lambda_{2m-1} b}$$

したがって

$$\phi(x, y) = \sum_{m=1}^{\infty} \sin \frac{2m-1}{a} \pi x \cdot \frac{a(-1)^{m-1}}{(2m-1)\pi} \cdot \frac{-e^{-\lambda_{2m-1}(b-y)} + e^{\lambda_{2m-1}(b-y)}}{\sinh \lambda_{2m-1} b}$$

$$= \sum_{m=1}^{\infty} \frac{2a(-1)^{m-1}}{(2m-1)\pi \sinh \dfrac{(2m-1)\pi b}{a}} \sin \frac{2m-1}{a} \pi x \sinh \frac{2m-1}{a} \pi (b-y)$$

── 例題 4.17 ──────────────────

関数 $f(x)$ は $(-\infty, \infty)$ で連続で可積分とする．

(a) 任意の整数 n に対して，$n < x < n+1$ では，$f(x)$ は，

$$f(x) = \frac{1}{2}a_0 + \sum_{m=1}^{\infty}(a_m \cos 2\pi mx + b_m \sin 2\pi mx) \qquad (1)$$

のように，フーリエ級数に展開できる．係数 a_m, b_m を，$f(x)$ を使って表わせ．

(b) 上の結果を用いて，次の公式を証明せよ．

$$\sum_{n=-\infty}^{\infty} f\left(n + \frac{1}{2}\right) = \int_{-\infty}^{\infty} f(x)\,dx + 2\sum_{m=1}^{\infty}(-1)^m \int_{-\infty}^{\infty} f(x)\cos 2\pi mx\,dx \qquad (2)$$

(c) α を任意の正の数として，
$$f(x) = e^{-\alpha|x-1/2|}$$
のとき，上の公式（2）の右辺を計算せよ．

(d) 無限和 $\displaystyle\sum_{n=-\infty}^{\infty} \frac{1}{n^2+1}$ を求めよ． (東大理)

【解答】 (a) $k, m = 0, 1, 2, \cdots$ に対して

$$\int_n^{n+1} \cos 2\pi kx \cos 2\pi mx\,dx = \int_0^1 \frac{1}{2}\{\cos 2\pi(k+m)x + \cos 2\pi(k-m)x\}\,dx$$

$$= \frac{1}{2}\left[\frac{\sin 2\pi(k+m)x}{2\pi(k+m)} + \frac{\sin 2\pi(k-m)x}{2\pi(k-m)}\right]_0^1$$

$$= \begin{cases} 0 & (k \neq m) \\ 1/2 & (k = m \neq 0) \\ 1 & (k = m = 0) \end{cases}$$

$$\int_n^{n+1} \cos 2\pi kx \sin 2\pi mx\,dx = \int_0^1 \frac{1}{2}\{\sin 2\pi(k+m)x - \sin 2\pi(k-m)x\}\,dx$$

$$= \frac{1}{2}\left[\frac{-\cos 2\pi(k+m)x}{2\pi(k+m)} - \frac{-\cos 2\pi(k-m)x}{2\pi(k-m)}\right]_0^1$$

$$= 0$$

$$\int_n^{n+1} \sin 2\pi kx \sin 2\pi mx\,dx = \int_0^1 \frac{1}{2}\{\cos 2\pi(k+m)x - \cos 2\pi(k-m)x\}\,dx$$

$$= \frac{1}{2}\left[\frac{\sin 2\pi(k+m)x}{2\pi(k+m)} - \frac{\sin 2\pi(k-m)x}{2\pi(k-m)}\right]_0^1$$

$$= \begin{cases} 0 & (k \neq m) \\ 1/2 & (k = m \neq 0) \\ 0 & (k = m = 0) \end{cases}$$

を考慮すると，

$$\int_n^{n+1} (\cos 2\pi kx) f(x)\, dx$$

$$= \frac{1}{2} a_0 \int_n^{n+1} \cos 2\pi kx\, dx + \sum_{m=1}^{\infty} \left\{ a_m \int_n^{n+1} \cos 2\pi kx \cos 2\pi mx\, dx \right.$$

$$\left. + b_m \int_n^{n+1} \cos 2\pi kx \sin 2\pi mx\, dx \right\}$$

$$= \frac{1}{2} a_0 \left[\frac{\sin 2\pi kx}{2\pi k}\right]_n^{n+1} + \sum_{m=1}^{\infty} a_m \frac{1}{2} \delta_{mk} = 0 + \frac{1}{2} a_k$$

$$\therefore\quad a_m = 2 \int_n^{n+1} f(x) \cos 2\pi mx\, dx \quad (m = 0, 1, 2, \cdots) \qquad ①$$

$$\int_n^{n+1} (\sin 2\pi kx) f(x)\, dx$$

$$= \frac{1}{2} a_0 \int_n^{n+1} \sin 2\pi kx\, dx + \sum_{m=1}^{\infty} \left\{ a_m \int_n^{n+1} \sin 2\pi kx \cos 2\pi mx\, dx \right.$$

$$\left. + b_m \int_n^{n+1} \sin 2\pi kx \sin 2\pi mx\, dx \right\}$$

$$= \frac{1}{2} a_0 \left[\frac{-\cos 2\pi kx}{2\pi k}\right]_n^{n+1} + \sum_{m=1}^{\infty} b_m \frac{1}{2} \delta_{mk} = 0 + \frac{1}{2} b_k$$

$$\therefore\quad b_m = 2 \int_n^{n+1} f(x) \sin 2\pi mx\, dx \quad (m = 1, 2, \cdots) \qquad ②$$

（b） 公式(1)に $x = n + 1/2$ を代入すると，

$$f\left(n + \frac{1}{2}\right) = \frac{1}{2} a_0 + \sum_{m=1}^{\infty} \left\{ a_m \cos 2\pi m \left(n + \frac{1}{2}\right) \right.$$

$$\left. + b_m \sin 2\pi m \left(n + \frac{1}{2}\right) \right\}$$

$$= \frac{1}{2} a_0 + \sum_{m=1}^{\infty} a_m \cos \pi m + 0 = \frac{1}{2} a_0 + \sum_{m=1}^{\infty} a_m (-1)^m$$

これに①，②を代入すると，

$$f\left(n+\frac{1}{2}\right) = \frac{1}{2}\cdot 2\int_n^{n+1} f(x)\,dx + \sum_{m=1}^{\infty} (-1)^m \cdot 2\int_n^{n+1} f(x)\cos 2\pi mx\,dx$$

$$\therefore \sum_{n=-\infty}^{\infty} f\left(n+\frac{1}{2}\right) = \sum_{n=-\infty}^{\infty}\int_n^{n+1} f(x)\,dx$$

$$+ 2\sum_{n=-\infty}^{\infty}\sum_{m=1}^{\infty} (-1)^m \int_n^{n+1} f(x)\cos 2\pi mx\,dx$$

$$= \int_{-\infty}^{\infty} f(x)\,dx + 2\sum_{m=1}^{\infty} (-1)^m \int_{-\infty}^{\infty} f(x)\cos 2\pi mx\,dx$$

（c） 公式(2)の第1項の積分は

$$\int_{-\infty}^{\infty} f(x)\,dx = \int_{-\infty}^{\infty} e^{-\alpha|x-1/2|}\,dx = \int_{-\infty}^{\infty} e^{-\alpha|t|}\,dt \quad (t = x - 1/2)$$

$$= 2\int_0^{\infty} e^{-\alpha t}\,dt = \frac{2}{\alpha}$$

公式(2)の第2項の積分は，$m \geq 1$ のとき，

$$\int_{-\infty}^{\infty} f(x)\cos 2\pi mx\,dx = \int_{-\infty}^{\infty} e^{-\alpha|x-1/2|}\cos 2\pi mx\,dx$$

$$= \int_{-\infty}^{\infty} e^{-\alpha|t|}\cos 2\pi m(t+1/2)\,dt \quad (t = x-1/2)$$

$$= (-1)^m \int_{-\infty}^{\infty} e^{-\alpha|t|}\cos 2\pi mt\,dt$$

$$= (-1)^m \cdot 2\int_0^{\infty} e^{-\alpha t}\cos 2\pi mt\,dt$$

$$= (-1)^m \cdot \int_0^{\infty} (e^{-\alpha t + i2\pi mt} + e^{-\alpha t - i2\pi mt})\,dt$$

$$= (-1)^m \left[\frac{e^{-\alpha t + i2\pi mt}}{-\alpha + i2\pi m} + \frac{e^{-\alpha t - i2\pi mt}}{-\alpha - i2\pi m}\right]_0^{\infty}$$

$$= (-1)^m \left[\frac{1}{\alpha - i2\pi m} + \frac{1}{\alpha + i2\pi m}\right]$$

$$= (-1)^m \frac{2\alpha}{\alpha^2 + (2\pi m)^2}$$

$$\therefore \quad (2)\text{の右辺} = \frac{2}{\alpha} + 2\sum_{m=1}^{\infty} (-1)^m (-1)^m \frac{2\alpha}{\alpha^2 + (2\pi m)^2}$$

$$= \frac{2}{\alpha} + 4\sum_{m=1}^{\infty} \frac{\alpha}{\alpha^2 + (2\pi m)^2}$$

（d） 公式（2）の左辺 $= \sum_{n=-\infty}^{\infty} e^{-\alpha|n+1/2-1/2|} = \sum_{n=-\infty}^{\infty} e^{-\alpha|n|}$

$$= 1 + 2(e^{-\alpha} + e^{-2\alpha} + \cdots) = 1 + 2\frac{e^{-\alpha}}{1-e^{-\alpha}} = \frac{1+e^{-\alpha}}{1-e^{-\alpha}}$$

$$\therefore \quad \frac{1+e^{-\alpha}}{1-e^{-\alpha}} = \frac{2}{\alpha} + 4\sum_{m=1}^{\infty} \frac{\alpha}{\alpha^2 + (2\pi m)^2}$$

$\alpha = 2\pi$ とおくと，

$$\frac{1+e^{-2\pi}}{1-e^{-2\pi}} = \coth \pi = \frac{2}{2\pi} + 4\sum_{m=1}^{\infty} \frac{2\pi}{(2\pi)^2 + (2\pi m)^2}$$

$$= \frac{1}{\pi} + \frac{2}{\pi}\sum_{m=1}^{\infty} \frac{1}{1+m^2} = \frac{1}{\pi}\sum_{m=-\infty}^{\infty} \frac{1}{1+m^2}$$

$$\therefore \quad \sum_{n=\infty}^{\infty} \frac{1}{1+n^2} = \pi \coth \pi$$

問題研究

4.10 関数 $f(x)$ が

$$f(x) = \begin{cases} -l & (-l < x < 0) \\ x & (0 < x < l) \end{cases}$$

で定義されている．

(1) $f(x)$ を $-l < x < l$ の区間で周期 $2l$ の実フーリエ級数に展開せよ．

(2) 上の結果を用いて

$$\sum_{n=1}^{\infty} \frac{1}{(2n-1)^2} = \frac{\pi^2}{8}$$

となることを示せ． (東大工)

4.11 (1) 実関数 $f(x)$ が次のフーリエ積分

$$f(x) = \int_{-\infty}^{\infty} \hat{f}(k) e^{ikx} dk \quad (\hat{f}(k) \text{ はフーリエ係数})$$

の形で表わせるとしよう．この関数の x に関する $\frac{1}{2}$ 次の導関数を

$$\left(\frac{d}{dx}\right)^{1/2} f(x) = \int_{-\infty}^{\infty} (ik)^{1/2} \hat{f}(k) e^{ikx} dk \quad (A)$$

によって定義する．ただし，$k < 0$ のときは $\arg(k) = -\pi$ とする．このとき，次の定積分

$$\int_0^{\infty} \frac{e^{-ikx}}{\sqrt{x}} dx = \left(\frac{\pi}{ik}\right)^{1/2} \quad (B)$$

を使って，積分

$$\frac{1}{\sqrt{\pi}} \int_{-\infty}^{x} \frac{1}{\sqrt{x-\xi}} \frac{d}{d\xi} f(\xi) d\xi \quad (C)$$

が $\left(\dfrac{d}{dx}\right)^{\frac{1}{2}} f(x)$ に等しいことを示せ．ただし $\dfrac{d}{dx} f(x)$ もフーリエ積分表示できるものとする．

(2) 前問(1)の等式(B)を導け．ただし，必要ならば証明なしに次の定積分を使ってもよい：

$$\int_0^{\infty} \cos(x^2) dx = \frac{1}{2}\sqrt{\frac{\pi}{2}}, \quad \int_0^{\infty} \sin(x^2) dx = \frac{1}{2}\sqrt{\frac{\pi}{2}} \qquad \text{(東大理)}$$

4.12 $f(x) = |x|$ の区間 $[-\pi, \pi]$ でのフーリエ級数を求め，$f(0) = 0$，および，パーシバルの等式からそれぞれある結果を導きなさい． (津田塾大)

4.13 （1） $-\pi \leqq x \leqq \pi$ で定義される関数 $f(x) = \dfrac{x}{2}$ をフーリエ級数に展開せよ．

（2） （1）の結果を利用して $\dfrac{1}{4}(x^2 - \alpha^2)$ のフーリエ級数表示を求めよ．ただし α は任意の定数である．

（3） $x(x^2 - \pi^2) = 12 \displaystyle\sum_{n=1}^{\infty} (-1)^n \dfrac{\sin(nx)}{n^3}$ を証明せよ． （東大工）

4.14 周期 2π の周期関数 $f(t)$ の基本区間が次の定義によって与えられている：
$$f(t) = 0 \quad (-\pi < t < 0)$$
$$f(t) = \sin t \quad (0 \leqq t \leqq \pi)$$
$f(t)$ のフーリエ級数展開
$$f(t) = \frac{1}{2}a_0 + a_1 \cos t + a_2 \cos 2t + \cdots + a_n \cos nt + \cdots$$
$$+ b_1 \sin t + b_2 \sin 2t + \cdots + b_n \sin nt + \cdots$$
を計算することにより，
$$\pi = 2 + 4 \sum_{n=1}^{\infty} \frac{(-1)^{n-1}}{(2n-1)(2n+1)}$$
を証明せよ． （東大理）

4.15 （1） $0 < x < \pi$ で $f(x) = 1$ と定義された関数をフーリエ正弦級数
$$f(x) = \sum_{n=1}^{\infty} a_n \sin nx \tag{A}$$
に展開せよ．

（2） （A）の右辺の $n = N$ までとった部分和を $f_N(x)$ とする．
$$x = \frac{m\pi}{6} \quad (m = 0, 1, 2, \cdots, 6)$$
における値を用いて，$f(x)$ が $f_N(x)$ で近似される様子を $N = 1$ および 3 の場合についてグラフで示せ．

（3） 近似の程度を表わす量
$$e_N = \frac{1}{\pi} \int_0^{\pi} |f(x) - f_N(x)|^2 \, dx$$
を $N = 1$ および 3 の場合について小数点以下 2 桁まで求めよ．（東大工）

4.16 関数 $f(x)$ のフーリエ変換 $F(y)$ および，その逆変換を以下のように与える．
$$F(y) = \int_{-\infty}^{\infty} f(x) e^{-2\pi i x y} \, dx \iff f(x) = \int_{-\infty}^{\infty} F(-y) e^{-2\pi i y x} \, dy$$

ただし，i は虚数記号で，変数 x, y 等はすべて実数の範囲で考える．

(1) 指数関数とステップ関数 $h(x) = 1(x > 0), 0(x < 0)$ との積の形で定義される関数 $f(x) = e^{-2\pi|\alpha|x}h(x)$ のフーリエ変換 $F(y)$ を求めよ．ただし，$|\alpha|$ は定数 $\alpha (\alpha \neq 0)$ の絶対値を表わす．

(2) 上記の逆変換を考えることによって，関数 $q(x) = 1/(x - i\alpha)$ のフーリエ変換 $G(y)$ を求めよ． (東大工)

4.17 $-\pi \leqq x \leqq \pi$ で定義された関数
$$f(x) = \cos \alpha x$$
を考える．ただし，α は整数でない実数とする．

(1) $f(x)$ をフーリエ展開することにより，$\cot \pi \alpha$ の級数表示式を求めよ．

(2) $\sin \pi \alpha = \pi \alpha \prod_{n=1}^{\infty} \left(1 - \frac{\alpha^2}{n^2}\right)$

であることを証明せよ．

〈ヒント〉(1) で得られた級数は一様収束する． (東大工)

4.18 $u(x)$ は $[0, \pi]$ で定義され，$u(0) = u(\pi) = 0$ をみたす滑らかな関数である．$u, \dfrac{du}{dx} = u'$ がともにフーリエ級数に展開できるとして，次を示せ．

$$\int_0^\pi (u')^2\, dx \geqq \int_0^\pi u^2\, dx$$

また，等号が成り立つのはどういう場合か． (東大工)

4.19 フーリエ余弦変換とその逆変換は，それぞれ次のように定義される．

$$F_c[f(t)] = \sqrt{\frac{2}{\pi}} \int_0^\infty f(t) \cos(xt)\, dt \quad \text{フーリエ余弦変換}$$

$$f(t) = \sqrt{\frac{2}{\pi}} \int_0^\infty F_c[f(t)] \cos(xt)\, dx \quad \text{フーリエ余弦逆変換}$$

ただし，関数 f は実関数で連続かつ絶対積分可能である．以下の問に答えよ．

(1) 関数 $e^{-at}\cos(at)$ と $e^{-at}\sin(at)$ のフーリエ余弦変換を求めよ．ただし，a は正の実定数とする．

(2) 関数 $\dfrac{1}{t^4 + b^4}$ と $\dfrac{t^2}{t^4 + b^4}$ のフーリエ余弦変換を求めよ．ただし，b は正の実定数とする． (東大工，神戸大*)

4.20 関数 $f(t)$ のフーリエ変換 $F(\omega)$ は，次式で与えられる．

$$F(\omega) = \int_{-\infty}^\infty f(t)\, e^{-i\omega t}\, dt$$

（1） 次の関数 $f_1(t)$ のフーリエ変換 $F_1(\omega)$ を求め，$F_1(\omega)/F_1(0)$ を $\omega \geqq 0$ の範囲についてグラフで示せ．

$$f_1(t) = \begin{cases} 1, & |t| \leqq \dfrac{T}{2} \\ 0, & |t| > \dfrac{T}{2} \end{cases}$$

（2） 次の関数 $f_2(t)$ のフーリエ変換 $F_2(\omega)$ を求め，$F_2(\omega)/F_2(0)$ を $\omega \geqq 0$ の範囲についてグラフで示せ．

$$f_2(t) = \begin{cases} 1 - \dfrac{2|t|}{T}, & |t| \leqq \dfrac{T}{2} \\ 0, & |t| > \dfrac{T}{2} \end{cases}$$

（3） 上記（1），（2）の結果を参考にして，$|\omega|$ 大において $|F(\omega)/F(0)|$ がなるべく小さく（最小でなくてよい）なるような $f(t)$ の1例を考える．ただし，$f(0)=1, f(t)=0 (|t|>T/2)$ とする．

（a） $f(t)$ としてはいろいろなものが考えられるが，ここでは，定数，sin, cos のうち一つないし三つの和（線形結合）の形で表されるものに限定することにする．そのような $f(t)$ の1例を式で示し，また，そのグラフを描け．

（b） （a）で示した $f(t)$ のフーリエ変換 $F(\omega)$ を求めよ．ただし，図示は不要．　　　　　　　　　　　　　　　　（東大工，中大*，立大*）

4.21 関数 $g(x)=x^2(-\pi \leqq x \leqq \pi)$ を無限区間上で周期 2π の関数に拡張したものと表わす．次の（1）～（3）の問に答えよ．

（1） $\displaystyle\int_{-\pi}^{\pi} \cos(kx)\cos(mx)\,dx$ を求めよ．ただし，k, m は自然数とする．

（2） $f(x)$ のフーリエ級数展開を次のように書いたとき，各係数を求めよ．

$$\frac{a_0}{2} + \sum_{k=1}^{\infty} a_k \cos(kx) + \sum_{k=1}^{\infty} b_k \sin(kx)$$

（3） 上の結果を用いて，次の等式を導け．

$$1 - \frac{1}{2^2} + \frac{1}{3^2} - \frac{1}{4^2} + \cdots + \frac{(-1)^{k-1}}{k^2} + \cdots = \frac{\pi^2}{12}$$

　　　　　　　（名工大，阪大*，電通大*，農工大*，東北大*，長崎大*）

4.22 実関数 $f(t)$ のフーリエ変換を

$$g(\omega) = \int_{-\infty}^{\infty} f(t) \exp(2\pi i \omega t) dt$$

として定義する．以下の実関数 $f(t)$ のフーリエ変換を求めよ．ただし，a は正の実数とし，また，

$$\int_{-\infty}^{\infty} \exp(-x^2) dx = \sqrt{\pi}$$

は既知としてよい．

（a）$f(t) = \begin{cases} 0 & (t < -a/2 \text{ の場合}) \\ 1 & (-a/2 \leq t \leq a/2 \text{ の場合}) \\ 0 & (a/2 < t \text{ の場合}) \end{cases}$

（b）$f(t) = \begin{cases} 0 & (t < -a \text{ の場合}) \\ a + t & (-a \leq t \leq 0 \text{ の場合}) \\ a - t & (0 \leq t \leq a \text{ の場合}) \\ 0 & (a < t \text{ の場合}) \end{cases}$

（c）$f(t) = \dfrac{1}{a\sqrt{\pi}} \exp\left(-\dfrac{t^2}{a^2}\right)$

（d）$f(t) = \dfrac{1}{\pi} \dfrac{a}{t^2 + a^2}$　　　　　　　　　　　　　　　　（東大）

4.23 下図に示す関数 $f(t)$ のフーリエ変換を利用し，次の定積分を求めよ．

$$\int_0^{\infty} \left(\dfrac{\sin x}{x}\right)^2 dx$$

（東工大）

4.24 円周率に関する次の文章を読んで，下の問1〜問3に答えよ．

円の周の長さと直径の比として定義される円周率 π は，自然科学の最も重要で神秘的な定数の一つである．正多角形を用いた近似から π が 3.14 程度の値であることは古代より知られていたが，その正確な値は次の無限級数の和で表わすことができる．

$$\frac{\pi}{4} = 1 - \frac{1}{3} + \frac{1}{5} - \frac{1}{7} + \cdots + (-1)^{n-1}\frac{1}{2n-1} + \cdots \quad (\text{I})$$

これを，ライプニッツの公式という．

問 1　式（I）の右辺を第 n 項まで計算した結果を 4 倍して得られる π の近似値を，$n = 1, 2, 3, 4$ の場合について，それぞれ小数第 1 位まで求めよ．

問 2　次の関数 $f(x)$ を，フーリエ級数展開せよ．

$$f(x) = \begin{cases} 1 & (0 \leqq x < \pi) \\ 0 & (-\pi < x < 0) \end{cases}$$

ただし，$-\pi < x < \pi$ で定義される関数のフーリエ級数は，次式で与えられることを利用してもよい．

$$f(x) = \frac{a_0}{2} + \sum_{n=1}^{\infty}(a_n \cos nx + b_n \sin nx)$$

$$a_n = \frac{1}{\pi}\int_{-\pi}^{\pi} f(x) \cos nx \, dx \quad (n = 0, 1, 2, 3, \cdots)$$

$$b_n = \frac{1}{\pi}\int_{-\pi}^{\pi} f(x) \sin nx \, dx \quad (n = 1, 2, 3, \cdots)$$

問 3　問 2 の結果を利用して，式（I）を導け．　　　　　　　　(学芸大)

4.25　（1）関数 $\sin \lambda t$ のラプラス変換は

$$\mathscr{L}[\sin \lambda t] = \int_0^{\infty} e^{-st} \sin \lambda t \, dt = \frac{\lambda}{s^2 + \lambda^2} \quad (\text{Re}(s) > 0) \quad (\text{I})$$

のように与えられることを示せ．式（I）を利用して，積分

$$G(\lambda) = \int_0^{\infty} t^2 e^{-\sqrt{3}t} \sin \lambda t \, dt$$

を求めよ．

（2）次の偏微分方程式を [　] 内の境界条件，初期条件のもとで解け．

$$\frac{\partial \varphi}{\partial t} = \frac{\partial^2 \varphi}{\partial x^2} \quad \begin{bmatrix} \varphi(0, t) = 0, \ \varphi(x, 0) = x^2 e^{-\sqrt{3}x} \\ \varphi(x, t) \text{ は } x \geqq 0, \ t \geqq 0 \text{ で有界} \end{bmatrix}$$

ただし，$x \geqq 0, \ t \geqq 0$ とする．必要があれば，フーリエ正弦変換

$$f(t) = \sqrt{\frac{2}{\pi}}\int_0^{\infty} S(\alpha) \sin \alpha x \, d\alpha \iff S(\alpha) = \sqrt{\frac{2}{\pi}}\int_0^{\infty} f(u) \sin \alpha u \, du$$

および（1）の結果を用いてよい．　　　　　　　　　　　　　　(北大[†])

3 特殊関数

§1 べき級数による常微分方程式の解法

1.1 関数 $f(x)$ が $x = a$ の近傍で $x - a$ のべき級数展開可能であるとき, $f(x)$ は $x = a$ で**解析的**であるという. 線形微分方程式

$$y^{(n)} + P_1(x)y^{(n-1)} + \cdots + P_{n-1}(x)y' + P_n(x)y = X(x) \tag{4.66}$$

において, $P_1(x), \cdots, P_n(x)$ および $X(x)$ がすべて解析的であるような点 $x = a$ をその微分方程式の**正則点**または**通常点**, その他の点を**特異点**という.

1.2 正則点をもつ場合

$$y = \sum_{n=0}^{\infty} C_n(x-a)^n \tag{4.67}$$

を与えられた微分方程式に代入し, 未定係数法により C_n を求める.

1.3 確定特異点をもつ場合

1.3.1 斉次線形微分方程式

$$y^{(n)} + P_1(x)y^{(n-1)} + \cdots + P_{n-1}(x)y' + P_n(x)y = 0 \tag{4.68}$$

において, $P_1(x), \cdots, P_n(x)$ の中には $x = a$ で解析的でないものが存在するが,

$$(x-a)P_1(x), \quad (x-a)^2 P_2(x), \quad \cdots, \quad (x-a)^n P_n(x)$$

がすべて $x = a$ で解析的であるとき, $x = a$ をこの微分方程式の**確定特異点**または**正則特異点**という.

1.3.2 斉次線形微分方程式 (4.68) の解は

$$y = (x-a)^\lambda \sum_{n=0}^{\infty} C_n(x-a)^n \quad (C_0 \neq 0) \tag{4.69}$$

を与えられた微分方程式に代入し, 未定係数法により, λ, C_n を求める.

§2 ガウス, クンメルの微分方程式と超幾何関数, 合流型超幾何関数

2.1 超幾何関数

$$x(1-x)\frac{d^2y}{dx^2} + \{\gamma - (\alpha + \beta + 1)x\}\frac{dy}{dx} - \alpha\beta y = 0$$

$$(\alpha, \beta, \gamma : 定数) \tag{4.70}$$

を**ガウスの超幾何微分方程式**という. (4.70) の特解

$$F(\alpha, \beta, \gamma; x) = \sum_{k=0}^{\infty} \frac{\alpha(\alpha+1)\cdots(\alpha+k-1)\beta(\beta+1)\cdots(\beta+k-1)}{k!\gamma(\gamma+1)\cdots(\gamma+k-1)} x^k$$

$$(\gamma \neq 0, -1, -2, \cdots) \tag{4.71}$$

を**超幾何関数（級数）**という. (4.70) の一般解は

（ⅰ）$\gamma \neq$ 整数の場合
$$y = c_1 F(\alpha, \beta, \gamma ; x) + c_2 x^{1-\gamma} F(\alpha - \gamma + 1, \beta - \gamma + 2, 2 - \gamma ; x)$$
$$(|x| < 1, \quad c_1, c_2 : 定数) \quad (4.72)$$

（ⅱ）$\alpha + \beta + 1 - \gamma \neq$ 整数の場合
$$y = c_1 F(\alpha, \beta, \alpha + \beta + 1 - \gamma ; 1 - x)$$
$$+ c_2 (1-x)^{\gamma - \alpha - \beta} F(\gamma - \beta, \gamma - \alpha, \gamma + 1 - \alpha - \beta ; 1 - x)$$
$$(|1 - x| < 1, \quad c_1, c_2 : 定数) \quad (4.73)$$

2.2 合流型超幾何関数

$$x \frac{d^2 x}{dx^2} + (\gamma - x) \frac{dy}{dx} - \alpha y = 0 \quad (\alpha, \gamma : 定数) \quad (4.74)$$

をクンメルの合流型超幾何微分方程式という．(4.74)の特解

$$F(\alpha, \gamma ; x) = \lim_{\beta \to \infty} F(\alpha, \beta, \gamma ; x/\beta)$$
$$= \sum_{k=0}^{\infty} \frac{\alpha(\alpha + 1) \cdots (\alpha + k - 1)}{k! \gamma(\gamma + 1) \cdots (\gamma + k - 1)} x^k \quad (4.75)$$

を合流型超幾何関数（級数）という．(4.74)の一般解は，$\gamma \neq$ 整数の場合

$$y = c_1 F(\alpha, \beta ; x) + c_2 x^{1-\gamma} F(\alpha + 1 - \gamma, 2 - \gamma ; x) \quad (c_1, c_2 : 定数) \quad (4.76)$$

§3 ルジャンドルの微分方程式と球関数

3.1 ルジャンドル（球）関数

$$(x^2 - 1) \frac{d^2 y}{dx^2} + 2x \frac{dy}{dx} - \nu(\nu + 1) y = 0 \quad (\nu : 定数) \quad (4.77)$$

をルジャンドルの微分方程式という．(4.77)の一般解は

（ⅰ）$|x| < 1, \nu \neq 0$, 正整数の場合
$$y = c_1 p_\nu(x) + c_2 q_\nu(x) \quad (4.78)$$

ただし，
$$p_\nu(x) = 1$$
$$+ \sum_{k=1}^{\infty} \frac{(-1)^k \nu(\nu - 2) \cdots (\nu - 2k + 2)(\nu + 1)(\nu + 3) \cdots (\nu + 2k - 1)}{(2k)!} x^{2k}$$

$$q_\nu(x) = x$$
$$+ \sum_{k=1}^{\infty} \frac{(-1)^k (\nu - 1)(\nu - 3) \cdots (\nu - 2k + 1)(\nu + 2)(\nu + 4) \cdots (\nu + 2k)}{(2k + 1)!} x^{2k+1}$$
$$(4.79)$$

(ii) $|x| < 1, \nu = 0$, 正整数 ($\equiv n$) の場合
$$y = c_1 P_n(x) + c_2 Q_n(x) \quad (c_1, c_2 : 定数) \tag{4.80}$$
ただし,
$$P_n(x) = \begin{cases} p_n(x)/p_n(1) & (n : 偶数) \\ q_n(x)/q_n(1) & (n : 奇数) \end{cases},$$
$$Q_n(x) = \begin{cases} q_n(x)p_n(1) & (n : 偶数) \\ -p_n(x)q_n(1) & (n : 奇数) \end{cases}$$
$$p_n(1) = (-1)^{n/2} 2^n \left\{ \left(\frac{n}{2}\right)! \right\}^2 / n \quad (n : 偶数)$$
$$q_n(1) = (-1)^{(n-1)/2} 2^{n-1} \left\{ \left(\frac{n-1}{2}\right)! \right\}^2 / n! \quad (n : 奇数) \tag{4.81}$$

(iii) $|x| > 1, \nu =$ 正整数 ($\equiv n$) の場合

一般解は (4.80) と同形である. ただし
$$P_n(x) = \frac{(2n)!}{2^n (n!)^2} x^n$$
$$\times \left\{ 1 + \sum_{k=1}^{\infty} \frac{(-1)^k n(n-1) \cdots (n-2k+1)}{2 \cdot 4 \cdots 2k(2n-1)(2n-3) \cdots (2n-2k+1)} x^{-2k} \right\}$$
$$Q_n(x) = \frac{2^n (n!)^2}{(2n+1)!} \frac{1}{x^{n+1}}$$
$$\times \left\{ 1 + \sum_{k=1}^{\infty} \frac{(n+1)(n+2) \cdots (n+2k)}{2^k k! (2n+3)(2n+5) \cdots (2n+2k+1)} \frac{1}{x^{2k}} \right\} \tag{4.82}$$

$P_\nu(x), Q_\nu(x)$ をそれぞれ, ν 次の第 1 種ルジャンドル関数, ν 次の第 2 種ルジャンドル関数という.

3.2 ロドリグの公式, マーフィの公式

$$P_n(x) = \frac{1}{n! 2^n} \frac{d^n}{dx^n} (x^2 - 1)^n \quad (ロドリグの公式) \tag{4.83}$$
$$(n = 0, 正整数)$$
$$= F\left(n+1, -n, 1; \frac{1}{2}(1-x)\right) \quad (マーフィの公式) \tag{4.84}$$

3.3 直交性

$$\int_{-1}^{1} P_m(x) P_n(x) \, dx = \frac{2}{2n+1} \delta_{mn} \tag{4.85}$$

3.4 母関数展開

$$(1 - 2xt + t^2)^{1/2} = \sum_{n=0}^{\infty} P_n(x) t^n \tag{4.86}$$

§4 ベッセルの微分方程式と円柱関数
4.1 ベッセル(円柱)関数

$$x^2 \frac{d^2y}{dx^2} + x \frac{dy}{dx} + (x^2 - \nu^2)y = 0 \quad (\nu : 定数) \tag{4.87}$$

をベッセルの微分方程式という. (4.87)の一般解は

(i) $\nu \neq 0$, 正整数の場合

$$y = C_1 J_\nu(x) + C_2 J_{-\nu}(x) \quad (C_1, C_2 : 定数) \tag{4.88}$$

ただし,

$$\begin{aligned} J_\nu(x) &= \sum_{k=0}^{\infty} \frac{(-1)^k}{k! \Gamma(\nu + k + 1)} \left(\frac{x}{2}\right)^{\nu + 2k} \\ &= \left(\frac{x}{2}\right)^\nu \frac{e^{-ix}}{\Gamma(\nu + 1)} F\left(\nu + \frac{1}{2}, 2\nu + 1; 2ix\right) \end{aligned} \tag{4.89}$$

$\Gamma(\mu) = \displaystyle\int_0^\infty x^{\mu-1} e^{-x} dx$ はガンマ関数で, $\Gamma(\mu + 1) = \mu \Gamma(\mu)$.

(ii) $\nu =$ すべての数の場合

$$y = C_1 J_\nu(x) + C_2 Y_\nu(x) \quad (C_1, C_2 : 定数) \tag{4.90}$$

ただし,

$$Y_\nu(x) = N_\nu(x) = \frac{J_\nu(x) \cos \nu\pi - J_{-\nu}(x)}{\sin \nu\pi} \tag{4.91}$$

$J_\nu(x)$ を ν 次の第1種ベッセル関数, $Y_\nu(x), N_\nu(x)$ をそれぞれ ν 次の第2種ベッセル関数, ノイマン関数という.

(iii) $\nu = 0$, 正整数 $(\equiv n)$ の場合

$$\begin{aligned} Y_n(x) = \frac{2}{\pi} \left(\gamma + \log \frac{x}{2}\right) J_n(x) &- \frac{2}{\pi} \sum_{k=0}^{h-1} \frac{(n-k-1)!}{k!} \left(\frac{x}{2}\right)^{-n+2k} \\ &- \frac{1}{\pi} \sum_{k=0}^{\infty} \frac{(-1)^k}{k!(n+k)!} \left(\frac{x}{2}\right)^{n+2k} \{\phi(k) + \phi(n+k)\} \end{aligned} \tag{4.92}$$

ただし, $\phi(k) = 1 + \dfrac{1}{2} + \cdots + \dfrac{1}{k}$, $\phi(0) = 0$ で, $\gamma = 0.577\cdots$ はオイラー定数, $n = 0$ のときは第2項 $= 0$ とする.

$$H_\nu^{(1)}(x) = J_\nu(x) + i Y_\nu(x), \quad H_\nu^{(2)}(x) = J_\nu(x) - i Y_\nu(x) \tag{4.93}$$

をそれぞれ, (ν 次の)第1種ハンケル関数, 第2種ハンケル関数, まとめて第3種ベッセル関数という.

4.2 漸化式

$$\frac{d}{dx} \{x^{\pm \nu} J_\nu(x)\} = \pm x^{\pm \nu} J_{\nu \mp}(x) \tag{4.94}$$

4.3 母関数展開

$$e^{x/2(t-1/t)} = \sum_{n=-\infty}^{\infty} J_n(x) t^n \tag{4.95}$$

§5 エルミートの微分方程式とエルミートの多項式

$$\frac{d^2x}{dx^2} - 2x\frac{dy}{dx} + 2vy = 0 \quad (v:\text{定数}) \tag{4.96}$$

をエルミートの微分方程式という．$v = 0$，正整数 $(\equiv n)$ の場合，(4.96) の特解

$$H_n(x) = (-1)^n e^{x^2} \frac{d^n}{dx^n} (e^{-x^2}) = \sum_{k=0}^{[n/2]} (-1)^k \frac{n!}{k!(n-2k)!} (2x)^n$$

$$H_{2n}(x) = (-1)^n \frac{(2n)!}{n!} F\left(-n, \frac{1}{2}; x^2\right)$$

$$H_{2n+1}(x) = 2(-1)^n \frac{(2n+1)!}{n!} x F\left(-n, \frac{3}{2}; x^2\right) \tag{4.97}$$

をエルミートの**多項式**という．ただし $[n/2]$ は $n/2$ を越えない最大の整数（ガウスの記号）．

§6 ラゲールの微分方程式とラゲールの多項式

$$x\frac{d^2y}{dx^2} + (1-x)\frac{dy}{dx} + vy = 0 \quad (v:\text{定数}) \tag{4.98}$$

をラゲールの微分方程式という．$v = 0$，正整数 $(\equiv n)$ の場合，(4.98) の特解

$$\begin{aligned}L_n(x) &= e^x \frac{d^n}{dx^n} (x^n e^{-x}) = \sum_{k=0}^{\infty} (-1)^k \binom{n}{k} \frac{n!}{k!} x^k \\ &= \Gamma(1+n) F(-n, 1; x)\end{aligned} \tag{4.99}$$

をラゲールの**多項式**という．

§7 楕円積分と楕円関数

$$\begin{aligned}y &= \int_0^x \frac{dx}{\sqrt{1-x^2}} = \sin^{-1} x \quad (\text{または } x = \sin y) \\ \frac{\pi}{2} &= \int_0^1 \frac{dx}{\sqrt{1-x^2}}\end{aligned} \tag{4.100}$$

を拡張した，

$$y = \int_0^x \frac{dx}{\sqrt{(1-x^2)(1-k^2x^2)}} = \mathrm{sn}^{-1}(x, k) \quad \left(\begin{array}{l}\text{または，}x = \mathrm{sn}(y, k) \\ \qquad\qquad = \mathrm{sn}\, y\end{array}\right)$$

$$K(k) = \int_0^1 \frac{dx}{\sqrt{(1-x^2)(1-k^2x^2)}} \quad (0 < k < 1) \tag{4.101}$$

を**楕円積分**といい，特に前者 y を**第1種楕円積分**，後者 K を**第1種完全楕円積分**という．$x = \sin\theta$ とおけば，(4.100)は

$$\begin{aligned} y &= \int_0^\theta \frac{d\theta}{\sqrt{1-k^2\sin\theta}} \quad \begin{pmatrix} \text{または，} & \theta = amy, & x = \sin(amy) \\ & & = \operatorname{sn} y \end{pmatrix} \\ K(k) &= \int_0^{\pi/2} \frac{d\theta}{\sqrt{1-k^2\sin^2\theta}} \end{aligned} \tag{4.102}$$

と表わされる．$\cos^2 y + \sin^2 y = 1$, $\tan y = \sin y/\cos y$ に対応して

$$\operatorname{cn}^2 y + \operatorname{sn}^2 y = 1, \quad \operatorname{dn}^2 y + k^2 \operatorname{sn}^2 y = 1, \quad \operatorname{tn} y = \operatorname{sn} y/\operatorname{cn} y \tag{4.103}$$

なる関数を導入し，$\operatorname{sn} y, \operatorname{cn} y, \operatorname{dn} y$ を**ヤコビの楕円関数**という．

§8 ガンマ関数，ベータ関数

$$\Gamma(z) = \int_0^\infty e^{-t} t^{z-1}\, dt \quad (\operatorname{Re}(z) > 0) \tag{4.104}$$

$$B(p, q) = \int_0^1 x^{p-1}(1-x)^{q-1}\, dx \quad (p, q > 0) \tag{4.105}$$

をそれぞれ**ガンマ関数**（オイラーの第2積分），**ベータ関数**（オイラーの第1積分）という．

─ 例題 **4.18** ───────────────────────────

次の微分方程式をみたすべき級数解を $y = \sum_{n=0}^{\infty} a_n x^n$ とおいて次の問に答えよ.
$$y'' - \frac{2x}{1-x^2}y' + \frac{20}{1-x^2}y = 0$$
（1） $y(0) = 1, y'(0) = 0$ をみたす解を求めよ．
（2） $y(0) = 0, y'(0) = 1$ をみたす解を求めよ．
（3） （2）の解の収束半径を示せ．　　　　　　（東大工）

【解答】 方程式 $(1-x^2)y'' - 2xy' + 20y = 0$ の解を

$$y = \sum_{n=0}^{\infty} a_n x^n \qquad ①$$

とおくと，

$$y' = \sum_{n=1}^{\infty} n a_n x^{n-1} = \sum_{n=0}^{\infty} (n+1) a_{n+1} x^n \qquad ②$$

$$y'' = \sum_{n=2}^{\infty} n(n-1) a_n x^{n-2} = \sum_{n=0}^{\infty} (n+1)(n+2) a_{n+2} x^n \qquad ③$$

①，②，③を方程式に代入すると

$$(1-x^2)\sum_{n=0}^{\infty}(n+1)(n+2)a_{n+2}x^n - 2x\sum_{n=0}^{\infty}(n+1)a_{n+1}x^n + 20\sum_{n=0}^{\infty}a_n x^n = 0$$

$$\sum_{n=0}^{\infty}(n+1)(n+2)a_{n+2}x^n - \sum_{n=0}^{\infty}(n+1)(n+2)a_{n+2}x^{n+2}$$

$$- 2\sum_{n=0}^{\infty}(n+1)a_{n+1}x^{n+1} + \sum_{n=0}^{\infty} 20 a_n x^n = 0$$

$$\sum_{n=0}^{\infty}(n+1)(n+2)a_{n+2}x^n - \sum_{n=2}^{\infty}(n-1)n a_n x^n - 2\sum_{n=1}^{\infty} n a_n x^n + \sum_{n=0}^{\infty} 20 a_n x^n = 0$$

両辺の各係数を比較すると，

$$1 \cdot 2 a_2 + 20 a_0 = 0, \quad 2 \cdot 3 a_3 - 2 a_1 + 20 a_1 = 0$$
$$(n+1)(n+2)a_{n+2} - (n-1)n a_n - 2n a_n + 20 a_n = 0 \quad (n = 2, 3, \cdots)$$

すなわち，

$$a_2 = -10 a_0, \quad a_3 = -3 a_1, \quad a_{n+2} = -\frac{(4-n)(n+5)}{(n+1)(n+2)} a_n \quad (n = 2, 3, \cdots)$$

$$\therefore \quad a_2 = -10 a_0, \quad a_3 = -3 a_1, \quad a_4 = \frac{35}{3} a_0$$

$$a_5 = -\frac{(4-3)(3+5)}{4\cdot 5}a_3 = -\frac{(4-3)(4+4)}{4\cdot 5}(-3)a_1$$
$$= (-1)^2\frac{(4-1)(4-3)(4+2)(4+4)}{5!}a_1$$

$a_6 = a_8 = \cdots = 0$

a_{2m+1}
$$= (-1)^m\frac{[(4-1)(4-3)\cdots(4-2m+1)][(4+2)(4+4)\cdots(4+2m)]}{(2m+1)!}a_1$$
$$(m = 3, 4, \cdots)$$

したがって，方程式の一般解は
$$y = a_0\left(1 - 10x^2 + \frac{35}{3}x^4\right) + a_1\Bigg\{x - 3x^3$$
$$+ \sum_{m=2}^{\infty}(-1)^m\frac{[(4-1)(4-3)\cdots(4-2m+1)][(4+2)(4+4)\cdots(4+2m)]}{(2m+1)!}x^{2m+1}\Bigg\}$$

（1） $y(0) = 1, y'(0) = 0$ をみたすとき，$a_0 = 1, a_1 = 0$. したがって，このときの解は
$$y = 1 - 10x^2 + \frac{35}{3}x^4$$

（2） $y(0) = 0, y'(0) = 1$ をみたすとき，$a_0 = 0, a_1 = 1$. したがって，このときの解は
$$y = x - 3x^3$$
$$+ \sum_{m=2}^{\infty}(-1)^m\frac{[(4-1)(4-3)\cdots(4-2m+1)][(4+2)(4+4)\cdots(4+2m)]}{(2m+1)!}x^{2m+1}$$
④

（3） ④を $y = x - 3x^3 + \sum_{m=2}^{\infty}b_m(x)$ と書き直す．ただし，

$b_m(x)$
$$= \frac{[(4-1)(4-3)\cdots(4-2m+1)][(4+2)(4+4)\cdots(4+2m)]}{(2m+1)!}x^{2m+1}$$

$$\lim_{m\to\infty}\left|\frac{b_{m+1}(x)}{b_m(x)}\right| = \lim_{m\to\infty}\left|\frac{(4-2m-1)(4+2m+2)}{(2m+2)(2m+3)}\right||x|^2 = |x|^2$$

よって，$|x| < 1$ のとき，④は（絶対）収束し，$|x| > 1$ のとき，④は発散する．したがって，④の収束半径は 1 である．

例題 4.19

x の関数 y についての次の微分方程式を考える．

$$\frac{d^2y}{dx^2} + (\lambda - x^2)y = 0 \quad (\lambda \text{ は定数}) \tag{A}$$

（1）(A) の解を $y = h(x)\,e^{-x^2/2}$ と表わしたとき，h がみたすべき微分方程式を導け．

（2）（1）で求めた微分方程式の，任意の定数 λ に対する一般解を h とするとき，$\lambda + 2$ に対する一般解 g は

$$g = -\frac{dh}{dx} + 2xh$$

であることを示せ．

（3）$\lambda = 2n + 1\,(n = 0, 1, 2, \cdots)$ のとき，h には n 次の多項式解 $h_n(x)$ が存在することを示せ．

（4）（3）の $h_x(x)$ を使って $y_n = h_n(x)\,e^{-x^2/2}$ とするとき，$m, n = 0, 1$，および 2 に対して

$$\int_{-\infty}^{\infty} y_m y_n \, dx = 0 \quad (m \neq n)$$

となることを示せ． （東大理）

【解答】（1）$y = e^{-x^2/2} h$ ①
$\therefore\ y' = e^{-x^2/2} h' - x\,e^{-x^2/2} h$
$\quad y'' = e^{-x^2/2} h'' - 2x\,e^{-x^2/2} h' + (x^2 - 1)\,e^{-x^2/2} h$ ②

①，②を (A) に代入すると，
$e^{-x^2/2} h'' - 2x\,e^{-x^2/2} h' + (x^2 - 1)\,e^{-x^2/2} h + (\lambda - x^2)\,e^{-x^2/2} h = 0$
$\therefore\ h'' - 2xh' + (\lambda - 1)h = 0$ ③

（2）$g = -h' + 2xh$
$\therefore\ g' = -h'' + 2h + 2xh' = (\lambda + 1)h \quad (\because\ ③)$
$\quad g'' = (\lambda + 1)h'$

ゆえに，これらの式より
$g'' - 2xg' + (\lambda + 2 - 1)g = (\lambda + 1)h' - 2x(\lambda + 1)h$
$\qquad\qquad\qquad\qquad\qquad + (\lambda + 1)(-h' + 2xh) = 0$

したがって，g は $\lambda + 2$ に関する微分方程式をみたす．一方，h は③の一般解であるから，③の 1 次独立な特殊解 h_1, h_2 が存在し，
$h = c_1 h_1 + c_2 h_2 \ (c_1 c_2 : \text{定数})$

が成り立つ．したがって，
$$g = c_1 g_1 + c_2 g_2$$
ただし，$g_i = -h_i' + 2xh_i (i = 1, 2)$ はすべて $\lambda + 2$ に関する微分方程式の解である．

$\lambda \neq -1$
$$w(h_1, h_2) = \begin{vmatrix} h_1 & h_2 \\ h_1' & h_2' \end{vmatrix} \neq 0 \quad (h_1, h_2 \text{ は 1 次独立であるから})$$

$$\therefore \quad w(g_1, g_2) = \begin{vmatrix} g_1 & g_2 \\ g_1' & g_2' \end{vmatrix} = \begin{vmatrix} -h_1' + 2xh_1 & -h_2' + 2xh_2 \\ (\lambda + 1)h_1 & (\lambda + 1)h_2 \end{vmatrix}$$
$$= (\lambda + 1) \begin{vmatrix} h_1 & h_2 \\ h_1' & h_2' \end{vmatrix} \neq 0$$

ゆえに，g は $\lambda + 2$ に対する一般解である．

(3) $\quad h = c_0 + c_1 x + c_2 x^2 + \cdots + c_m x^m + \cdots = \sum_{m=0}^{\infty} c_m x^m \quad$ ④

とおくと，
$$h' = \sum_{m=1}^{\infty} m c_m x^{m-1} = \sum_{m=0}^{\infty} (m+1) c_{m+1} x^m \quad \text{⑤}$$

$$h'' = \sum_{m=2}^{\infty} (m-1) m c_m x^{m-2} = \sum_{m=0}^{\infty} (m+1)(m+2) c_{m+2} x^m \quad \text{⑥}$$

④，⑤，⑥を③に代入すると，

$$\sum_{m=0}^{\infty} (m+1)(m+2) c_{m+2} x^m - 2x \sum_{m=0}^{\infty} (m+1) c_{m+1} x^m + 2n \sum_{m=0}^{\infty} c_m x^m = 0$$
$$(\lambda = 2n + 1)$$

$$\sum_{m=0}^{\infty} (m+1)(m+2) c_{m+2} x^m - \sum_{m=0}^{\infty} 2(m+1) c_{m+1} x^{m+1} + \sum_{m=0}^{\infty} 2n c_m x^m = 0$$

$$\sum_{m=0}^{\infty} (m+1)(m+2) c_{m+2} x^m - \sum_{m=0}^{\infty} 2m c_m x^m + \sum_{m=0}^{\infty} 2n c_m x^m = 0$$

両辺の係数を比較すると，
$$(m+1)(m+2) c_{m+2} - 2m c_m + 2n c_m = 0 \quad (m = 0, 1, 2, \cdots)$$

$$c_{m+2} = -\frac{2(n-m)}{(m+1)(m+2)} c_m \quad (m = 0, 1, 2, \cdots)$$

したがって，

(i) $n = 2k (k = 0, 1, \cdots)$ のとき，$c_{n+2} = c_{n+4} = \cdots = 0$．ゆえに，(3) の解は
$$y \equiv h_n = c_0 \left(1 - \frac{2^2 k}{1 \cdot 2} x^2 + \sum_{j=2}^{k} (-1)^j \frac{2^{2j} k \cdot (k-1) \cdots (k-j+1)}{(2j)!} x^{2j} \right)$$

$$+ c_1 \left(x - \frac{2(2k-1)}{2\cdot 3} x^3 \right.$$
$$\left. + \sum_{j=2}^{\infty} (-1)^j \frac{2^j (2k-1)(2k-3)\cdots(2k-2j+1)}{(2j+1)!} x^{2j+1} \right)$$

(ⅱ) $n = 2k+1 (k=0,1,\cdots)$ のとき, $c_{n+2} = c_{n+4} = \cdots = 0$. ゆえに, (3)の解は

$$y \equiv h_n = c_0 \left(1 - \frac{2(2k+1)}{1\cdot 2} x^2 \right.$$
$$\left. + \sum_{j=2}^{\infty} (-1)^j \frac{2^j (2k+1)(2k-1)\cdots(2k+1-2j+2)}{(2j)!} x^{2j} \right.$$
$$\left. + c_1 \left(x - \frac{2^2 k}{2\cdot 3} x^3 + \sum_{j=2}^{k} (-1)^j \frac{2^j k(k-1)\cdots(k-j+1)}{(2j+1)!} x^{2j+1} \right) \right.$$

以上の結果より,（ⅰ)のとき, $y(0) = a \neq 0, y'(0) = 0$, すなわち, $c_0 = a, c_1 = 0$ をみたす解は n 次の多項式の解である．(Ⅱ) のとき, $y(0) = 0, y'(0) = b \neq 0$, すなわち, $c_0 = 0, c_1 = b$ をみたす解も n 次の多項式の解である．

(4) (3) より,

$$h_0 = c_0, \quad h_1 = c_1 x, \quad h_2 = c_0(1 - 2x^2)$$
$$\therefore \quad y_0 = c_0 e^{-x^2/2}, \quad y_1 = c_1 x e^{-x^2/2}, \quad y_2 = c_0(1 - 2x^2) e^{-x^2/2}$$

よって,

$$\int_{-\infty}^{\infty} y_0 y_1 \, dx = c_0 c_1 \int_{-\infty}^{\infty} x e^{-x^2} \, dx = 0$$

$$\int_{-\infty}^{\infty} y_0 y_2 \, dx = c_0^2 \int_{-\infty}^{\infty} (1 - 2x^2) e^{-x^2} \, dx$$
$$= 2c_0^2 \left\{ \int_0^{\infty} e^{-x^2} \, dx - \int_0^{\infty} 2x^2 e^{-x^2} \, dx \right\}$$
$$= 2c_0^2 \left\{ \Gamma\left(\frac{1}{2}\right) - 2\Gamma\left(\frac{3}{2}\right) \right\}$$
$$= 2c_0^2 \left\{ \Gamma\left(\frac{1}{2}\right) - 2\cdot\frac{1}{2}\Gamma\left(\frac{1}{2}\right) \right\} = 0$$

$$\int_{-\infty}^{\infty} y_1 y_2 \, dx = c_0 c_1 \int_{-\infty}^{\infty} x(1 - 2x^2) e^{-x^2} \, dx = 0$$

4編 ラプラス変換,フーリエ解析,特殊関数,変分法　　　**69**

例題 4.20

半径 a の円形膜の小振動の振動方程式を解け.ただし,膜は円周上で固定されているものとし,膜の張力を T,単位面積当りの質量を ρ とする.(東大理)

【解答】 面の中心を原点とし,面内に x, y 軸,垂直に z 軸をとる.z 方向の変位を $u(x, y, t)$ とすれば,振動方程式は $\dfrac{\partial^2 u}{\partial t^2} = c^2 \left(\dfrac{\partial^2 u}{\partial x^2} + \dfrac{\partial^2 u}{\partial y^2} \right)$　(ただし,$c^2 = T/\rho$)

平面極座標 $x = r\cos\phi, y = r\sin\phi$ で書き直すと,

$$\frac{\partial^2 u}{\partial t^2} = c^2 \left\{ \frac{1}{r} \frac{\partial}{\partial r} \left(r \frac{\partial u}{\partial r} \right) + \frac{1}{r^2} \frac{\partial^2 u}{\partial \phi^2} \right\} \qquad ①$$

境界条件を $u(a, \phi, t) = 0$ ②

初期条件を $\begin{cases} u(r, \phi, 0) = u_0(r, \phi) \\ \dfrac{\partial u}{\partial t}(r, \phi, 0) = v_0(r, \phi) \end{cases}$ ③

とする.そこで,
$$u = T(t) R(r) \Phi(\phi) \qquad ④$$
とおき,①に代入すると,

$$\frac{1}{R} \frac{1}{r} \frac{d}{dr} \left(r \frac{dR}{dr} \right) + \frac{1}{r^2} \frac{1}{\Phi} \frac{d^2 \Phi}{d\phi^2} = \frac{1}{c^2} \frac{1}{T} \frac{d^2 T}{dt^2}$$

この左辺は r, ϕ のみの,右辺は t のみの関数であるから,定数となるべきで,これを $-\omega^2/c^2$ とおくと,$T(t) = A\cos\omega t + B\sin\omega t$ ⑤

$$\frac{1}{\Phi} \frac{d^2 \Phi}{d\phi^2} = -r^2 \left\{ \frac{1}{Rr} \frac{d}{dr} \left(r \frac{dR}{dr} \right) + \frac{\omega^2}{c^2} \right\} \qquad ⑥$$

⑥の左辺は ϕ のみの関数,右辺は r のみの関数であるから,定数となるべきで,これを $-n^2$ とおくと $\Phi(\phi) = C\cos n\phi + D\sin n\phi$

$$\frac{1}{r} \frac{d}{dr} \left(r \frac{dR}{dr} \right) + \left(k^2 - \frac{n^2}{r^2} \right) R = 0 \quad (k = \omega/c) \qquad ⑦$$

$\Phi(\phi)$ は 2π を周期とするはずであるから n は整数でなければならない.⑦は

$$\frac{dR^2}{d(kr)^2} + \frac{1}{kr} \frac{dR}{d(kr)} + \left(1 - \frac{n^2}{(kr)^2} \right) R = 0$$

となるから,$R(r)$ は変数 kr のベッセル方程式で,原点 $r = 0$ で有界な特解としては
$$R(r) = J_n(kr) \quad (n = 0, 1, 2, \cdots)$$
でなければならない.⑤を②に代入すると,$u(r = a) = 0$ すなわち
$$R(a) = 0 \implies J_n(ka) = 0$$

$J_n(\alpha) = 0$ の正根は $\alpha_{n,m}(m = 1, 2, \cdots)$ であるから，$\omega = ck$ より

$$\omega_{n,m} = ck_{n,m} = c\alpha_{n,m}/a$$

したがって，一つの $\omega_{n,m}$ に対応する特解

$$u_{n,m}(r, \phi, t) = (A \cos \omega_{n,m} t + B \sin \omega_{n,m} t) J_n(k_{n,m} r)(C \cos n\phi + D \sin n\phi)$$

は一つの固有振動を表わし，$\omega_{n,m}$ はその固有振動数である．任意の振動はこれらの固有振動数の線形結合

$$u(r, \phi, t) = \sum_{n=0}^{\infty} \sum_{m=1}^{\infty} \{A_{n,m} \cos (c\alpha_{n,m} t/a) + B_{n,m} \sin (c\alpha_{n,m} t/a)\} J_n(\alpha_{n,m} r/a)$$
$$\times (C_{n,m} \cos n\phi + D_{n,m} \sin n\phi) \qquad \text{⑧}$$

で表わされる．初期条件より，各係数は $u_0(r, \phi), v_0(r, \phi)$ のフーリエ・ベッセル展開

$$u_0(r, \phi) = \sum_{n=0}^{\infty} \sum_{m=1}^{\infty} A_{n,m}^0 (C_{n,m}^0 \cos n\phi + D_{n,m}^0 \sin n\phi) J_n(\alpha_{n,m} r/a)$$

$$v_0(r, \phi) = \sum_{n=0}^{\infty} \sum_{m=1}^{\infty} B_{n,m}^0 (C_{n,m}^1 \cos n\phi + D_{n,m}^1 \sin n\phi) J_n(\alpha_{n,m} r/a)$$

の展開係数として定まる．③，④に代入すると，⑧より

$$\sum_{n=0}^{\infty} \sum_{m=1}^{\infty} A_{n,m}(C_{n,m} \cos n\phi + D_{n,m} \sin n\phi) J_n(\alpha_{n,m} r/a)$$
$$= \sum_{n=0}^{\infty} \sum_{m=1}^{\infty} A_{n,m}^0 (C_{n,m}^0 \cos n\phi + D_{n,m}^0 \sin n\phi) J_n(\alpha_{n,m} r/a)$$
$$\implies A_{n,m} C_{n,m} = A_{n,m}^0 C_{n,m}^0$$
$$A_{n,m} D_{n,m} = A_{n,m}^0 D_{n,m}^0 \quad (n = 0, 1, \cdots, \quad m = 1, 2, \cdots) \qquad \text{⑨}$$

$$\sum_{n=0}^{\infty} \sum_{m=1}^{\infty} \frac{C}{a} B_{n,m}(C_{n,m} \cos n\phi + D_{n,m} \sin n\phi) J_n(\alpha_{n,m} r/a)$$
$$= \sum_{n=0}^{\infty} \sum_{m=1}^{\infty} B_{n,m}^0 (C_{n,m}^1 \cos n\phi + D_{n,m}^1 \sin n\phi) J_n(\alpha_{n,m} r/a)$$
$$\implies B_{n,m} C_{n,m} = B_{n,m}^0 C_{n,m}^1 \cdot \frac{a}{c}$$
$$B_{n,m} D_{n,m} = B_{n,m}^0 D_{n,m}^1 \cdot \frac{a}{c} \quad (n = 0, 1, \cdots, \quad m = 1, 2, \cdots) \qquad \text{⑩}$$

⑨，⑩を⑧に代入すると，

$$u(r, \phi, t) = \sum_{n=0}^{\infty} \sum_{m=1}^{\infty} \Big\{ A_{n,m}^0 (C_{n,m}^0 \cos n\phi + D_{n,m}^0 \sin n\phi) \cos (c\alpha_{n,m} t/a)$$
$$+ \frac{a}{c} B_{n,m}^0 (C_{n,m}^1 \cos n\phi + D_{n,m}^1 \sin n\phi) \sin (c\alpha_{n,m} t/a) \Big\}$$
$$\times J_n(\alpha_{n,m} r/a)$$

4編　ラプラス変換，フーリエ解析，特殊関数，変分法　　71

例題 4.21

$J_n(t) = \dfrac{1}{\pi}\displaystyle\int_0^\pi \cos(t\sin\theta - n\theta)\,d\theta$ とおく．ただし t は正の実数，n は整数とする．

(1) $0 < |z| < \infty$ での正則関数 $f(z) = \exp\left\{\dfrac{t}{2}\left(z - \dfrac{1}{z}\right)\right\}$ のローラン展開は $f(z) = \displaystyle\sum_{n=-\infty}^{\infty} J_n(t)z^n$ であることを示せ．

(2) $n \geqq 0$ ならば $J_n(t) = \left(\dfrac{t}{2}\right)^n \displaystyle\sum_{k=0}^{\infty} \dfrac{(-1)^k}{k!(n+k)!}\left(\dfrac{t}{2}\right)^{2k}$ が成立することを示せ．

(奈良女大)

【解答】(1) $f(z) = \exp\left\{\dfrac{t}{2}\left(z - \dfrac{1}{z}\right)\right\} = \displaystyle\sum_{n=-\infty}^{\infty} C_n(t)z^n$ とおくと，

$$C_n(t) = \dfrac{1}{2\pi i}\oint_{|z|=1} \dfrac{\exp\left\{\dfrac{t}{2}(z - z^{-1})\right\}}{z^{n+1}}\,dz$$

$$= \dfrac{1}{2\pi i}\int_{-\pi}^{\pi} \dfrac{\exp\left\{\dfrac{t}{2}(e^{i\varphi} - e^{-i\varphi})\right\}}{e^{i(n+1)\varphi}}\,i\,e^{i\varphi}\,d\varphi$$

$$= \dfrac{1}{2\pi}\left\{\int_{-\pi}^{\pi}\cos(t\sin\varphi - n\varphi)\,d\varphi + i\int_{-\pi}^{\pi}\sin(t\sin\varphi - n\varphi)\,d\varphi\right\}$$

$$= \dfrac{1}{\pi}\int_0^{\pi}\cos(t\sin\varphi - n\varphi)\,d\varphi$$

($\because$ $\cos(t\sin\varphi - n\varphi)$ は偶関数で，$\sin(t\sin\varphi - n\varphi)$ は奇関数)

$$= J_n(t)$$

$\therefore\ f(z) = \displaystyle\sum_{n=-\infty}^{\infty} J_n(t)z^n$

(2) $f(z) = e^{tz/2} \cdot e^{-t/(2z)} = \displaystyle\sum_{l=0}^{\infty}\dfrac{1}{l!}\left(\dfrac{tz}{2}\right)^l \cdot \sum_{k=0}^{\infty}\dfrac{1}{k!}\left(-\dfrac{t}{2z}\right)^k$

$\qquad = \displaystyle\sum_{n=-\infty}^{\infty} J_n(t)z^n\quad (\because\ (1))$

$n \geqq 0$ の場合，(1)の z^n の係数は

$$\sum_{k=0}^{\infty}\left\{\dfrac{1}{(k+n)!}\left(\dfrac{t}{2}\right)^{k+n}\cdot\dfrac{1}{k!}\left(\dfrac{-t}{2}\right)^k\right\} = \left(\dfrac{t}{2}\right)^n\sum_{k=0}^{\infty}\dfrac{(-1)^k}{k!(k+n)!}\left(\dfrac{t}{2}\right)^{2k}$$

$\therefore\ J_n(t) = \left(\dfrac{t}{2}\right)^n \displaystyle\sum_{k=0}^{\infty}\dfrac{(-1)^k}{k!(k+n)!}\left(\dfrac{t}{2}\right)^{2k}\quad (n \geqq 0)$

例題 4.22

c を定数,$y(t)$ を次の関係をみたす関数とする.

$$\int_0^1 R(t,s)y(s)\,ds = cy(t) \quad (0 \leq t \leq 1)$$

$$R(t,s) = \min(t,s) = \begin{cases} t : 0 \leq t \leq s \leq 1 \\ s : 0 \leq s \leq t \leq 1 \end{cases}$$

これについて,次の問に答えよ.

(1) $y(t)$ のみたす微分方程式および境界条件を導け.さらに,その解から次の正規直交系が得られることを示せ.

$$y_n(t) = \sqrt{2}\sin\frac{t}{\sqrt{c_n}}, \quad c_n = \frac{1}{\left\{\left(n+\frac{1}{2}\right)\pi\right\}^2} \quad (n=0,1,2,\cdots)$$

(2) 上の $y_n(t)$ を用いて,次の関係が成り立つことを示せ.

$$\lim_{N\to\infty}\int_0^1\int_0^1\left\{R(t,s) - \sum_{n=0}^N c_n y_n(t)y_n(s)\right\}^2 ds\,dt = 0$$

〈ヒント〉次の関係が成り立つ.
$$\frac{\pi^4}{90} = \sum_{n=1}^\infty \frac{1}{n^4}$$

(東大工)

【解答】(1) 与式より

$$\int_0^1 y(t)\left\{\int_0^1 R(t,s)y(s)\,ds\right\}dt = c\int_0^1 y^2(t)\,dt \qquad ①$$

左辺は

$$\int_0^1 y(t)\left\{\int_0^1 R(t,s)y(s)\,ds\right\}dt$$

$$= \int_0^1\int_0^1 R(t,s)y(s)y(t)\,ds\,dt$$

$$= \left(\iint_{\mathrm{I}} + \iint_{\mathrm{II}}\right)R(t,s)y(s)y(t)\,ds\,dt$$

(I,II は右図参照)

$$= \int_0^1\left\{ty(t)\int_t^1 y(s)\,ds\right\}dt + \int_0^1\left\{sy(s)\int_s^1 y(t)\,dt\right\}ds$$

$$= 2\int_0^1\left\{ty(t)\int_t^1 y(s)\,ds\right\}dt$$

$$= 2\int_0^1 ty(t)F(t)\,dt \quad \left(F(t) = \int_t^1 y(s)\,ds \text{ とおく}\right)$$

$$= -2\int_0^1 tF(t)\,dF(t) = -\int_0^1 t\,dF^2(t) = -\left\{\left[tF^2(t)\right]_0^1 - \int_0^1 F^2(t)\,dt\right\}$$

$$= \int_0^1 F^2(t)\,dt \quad (\because\ F(1) = 0)$$

よって，①より，

$$\int_0^1 F^2(t)\,dt = c\int_0^1 y^2(t)\,dt \implies c > 0$$

与式より

$$\int_0^1 R(t,s)y(s)\,ds = \int_0^t sy(s)\,ds + t\int_t^1 y(s)\,ds$$

$$\therefore\ \int_0^t sy(s)\,ds + t\int_t^1 y(s)\,ds = cy(t)$$

上式の両辺を t に関して微分すると，

$$ty(t) + \int_t^1 y(s)\,ds - ty(t) = cy'(t)$$

すなわち，

$$\int_t^1 y(s)\,ds = cy'(t) \qquad ②$$

②の両辺を t に関して微分すると，

$$-y(t) = cy''(t)$$

これより，$y(t)$ がみたす微分方程式は

$$y'' = \frac{1}{c}y = 0 \qquad ③$$

である．一方，与式より，

$$cy(0) = \int_0^1 R(0,s)y(s)\,ds = \int_0^1 0\cdot y(s)\,ds = 0 \implies y(0) = 0$$

また，②より，$y'(1) = 0$．したがって，境界条件は

$$y(0) = y'(1) = 0 \qquad ④$$

③より，$y(t) = A\cos\dfrac{t}{\sqrt{c}} + B\sin\dfrac{t}{\sqrt{c}}$．

ゆえに，④より，

$$\begin{cases} 0 = A \\ 0 = -\dfrac{A}{\sqrt{c}}\sin\dfrac{1}{\sqrt{c}} + \dfrac{B}{\sqrt{c}}\cos\dfrac{1}{\sqrt{c}} \end{cases} \Longrightarrow A = 0, \ \cos\dfrac{1}{\sqrt{c}} = 0$$

$$\cos\dfrac{1}{\sqrt{c}} = 0 \Longrightarrow c = c_n = \dfrac{1}{\left\{\left(n+\dfrac{1}{2}\right)\pi\right\}^2} \quad (n = 0, 1, 2, \cdots)$$

$$\therefore \ y = y_n(x) = \dfrac{B_n}{\sqrt{c_n}}\sin\dfrac{t}{\sqrt{c_n}} \quad (n = 0, 1, 2, \cdots)$$

$B_n = \sqrt{2c_n}$ とおくと,

$$y_n(x) = \sqrt{2}\sin\dfrac{t}{\sqrt{c_n}}$$

$$\therefore \ \int_0^1 y_n(t)y_m(t)\,dt = 2\int_0^1 \sin\dfrac{t}{\sqrt{c_n}}\sin\dfrac{t}{\sqrt{c_m}}\,dt$$

$$= \int_0^1 \left\{\cos\left(\dfrac{1}{\sqrt{c_n}} - \dfrac{1}{\sqrt{c_m}}\right)t - \cos\left(\dfrac{1}{\sqrt{c_n}} + \dfrac{1}{\sqrt{c_m}}\right)t\right\}dt$$

$$= \begin{cases} 1 - \dfrac{\sqrt{c_m}}{2}\sin\dfrac{2}{\sqrt{c_m}} & (n = m) \\ \\ \dfrac{1}{\dfrac{1}{\sqrt{c_n}} - \dfrac{1}{\sqrt{c_m}}}\sin\left(\dfrac{1}{\sqrt{c_n}} - \dfrac{1}{\sqrt{c_m}}\right) - \dfrac{1}{\dfrac{1}{\sqrt{c_n}} + \dfrac{1}{\sqrt{c_m}}}\sin\left(\dfrac{1}{\sqrt{c_n}} + \dfrac{1}{\sqrt{c_m}}\right) \\ & (n \neq m) \end{cases}$$

$$= \begin{cases} 1 & (n = m) \\ \\ \dfrac{1}{(n-m)\pi}\sin(n-m)\pi - \dfrac{1}{(n+m)\pi}\sin(n+m)\pi & (n \neq m) \end{cases}$$

$$= \begin{cases} 1 & (n = m) \\ 0 & (n \neq m) \end{cases} \qquad ⑤$$

したがって, $y_n(t) = \sqrt{2}\sin\dfrac{t}{\sqrt{c_n}}$ $(n = 0, 1, 2, \cdots)$ は方程式①の解から得られる正規直交系.

(2) $\displaystyle\int_0^1\int_0^1\left\{R(t,s) - \sum_{n=0}^N c_n y_n(s)y_n(t)\right\}^2 ds\,dt$

$$= \int_0^1\int_0^1 R^2(t,s)\,ds\,dt - 2\sum_{n=0}^N c_n \int_0^1\int_0^1 R(t,s)y_n(s)y_n(t)\,ds\,dt$$

$$+ \sum_{n=0}^{N} \sum_{m=0}^{N} c_n c_m \int_0^1 \int_0^1 y_n(s) y_n(t) y_m(s) y_m(t) \, ds \, dt \qquad ⑥$$

ここで，第1項は

$$\int_0^1 \int_0^1 R^2(t, s) \, ds \, dt = \int_0^1 \left(\int_0^t s^2 \, ds + \int_t^1 t^2 \, ds \right) dt$$

$$= \int_0^1 \left\{ \frac{1}{3} t^3 + t^2(1-t) \right\} dt = \frac{1}{12} + \frac{1}{3} - \frac{1}{4} = \frac{1}{6} \qquad ⑦$$

第2項は

$$\sum_{n=0}^{N} c_n \int_0^1 \int_0^1 R(t, s) y_n(s) y_n(t) \, ds \, dt$$

$$= \sum_{n=0}^{N} c_n \int_0^1 y_n(t) \left\{ \int_0^1 R(t, s) y_n(s) \, ds \right\} dt$$

$$= \sum_{n=0}^{N} c_n^2 \int_0^1 y_n^2(t) \, dt \quad \left(\because \text{ 与式より，} \int_0^1 R(t, s) y_n(s) \, ds = c_n y_n(t) \right)$$

$$= \sum_{n=0}^{N} c_n^2 \quad (\because \ ⑤)$$

$$= \sum_{n=0}^{N} \frac{1}{\left\{ \left(n + \frac{1}{2} \right) \pi \right\}^4} \longrightarrow \frac{16}{\pi^4} \sum_{n=0}^{\infty} \frac{1}{(2n+1)^4} = \frac{16}{\pi^4} \frac{\pi^4}{96} = \frac{1}{6} \quad (N \to \infty)$$

⑧

$$\left(\sum_{n=1}^{\infty} \frac{1}{n^4} = \sum_{n=0}^{\infty} \frac{1}{(2n+1)^4} + \sum_{n=1}^{\infty} \frac{1}{(2n)^4} = \sum_{n=0}^{\infty} \frac{1}{(2n+1)^4} + \frac{1}{16} \sum_{n=1}^{\infty} \frac{1}{n^4} \right.$$

$$\left. \therefore \ \sum_{n=0}^{\infty} \frac{1}{(2n+1)^4} = \frac{15}{16} \sum_{n=1}^{\infty} \frac{1}{n^4} = \frac{15}{16} \cdot \frac{\pi^4}{90} = \frac{\pi^4}{96} \right)$$

第3項は

$$\sum_{n=0}^{N} \sum_{m=0}^{N} c_n c_m \int_0^1 y_n(t) y_m(t) \left\{ \int_0^1 y_n(s) y_m(s) \, ds \right\} dt = \sum_{n=0}^{N} c_n^2 \quad (\because \ ⑤)$$

$$\longrightarrow \frac{1}{6} \quad (N \to \infty) \quad (⑧と同様にして)$$

⑦，⑧，⑨を⑥に代入すると，

$$\int_0^1 \int_0^1 \left\{ R(t, s) - \sum_{n=0}^{N} c_n y_n(s) y_n(t) \right\}^2 ds \, dt \longrightarrow 0 \quad (N \to \infty)$$

---- 例題 4.23 ----

平面を境界とする半空間で，3次元のラプラスの方程式
$$\frac{\partial^2 f}{\partial x^2} + \frac{\partial^2 f}{\partial y^2} + \frac{\partial^2 f}{\partial z^2} = 0$$
を解け．ただし，境界条件は次の通りとする．

（1） 無限遠点で $f = 0$，
（2） かつ上記平面上で極座標を r, θ としたとき，平面上でこの平面に垂直方向の勾配は
$$J_m(kr)e^{im\theta}$$
で与えられる．ここで k は正の定数，J_m は m 次のベッセル関数（m は非負の整数）で次の常微分方程式を満足し，かつ $0 \leqq \omega < \infty$ で有界，$\omega \to \infty$ で 0 になるものとする．
$$\frac{d^2 g}{d\omega^2} + \frac{1}{\omega}\frac{dg}{d\omega} + \left(1 - \frac{m^2}{\omega^2}\right)g = 0 \qquad \text{(東大理)}$$

【解答】 極座標を用いると，与えられた方程式は
$$\frac{\partial^2 f}{\partial r^2} + \frac{1}{r}\frac{\partial f}{\partial r} + \frac{1}{r^2}\frac{\partial^2 f}{\partial \theta^2} + \frac{\partial^2 f}{\partial z^2} = 0$$
$f = g(r, \theta)Z(z)$ とおくと，
$$\left(\frac{\partial^2 g}{\partial r^2} + \frac{1}{r}\frac{\partial g}{\partial r} + \frac{1}{r^2}\frac{\partial^2 g}{\partial \theta^2}\right)Z + \frac{\partial^2 Z}{\partial z^2}g = 0$$
$$\therefore \; -\frac{\frac{\partial^2 g}{\partial r^2} + \frac{1}{r}\frac{\partial g}{\partial r} + \frac{1}{r^2}\frac{\partial^2 g}{\partial \theta^2}}{g} = \frac{\frac{\partial^2 Z}{\partial z^2}}{Z} \equiv \lambda^2 \quad (\lambda > 0) \qquad ①$$
したがって，
$$\frac{\partial^2 Z}{\partial z^2} = \lambda^2 Z \implies Z = c_1 e^{\lambda z} + c_2 z^{-\lambda z}$$
無限遠点で $f = 0$ という境界条件より，$c_1 = 0$．
$$\therefore \; Z = c_2 e^{-\lambda z}$$
①より，
$$\frac{\partial^2 g}{\partial r^2} + \frac{1}{r}\frac{\partial g}{\partial r} + \frac{1}{r^2}\frac{\partial^2 g}{\partial \theta^2} + \lambda^2 g = 0$$
$g(r, \theta) = R(r)\Theta(\theta)$ とおくと，

$$\left(\frac{d^2R}{dr^2} + \frac{1}{r}\frac{dR}{dr} + \lambda^2 R\right)\Theta + \frac{1}{r^2}\frac{d^2\Theta}{d\theta^2}R = 0$$

$$-\frac{r^2\left(\frac{d^2R}{dr^2} + \frac{1}{r}\frac{dR}{dr} + \lambda^2 R\right)}{R} = \frac{\frac{d^2\Theta}{d\theta^2}}{\Theta} \equiv -\mu^2 \quad (\mu > 0) \qquad ②$$

したがって

$$\frac{d^2\Theta}{d\theta^2} + \mu^2\Theta = 0 \implies \Theta = A\,e^{i\mu\theta} + B\,e^{-i\mu\theta}$$

$\Theta(\theta + 2\pi) = \Theta(\theta)$ であるから,$\mu = \mu_n = n\,(n = 1, 2, \cdots)$ となる.

$$\therefore\quad \Theta = A_n e^{in\theta} + B_n e^{-in\theta}$$

$\mu_n = n$ に対応して,②より

$$\frac{d^2R_n}{dr^2} + \frac{1}{r}\frac{dR_n}{dr} + \left(\lambda^2 - \frac{n^2}{r^2}\right)R_n = 0$$

すなわち,

$$\frac{d^2R_n}{d(\lambda r)^2} + \frac{1}{(\lambda r)}\frac{dR_n}{d(\lambda r)} + \left(1 - \frac{n^2}{(\lambda r)^2}\right)R_n = 0$$

$R_n(r)$ は $0 \leqq r < \infty$ で有界,$r \to 0$ で 0 になるから,

$$R_n(r) = D_n J_n(\lambda r)$$

したがって,

$$f(r, \theta, z) = \sum_{n=1}^{\infty} D_n J_n(\lambda r)(A_n e^{in\theta} + B_n e^{-in\theta})c_2 e^{-\lambda z}$$

境界条件より,

$$\left.\frac{\partial f}{\partial z}\right|_{z=0} = J_m(kr)\,e^{im\theta}$$

すなわち,

$$\sum_{n=1}^{\infty} D_n J_n(\lambda r)(A_n e^{in\theta} + B_n e^{-in\theta})c_2(-\lambda) = J_m(kr)\,e^{im\theta}$$

$$\therefore\quad n = m,\quad \lambda = k,\quad D_n A_n c_2(-\lambda) = 1,\quad D_n B_n c_2(-\lambda) = 0$$

$$\implies n = m,\quad \lambda = k,\quad D_n A_n c_2 = -\frac{1}{k},\quad D_n B_n c_2 = 0$$

ゆえに,

$$f(r, \theta, z) = -\frac{1}{k} J_m(kr) e^{im\theta} e^{-kz}$$

例題 4.24

整数次のベッセル関数 $J_n(z)$ の母関数の展開式は $e^{z(\zeta-\zeta^{-1})/2} = \sum_{n=-\infty}^{\infty} J_n(z)\zeta^n$ である．これを利用して，次の等式を導け．n は整数とする．

(1) $J_n(0) = \begin{cases} 1 & (n=0) \\ 0 & (n=\pm 1, \pm 2, \cdots) \end{cases}$　　(2) $J_n(-z) = (-1)^n J_n(z)$

(3) $J_{-n}(z) = J_n(-z)$　　(4) $J_n(z_1+z_2) = \sum_{m=-\infty}^{\infty} J_m(z_1) J_{n-m}(z_2)$

(5) $\sum_{k=-\infty}^{\infty} J_k(z) J_{k+n}(z) = \begin{cases} 1 & (n=0) \\ 0 & (n=\pm 1, \pm 2, \cdots) \end{cases}$

(6) $\dfrac{z}{2}(\zeta+\zeta^{-1}) e^{z(\zeta-\zeta^{-1})/2} = \sum_{n=-\infty}^{\infty} n J_n(z)\zeta^n$

(7) $\sum_{n=-\infty}^{\infty} n J_n(z) J_{n+1}(z) = \dfrac{z}{2}$

(東北大)

【解答】 (1) $z=0$ とおくと，与式は $1 = \sum_{n=-\infty}^{\infty} J_n(0)\zeta^n$

両辺の各係数を比較すると，$J_n(0) = \begin{cases} 1 & (n=0) \\ 0 & (n \neq 0) \end{cases}$

(2) 与式より，$e^{-z\{(-\zeta)-(-\zeta)^{-1}\}/2} = \sum_{n=-\infty}^{\infty} J_n(-z)(-\zeta)^n$．すなわち，

$e^{z(\zeta-\zeta^{-1})/2} = \sum_{n=-\infty}^{\infty} (-1)^n J_n(-z)\zeta^n$　∴ $\sum_{n=-\infty}^{\infty} J_n(z)\zeta^n = \sum_{n=-\infty}^{\infty} (-1)^n J_n(-z)\zeta^n$

両辺の各係数を比較すると，$J_n(z) = (-1)^n J_n(-z)$　　∴ $J_n(-z) = (-1)^n J_n(z)$

(3) 与式より $e^{-z(\zeta-\zeta^{-1})/2} = \sum_{n=-\infty}^{\infty} J_n(-z)\zeta^n$

すなわち，$e^{z\{\zeta^{-1}-(\zeta^{-1})^{-1}\}/2} = \sum_{n=-\infty}^{\infty} J_n(-z)\zeta^n$

∴ $\sum_{n=-\infty}^{\infty} J_n(z)(\zeta^{-1})^n = \sum_{n=-\infty}^{\infty} J_n(-z)\zeta^n$　あるいは　$\sum_{n=-\infty}^{\infty} J_n(z)\zeta^{-n} = \sum_{n=-\infty}^{\infty} J_n(-z)\zeta^n$

すなわち，$\sum_{n=-\infty}^{\infty} J_{-n}(z)\zeta^n = \sum_{n=-\infty}^{\infty} J_n(-z)\zeta^n$

両辺の各係数を比較すると，$J_{-n}(z) = J_n(-z)$

(4) $e^{(z_1+z_2)(\zeta-\zeta^{-1})/2} = e^{z_1(\zeta-\zeta^{-1})/2} \cdot e^{z_2(\zeta-\zeta^{-1})/2}$ が成立するから，与式より，

$$\sum_{n=-\infty}^{\infty} J_n(z_1+z_2)\zeta^n = \sum_{k=-\infty}^{\infty} J_k(z_1)\zeta^k \cdot \sum_{l=-\infty}^{\infty} J_l(z_2)\zeta^l$$

$$= \sum_{n=-\infty}^{\infty} \left\{ \sum_{m=-\infty}^{\infty} J_m(z_1) \cdot J_{n-m}(z_2) \right\} \zeta^n$$

両辺の各係数を比較すると，$J_n(z_1+z_2) = \sum_{k=-\infty}^{\infty} J_m(z_1) \cdot J_{n-m}(z_2)$

（5） $\sum_{k=-\infty}^{\infty} J_k(z)J_{k+n}(z) = \sum_{k=-\infty}^{\infty} J_{-k}(-z)J_{k+n}(z)$ （∵ （3））

$$= \sum_{m=-\infty}^{\infty} J_m(-z)J_{n-m}(z) \quad (m=-k)$$

$$= J_n(0) \quad (\because (4))$$

$$= \begin{cases} 1 & (n=0) \\ 0 & (n \neq 0) \end{cases} \quad (\because (1))$$

（6） 与式の両辺を ζ で微分すると，$e^{z(\zeta-\zeta^{-1})/2} \dfrac{z}{2}(1+\zeta^{-2}) = \sum_{n=-\infty}^{\infty} nJ_n(z)\zeta^{n-1}$

すなわち，$\dfrac{1}{\zeta} \cdot \dfrac{z}{2}(\zeta+\zeta^{-1})e^{z(\zeta-\zeta^{-1})/2} = \sum_{n=-\infty}^{\infty} nJ_n(z)\zeta^{n-1}$

$\therefore \dfrac{z}{2}(\zeta+\zeta^{-1})e^{z(\zeta-\zeta^{-1})/2} = \sum_{n=-\infty}^{\infty} nJ_n(z)\zeta^n$ ①

（7） $\dfrac{z}{2}(\zeta+\zeta^{-1})e^{z(\zeta-\zeta^{-1})/2} = \dfrac{z}{2}\left\{\sum_{n=-\infty}^{\infty} J_n(z)\zeta^{n+1} + \sum_{n=-\infty}^{\infty} J_n(z)\zeta^{n-1}\right\}$

$$= \dfrac{z}{2}\left\{\sum_{n=-\infty}^{\infty} J_{n-1}(z)\zeta^n + \sum_{n=-\infty}^{\infty} J_{n+1}(z)\zeta^n\right\}$$

$$= \dfrac{z}{2}\sum_{n=-\infty}^{\infty} \{J_{n-1}(z)+J_{n+1}(z)\}\zeta^n \qquad ②$$

①と②の各係数を比較すると，$nJ_n(z) = \dfrac{z}{2}\{J_{n-1}(z)+J_{n+1}(z)\}$

$\therefore \sum_{n=-\infty}^{\infty} nJ_n(z)J_{n+1}(z) = \dfrac{z}{2}\sum_{n=-\infty}^{\infty} (J_{n-1}(z)+J_{n+1}(z))J_{n+1}(z)$

$$= \dfrac{z}{2}\left\{\sum_{n=-\infty}^{\infty} J_{n-1}(z)J_{n+1}(z) + \sum_{n=-\infty}^{\infty} J_{n+1}^2(z)\right\} = \dfrac{z}{2}\{0+1\} \quad (\because (5))$$

$$= \dfrac{z}{2}$$

例題 4.25

非負の実数に対して定義された関数 u を関数 w へ，以下のように変換する演算子 A を考える：

$w = Au$

$$w(\xi) = \pi^{-1/2} \int_0^\xi (\xi - \zeta)^{-1/2} u(\zeta)\, d\zeta \quad (\xi \geqq 0) \qquad (1)$$

関数 w が既知のとき，関数 u を求めたい．以下の設問に答えよ．

(a) $\sin^2 t = \dfrac{\zeta - \eta}{\xi - \eta}$ と変数変換することにより，次の定積分

$$I \equiv \int_\eta^\xi (\xi - \zeta)^{-1/2} (\zeta - \eta)^{-1/2}\, d\zeta$$

を求めよ．ただし，$\eta < \xi$ とする．

(b) (1)にさらに A を作用させた

$$Aw = A^2 u = \pi^{-1/2} \int_0^\xi (\xi - \zeta)^{-1/2} w(\zeta)\, d\zeta \qquad (2)$$

を，u の1重積分で表わせ．

(c) 設問(b)の結果を考慮すると，$Au = w$ から関数 u を求めるための，A の逆演算子 A^{-1} は，具体的にどう表現されるか．

(d) $w(\xi) = \xi^2$ の場合について，$u = A^{-1} w$ を求めよ． (東大理)

【解答】 (a) $\sin^2 t = \dfrac{\zeta - \eta}{\xi - \eta}$ とおくと，

$\zeta - \eta = \sin^2 t \cdot (\xi - \eta), \quad \xi - \zeta = \cos^2 t \cdot (\xi - \eta),$

$d\zeta = 2 \sin t \cos t \cdot (\xi - \eta)\, dt$

$\therefore \ I = \displaystyle\int_0^{\pi/2} (\sin t)^{-1} \cdot (\xi - \eta)^{-1/2} (\cos t)^{-1} \cdot (\xi - \eta)^{-1/2}$

$\qquad \times 2 \sin t \cos t \cdot (\xi - \eta)\, dt$

$\quad = 2 \cdot \dfrac{\pi}{2} = \pi \qquad\qquad w = Bz$

(b) $Aw = \pi^{-1/2} \displaystyle\int_0^\xi (\xi - \eta)^{-1/2} w(\eta)\, d\eta$

$\qquad = \pi^{-1/2} \displaystyle\int_0^\xi (\xi - \eta)^{-1/2} \left\{ \pi^{-1/2} \int_0^\eta (\eta - \zeta)^{-1/2} u(\zeta)\, d\zeta \right\} d\eta$

$$= \pi^{-1}\int_0^\xi u(\zeta)\,d\zeta \int_\zeta^\xi (\xi-\eta)^{-1/2}(\eta-\zeta)^{-1/2}\,d\eta$$

$$= \pi^{-1}\int_0^\xi u(\zeta)\pi\,d\zeta = \int_0^\xi u(\zeta)\,d\zeta$$

(c) (b)と(2)より,$u(\xi)=\dfrac{d}{d\xi}(Aw)=\pi^{-1/2}\dfrac{d}{d\xi}\int_0^\xi (\xi-\eta)^{-1/2}w(\eta)\,d\eta$ であるから,

$$A^{-1}w = \pi^{-1/2}\frac{d}{d\xi}\int_0^\xi (\xi-\eta)^{-1/2}w(\eta)\,d\eta$$

(d) $w(\xi)=\xi^2$ の場合,(c)より

$$u(\xi) = \pi^{-1/2}\frac{d}{d\xi}\int_0^\xi (\xi-\eta)^{-1/2}\eta^2\,d\eta$$

$$= \pi^{-1/2}\frac{d}{d\xi}\xi^{-1/2}\xi^3\int_0^\xi \left(1-\frac{\eta}{\xi}\right)^{-1/2}\frac{\eta^2}{\xi^2}\,d\left(\frac{\eta}{\xi}\right)$$

$$= \pi^{-1/2}\frac{d}{d\xi}\xi^{5/2}\int_0^1 (1-t)^{-1/2}t^2\,dt \quad \left(t=\frac{\eta}{\xi}\text{ とおく}\right)$$

$$= \pi^{-1/2}\frac{5}{2}\xi^{3/2}\int_0^1 (1-t)^{(1/2)-1}t^{3-1}\,dt$$

$$= \pi^{-1/2}\frac{5}{2}\xi^{3/2}\frac{\Gamma\left(\dfrac{1}{2}\right)\Gamma(3)}{\Gamma\left(\dfrac{7}{2}\right)}$$

$$= \pi^{-1/2}\frac{5}{2}\xi^{3/2}\frac{\sqrt{\pi}\cdot 2}{\dfrac{5}{2}\cdot\dfrac{3}{2}\cdot\dfrac{1}{2}\sqrt{\pi}} = \frac{8\xi^{3/2}}{3\sqrt{\pi}}$$

例題 4.26

$$f(x) = \begin{cases} P_n(x) & (-1 \leq x \leq 1) \\ 0 & (その他) \end{cases}$$

とおく．ただし，$P_n(x) = \dfrac{1}{n!2^n} \dfrac{d^n}{dx^n}(x^2-1)^n \, (n=0,1,2,\cdots)$．$f(x)$ のフーリエ変換を求めよ．

(電通大)

【解答】 フーリエ変換の定義より

$$\mathscr{F}[f(x)] = \frac{1}{\sqrt{2\pi}} \int_{-\infty}^{\infty} f(x) e^{-i\omega x} dx = \frac{1}{\sqrt{2\pi}} \int_{-1}^{1} P_n(x) e^{-i\omega x} dx$$

$$= \frac{1}{\sqrt{2\pi}\, 2^n n!} \int_{-1}^{1} \frac{d^n}{dx^n}(x^2-1)^n e^{-i\omega x} dx$$

$$= \frac{1}{\sqrt{2\pi}\, 2^n n!} \left\{ \left[\frac{d^{n-1}}{dx^{n-1}}(x^2-1)^n e^{-i\omega x} \right]_{-1}^{1} + (i\omega) \int_{-1}^{1} \frac{d^{n-1}}{dx^{n-1}}(x^2-1)^n e^{-i\omega x} dx \right\}$$

$$= \frac{1}{\sqrt{2\pi}\, 2^n n!} (i\omega) \int_{-1}^{1} \frac{d^{n-1}}{dx^{n-1}}(x^2-1)^n e^{-i\omega x} dx$$

$$= \frac{1}{\sqrt{2\pi}\, 2^n n!} (i\omega) \left\{ \left[\frac{d^{n-1}}{dx^{n-1}}(x^2-1)^n e^{-i\omega x} \right]_{-1}^{1} + (i\omega)^2 \int_{-1}^{1} \frac{d^{n-2}}{dx^{n-2}}(x^2-1)^n e^{-i\omega x} dx \right\}$$

$$= \frac{1}{\sqrt{2\pi}\, 2^n n!} (i\omega)^2 \int_{-1}^{1} \frac{d^{n-2}}{dx^{n-2}}(x^2-1)^n e^{-i\omega x} dx$$

$$= \cdots = \frac{1}{\sqrt{2\pi}\, 2^n n!} (i\omega)^n \int_{-1}^{1} (x^2-1)^n e^{-i\omega x} dx$$

$$= \frac{1}{\sqrt{2\pi}\, 2^n n!} (i\omega)^n \int_{-1}^{1} (x^2-1)^n (\cos\omega x - i\sin\omega x) dx$$

$$= \frac{1}{\sqrt{2\pi}\, 2^{n-1} n!} (i\omega)^n \int_{0}^{1} (x^2-1)^n \cos\omega x \, dx \qquad ①$$

ここで，

$$I(\omega) = \int_{0}^{1} (x^2-1)^n \cos\omega x \, dx \qquad ②$$

とおくと，

$$I'(\omega) = -\int_0^1 x(x^2-1)^n \sin\omega x \, dx$$

$$= -\frac{1}{2(n+1)} \int_0^1 \sin\omega x \, d(x^2-1)^{n+1}$$

$$= -\frac{1}{2(n+1)} \left\{ [\sin\omega x \cdot (x^2-1)^{n+1}]_0^1 \right.$$

$$\left. - \omega \int_0^1 (x^2-1)^{n+1} \cos\omega x \, dx \right\}$$

$$= \frac{\omega}{2(n+1)} \int_0^1 (x^2-1)^{n+1} \cos\omega x \, dx$$

$$I''(\omega) = -\int_0^1 x^2(x^2-1)^n \cos\omega x \, dx$$

$$= -\int_0^1 (x^2-1)^{n+1} \cos\omega x \, dx - \int_0^1 (x^2-1)^n \cos\omega x \, dx$$

$$= -\frac{2(n+1)}{\omega} I'(\omega) - I(\omega)$$

すなわち，

$$\omega^2 I''(\omega) + 2(n+1)\omega I'(\omega) + \omega^2 I(\omega) = 0 \qquad ③$$

$I(\omega) = u(\omega) Z(\omega)$ とおいて，③に代入すると，

$$\omega^2 Z'' + \left(\omega \cdot \frac{2\omega u' + 2(n+1)n}{u}\right) Z' + \frac{\omega^2 u'' + 2(n+1)\omega u' + \omega^2 u}{u} Z = 0$$

$$④$$

④の Z' の係数を ω とおくと

$$\frac{2\omega u' + 2(n+1)n}{u} = 1 \quad \text{すなわち} \quad \frac{du}{u} = -\frac{2n+1}{2\omega} d\omega$$

となる．ゆえに，この方程式の特殊解

$$u(\omega) = \omega^{-(2n+1)/2}$$

を④に代入すると，

$$\omega^2 Z'' + \omega Z' + \left[\omega^2 - \left(\frac{2n+1}{2}\right)^2\right] Z = 0 \qquad ⑤$$

⑤の一般解は

$$Z = A J_{(2n+1)/2}(\omega) + B J_{-(2n+1)/2}(\omega)$$

したがって，

$$I(\omega) = A\omega^{-(2n+1)/2} J_{(2n+1)/2}(\omega) + B\omega^{-(2n+1)/2} J_{-(2n+1)/2}(\omega)$$

②より，$\lim_{\omega \to 0} I(\omega)$ が存在するから，$B = 0$. ゆえに，

$$I(\omega) = A\omega^{-(2n+1)/2} J_{(2n+1)/2}(\omega) \qquad ⑥$$

⑥の定数 A を求めるために，⑥の両辺を $\omega \to 0$ とすると

$$\int_0^1 (t^2 - 1)^n \, dt = \frac{A}{2^{(2n+1)/2} \Gamma\left(\dfrac{2n+3}{2}\right)}$$

すなわち，

$$\frac{(-1)^n}{2} \int_0^1 (1-\tau)^{(n+1)-1} \tau^{1/2-1} \, d\tau = \frac{A}{2^{(2n+1)/2} \Gamma\left(\dfrac{2n+3}{2}\right)} \quad (\tau = t^{1/2} \text{ とおく})$$

$$\frac{(-1)^n}{2} \frac{\Gamma(n+1)\Gamma\left(\dfrac{1}{2}\right)}{\Gamma\left(n + \dfrac{3}{2}\right)} = \frac{A}{2^{(2n+1)/2} \Gamma\left(\dfrac{2n+3}{2}\right)}$$

$$\therefore \quad A = (-1)^n 2^{(2n-1)/2} \Gamma(n+1) \Gamma\left(\frac{1}{2}\right) = (-1)^n 2^{(2n-1)/2} \sqrt{\pi}\, n!$$

⑥に代入すると，

$$I(\omega) = (-1)^n 2^n \sqrt{\frac{\pi}{2}}\, n!\, \omega^{-(2n+1)/2} J_{(2n+1)/2}(\omega)$$

①に代入すると

$$\mathscr{F}[f(x)] = (-i)^n \omega^{-1/2} J_{(2n+1)/2}(\omega)$$

問 題 研 究

4.26 展開式
$$G(x, \alpha) = (1 - 2x\alpha + \alpha^2)^{-1/2} = \sum_{n=0}^{\infty} c_n(x)\alpha^n \quad (-1 \leqq x \leqq 1, \quad |\alpha| < 1)$$

における $c_n(x)$ がルジャンドル多項式であることを示し，その直交性を確かめよ．ただし，$G(x, \alpha)$ は偏微分方程式

$$(1 - x^2)\frac{\partial^2 G}{\partial x^2} - 2x\frac{\partial G}{\partial x} + \alpha\frac{\partial^2}{\partial \alpha^2}(\alpha G) = 0$$

を満足する． (東大理)

4.27 次の微分方程式を以下の設問に沿って解け．

$$x^2\frac{d^2 y}{dx^2} + x(x - 3)\frac{dy}{dx} + (4 - 2x)y = -x^3 e^{-x}$$

（1） 確定特異点 $x = 0$ のまわりで解を $y = \sum_{n=0}^{\infty} a_n x^{n+\lambda}$ $(a_0 \neq 0)$ と級数の形で仮定することによって同次方程式の基本解の一つを求めよ．

（2） （1）で求めた解を利用して，定数変化法などの方法で一般解を求めよ．ただし，初等関数では表せない不定積分の一つ $F(x) = \int^x \frac{e^{-\xi}}{\xi}d\xi$ を既知のものとして用いてよい． (東大工)

4.28 R^1 上の関数列 $\{\varphi_n(x)\}_{n=0, 1, \cdots}$ を次式で定義する．

$$\varphi_n(x) = e^{x^2}\frac{d^n}{dx^n}(e^{-x^2}) \quad (n = 0, 1, 2, \cdots)$$

このとき
（1） 各 n につき，φ_n は n 次多項式であることを証明せよ．
（2） 次式が成立することを証明せよ．

$$\int_{-\infty}^{\infty} e^{-x^2}\varphi_m(x)\varphi_n(x)\,dx = 0, \quad m \neq n \qquad \text{(九大)}$$

4.29 $e^{xt - t^2/2} = \sum_{n=0}^{\infty} H_n(x)\frac{t^n}{n!}$ のとき，次が成り立つことを示せ．
（1） $H_n'(x) = nH_{n-1}(x) \quad (n = 1, 2, \cdots)$
（2） $H_n(x)$ は $y'' - xy' + ny = 0$ をみたす． (広大*，武工大)

4.30 $J_n(x) = \sum_{m=0}^{\infty} \frac{(-1)^m}{m!(n + m)!}\left(\frac{x}{2}\right)^{2m+n}$ $(n = 0, 1, 2, \cdots)$ について次の問に答えよ．

(1) $J_n(x)$ はすべての x に対して収束することを示せ.

(2) $\dfrac{d}{dx}J_0(x) = -J_1(x)$ を示せ. (金沢大)

4.31 $x\dfrac{d^2y}{dx^2} + (2-x)\dfrac{dy}{dx} - \dfrac{1}{2}y = 0$ (A)

の基本解の一つに対し, $x^{-1/2}$ が $x \to \infty$ における近似解であることを示し, 他の基本解の $x \to \infty$ における近似解を求めよ.

〈ヒント〉 $x \to \infty$ のとき, (A)の近似解は $y = e^{\gamma x}u(x)$ の形で書くことができる. また $u(x)$ を
$$u(x) = x^\beta\left(1 + \dfrac{v_1}{x} + \dfrac{v_2}{x^2} + \cdots\right) \approx x^\beta$$
と表現して解を得ることを考える. ただし, $v_1, v_2, \cdots$ は定数である. (東大工)

4.32 ルジャンドル多項式を $P_0(x) \equiv 1, P_n(x) = \dfrac{1}{2^n n!}\dfrac{d^n}{dx^n}(x^2-1)^n$ $(n \geqq 1)$ とおくとき, $m(<n)$ 次の多項式 $Q(x)$ に対して
$$\int_{-1}^1 Q(x)P_n(x)\,dx = 0, \quad \int_{-1}^1 P_n^2(x)\,dx = \dfrac{2}{2n+1}$$
であることを示せ. (神戸大*, 富山大*)

4.33 $F(\alpha, \beta, \gamma, x)$
$$= 1 + \sum_{n=1}^\infty \dfrac{\alpha(\alpha+1)\cdots(\alpha+n-1)\beta(\beta+1)\cdots(\beta+n-1)}{n!\gamma(\gamma+1)\cdots(\gamma+n-1)}x^n$$
とおくとき, $y = F(\alpha, \beta, \gamma, x)$ はガウスの微分方程式
$$x(x-1)y'' + \{(\alpha+\beta+1)x - \gamma\}y' + \alpha\beta y = 0$$
の形式解であることを証明せよ. (富山大, 津田塾大*, 神戸大*)

4.34 ルジャンドルの微分方程式
$$\dfrac{d}{dx}\left\{(x^2-1)\dfrac{dy}{dx}\right\} - n(n+1)y = 0$$
は, n が 0 または正の整数のとき, ルジャンドルの多項式 $P_n(x)$ を解にもつ. これを用いて $\int_{-1}^1 P_m(x)P_n(x)dx = 0$ $(m \neq n)$ が成り立つことを証明せよ.
(富山大)

4.35 閉区間 $[-1, 1]$ において, n 次のチェビシェフ多項式は
$$T_n(x) = \cos(n\cos^{-1}x) \quad (n = 0, 1, 2, \cdots)$$
で定義される. このとき, 次のことを証明せよ.

(1) $T_n(x)$ は n 次の多項式である.

(2) 直交関係 $\int_{-1}^{1} \dfrac{T_m(x)\,T_n(x)}{\sqrt{1-x^2}}\,dx = \begin{cases} \pi & (m=n=0) \\ \dfrac{\pi}{2} & (m=n\neq 0) \\ 0 & (m\neq n) \end{cases}$

が成立する. (九大, 早大)

4.36 Γ関数

$$\Gamma(z) = \int_0^\infty e^{-x} x^{z-1}\,dx \quad (\mathrm{Re}\,z > 0)$$

に対して,

$$\lim_{n\to\infty} \int_0^n \left(1 - \frac{x}{n}\right)^n x^{z-1}\,dx = \Gamma(z)$$

となることを示し, これから

$$\Gamma(z) = \lim_{n\to\infty} \frac{(n-1)!\,n^z}{z(z+1)\cdots(z+n-1)}$$

を導け. (学習院大*, 早大*, 九大*)

4.37 常微分方程式

$$\frac{d^2 y}{dx^2} + \sin y = 0, \quad y(0)=0, \quad \frac{dy(0)}{dx} = a$$

について以下の問に答えよ. ただし, $0 < a < 2$ とする.

(1) $x > 0$ ではじめて $\dfrac{dy}{dx} = 0$ となるときの x, y の値をそれぞれ x_0, y_0 とする. y_0 を求めよ.

(2) 上の常微分方程式の解は, 第1種楕円積分 $F(k,\phi)$ を用いて,
$$x = F(k, \phi(y))$$
の形で表わされる. k および $\phi(y)$ を求めよ. ただし, 第1種楕円積分は
$$F(k,\phi) = \int_0^\phi \frac{1}{\sqrt{1-k^2\sin^2\theta}}\,d\theta$$
で定義されている.

(3) (1) の x_0 の値をやはり第1種楕円積分を用いて表せ.

(4) $a \ll 1$ のとき, x_0 の値は
$$x_0 = c_0 + c_1 a^2 + c_2 a^4 + \cdots = \sum_{j=0}^{\infty} c_j a^{2j}$$
と展開できる. ただし, $c_j\,(j=0,1,2,\cdots)$ は a によらない定数である. 第1種楕円積分を k^2 について展開した式を用いて, c_0 および c_1 を求めよ. (東大工)

4.38 関数 $f(x)$ のラプラス変換 $F(s)$ を，下記のように定義する．

$$F(s) = \int_0^\infty f(x)e^{-sx}dx$$

（1） 0次の第1種ベッセル関数 $J_0(x)$ は下記の式を満足する．

$$xJ_0'' + J_0' + xJ_0 = 0$$

$J_0(0) = 1, J_0'(0) = 0$ に注意し，上式から $J_0(x)$ のラプラス変換を求めよ．

（2） $J_0'(x) = -J_1(x)$ の関係から，$J_1(x)$ のラプラス変換を求めよ．（九大）

4 変 分 法

§1 オイラーの方程式

1.1 1従属変数 y,1独立変数 x,被積分関数が1階導関数を含む場合 x, y, y' ($= dy/dx$) の与えられた関数 $F(x, y, y')$ に対し,**汎関数**

$$J[y] = \int_{x_1}^{x_2} F(x, y, y') \, dx \tag{4.106}$$

を**停留値**(極値,鞍点等)とするような関数(停留関数)$y = y(x)$ を求める方法を**変分法**という.ただし,積分の両端における境界条件 $y(x_1) = y_1$, $y(x_2) = y_2$ は指定されているものとする.**第1変分**

$$\delta J[y] = \int_{x_1}^{x_2} (F_y \delta y + F_{y'} \delta y') \, dx$$

$$= [F_{y'} \delta y]_{x_1}^{x_2} + \int_{x_1}^{x_2} \left(F_y - \frac{d}{dx} F_{y'} \right) \delta y \, dx \tag{4.107}$$

から**オイラーの方程式**(オイラー・ラグランジュの方程式)

$$\frac{\partial F}{\partial y} - \frac{d}{dx} \left(\frac{\partial F}{\partial y'} \right) = 0 \tag{4.108}$$

が導かれる.(4.108)を解き,境界条件を満足させれば停留関数が得られる.

1.2 1従属変数 y,1独立変数 x,被積分関数が高階導関数 $y', y'', \cdots, y^{(n)}$ を含む場合

$$J[y] = \int_{x_1}^{x_2} F(x, y, y', y'', \cdots, y^{(n)}) \, dx \quad \left(y^{(n)} = \frac{d^n y}{dx^n} \right) \tag{4.109}$$

$$\frac{\partial F}{\partial y} - \frac{d}{dx} \left(\frac{\partial F}{\partial y'} \right) + \frac{d^2}{dx^2} \left(\frac{\partial F}{\partial y''} \right) - \cdots + (-1)^n \frac{d^n}{dx^n} \left(\frac{\partial F}{\partial y^{(n)}} \right) = 0 \tag{4.110}$$

1.3 n 個の従属変数 $y_1, y_2, \cdots, y_n$,1独立変数 x,1階導関数 $y'_k = dy_k/dx$ ($k = 1, 2, \cdots, n$) を含む場合

$$J[y_1, y_2, \cdots, y_n] = \int_{x_1}^{x_2} F(x, y_1, y_2, \cdots, y_n, y'_1, y'_2, \cdots, y'_n) \, dx \tag{4.111}$$

$$\frac{\partial F}{\partial y_k} - \frac{d}{dx} \left(\frac{\partial F}{\partial y'_k} \right) = 0 \quad (k = 1, 2, \cdots, n) \tag{4.112}$$

1.4 n 個の従属変数 $y, z, \cdots$,1個の独立変数 x,被積分関数が高階導関数を含む場合

$$J[y, z, \cdots] = \int_{x_1}^{x_2} F(x, y, z, \cdots, y', z', \cdots, y^{(n)}, z^{(n)}, \cdots) \tag{4.113}$$

$$\frac{\partial F}{\partial y} = \frac{d}{dx} \left(\frac{\partial F}{\partial y'} \right) + \frac{d^2}{dx^2} \left(\frac{\partial F}{\partial y''} \right) + \cdots + (-1)^n \frac{d^n}{dx^n} \left(\frac{\partial F}{\partial y^{(n)}} \right) = 0$$

$$\frac{\partial F}{\partial z} - \frac{d}{dx}\left(\frac{\partial F}{\partial z'}\right) + \frac{d^2}{dx^2}\left(\frac{\partial F}{\partial z''}\right) + \cdots + (-1)^n \frac{d^n}{dx^n}\left(\frac{\partial F}{\partial z^{(n)}}\right) = 0 \quad (4.114)$$

......

1.5 1個の従属変数 u, 2個の独立変数 x, y, 偏導関数を含む場合

$$J[u] = \int_{u_1}^{u_2}\int_{y_1}^{y_2} F(x, y, u, u_x, u_y, u_{xx}, u_{xy}, u_{yy}) \quad (4.115)$$

$$F_u - \frac{\partial}{\partial x} F_{u_x} - \frac{\partial}{\partial y} F_{u_y} + \frac{\partial^2}{\partial x^2} F_{u_{xx}} + 2\frac{\partial^2}{\partial x \partial y} F_{u_{xy}} + \frac{\partial^2}{\partial y^2} F_{u_{yy}} = 0 \quad (4.116)$$

ただし, $F_u = \dfrac{\partial F}{\partial u}$, $F_{u_{xx}} = \dfrac{\partial F}{\partial u_{xx}}$, $F_{u_{xy}} = \dfrac{\partial F}{\partial u_{xy}}$, $F_{u_{yy}} = \dfrac{\partial F}{\partial u_{yy}}$ とする.

1.6 等周問題（条件付き変分問題）

境界条件の他に

$$I[y] = \int_{x_1}^{x_2} G(x, y, y')\, dx = C \quad (C: 定数) \quad (4.117)$$

の付加条件のもとに, 積分

$$J[y] = \int_{x_1}^{x_2} F(x, y, y')\, dx \quad (4.118)$$

の停留値を求めることを**等周問題**という. この場合,

$$H(x, y, y') \equiv F(x, y, y') - \lambda G(x, y, y') \quad (4.119)$$

に対するオイラー方程式

$$\frac{\partial H}{\partial y} - \frac{d}{dx}\left(\frac{\partial H}{\partial y'}\right) = 0 \quad (4.120)$$

と付加条件から $y = y(x)$ と λ を決定する.

§2 直 接 法

オイラー方程式によらないで, あるパラメータ（変分パラメータ）を含んだ近似関数（**試行関数**）$y(x)$ を仮定し, 停留値を求める方法を**直接法**という. 試行関数を適当な関数系 $\{\phi_j(x)\}$ によって

$$y(x) = \sum_{j=0}^{n} c_j \phi_j(x) \quad (c_j: 変分パラメータ) \quad (4.121)$$

と展開する方法を**リッツの方法**といい, 直接法の一つである.

$$\frac{\partial J[y]}{\partial c_j} = 0 \quad (j = 0, 1, 2, \cdots, n) \quad (4.122)$$

とおいて得られる連立方程式を解いて c_j を決定する. この他に**ガレルキン法**等がある.

─ 例題 4.27 ─

（1） 次の定理の証明の概略を記せ．

条件 $y(a) = A, y(b) = B$ を満足し，連続な2階の導関数をもつ $y = y(x), a \leqq x \leqq b$ の集合上で定義される汎関数

$$J[y] = \int_a^b F(x, y, y') \, dx$$

が，ある関数 $y(x)$ で極値をとるための必要条件は $y(x)$ がオイラーの方程式

$$F_y - \frac{d}{dx} F_{y'} = 0$$

を満足することである．ここに $F(x, y, y')$ は x, y, y' に関して微分可能であるとする．

（2） 与えられた2点 $(x_0, y_0), (x_1, y_1)$ を結ぶ曲線 $y = y(x)$ のうちで，x 軸のまわりに回転したときのその表面積が定留値（弱い意味での極値）となるものを求めよ．ただし，$y_0, y_1 > 0$ とし，$x_1 - x_0 > 0$ は十分に小さいものとする．
(津田塾大)

【解答】（1） $J = \int_a^b F(x, y, y') dx$　　①

いま，$P_1(a, A), P_2(b, B)$ ($y(a) = A, y(b) = B$) を通る一つの曲線を

$$y = y_0(x)$$

とする．この曲線を挟む細い帯状の変域：$y_0(x) - b < y < y_0(x) + b$ を考え，この近傍において①の値を極小（または極大）にするような曲線 $y = y(x)$ を探す方法が変分法である．$y = y(x), y = y_0(x)$ に対応する積分を J_y, J_{y_0} とすると，$\Delta J = J_y - J_{y_0}$ を全変分といい，極小のとき

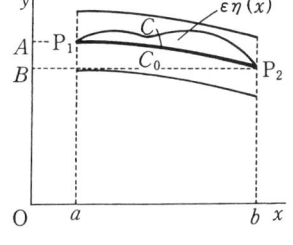

$$\Delta J \geqq 0 \qquad ②$$

ここで，$\eta(x)$ を任意の定まった関数とし，変域 (a, b) 内で $\eta'(x)$ と共に連続で，かつ

$$\eta(a) = 0, \quad \eta(b) = 0$$

であるとする．また，ε を十分小さな正数で $a < x < b$ 内で $|\varepsilon \eta(x)| < h$ を満足するものとする．$y = y(x)$ の曲線として

$$y(x) = y_0(x) + \varepsilon \eta(x)$$

なる曲線をとれば，$y = y(x)$ は $y_0(x)$ の近傍にある．全変分は

$$\Delta J = J_y - J_{y_0}$$

$$= \int_a^b \{F(x, y_0(x) + \varepsilon\eta(x), y_0'(x) + \varepsilon\eta'(x)) - F(x, y_0(x), y_0'(x))\}\, dx$$

被積分関数をテイラー展開すると，

$$\Delta J = \varepsilon \int_a^b \left\{\eta(x)\frac{\partial F}{\partial y} + \eta'(x)\frac{\partial F}{\partial y'}\right\} dx$$

$$+ \frac{1}{2}\varepsilon^2 \int_a^b \left\{\lceil\eta(x)\rceil^2 \frac{\partial^2}{\partial y^2} F[x, y_0(x) + \theta\varepsilon\eta(x), y_0'(x) + \theta\varepsilon\eta'(x)]\right.$$

$$+ 2\eta'(x)\eta(x) \frac{\partial^2}{\partial y \partial y'} F[x, y_0(x) + \theta\varepsilon\eta(x), y_0'(x) + \theta\varepsilon\eta'(x)]$$

$$\left. + [\eta'(x)]^2 \frac{\partial^2}{\partial y'^2} F[x, y_0(x) + \theta\varepsilon\eta(x), y_0'(x) + \theta\varepsilon\eta'(x)]\right\} dx$$

$$(0 \leq \theta \leq 1)$$

この式の右辺第1項を①の第1変分といい，δJ で表わすと，

$$\Delta J = \delta J + \frac{1}{2}\varepsilon^2 P_\varepsilon$$

ただし，$|P_\varepsilon|$ はある定まった数より小さいものである．ε のどんな値に対しても②が成立するためには右辺第1項が0でなければならないから，$\delta J = 0$．あるいは，任意の $\eta(x)$ に対して，

$$\int_a^b \left\{\eta(x)\frac{\partial F}{\partial y} + \eta'(x)\frac{\partial F}{\partial y'}\right\} dx = 0 \qquad ③$$

これを部分積分すると，

$$\left[\eta(x)\frac{\partial F}{\partial y'}\right]_a^b - \int_a^b \eta(x)\left\{\frac{d}{dx}\left(\frac{\partial F}{\partial y'}\right) - \frac{\partial F}{\partial y}\right\} dx = 0$$

仮定によって，$\eta(a) = 0$，$\eta(b) = 0$ で，$\dfrac{\partial F}{\partial y'}$ は連続であるから，この式の右辺第1項は0である．ゆえに③は

$$\int_a^b \eta(x)\left\{\frac{d}{dx}\left(\frac{\partial F}{\partial y'}\right) - \frac{\partial F}{\partial y}\right\} dx = 0 \qquad ④$$

一方，任意関数 $f(x)$ が (a, b) なる変域において連続で，$\eta(x)$ および $\eta'(x)$ が同じ変域内において連続でかつ $\eta(a) = 0$, $\eta(b) = 0$ であるとき，

$$\int_a^b \eta(x) f(x)\, dx = 0$$

ならば，$a < x < b$ 内のいたるところで $f = 0$ である．③と④を比較すると，オイラーの方程式

$$F_y - \frac{d}{dx}F_{y'} = 0 \qquad ⑤$$

が得られる．

（2） $F_x = 0$ の場合には，⑤は簡単になる．⑤に $y' = dy/dx$ を掛けると，

$$y'\frac{d}{dx}\left(\frac{\partial F}{\partial y'}\right) - y'\frac{\partial F}{\partial y} = 0, \quad \frac{d}{dx}\left(y'\frac{\partial F}{\partial y'}\right) - y''\frac{\partial F}{\partial y'} - y'\frac{\partial F}{\partial y} = 0$$

$$\frac{d}{dx}\left\{y'\frac{\partial F}{\partial y'} - F(y, y')\right\} = 0$$

$$\therefore \quad y'\frac{\partial F}{\partial y'} - F(y, y') = \text{const} \qquad ⑥$$

曲面の表面積 S は

$$S = 2\pi \int_{x_0}^{x_1} y\sqrt{1 + y'^2}\, dx$$

であるから，$F(x, y, y') = y\sqrt{1+y'^2}$ とおけば，F は x を含まないから⑥を用いることができて

$$y'y \cdot \frac{1}{2}(1 + y'^2)^{-1/2} \cdot 2y' - y(1 + y'^2)^{1/2} = \text{const}$$

$$y(1 + y'^2)^{-1/2} = c \quad (c：定数)$$

$$\therefore \quad dx = \frac{c\, dy}{\sqrt{y^2 - c^2}}$$

これを積分して

$$x - d = c \log(y + \sqrt{y^2 - c^2})$$

$$\therefore \quad y = \frac{c}{2}(e^{(x-d)/c} + e^{-(x-d)/c}) = c \cosh\frac{x-d}{c} \quad (c, d：定数) \qquad ⑦$$

ただし，積分定数 c, d は，この曲線が 2 点 $(x_0, y_0), (x_1, y_1)$ を通るという条件から定まる．

〈注〉 ⑦は**懸垂線**（カテナリー）といわれる曲線である．

─── 例題 4.28 ───

$y\left(\dfrac{2}{3}\pi\right) = y\left(-\dfrac{2}{3}\pi\right) = 0$ の境界条件のもとで微分方程式 $y'' + y = x$ の近似解を求め，厳密解と比較したい．

（1）変分法におけるリッツ法を用いて近似解を求めよ．ただし，基底関数として $x\left\{\left(\dfrac{2}{3}\pi\right)^2 - x^2\right\}$ の1項近似を用いよ．なお与えられた微分方程式を解くことは，汎関数

$$J[y] = \int_{-2\pi/3}^{2\pi/3} \{(y')^2 - y^2 + 2xy\}\, dx$$

を最小にすることと同等である．

（2）区間 $-\dfrac{2}{3}\pi \leqq x \leqq \dfrac{2}{3}\pi$ を4等分して，差分法による近似解求めよ．なお，i 点の差分近似は次式で与えられるものとする．

$$y'_i = \frac{y_i - y_{i-1}}{h}, \quad y''_1 = \frac{y_{i+1} - 2y_i + y_{i-1}}{h^2}$$

（3）微分方程式の厳密解を求め，$x = \dfrac{\pi}{3}$ において，（1）および（2）で得られた近似解と比較し，結果について考察せよ． （東大工）

【解答】（1）与えられた微分方程式は，汎関数

$$J[y] = \int_{-2\pi/3}^{2\pi/3} \{(y') - y^2 + 2xy\}\, dx$$

のオイラー方程式として得られる．リッツの方法を用い，基底関数として

$$\hat{y} = cx\left\{\left(\frac{2\pi}{3}\right)^2 - x^2\right\} = cx\left\{\left(\frac{2\pi}{3}\right) + x\right\}\left\{\left(\frac{2\pi}{3}\right) - x\right\}$$

とおくと，

$$\hat{y}' = c\left\{\left(\frac{2\pi}{3}\right)^2 - x^2 + x(-2x)\right\} = c\left\{\left(\frac{2\pi}{3}\right)^2 - 3x^2\right\}$$

$$J\{\hat{y}\} = \int_{-2\pi/3}^{2\pi/3} \left[c^2\left\{\left(\frac{2\pi}{3}\right)^2 - 3x^2\right\}^2 - c^2 x^2\left\{\left(\frac{2\pi}{3}\right)^2 - x^2\right\}\right.$$

$$\left. + 2x \cdot cx\left\{\left(\frac{2\pi}{3}\right)^2 - x^2\right\}\right] dx$$

$$= 2\int_0^{2\pi/3} \left[-c^2 x^6 + \left\{9c^2 + 2\left(\frac{2\pi}{3}\right)^2 c^2 - 2c\right\} x^4\right.$$

$$+\left\{-6\left(\frac{2\pi}{3}\right)^2 c^2 - \left(\frac{2\pi}{3}\right)^2 c^2 + 2\left(\frac{2\pi}{3}\right)^2 c\right\} x^2 + \left(\frac{2\pi}{3}\right)^4 c^2\right] dx$$

$$= 2\left[-c^2 \frac{x^7}{7} + \left\{9c^2 + 2\left(\frac{2\pi}{3}\right)^2 c^2 - 2c\right\} \frac{x^5}{5}\right.$$

$$\left.+\left\{-6\left(\frac{2\pi}{3}\right)^2 c^2 - \left(\frac{2\pi}{3}\right)^4 c^2 + 2\left(\frac{2\pi}{3}\right)^2 c\right\} \frac{x^3}{3} + \left(\frac{2\pi}{3}\right)^4 c^2 x\right]_0^{2\pi/3}$$

$$= 2\left[c^2\left\{\left(\frac{2\pi}{3}\right)^7 \cdot \frac{-8}{105} + \left(\frac{2\pi}{3}\right)^5 \cdot \frac{4}{5}\right\} + c\left(\frac{2\pi}{3}\right)^5 \cdot \frac{4}{15}\right]$$

よって,$\frac{\partial J}{\partial c} = 2\left[2c\left\{-\left(\frac{2\pi}{3}\right)^7 \cdot \frac{8}{105} + \left(\frac{2\pi}{3}\right)^5 \cdot \frac{4}{5}\right\} + \left(\frac{2\pi}{3}\right)^5 \cdot \frac{4}{5}\right] = 0$ より,

$$c = \frac{1}{6\left\{-1 + \left(\frac{2\pi}{3}\right)^2 \cdot \frac{2}{21}\right\}} \fallingdotseq -0.286$$

$$\therefore \quad y = -0.286 x \left\{\left(\frac{2\pi}{3}\right)^2 - x^2\right\} \quad \text{①}$$

（2） $y'' + y = x, y\left(-\frac{2\pi}{3}\right) = y\left(\frac{2\pi}{3}\right) = 0$ をみたす解 $y(x)$ の $x_i = -\frac{2\pi}{3} + ih\left(h = \frac{4\pi}{3}\bigg/n\right)$ における関数値 $y_i = y(x_i)(i = 1, 2, \cdots, n-1)$ は,

$$y_i'' = \frac{y_{i+1} - 2y_i + y_{i-1}}{h^2}$$

を与式に代入すると，近似的に次の連立 1 次方程式をみたす（ただし, $n = 4$）：

$$\begin{cases} \dfrac{y_2 - 2y_1 + y_0}{(\pi/3)^2} + y_1 = -\dfrac{\pi}{3} \\[2mm] \dfrac{y_3 - 2y_2 + y_1}{(\pi/3)^2} + y_2 = 0 \\[2mm] \dfrac{y_4 - 2y_3 + y_2}{(\pi/3)^2} + y_3 = -\dfrac{\pi}{3} \end{cases} \quad \text{②}$$

境界条件 $y_0 = y\left(-\frac{2\pi}{3}\right) = 0, y_4 = y\left(\frac{2\pi}{3}\right) = 0$ を②に代入し，y_i について解けば，

$$y_1 = 1.268, \quad y_2 = 0, \quad y_3 = -1.268 \quad \text{③}$$

（3） 与式の特殊解は $y_1 = \dfrac{1}{D^2 + 1} x = (1 - D^2) x = x$，余関数は $y_2 = Ae^{ix} + Be^{-ix}(A, B : 定数)$ であるから，一般解は，

$$y = Ae^{ix} + Be^{-ix} + x$$

境界条件を代入すると，

$$y\left(\frac{2\pi}{3}\right) = Ae^{i2\pi/3} + Be^{-i2\pi/3} + \frac{2\pi}{3} = 0$$

$$y\left(-\frac{2\pi}{3}\right) = Ae^{i2\pi/3} + Be^{-i2\pi/3} - \frac{2\pi}{3} = 0$$

$$\therefore \ A = \frac{2\pi}{3} e^{i2\pi/3}/(1 - e^{i4\pi/3}), \quad B = -\frac{2\pi}{3} e^{i2\pi/3}/(1 - e^{i4\pi/3})$$

$$\therefore \ y = -\frac{2\pi/3}{\sin\dfrac{2\pi}{3}} \sin x + x \qquad ④$$

ゆえに，①，③，④により，変分法，差分法，解析解の結果はそれぞれ，

$$y\left(\frac{\pi}{3}\right) = -0.286 \left(\frac{\pi}{3}\right) \left\{\left(\frac{2\pi}{3}\right)^2 - \left(\frac{\pi}{3}\right)^2\right\} \fallingdotseq -0.983$$

$$y\left(\frac{\pi}{3}\right) = y_3 = -1.268$$

$$y\left(\frac{\pi}{3}\right) = -\frac{2\pi/3}{\sin 2\pi/3} \sin \frac{\pi}{3} + \frac{\pi}{3} = -1.047$$

したがって，きざみが少ない場合は変分法より差分法の方が近似の精度が悪い．

(ⅱ) **ガレルキン法**

シュツルム・リウヴィル型方程式

$$\frac{d}{dx}\left\{p(x)\frac{dy}{dx}\right\} + q(x)y = -\lambda r(x)y + f(x) \quad (y(a) = y(b) = 0)$$

の例において，汎関数

$$J[y] = \int_a^b (py'^2 - qy^2 - \lambda ry^2 + 2fy)\, dx$$

を直ちに積分してしまわないで，試行関数を $\hat{y} = \sum_i c_i \varphi_i$ とおき，形式的に $\partial J/\partial c_i = 0$ の表式を出す．すなわち，$\partial \hat{y}/\partial c_i = \varphi_i$ だから

$$\frac{\partial J}{\partial c_i} = 2\int_a^b \left(p\hat{y}'\frac{\partial \hat{y}'}{\partial c_i} - q\hat{y}\frac{\partial \hat{y}}{\partial c_i} - \lambda r\hat{y}\frac{\partial \hat{y}}{\partial c_i} + f\frac{\partial \hat{y}}{\partial c_i}\right) dx$$

$$= 2\int_a^b (p\hat{y}'\varphi_i' - q\hat{y}\varphi_i - \lambda r\hat{y}\varphi_i + f\varphi_i)\, dx = 0$$

部分積分を行えば，境界条件から $[2p\hat{y}'\varphi_i]_a^b$ の項が消えて

$$\int_a^b \left\{-\frac{d}{dx}(p\hat{y}') - q\hat{y} - \lambda r\hat{y} + f\right\} \varphi_i\, dx = 0 \quad (i = 1, 2, \cdots)$$

$\hat{y} = \sum_i c_i \varphi_i$ を代入し，積分を実行すれば，$c_1, c_2, \cdots$ が定まる．

(iii) ガレルキン法をこの例題に適用する．与えられた汎関数より

$$\frac{\partial J[\hat{y}]}{\partial c} = \int_{-2\pi/3}^{2\pi/3} \frac{\partial}{\partial c}(\hat{y}'^2 - \hat{y}^2 + 2x\hat{y})\,dx$$

$$= \int_{-2\pi/3}^{2\pi/3} \frac{\partial}{\partial c}(\hat{y}'\hat{y}')\,dx - \int_{-2\pi/3}^{2\pi/3} \frac{\partial}{\partial c}(\hat{y}\hat{y})\,dx + \int_{-2\pi/3}^{2\pi/3} \frac{\partial}{\partial c}(2x\hat{y})\,dx$$

$$= 2\left[\frac{\partial \hat{y}}{\partial c}\hat{y}'\right]_{-2\pi/3}^{2\pi/3} - 2\int_{-2\pi/3}^{2\pi/3} \frac{\partial \hat{y}}{\partial c}\hat{y}''\,dx - \int_{-2\pi/3}^{2\pi/3}\left(\frac{\partial \hat{y}}{\partial c}\hat{y} + \hat{y}\frac{\partial \hat{y}}{\partial c}\right)dx$$

$$\quad + \int_{-2\pi/3}^{2\pi/3} 2x\frac{\partial \hat{y}}{\partial c}\,dx$$

$$= -2\int_{-2\pi/3}^{2\pi/3}(\hat{y}'' + \hat{y} - x)\frac{\partial \hat{y}}{\partial c}\,dx = 0 \qquad ⑤$$

$\hat{y} = cx\left\{\left(\dfrac{2\pi}{3}\right)^2 - x^2\right\}$, $\hat{y}' = c\left\{\left(\dfrac{2\pi}{3}\right)^2 - 3x^2\right\}$, $\hat{y}'' = -6cx$ を⑤に代入して

$$\int_{-2\pi/3}^{2\pi/3}\left\{-6cx + \left(\frac{2\pi}{3}\right)^2 cx - cx^3 - x\right\}\left\{\left(\frac{2\pi}{3}\right)^2 x - x^3\right\}dx$$

$$= 2\left[-6\left(\frac{2\pi}{3}\right)^2 c\frac{x^3}{3} + \left(\frac{2\pi}{3}\right)^4 c\frac{x^3}{3} - \left(\frac{2\pi}{3}\right)^2 c\frac{x^5}{5} - \left(\frac{2\pi}{3}\right)^2 \frac{x^3}{3} + 6c\frac{x^5}{5}\right.$$

$$\left. - \left(\frac{2\pi}{3}\right)^2 c\frac{x^5}{5} + c\frac{x^7}{7} + \frac{x^2}{5}\right]_0^{2\pi/3}$$

$$= 2\left[\left\{\frac{8}{105}\left(\frac{2\pi}{3}\right)^2 - \frac{x}{5}\right\}c - \frac{2}{15}\right]\left(\frac{2\pi}{3}\right)^5 = 0$$

$$\therefore\quad c = \frac{126}{8(2\pi)^2 - 756} \fallingdotseq -0.276$$

例題 4.29

実ヒルベルト空間 $L^2(0, \pi)$ において汎関数 $F(u)$ を
$$F(u) = \int_0^\pi u(x)(1 + \cos x) \cos x \, dx$$
によって定義する．
（1） $n \geq 3$ のとき，$F(\cos nx)$ を求めよ．
（2） 条件：$\int_0^\pi u^2(x) \, dx = 1$，$\int_0^\pi u(x) \, dx = 0$
のもとで $F(u)$ の最大値，および最大値を与える $u(x)$ を求めよ．（早大）

【解答】（1） $n \geq 3$ のとき，

$$\begin{aligned}
F(\cos nx) &= \int_0^\pi \cos nx (1 + \cos x) \cos x \, dx \\
&= \int_0^\pi \cos nx \left(\cos x + \frac{1}{2} + \frac{1}{2} \cos 2x \right) dx \\
&= \int_0^\pi \cos nx \cos x \, dx + \frac{1}{2} \int_0^\pi \cos nx \, dx + \frac{1}{2} \int_0^\pi \cos nx \cos 2x \, dx \\
&= \frac{1}{2} \int_0^\pi \{\cos(n+1)x + \cos(n-1)x\} dx + \frac{1}{2n}[\sin nx]_0^\pi \\
&\quad + \frac{1}{4} \int_0^\pi \{\cos(n+2)x + \cos(n-2)x\} dx \\
&= \frac{1}{2} \left[\frac{1}{n+1} \sin(n+1)x + \frac{1}{n-1} \sin(n-1)x \right]_0^\pi \\
&\quad + \frac{1}{4} \left[\frac{1}{n+2} \sin(n+2)x + \frac{1}{n-2} \sin(n-2)x \right]_0^\pi \\
&= 0
\end{aligned}$$

（2） $H(x, u) = u(1 + \cos x)\cos x - \lambda u^2 - \mu u$ とおくと，等周問題を解く方法より

$$\begin{cases} \dfrac{\partial H}{\partial u} = 0 & \text{①} \\[2mm] \displaystyle\int_0^\pi u^2(x) \, dx = 1 & \text{②} \\[2mm] \displaystyle\int_0^\pi u(x) \, dx = 0 & \text{③} \end{cases}$$

①より
$$(1 + \cos x)\cos x - 2\lambda u - \mu = 0$$
$$\therefore\ u = \frac{1}{2\lambda}\{(1 + \cos x)\cos x - \mu\} \qquad ④$$

④を③に代入すると，
$$\frac{1}{2\lambda}\int_0^\pi [(1+\cos x)\cos x - \mu]\,dx = 0$$
$$\therefore\ \mu = \frac{1}{\pi}\int_0^\pi (1+\cos x)\cos x\,dx$$
$$= \frac{1}{\pi}\int_0^\pi \left(\cos x + \frac{1}{2} + \frac{1}{2}\cos 2x\right)dx$$
$$= \frac{1}{\pi}\cdot\frac{\pi}{2} = \frac{1}{2} \qquad ⑤$$

④，⑤を②に代入すると，
$$\frac{1}{4\lambda^2}\int_0^\pi \left\{(1+\cos x)\cos x - \frac{1}{2}\right\}^2 dx = 1$$
$$\therefore\ \lambda^2 = \frac{1}{4}\int_0^\pi \left\{(1+\cos x)\cos x - \frac{1}{2}\right\}^2 dx$$
$$= \frac{1}{4}\int_0^\pi \left(\cos x + \frac{1}{2}\cos 2x\right)^2 dx$$
$$= \frac{1}{4}\int_0^\pi \left(\cos^2 x + \frac{1}{4}\cos^2 2x + \cos x \cos 2x\right)dx$$
$$= \frac{1}{4}\int_0^\pi \left(\frac{1}{2} + \frac{1}{2}\cos 2x + \frac{1}{8} + \frac{1}{8}\cos 4x + \frac{1}{2}\cos 3x\right.$$
$$\left. + \frac{1}{2}\cos x\right)dx$$
$$= \frac{1}{4}\cdot\frac{5}{8}\pi = \frac{5}{32}\pi$$
$$\Longrightarrow \lambda = \pm\sqrt{\frac{5}{32}\pi} \qquad ⑥$$

⑤，⑥を④に代入すると
$$u(x) = \pm\sqrt{\frac{8}{5\pi}}\left\{(1+\cos x)\cos x - \frac{1}{2}\right\}$$

この u に対して

$$F(u) = \pm \sqrt{\frac{8}{5\pi}} \int_0^\pi \left\{(1+\cos x)\cos x - \frac{1}{2}\right\}(1+\cos x)\cos x\, dx$$

$$= \pm \sqrt{\frac{8}{5\pi}} \left[\int_0^\pi \left\{(1+\cos x)\cos x - \frac{1}{2}\right\}^2 dx\right.$$

$$\left. + \int_0^\pi \left\{(1+\cos x)\cos x - \frac{1}{2}\right\}\cdot\frac{1}{2}\, dx\right]$$

$$= \pm \sqrt{\frac{8}{5\pi}} \left(\frac{5}{8}\pi + 0\right) \quad (\lambda, \mu \text{についての計算を参照})$$

$$= \pm \sqrt{\frac{5\pi}{8}}$$

したがって,

$$F(u) \text{ の最大値} = \sqrt{\frac{5\pi}{8}}$$

この最大値を与える $u(x) = \dfrac{8}{5\pi}\left\{(1+\cos x)\cos x - \dfrac{1}{2}\right\}$

問題研究

4.39 鉛直におかれた，ふたのない十分に長い円筒の中に，1種類の流体が入っていて，容器と流体の全体が円筒の軸のまわりに一定の角速度で回転している．この流体の空気との境界面の形状を示せ．ただし，この流体の密度を ρ，角速度を ω とする． (東大理[†])

4.40 $y(0) = y(1) = 0$ の境界条件のもとで
$$x^4 \frac{d^2y}{dx^2} + 4x^3 \frac{dy}{dx} = 4e^{-x}$$
という常微分方程式の近似解を変分法を用いて求めることを考える．L を微分演算子，$(\ ,\ )$ を与えられた領域についての内積とすると，斉次境界条件を有するときの微分方程式 $Ly = g$ の2次汎関数 $\prod$ は
$$\prod(y) = (Ly, y) - 2(y, g)$$
で与えられる．

(1) 上記微分方程式の2次汎関数 $\prod$ を求めよ．

(2) 近似解を $y = cx(1-x)$ とするとき，$e \fallingdotseq 2.72$ として未定定数 c の値を計算せよ．

(3) 上記微分方程式の微分演算子は定値性をもつことを示せ． (東大工)

4.41 以下の問題は，2次元平面 (x, y) で考える．

(1) 任意の点 $P(x_1, y_1)$ を始点とし，別の任意の点 $Q(x_2, y_2)$ を終点とする滑らかな曲線 $y(x)$ を考える．

(1a) 点 P から点 Q までの曲線の長さ L を x に関する積分で表わせ．

(1b) 始点と終点は固定して，変分 $\delta L = 0$ を課したとき，$y(x)$ の従う微分方程式を導け．

(1c) (1b) で求めた方程式の解を求めよ．

(2) 媒質中での光線の伝搬を考える．$y_1 < 0, y_2 > 0, x_1 < x_2$ として，点 P (x_1, y_1) を光線の始点とし，点 Q (x_2, y_2) を終点とする．屈折率 n が n_1, n_2 を定数として

$y < 0$ のとき：$n = n_1$

$y \geqq 0$ のとき：$n = n_2$

で与えられるとする．ここで，屈折率 n は，真空中の光速度 c を媒質中の光速度（位相速度）v で割った値（$n = c/v$）で定義される．

(2a) 光線が点 R$(X, 0)$ で x 軸を横切るとした場合，点 P から点 R を通過して点 Q までに進むのに要する時間 T を式で表わせ．

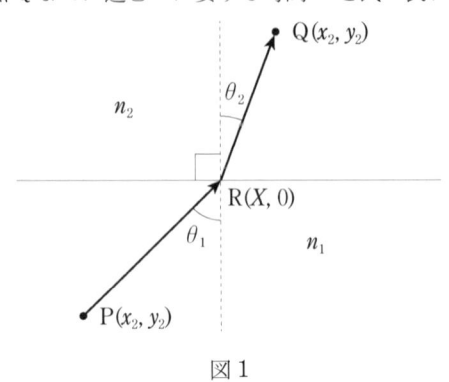

図 1

(2b) 境界面に対する光の入射角を θ_1，屈折角を θ_2 とするとき，(図 1)，T が最小になるのが，実現される X であるという要求から，光の屈折の法則 $(n_1 \sin\theta_1 = n_2 \sin\theta_2)$ を導け．屈折率が，y の滑らかな関数 $n(y)$ の場合を以降，考える．

(2c) 光線の経路が $y(x)$ で与えられるとして，光線が点 P から点 Q にまで進むのに要する時間 T を x に関する積分で表わせ．

(2d) 始点と終点は固定して，変分 $\delta(T) = 0$ を課したとき，経路 $y(x)$ の従う微分方程式を導け． (京大†)

5編 複素関数論

1 複素数

§1 複素数
1.1
$$z = x + iy \quad (i = \sqrt{-1}) \tag{5.1}$$
を**複素数**といい，$x = \mathrm{Re}\, z$, $y = \mathrm{Im}\, z$ をそれぞれ z の**実部**，**虚部**という．また，z の共役複素数を $\bar{z} = x - iy$ で表わす．

1.2 ガウス表示
$$z = r(\cos\theta + i\sin\theta) = re^{i\theta}, \quad \bar{z} = re^{-i\theta} \tag{5.2}$$
$$x = r\cos\theta, \quad y = r\sin\theta$$

絶対値：$|z| = r = \sqrt{x^2 + y^2}$，偏角：$\arg z = \theta = \tan^{-1}\dfrac{y}{x}$

1.3 べき乗，べき乗根
$$\text{べき乗}: z^n = r^n e^{in\theta}$$
$$\text{べき乗根}: z^{1/n} = r^{1/n} e^{i(\theta + 2k\pi)/n} \quad (k = 0, 1, \cdots, n-1) \tag{5.3}$$
$$\text{ド・モアブルの定理}: (\cos\theta + i\sin\theta)^n = \cos n\theta + i\sin n\theta \tag{5.4}$$

2 正則関数

§1 微分の定義
1.1 一つの領域 D で定義された関数 $f(z)$ に対して，D の 1 点 $z_0 \neq \infty$ において有限な極限値
$$\lim_{z \to z_0} \frac{f(z) - f(z_0)}{z - z_0} = f'(z_0) \tag{5.5}$$
が存在すれば，$f(z)$ は $z = z_0$ で**微分可能**であるといい，$f'(z_0)$ を $z = z_0$ における $f(z)$ の**微分係数**という．$f(z)$ が領域 D の各点において微分可能ならば，$f(z)$ は D において**正則**であるという．

1.2 コーシー・リーマンの関係
　　$f(z) = u(x, y) + iv(x, y)$ が領域 D で正則 $\iff$
　　（ⅰ）u_x, u_y, v_x, v_y が D 内で連続 　　　　　　　　　　　　　(5.6)
　　（ⅱ）$u_x = v_y, \quad u_y = -v_x$ 　（コーシー・リーマンの関係）

§2 微分公式

2.1 $(f(z) \pm g(z))' = f'(z) \pm g'(z)$

$(f(z)g(z))' = f'(z)g(z) + f(z)g'(z)$

$$\left(\frac{f(z)}{g(z)}\right)' = \frac{f'(z)g(z) - f(z)g'(z)}{g(z)^2} \quad (g(z) \neq 0) \tag{5.7}$$

2.2 $w = f(z)$ が $z = a$ において正則で, $g(w)$ が $w = b = f(a)$ において正則ならば, 合成関数 $F(x) = g(f(z))$ も $z = a$ において正則で,

$$F'(z) = g'(f(z))f'(z) \tag{5.8}$$

2.3 収束半径 $R > 0$ の級数 $f(z) = \sum_{n=0}^{\infty} a_n z^n$ が $|z| < R$ において正則ならば,

$$f'(x) = \sum_{n=1}^{\infty} n a_n z^{n-1} \tag{5.9}$$

§3 初等関数

3.1 有理関数

極(次式の分母 = 0 となる点)を除いた全平面で正則である関数を**有理関数**といい, 次式のように表わされる:

$$f(z) = \frac{a_0 + a_1 z + \cdots + a_m z^m}{b_0 + b_1 z + \cdots + b_n z^n} \quad (m, n : \text{非負整数}) \tag{5.10}$$

3.2 指数関数

$$e^z = \sum_{n=0}^{\infty} \frac{z^n}{n!} \tag{5.11}$$

3.2.1 e^z は $|z| < \infty$ で正則.

3.2.2 $\dfrac{d}{dz} e^z = e^z$

3.2.3 $e^{z_1} e^{z_2} = e^{z_1 + z_2}$ (加法定理), $e^{z + i2n\pi} = e^z$

3.3 三角関数

$$\cos z = \sum_{n=0}^{\infty} (-1)^n \frac{z^{2n}}{(2n)!} = \frac{1}{2}(e^{iz} + e^{-iz})$$

$$\sin z = \sum_{n=0}^{\infty} (-1)^n \frac{z^{2n+1}}{(2n+1)!} = \frac{1}{2i}(e^{iz} - e^{-iz}) \tag{5.12}$$

$\tan z = \sin z / \cos z, \quad \cos^2 z + \sin^2 z = 1$

3.3.1 $\cos z, \sin z$ は $|z| < \infty$ で正則, $\tan z$ は $(n + 1/2)\pi$ を除いて正則.

3.3.2 $\dfrac{d}{dz} \cos z = -\sin z, \quad \dfrac{d}{dz} \sin z = \cos z, \quad \dfrac{d}{dz} \tan z = \sec^2 z$

3.3.3 $e^{iz} = \cos z + i \sin z$ （オイラーの公式）

3.4 双曲線関数

$$\cosh z = \frac{e^z + e^{-z}}{2}, \quad \sinh z = \frac{e^z - e^{-z}}{2}, \quad \tanh z = \frac{\sinh z}{\cosh z} \qquad (5.13)$$

$\cosh^2 z - \sinh^2 z = 1$

3.4.1 $\cosh z, \sinh z$ は $|z| < \infty$ で正則.

3.4.2 $\dfrac{d}{dz}\cosh z = \sinh z, \quad \dfrac{d}{dz}\sinh z = \cosh z, \quad \dfrac{d}{dz}\tanh z = \operatorname{sech}^2 z \qquad (5.14)$

3.5 対数関数

対数関数 $w = \log z$ は逆関数である指数関数 $z = e^w$ により定義する多価関数.

3.5.1 $\log z = \log|z| + i(\arg z + 2n\pi) \quad (n = 0, \pm 1, \cdots) \qquad (5.15)$

$\operatorname{Log} z = \log|z| + i \arg z$ を $\log z$ の**主値**という.

3.5.2 $\log z$ は $z = 0$ を除き正則.

3.5.3 $\dfrac{d}{dz}\log z = \dfrac{1}{z}$

3.6 べき関数

3.6.1 一般のべき関数 : $z^a = e^{a \log z}$ (z の多価関数), $\dfrac{dz^a}{dz} = az^{a-1}$ （5.16）

3.6.2 一般の指数関数 : $a^z = e^{z \log a}$ (z の 1 価関数), $\dfrac{da^z}{dz} = a^z \log a$

3.7 逆三角関数, 逆双曲線関数

3.7.1 $\cos^{-1} z = i \log\left(z \pm \sqrt{z^2 - 1}\right), \quad \sin^{-1} z = i \log\left(-iz \pm \sqrt{1 - z^2}\right)$

$\tan z = \dfrac{i}{2} \log \dfrac{1 - iz}{1 + iz}$

3.7.2 $\dfrac{d}{dz}\cos^{-1} z = -\dfrac{1}{\sqrt{1 - z^2}}, \quad \dfrac{d}{dz}\sin^{-1} z = \dfrac{1}{\sqrt{1 - z^2}}$

$\dfrac{d}{dz}\tan^{-1} z = \dfrac{1}{1 + z^2} \qquad (5.17)$

3.7.3 $\cosh^{-1} z = \log\left(z \pm \sqrt{z^2 - 1}\right), \quad \sinh^{-1} z = \log\left(z \pm \sqrt{z^2 + 1}\right)$

$\tan^{-1} z = \dfrac{1}{2} \log \dfrac{1 + z}{1 - z}$

3.7.4 $\dfrac{d}{dz}\cosh^{-1} z = \dfrac{1}{\sqrt{z^2 - 1}}, \quad \dfrac{d}{dz}\sinh^{-1} z = \dfrac{1}{\sqrt{z^2 + 1}},$

$\dfrac{d}{dz}\tanh^{-1} z = \dfrac{1}{1 - z^2}$

§4 複素数列

4.1 任意の $\varepsilon > 0$ に対して適当な $n_0 = n_0(\varepsilon)$ を選ぶと, $n \geqq n_0$ に対して
$$|z_n - c| < \varepsilon$$
となるとき, 数列 $\{z_n\}$ は極限値 c に **収束する** といい, 次のように表わす:
$$\lim_{n \to \infty} z_n = c \quad \text{または} \quad z_n \to c \quad (n \to \infty)$$

収束しないとき**発散する**という.

4.2 数列 $\{z_n\}$ において, $z_n = x_n + iy_n$, $c = a + ib$ とおくと,
$$z_n \to c \iff x_n \to a \quad \text{かつ} \quad y_n \to b \tag{5.18}$$

§5 複素級数

5.1 無限級数 $\sum_{n=1}^{\infty} z_n$ は, 第 n 部分和 $s_n = z_1 + \cdots + z_n$ からなる数列 $\{s_n\}$ が s に収束するとき, 級数 $\sum_{n=1}^{\infty} s_n$ は s に収束するといい, 次のように書く: $\sum_{n=1}^{\infty} s_n = s$

5.2 級数 $\sum_{n=1}^{\infty} z_n$ において, $z_n = x_n + iy_n$, $s = q + ir$ とおくと,
$$\sum_{n=1}^{\infty} z_n \longrightarrow s \iff \sum_{n=1}^{\infty} x_n = q \quad \text{かつ} \quad \sum_{n=1}^{\infty} y_n = r \tag{5.19}$$

§6 べき級数と無限乗積

6.1 コーシー・アダマールの定理

べき級数 $\sum a_n z^n$ の **収束半径** R は,
$$R = 1/\overline{\lim_{n \to \infty}} \sqrt[n]{|a_n|} \quad (\overline{\lim} \text{ は上限値}) \tag{5.20}$$

6.2 ダランベールの定理

べき級数 $\sum a_n z^n$ の **収束半径** R は,
$$R = \lim_{n \to \infty} \left| \frac{a_n}{a_{n+1}} \right| \tag{5.21}$$

6.3 無限乗積
$$\prod_{n=1}^{\infty} (1 + a_n) = (1 + a_1)(1 + a_2) \cdots (1 + a_n) \cdots \tag{5.22}$$

を**無限乗積**という. これが 0 ではない極限値をもつとき収束する, そうでないとき発散するという. $\prod_{n=1}^{\infty} a_n$ で定義することもある.

例題 5.1

α, β, γ を相異なる三つの複素数とする．複素数平面上でこれらの3数を表わす点をそれぞれ A, B, C とするとき，
（1） 3点 A, B, C が同一直線上にあるための必要十分条件を求めよ．
（2） △ABC が正三角形であるための必要十分条件は次であることを示せ．
$$\alpha^2 + \beta^2 + \gamma^2 = \beta\gamma + \gamma\alpha + \alpha\beta$$
（東大工）

【解答】（1） $\alpha - \gamma$ は γ を始点，α を終点とするベクトルで表わされ，$\arg(\alpha - \gamma)$ はそのベクトルと実軸の正の向きとのなす角である．$\arg(\beta - \gamma)$ も同様であるから，

$$\phi = \arg(\alpha - \gamma) - \arg(\beta - \gamma) = \arg\frac{\alpha - \gamma}{\beta - \gamma}$$

は γ を出て β に向かう半直線から，γ を出て α に向かう半直線への回転角である．（ただし，回転角は右図のように正，負を定める．）

よって，α, β, γ が同一直線上にあるための条件は，

$$\phi = 0 \quad \text{または} \quad \pm\pi$$

である．したがって，$\dfrac{\alpha - \gamma}{\beta - \gamma} = $ 実数 となる．

$$\therefore \quad \mathrm{Im}\frac{\alpha - \gamma}{\beta - \gamma} = 0 \qquad \text{①}$$

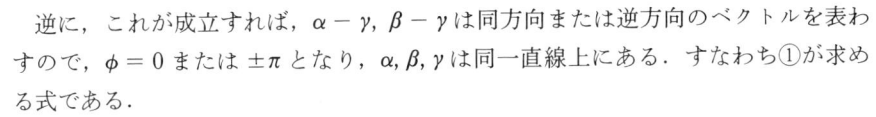

逆に，これが成立すれば，$\alpha - \gamma, \beta - \gamma$ は同方向または逆方向のベクトルを表わすので，$\phi = 0$ または $\pm\pi$ となり，α, β, γ は同一直線上にある．すなわち①が求める式である．

（2） α, β, γ をベクトル $-\alpha$ だけ平行移動すると，

$$\alpha \to 0, \quad \beta \to \beta - \alpha, \quad \gamma \to \gamma - \alpha$$

に移る．この3点も正三角形の頂点だから，$\beta - \alpha$ を原点のまわりに $\pi/3$（または $-\pi/3$）だけ回転すると $\gamma - \alpha$ に一致する．

$$\therefore \quad \frac{\gamma - \alpha}{\beta - \alpha} = e^{\pm i\pi/3}$$

この式の右辺を ω とおくと，

$$\omega = \frac{1 \pm \sqrt{3}i}{2} \implies \omega^2 - \omega + 1 = 0$$

また

$$\gamma - \alpha = \omega(\beta - \alpha) \implies \gamma - \beta = (\omega - 1)(\beta - \alpha)$$

これらの式を用いると
$$\alpha^2 + \beta^2 + \gamma^2 - (\beta\gamma + \gamma\alpha + \alpha\beta) = (\gamma - \alpha)(\gamma - \beta) + (\alpha - \beta)^2$$
$$= \omega(\beta - \alpha)(\omega - 1)(\beta - \alpha) + (\alpha - \beta)^2$$
$$= (\omega^2 - \omega + 1)(\beta - \alpha)^2 = 0$$
$$\therefore \quad \alpha^2 + \beta^2 + \gamma^2 = \alpha\beta + \beta\gamma + \gamma\alpha \qquad ②$$

逆に，与式を変形すると
$$(\alpha - \beta)^2 + (\gamma - \alpha)(\gamma - \beta) = 0, \quad (\gamma - \alpha)(\gamma - \beta) = (\alpha - \beta)(\beta - \alpha)$$
$$\therefore \quad \frac{\gamma - \alpha}{\beta - \alpha} = \frac{\alpha - \beta}{\gamma - \beta}$$

両辺の絶対値と偏角をとると
$$\begin{cases} \dfrac{\overline{\alpha\gamma}}{\overline{\alpha\beta}} = \dfrac{\overline{\beta\alpha}}{\overline{\beta\gamma}} \quad \left(\text{すなわち} \ \dfrac{\overline{AC}}{\overline{AB}} = \dfrac{\overline{BA}}{\overline{BC}} \right) \\ \angle\beta\alpha\gamma = \angle\gamma\beta\alpha \quad (\text{すなわち} \angle BAC = \angle CBA) \end{cases}$$
$$\therefore \quad \triangle ABC \infty \triangle CBA$$

ゆえに，△ABC は正三角形である．したがって，②が求める式になる．

【別解】（1） $\alpha - \gamma, \beta - \gamma$ は同一始点 γ とし，α, β をそれぞれ終点にもつベクトルである．ゆえに，

A, B, C が同一直線上にある

$\iff \alpha - \gamma, \beta - \gamma$ のなす角が 0 または π である

$\iff \arg(\alpha - \gamma) - \arg(\beta - \gamma) = \arg\dfrac{\alpha - \gamma}{\beta - \gamma} = 0$ または $\pm\pi$

$\iff \dfrac{\alpha - \gamma}{\beta - \gamma} = $ 実数

$\iff \mathrm{Im}\left(\dfrac{\alpha - \gamma}{\beta - \gamma} \right) = 0$

（2）　△ABC が正三角形である

$\iff \angle ACB = \pm\dfrac{\pi}{3}$ かつ $|\overrightarrow{CA}| = |\overrightarrow{CB}|$

$\iff \arg(\alpha - \gamma) - \arg(\beta - \gamma) = \pm\dfrac{\pi}{3}$ かつ $\left|\dfrac{\alpha - \gamma}{\beta - \gamma}\right| = 1$

$\iff \dfrac{\alpha - \gamma}{\beta - \gamma} = \cos\left(\pm\dfrac{\pi}{3}\right) + i\sin\left(\pm\dfrac{\pi}{3}\right) = \dfrac{1}{2} \pm i\dfrac{\sqrt{3}}{2}$

$\iff \left(\dfrac{\alpha - \gamma}{\beta - \gamma} - \dfrac{1}{2} \right)^2 = -\dfrac{3}{4}$

$\iff \alpha^2 + \beta^2 + \gamma^2 = \alpha\beta + \beta\gamma + \gamma\alpha$

問 題 研 究

5.1 次の(1)〜(3)の問に答えよ．
(1) $e^w = 1 + \sqrt{3}\,i$ をみたす複素数 w をすべて求めよ．
(2) 複素数 $z = x + iy$, $w = u + iv$ (x, y, u, v は実数) が，条件
$$e^w = z, \quad x > 0, \quad |v| < \frac{\pi}{2}$$
をみたすとき，z から w が一意的に定まるので，この条件の下で $w = f(z)$ と書く．このとき $f(z)$ がコーシー・リーマンの関係式をみたすことを確かめよ．また
$$f'(z) = \frac{\partial u}{\partial x} + i\frac{\partial v}{\partial x}$$
を z の簡単な式で表せ．
(3) $f(z)$ を(2)の複素関数とする．曲線 $C: |z - 1| = \dfrac{1}{2}$ に反時計回りに向きを定めるとき，次の積分の値を求めよ．
$$\int_C \frac{f(z)}{(z-1)^2}\,dz \hspace{4em} \text{(名工大)}$$

5.2 複素変数 $z = x + iy$ の関数
$$w = z + \frac{1}{z} - i\log z = \varphi + i\psi$$
について以下の問に答えよ．ただし，i は虚数単位とする．また，φ, ψ は (x, y) の実関数とする．
(a) $z = re^{i\theta}$ を用い，φ, ψ を (r, θ) の関数として表わせ．
(b) $\dfrac{\partial r}{\partial x}, \dfrac{\partial \theta}{\partial x}$ を (r, θ) の関数として表わせ．
(c) $\dfrac{\partial \varphi}{\partial x}, \dfrac{\partial \psi}{\partial x}$ を (r, θ) の関数として表わせ．
(d) w が z の正則関数であることを証明せよ．
(e) $\boldsymbol{v} = \nabla\varphi$ で定義される2次元ベクトル場に対して，単位円 $C: |z| = 1$ に沿った線積分 $\varGamma = \displaystyle\int_C \boldsymbol{v}\cdot d\boldsymbol{r}$ を求めよ．ただし，$\boldsymbol{r} = (x, y), \nabla = \left(\dfrac{\partial}{\partial x}, \dfrac{\partial}{\partial y}\right)$ である． \hspace{2em} (阪大，東北大*，電通大*)

5.3 （1）複素平面のある領域 D で正則な関数 $f(z)$ がある．いま，
$$z = re^{i\theta}, \quad f(z) = u(r, \theta) + iv(r, \theta)$$
と表わしたとき，その領域 D で次の関係が成立することを示せ．
$$\frac{\partial u}{\partial r} = \frac{1}{r}\frac{\partial v}{\partial \theta}, \quad \frac{\partial v}{\partial r} = -\frac{1}{r}\frac{\partial u}{\partial \theta}$$
ただし，$i = \sqrt{-1}$，r と θ は実変数で $r \geq 0$，$u(r, \theta)$ と $v(r, \theta)$ はそれぞれ実数値をとる関数とする．

（2）もし $f(z)$ が複素平面のすべての点で正則で，その実部が
$$u(r, \theta) = r^2 \cos 2\theta - (a+b)r\cos\theta + ab$$
であるならば，$f(z)$ はどんな関数か．ここに a と b は実定数とする．

（東大工）

5.4 （1）複素数 $z = x + iy$（x, y は実数，$i = \sqrt{-1}$）について，$|\sin z|$ を x, y で表わせ．

（2）$|\sin z| \leq 1$ をみたす領域の概形を複素平面上に図示せよ．

（3）複素数 z が $|\sin z| \leq 1$ をみたすとき，$|z^2 - 5iz - 6|$ の最小値を求めよ．

（東大工）

3 複素積分

§1 複素積分の性質

1.1
$$\int_c f(z)\,dz = \begin{cases} \int_c \{u(x,y)\,dx - v(x,y)\,dy\} + i\int_c \{u(x,y)\,dy + v(x,y)\,dx\} \\ \qquad (f(z) = u(x,y) + iv(x,y) \text{ のとき}) \\ \int_{t_a}^{t_b} f(z(t))\dfrac{dz(t)}{dt} \quad (z = z(t),\ t_a \leqq t \leqq t_b \text{ のとき}) \end{cases} \tag{5.23}$$

1.2 c の向きを逆にした曲線を c^- で表わせば,
$$\int_c f(z)\,dz = -\int_{c^-} f(z)\,dz \tag{5.24}$$

1.3 c 上での $|f(z)|$ の最大値を M, c の長さを L とすれば,
$$\left|\int_c f(z)\,dz\right| \leqq \int_c |f(z)||dz| \leqq ML \tag{5.25}$$

§2 コーシーの積分定理

2.1 $f(z)$ が有限な単連結領域 D 内で正則ならば, D 内の任意の閉曲線 c に対して
$$\int_c f(z)\,dz = 0 \quad (\text{コーシーの積分定理}) \tag{5.26}$$

2.2 閉曲線 c の内部に閉曲線 $c_k(k=1,\cdots,n)$ があり, c_k が互いに交鎖または包含しないとき, c の内部とすべての c_k の外部とで囲まれた領域において $f(z)$ が正則ならば,
$$\int_c f(z)\,dz = \sum_{k=1}^{n} \int_{c_k} f(z)\,dz \tag{5.27}$$

§3 不定積分

3.1 c 上で $F(z)$ が正則で $f(z) = F'(z)$ ならば,
$$\int_a^b f(z)\,dz = [F(z)]_a^b = F(b) - F(a) \tag{5.28}$$

$F(z)$ を $f(z)$ の**原始関数**または**不定積分**という.

3.2 収束半径 $R > 0$ の級数 $f(z) = \sum\limits_{n=0}^{\infty} a_n z^n$ が $|z| < R$ で正則ならば,
$$\int_c f(z)\,dz = \int_{z_0}^{z} f(z)\,dz = \sum_{n=0}^{\infty} \frac{a_n}{n+1}(z-z_0)^{n+1} \tag{5.29}$$

§4 コーシーの積分表示 (公式)

4.1 $f(z)$ が単連結領域 D で正則ならば，c 内の任意の点 a に対して

$$f(a) = \frac{1}{2\pi i} \int_c \frac{f(z)}{z-a} dz \tag{5.30}$$

4.2 4.1 と同一条件下で，

$$f^{(n)}(a) = \frac{n!}{2\pi i} \int_c \frac{f(z)\,dz}{(z-a)^{n+1}} \quad (n = 0, 1, 2, \cdots) \tag{5.31}$$

§5 その他の定理

5.1 コーシーの評価式

$|z| < R$ で正則な関数 $f(z) = \sum_{n=0}^{\infty} a_n z^n$ のテイラー係数に対して

$$|a_n| \leq \frac{M(r)}{r^n} \quad (n = 0, 1, 2, \cdots) \tag{5.32}$$

ただし，r は $0 < r < R$ の任意の正数で，$M(r)$ は円周 $|z| = r$ 上の $f(z)$ の最大値．

5.2 最大値の原理

閉領域 D で恒等的に定数でない正則関数 $f(z)$ の $|f(z)|$ は，その境界上で最大値をとる．

5.3 リウヴィルの定理

$|z| < \infty$ で正則な関数 $f(z)$ が有界ならば，$f(z) \equiv$ 定数．

5.4 代数学の基本定理

z に関する複素係数の n 次方程式 $a_n z^n + a_{n-1} z^{n-1} + \cdots + a_1 z + a_0 = 0$ は複素数の範囲で，重複度を含め，n 個の根をもつ．

4 関数の級数展開

§1 テイラー展開

$f(z)$ が $|z - a| < R$ で正則ならば，次のテイラー展開が成立する：

$$f(z) = \sum_{n=0}^{\infty} a_n (z-a)^n, \quad a_n = \frac{f^{(n)}(a)}{n!} = \frac{1}{2\pi i} \int_{z-a=r} \frac{f(z)}{(z-a)^{n+1}} dz \tag{5.33}$$

ただし，$0 < r < R$ である．$a = 0$ のときを**マクローリン展開**という．

§2 ローラン展開

$$f(z) = \sum_{n=-\infty}^{\infty} a_n (z-a)^n = \sum_{n=0}^{\infty} a_n (z-a)^n + \sum_{n=1}^{\infty} \frac{a_{-n}}{(z-a)^n} \tag{5.34}$$

$$a_n = \frac{1}{2\pi i}\int_{|z-a|=r}\frac{f(z)}{(z-a)^{n+1}}dz$$

ただし，$\rho < r < R$ である．$a_n = 0\ (n<0)$ ならばテイラー展開に一致する．第1式の第2項をローラン展開の**主要部**という．

§3 極，零点

3.1 a におけるローラン展開の主要部（次式第2項）が有限級数となるとき，a を**極**という．特に，

$$f(z) = \sum_{n=0}^{\infty}a_n(z-a)^n + \sum_{n=1}^{k}\frac{a_{-n}}{(z-a)^n} \quad (a_{-k}\neq 0) \tag{5.35}$$

となるとき，$z = a$ を $f(z)$ の ***k* 位の極**という．$f(z)$ が a の近傍の a 以外のすべての点で正則なとき，点 a を $f(z)$ の**孤立特異点**という．主要部が無限級数からなるとき，a を $f(z)$ の**真性特異点**という．

3.2 $z = a$ が $f(z)$ の k 位の極 $\iff \lim_{z\to a}(z-a)^k f(z) = a_{-k} \neq 0$

3.3 $f(z) = 0$ となる点 a を $f(z)$ の**零点**といい，$f(z)$ のテイラー展開の 0 でない最初の a_n を a_k とすれば ($a_k \neq 0\ (k \geq 1),\ a_n = 0\ (n<k)$)，

$$f(z) = a_k(z-a)^k + a_{k+1}(z-a)^{k+1} + \cdots \quad (|z-a|<R) \tag{5.36}$$

このとき，$z = a$ を $f(z)$ の ***k* 位の零点**という．

3.4 $z = a$ が $f(z)$ の k 位の零点

$$\iff z = a \text{ が } \frac{1}{f(z)} \text{ の } k \text{ 位の極},\ \lim_{z\to a}\frac{f(z)}{(z-a)^k} = a_k \neq 0$$

§4 有理型関数

$z = \infty$ を除く全平面で極以外に特異点をもたない関数を**有理型関数**という．$z = \infty$ を除く全平面で正則な関数を**整関数**という．

5 留 数

§1 留数の定義

1.1 $f(z)$ が $0 < |z-a| < R$ で正則のとき，

$$\frac{1}{2\pi i}\int_{|z-a|=r}f(z)\,dz = \mathrm{Res}\,(f(z):a) \quad (0<r<R) \tag{5.37}$$

を a における $f(z)$ の**留数**といい，$\mathrm{Res}\,f(a)$, $\mathrm{Res}\,(a)$ とも書く．

1.2 留数はローラン展開 $f(z) = \sum_{n=-\infty}^{\infty}a_n(z-a)^n$ における $(z-a)^{-1}$ の係数に等

しい:
$$\operatorname{Res}(f:a) = a_{-1} \tag{5.38}$$

1.3 $f(z) = g(z)/h(z)$ において，$g(z), h(z)$ が $z = a$ で正則で，$h(a) = 0, h'(a) \neq 0, g(a) \neq 0$ ならば，
$$\operatorname{Res}(f:a) = \frac{g(a)}{h'(a)} \tag{5.39}$$

1.4 a が 1 位の極ならば，
$$\operatorname{Res}(f:a) = \lim_{z \to a}(z-a)f(z) \tag{5.40}$$

1.5 a が k 位の極ならば，
$$\operatorname{Res}(f:a) = \frac{1}{(k-1)!} \lim_{z \to a} \frac{d^{k-1}}{dz^{k-1}}\{(z-a)^k f(z)\} \tag{5.41}$$

§2 留数定理

閉曲線で囲まれた領域 D において有限個の点 $a_1, a_2, \cdots, a_n$ を除いて正則な関数 $f(z)$ が C 上でも正則ならば，
$$\int_C f(z)\,dz = 2\pi i \sum_{\nu=1}^{n} \operatorname{Res}(f:a_\nu) \tag{5.42}$$
ただし，積分は D に関して正の向きに C を 1 周するものとする.

§3 無限遠点における留数

閉曲線 C の内部にある特異点の留数を $A_1, A_2, \cdots, A_n$，外部にある特異点の留数を $B_1, B_2, \cdots, B_m$，無限遠点における留数を $B = -\lim_{z \to \infty} zf(t) \equiv \operatorname{Res}(\infty)$ とすると，
$$\sum_{i=1}^{n} A_i + \sum_{j=1}^{m} B_j + B = 0 \tag{5.43}$$

6 定積分への応用

§1 有理型関数の場合

1.1 $f(z)$ が，
(ⅰ) $\operatorname{Im} z > 0$ にある有限個の極 $\alpha_1, \alpha_2, \cdots, \alpha_\nu$ を除き正則，
(ⅱ) 実軸を上に極をもたない，
(ⅲ) $0 \leq \theta \leq \pi$ に関して $Rf(Re^{i\theta}) \to 0 (R \to \infty)$ ならば，
$$\int_{-\infty}^{\infty} f(x)\,dx = 2\pi i \sum_{k=1}^{\nu} \operatorname{Res}(f:\alpha_k) \tag{5.44}$$

1.2 有理関数 $f(x) = m$ 次多項式 $P(x)/n$ 次多項式 $Q(x)$ において,
 (i) すべての実数 x で $Q(x) \neq 0$,
 (ii) $n \geqq m + 2$,
 (iii) $\alpha_1, \alpha_2, \cdots, \alpha_\nu$ が $f(z)$ の $\mathrm{Im}\, z > 0$ にある極ならば,1.1 の条件が満足され,

$$\int_{-\infty}^{\infty} f(x)\, dx = 2\pi i \sum_{k=1}^{\nu} \mathrm{Res}\, (f : \alpha_k) \tag{5.45}$$

1.3 有理関数 $f(x) = m$ 次多項式 $P(x)/n$ 次多項式 $Q(x)$ において,
 (i) $z = 0$ で $f(z)$ が正則(または $z = 0$ を 1 位の極にもち),
 (ii) 正の実軸上に極をもたない,
 (iii) $\alpha_1, \alpha_2, \cdots, \alpha_\nu$ が 0 以外の $z^a f(z)$ の極,
 (iv) $0 < a < 1$ ならば,

$$\int_{-\infty}^{\infty} f(x)\, dx = \frac{2\pi i}{1 - e^{2\pi a i}} \sum_{k=1}^{\nu} \mathrm{Res}\, (z^a f(z) : \alpha_k) \quad \text{(メリン変換型)} \tag{5.46}$$

§2 三角関数(複素指数)を含む場合

2.1 $f(z)$ が
 (i) $\mathrm{Im}\, z > 0$ で有限個の極 $\alpha_1, \alpha_2, \cdots, \alpha_\nu$ を除き正則,
 (ii) 実軸上に極をもたない,
 (iii) $0 \leqq \theta \leqq \pi$ に関して $Rf(Re^{i\theta}) \to 0 (R \to \infty)$,
 (iv) $t > 0$ ならば,

$$\int_{-\infty}^{\infty} e^{itx} f(x)\, dx = 2\pi i \sum_{k=1}^{\nu} \mathrm{Res}\, (e^{itz} f(z) : \alpha_k) \tag{5.47}$$

2.2 有理関数 $f(x) = m$ 次多項式 $P(x)/n$ 次多項式 $Q(x)$ において,
 (i) すべての実数 x で, $Q(x) \neq 0$,
 (ii) $n \geqq m + 1$,
 (iii) $\alpha_1, \alpha_2, \cdots, \alpha_\nu$ が $e^{itz} f(z)$ の $\mathrm{Im}\, z > 0$ にある極,
 (iv) $t > 0$ ならば,2.1 の条件が満足され,

$$\int_{-\infty}^{\infty} e^{itx} f(x)\, dx = 2\pi i \sum_{k=1}^{\nu} \mathrm{Res}\, (e^{itz} f(z) : \alpha_k) \tag{5.48}$$

2.3 $f(x)$ が 2.1 または 2.2 の条件を満足するならば,

$$\int_{-\infty}^{\infty} f(x) \cos tx\, dx = 2\pi i \sum_{k=1}^{\nu} \mathrm{Res}\, (e^{itz} f(z) : \alpha_k) \text{ の実部} \tag{5.49}$$

$$\int_{-\infty}^{\infty} f(x) \sin tx\, dx = 2\pi i \sum_{k=1}^{\nu} \mathrm{Res}\, (e^{itz} f(z) : \alpha_k) \text{ の虚部} \tag{5.50}$$

2.4 f が $\cos\theta, \sin\theta$ の有理関数のとき $z = e^{i\theta}$ とおいて,

$$\cos\theta = \frac{z+z^{-1}}{2}, \quad \sin\theta = \frac{z-z^{-1}}{2i}, \quad d\theta = \frac{dz}{iz}$$

を代入すれば,

$$\int_0^{2\pi} f(\cos\theta, \sin\theta)\, d\theta = \int_{|z|=1} f\left[\frac{1}{2}(z+z^{-1}), \frac{1}{2i}(z-z^{-1})\right] \frac{dz}{iz}$$
$$= 2\pi i \sum_{|z|<1} \text{Res}\,(f(z):z) \tag{5.51}$$

ただし,右辺の和は単位円内 $|z|<1$ における留数の和を示す.

2.5 点 a を中心とする半径 ρ の円周上に弧 C_ρ をとり, a から C_ρ を見込む角を α_ρ ($0 \leqq \alpha \leqq 2\pi$) とする.関数 $f(z)$ が a を 1 位の極とするとき, $\lim_{\rho\to 0} \alpha_\rho = \alpha$ ならば,

$$\lim_{\rho\to 0} \int_c f(z)\, dz = -\alpha i\, \text{Res}\,(a) \tag{5.52}$$

ただし,積分は C_ρ を a に関して負の向きにまわるものとする.

─ 例題 5.2 ─────────────────────────────

複素数 $z = x + iy$ の正則関数の実部が $\dfrac{\sinh x}{\cosh x - \cos y}$ で表わされるとき

（1） この正則関数を $f(z)$ の形で求めよ．

（2） 次に（1）で求めた $f(z)$ について $\displaystyle\int_C f(z)\,dz$ を計算せよ．積分路 C は $|z| = 1$ の円周上を正の向きに1周するものとする． （東大工）

【解答】 （1） $f(z) = u + iv,\ u = \dfrac{\sinh x}{\cosh x - \cos y}$

とおくと，コーシー・リーマンの関係 $u_x = v_y,\ u_y = -v_x$ より

$$v_x = -u_y = -\frac{-\sinh x \sin y}{(\cosh x - \cos y)^2} = \frac{\sinh x \sin y}{(\cosh x - \cos y)^2} \quad ①$$

$$v_y = u_x = \frac{\cosh x \cdot (\cosh x - \cos y) - \sinh x \sinh x}{(\cosh x - \cos y)^2} = \frac{1 - \cosh x \cos y}{(\cosh x - \cos y)^2} \quad ②$$

①を x について積分して

$$v = \int \frac{\sinh x \sin y}{(\cosh x - \cos y)^2}\,dx = \sin y \int \sinh x (\cosh x - \cos y)^{-2}\,dx$$

$$= -\frac{\sin y}{\cosh x - \cos y} + f(y) \quad ③$$

ここに，$f(y)$ は y のみの関数である．$f(y)$ を決定するために，これを y について微分して②に代入すれば

$$v_y = -\frac{\cos y(\cosh x - \cos y) - \sin y \sin y}{(\cosh x - \cos y)^2} + \frac{d}{dy}f(y)$$

$$= \frac{1 - \cos y \cosh x}{(\cosh x - \cos y)^2} + \frac{d}{dy}f(y) = u_x = \frac{1 - \cosh x \cos y}{(\cosh x - \cos y)^2}$$

$$\therefore\ \frac{d}{dy}f(y) = 0,\ f(y) = c \quad (c：実定数)$$

これを③に代入して，$v = -\dfrac{\sin y}{\cosh x - \cos y} + c$

したがって，

$$f(z) = u + iv = \frac{\sinh x}{\cosh x - \cos y} + i\left(\frac{-\sin y}{\cosh x - \cos y} + c\right)$$

$$= \frac{\sinh x - i \sin y}{\cosh x - \cos y} + ic = -i \frac{\sin ix + \sin y}{\cos ix - \cos y} + ic$$

$$= -i \frac{2 \sin \frac{ix+y}{2} \cos \frac{ix-y}{2}}{-2 \sin \frac{ix+y}{2} \sin \frac{ix-y}{2}} + ic = i \frac{\cos i \frac{z}{2}}{\sin i \frac{z}{2}} + ic$$

$$= \frac{\cosh \frac{z}{2}}{\sinh \frac{z}{2}} + ic = \coth \frac{z}{2} + ic$$

(2) $\displaystyle\oint_{|z|=1} f(z)\,dz = \oint_{|z|=1} \left(\coth \frac{z}{2} + ic\right) dz$

$$= \oint_{|z|=1} \coth \frac{z}{2}\,dz + ic \oint_{|z|=1} dz$$

$$= \oint_{|z|=1} \coth \frac{z}{2}\,dz = \oint_{|z|=1} \frac{\cosh \frac{z}{2}}{\sinh \frac{z}{2}}\,dz$$

$\sinh \dfrac{z}{2} = i \sin\left(-i\dfrac{z}{2}\right) = 0$，すなわち $\dfrac{z}{2} = n\pi i\,(n = 0, \pm 1, \pm 2, \cdots)$．これらがすべて 1 位の極で，$|z|=1$ 上になく，$|z|<1$ の内部に $z=0$ しかないから，留数定理によって，

$$\oint_{|z|=1} f(z)\,dz = 2\pi i \,\text{Res}\,(0) = 2\pi i \left.\frac{\cosh \frac{z}{2}}{\left(\sinh \frac{z}{2}\right)'}\right|_{z=0} = 4\pi i$$

── 例題 **5.3** ──────────────────────

周積分 $\oint \dfrac{z+2}{z^2(z^2-4i)}\,dz$ の値を，積分路が次の三つの場合のそれぞれについて求めよ．ただし，z は複素数，$i=\sqrt{-1}$ とする．
（1） $|z|=1$　　（2） $|z|=4$　　（3） $|z-4i|=3$　　　　　（東大工）

──────────────────────────────

【解答】 $i=e^{i\pi/2}$ とおくと，

$$\dfrac{z+2}{z^2(z^2-4i)}$$
$$=\dfrac{z+2}{z^2(z-2e^{i\pi/4})(z+2e^{i\pi/4})}$$
$$=\dfrac{z+2}{z^2\left\{z-2\left(\cos\dfrac{\pi}{4}+i\sin\dfrac{\pi}{4}\right)\right\}\left\{z+2\left(\cos\dfrac{\pi}{4}+i\sin\dfrac{\pi}{4}\right)\right\}}$$
$$=\dfrac{z+2}{z^2\{z-\sqrt{2}\,(1+i)\}\{z+\sqrt{2}\,(1+i)\}}$$

（1）$|z|=1$ の場合：$|z|=1$ 内にある被積分関数の特異点は $z=0$（2位の極）のみである．

$$\mathrm{Res}\,(0)=\lim_{z\to 0}\dfrac{d}{dz}\left\{z^2\cdot\dfrac{z+2}{z^2(z^2-4i)}\right\}=\lim_{z\to 0}\dfrac{(z^2-4i)-2z(z+2)}{(z^2-4i)^2}=\dfrac{i}{4} \quad ①$$

$$\therefore\ \oint_{|z|=1}\dfrac{z+2}{z^2(z^2-4i)}\,dz=2\pi i\,\mathrm{Res}\,(0)=2\pi i\left(\dfrac{i}{4}\right)=-\dfrac{\pi}{2}$$

（2）$|z|=4$ の場合：$|z|=4$ 内にある被積分関数の特異点は $z=\pm\sqrt{2}\,(1+i)$（1位の極），および $z=0$（2位の極）である．

$$\mathrm{Res}\,(\sqrt{2}\,(1+i))$$
$$=\lim_{z\to\sqrt{2}\,(1+i)}\{z-\sqrt{2}\,(1+i)\}\dfrac{z+2}{z^2\{z-\sqrt{2}\,(1+i)\}\{z+\sqrt{2}\,(1+i)\}}$$
$$=\lim_{z\to\sqrt{2}\,(1+i)}\dfrac{z+2}{z^2\{z+\sqrt{2}\,(1+i)\}}=\dfrac{\sqrt{2}+1+i}{8i(1+i)} \quad ②$$

$$\mathrm{Res}\,(-\sqrt{2}\,(1+i))$$
$$=\lim_{z\to\sqrt{2}\,(1+i)}\{z+\sqrt{2}\,(1+i)\}\dfrac{z+2}{z^2\{z-\sqrt{2}\,(1+i)\}\{z+\sqrt{2}\,(1+i)\}}$$
$$=\lim_{z\to-\sqrt{2}\,(1+i)}\dfrac{z+2}{z^2\{z-\sqrt{2}\,(1+i)\}}=\dfrac{\sqrt{2}-1-i}{-8i(1+i)} \quad ③$$

①，②，③より，

$$\oint_{|z|=4} \frac{z+2}{z^2(z^2-4i)} dz = 2\pi i \left\{ \frac{i}{4} + \frac{\sqrt{2}+1+i}{8i(1+i)} - \frac{\sqrt{2}-1-i}{8i(1+i)} \right\} = 0$$

（3） $|z-4i|=3$ の場合：$|z-4i|=3$ 内にある被積分関数の特異点は明らかに $z=\sqrt{2}(1+i)$ のみである．

$$\oint_{|z-4i|=3} \frac{z+2}{z^2(z^2-4i)} dz = 2\pi i \, \mathrm{Res}\,(\sqrt{2}(1+i)) = 2\pi i \cdot \frac{\sqrt{2}+1+i}{8i(1+i)}$$

$$= \frac{\pi}{8}(\sqrt{2}+2-\sqrt{2}i)$$

【別解】（1） $\displaystyle\oint_{|z|=1} \frac{z+2}{z^2(z^2-4i)} dz = \oint_{|z|=1} \frac{\dfrac{z+2}{z^2-4i}}{z^2} dz$

$$= \frac{2\pi i}{1!}\cdot\frac{1}{2\pi i}\oint_{|z|=1} \frac{\dfrac{z+2}{z^2-4i}}{z^2} dz$$

$$= 2\pi i \left(\frac{z+2}{z^2-4i}\right)'\bigg|_{z=0} = 2\pi i \frac{(z^2-4i)-2z(z+2)}{z^2-4i}\bigg|_{z=0} = -\frac{\pi}{2}$$

（2） $\displaystyle\oint_{|z|=4} \frac{z+2}{z^2(z^2-4i)} dz$

$$= \oint_{|z|=1/2} \frac{z+2}{z^2(z^2-4i)} dz + \oint_{|z-\alpha_1|=1/2} \frac{z+2}{z^2(z^2-4i)} dz$$

$$+ \oint_{|z-\alpha_2|=1/2} \frac{z+2}{z^2(z^2-4i)} dz \quad (\text{ここで，} \alpha_1, \alpha_2 \text{ は } \sqrt{4i} \text{ から生じる 2 個の値}$$
$$\text{で，} \alpha_1 = \sqrt{2}+\sqrt{2}i, \alpha_2 = -\sqrt{2}-\sqrt{2}i)$$
④

$$\oint_{|z|=1/2} \frac{z+2}{z^2(z^2-4i)} dz = -\frac{\pi}{2} \quad (\because \text{（1）}) \qquad ⑤$$

$$\oint_{|z-\alpha_1|=1/2} \frac{z+2}{z^2(z^2-4i)} dz = 2\pi i \cdot \frac{1}{2\pi i}\oint_{|z-\alpha_1|=1/2} \frac{\dfrac{z+2}{z^2(z-\alpha_2)}}{z-\alpha_1} dz$$

$$= 2\pi i \cdot \frac{z+2}{z^2(z-\alpha_2)}\bigg|_{z=\alpha_1} = 2\pi i \frac{2+\sqrt{2}+\sqrt{2}i}{8i(\sqrt{2}+\sqrt{2}i)}$$
⑥

$$\oint_{|z-\alpha_2|=1/2} \frac{z+2}{z^2(z^2-4i)} dz = 2\pi i \cdot \frac{z+2}{z^2(z-\alpha_1)}\bigg|_{z=\alpha_2} = 2\pi i \cdot \frac{2-\sqrt{2}-\sqrt{2}i}{-8i(\sqrt{2}+\sqrt{2}i)}$$

⑦

⑤,⑥,⑦を④に代入すると,

$$\oint_{|z|=4} \frac{z+2}{z^2(z^2-4i)} dz$$
$$= -\frac{\pi}{2} + 2\pi i \left\{ \frac{2+\sqrt{2}+\sqrt{2}i}{8i(\sqrt{2}+\sqrt{2}i)} - \frac{2-\sqrt{2}-\sqrt{2}i}{8i(\sqrt{2}+\sqrt{2}i)} \right\}$$
$$= -\frac{\pi}{2} + 2\pi i \cdot \frac{2(\sqrt{2}+\sqrt{2}i)}{8i(\sqrt{2}+\sqrt{2}i)} = -\frac{\pi}{2} + \frac{\pi}{2} = 0$$

(3) $\displaystyle\oint_{|z-4i|=3} \frac{z+2}{z^2(z^2-4i)} dz = 2\pi i \cdot \frac{1}{2\pi i} \oint_{|z-4i|=3} \frac{\dfrac{z+2}{z^2(z-\alpha_2)}}{z-\alpha_1} dz$

$$= 2\pi i \cdot \frac{z+2}{z^2(z-\alpha_2)}\bigg|_{z=\alpha_1}$$
$$= 2\pi i \cdot \frac{2+\sqrt{2}+\sqrt{2}i}{8i(\sqrt{2}+\sqrt{2}i)} = \frac{\pi}{8}(\sqrt{2}+2-\sqrt{2}i)$$

─ 例題 **5.4** ─

次の式で表わされる曲線は閉曲線である．
$$x^6 + y^6 = x^2 y^3, \quad x \geq 0$$
この閉曲線が囲む領域の面積 A を求めたい．以下の設問に従って，A を求めよ．

（１） この曲線の概形を図示せよ（極値は示さなくてよい）．
（２） この曲線を極座標で表わせ．
（３） $A = \dfrac{1}{2} \displaystyle\int_0^\infty \dfrac{t^6}{(1+t^6)^2} dt$ となることを示せ．
（４） さらに，$A = \dfrac{1}{12} \displaystyle\int_0^\infty \dfrac{dt}{1+t^6}$ となることを示せ．
（５） 複素積分により，A を求めよ． (東大工)

【解答】（１）（ⅰ）$x^6 + y^6 = (xy)^2 y \geq 0 \quad \therefore \quad y \geq 0$
$x \geq 0$ だから，この曲線は第１象限のみに現れ，原点 $(0,0)$ を通る．
（ⅱ）$y = tx$ とおくと，
$$x^6 + t^6 x^6 - t^3 x^5 = x^5 \{(1+t^6)x - t^3\} = 0$$
$$\therefore \quad \begin{cases} x = 0 \\ y = 0 \end{cases} \quad \text{または} \quad \begin{cases} x = \dfrac{t^3}{1+t^6} \\ y = \dfrac{t^4}{1+t^6} \end{cases} \quad (t \geq 0)$$

$f(x,y) = x^6 + y^6 - x^2 y^3$ とおくと，
$$f_x = 6x^5 - 2xy^3 = 2x(3x^4 - y^3) = 0$$
$$f_y = 6y^5 - 3x^2 y^2 = 3y^2(2y^3 - x^2) = 0$$
より，$x = y = 0$ または $x = 1/\sqrt{6}, \ y = 1/3\sqrt{12}$. 後者は与式を満足しないから，$(0,0)$ だけが特異点．$x = 0, \ y = 0$ は接線である．
$$\frac{dy}{dx} = \frac{dy/dt}{dx/dt} = \frac{2t(2-t^6)}{3(1-t^6)} = \frac{2t(t^3-\sqrt{2})(t^3+\sqrt{2})}{3(t^3-1)(t^3+1)}$$

ゆえに，$0 < t < 1, 2^{1/6} < t$ のとき，$\dfrac{dy}{dx} > 0$，$1 < t < 2^{1/6}$ のとき $\dfrac{dy}{dx} < 0, t = 0, 2^{1/6}$ のとき，$\dfrac{dy}{dx} = 0, \ t = 1$ のとき，$\dfrac{dy}{dx} = \infty$ となる．$t = 0$ では，$x = y = 0, \ t = 1$ では $x = y = \dfrac{1}{2}$，$t = 2^{1/6}$ では $x = \dfrac{\sqrt{2}}{3}, \ y = \dfrac{(\sqrt{2})^{4/3}}{3}$ となる．

したがって，この閉曲線の概形は下のとおりである．

（2）$\begin{cases} x = r\cos\theta \\ y = r\sin\theta \end{cases}$

とおくと，この閉曲線の極座標表示は

$$r = \frac{\cos^2\theta \sin^3\theta}{\cos^6\theta + \sin^6\theta}$$

になる．

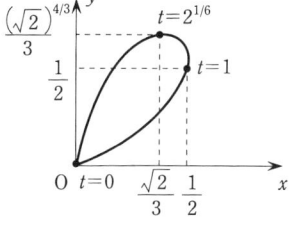

（3）$A = \dfrac{1}{2}\displaystyle\int_0^{\pi/2} r^2\, d\theta$

$= \dfrac{1}{2}\displaystyle\int_0^{\pi/2} \left(\dfrac{\cos^2\theta \sin^3\theta}{\cos^6\theta + \sin^6\theta}\right)^2 d\theta$

$= \dfrac{1}{2}\displaystyle\int_0^{\pi/2} \left(\dfrac{\tan^3\theta}{1+\tan^6\theta}\right)^2 \dfrac{d\theta}{\cos^2\theta}$

$= \dfrac{1}{2}\displaystyle\int_0^{\infty} \dfrac{t^6}{(1+t^6)^2}\, dt \quad (\text{ここで，}t=\tan\theta)$

（4）（3）により

$$A = \frac{1}{2}\int_0^{\infty}\frac{1}{1+t^6}\,dt - \frac{1}{2}\int_0^{\infty}\frac{1}{(1+t^6)^2}\,dt \qquad ①$$

一方，

$\displaystyle\int_0^{\infty}\dfrac{1}{(1+t^6)^2}\,dt = \int_0^{\infty}\dfrac{\tau^{10}}{(1+\tau^6)^2}\,d\tau \quad \left(\text{ここで，}t=\dfrac{1}{\tau}\right)$

$= -\dfrac{1}{6}\displaystyle\int_0^{\infty} \tau^5\, d\left(\dfrac{1}{1+\tau^6}\right)$

$= -\dfrac{1}{6}\left\{\left[\dfrac{\tau^5}{1+\tau^6}\right]_0^{\infty} - 5\displaystyle\int_0^{\infty}\dfrac{\tau^4}{1+\tau^6}\,d\tau\right\}$

$= \dfrac{5}{6}\displaystyle\int_0^{\infty}\dfrac{\tau^4}{1+\tau^6}\,d\tau$

$= \dfrac{5}{6}\displaystyle\int_0^{\infty}\dfrac{1}{1+u^6}\,du \quad \left(\text{ここで，}u=\dfrac{1}{\tau}\right)$

$= \dfrac{5}{6}\displaystyle\int_0^{\infty}\dfrac{1}{1+t^6}\,dt \qquad ②$

①に②を代入して

$$A = \left(\frac{1}{2} - \frac{5}{12}\right)\int_0^{\infty}\frac{1}{1+t^6}\,dt = \frac{1}{12}\int_0^{\infty}\frac{1}{1+t^6}\,dt$$

(5) $\displaystyle A = \frac{1}{24}\int_{-\infty}^{\infty}\frac{1}{1+t^6}dt$

$\displaystyle = \frac{1}{24}\lim_{R\to\infty}\int_{[-R,R]+C_R}\frac{1}{1+z^6}dz$

(ここで, $C_R : z = Re^{i\theta},\ R > 0,\ 0 \leq \theta \leq \pi$)

$\displaystyle = \frac{1}{24}\cdot 2\pi i \left\{ \mathrm{Res}\left(\frac{1}{1+z^6}\,;\,e^{(\pi/6)i}\right) + \mathrm{Res}\left(\frac{1}{1+z^6}\,;\,i\right) \right.$

$\displaystyle \left. + \mathrm{Res}\left(\frac{1}{1+z^6}\,;\,e^{(5\pi/6)i}\right) \right\}$

$\displaystyle = \frac{1}{12}\pi i \left\{ \left.\frac{1}{(1+z^6)'}\right|_{z=e^{(\pi/6)i}} + \left.\frac{1}{(1+z^6)'}\right|_{z=i} + \left.\frac{1}{(1+z^6)'}\right|_{z=e^{(5\pi/6)i}} \right\}$

$\displaystyle = \frac{1}{12}\pi i \left\{ \frac{1}{6\,e^{(5/6)\pi i}} + \frac{1}{6i^5} + \frac{1}{6\,e^{(25/6)\pi i}} \right\}$

$\displaystyle = \frac{1}{72}\pi\left(2\sin\frac{\pi}{6}+1\right) = \frac{1}{36}\pi$

---- 例題 5.5 ----

次の定積分を求めよ．ただし x, y, t は実数で，$y > 0, t > 0, i = \sqrt{-1}$ とする．

$$\int_{-\infty}^{+\infty} \frac{\exp(ixt)}{(x-iy)^2} dx \qquad \text{(東大理)}$$

【解答】 $f(z) = \dfrac{1}{(z-iy)^2}$ とおくと，$f(z)$ が

（ⅰ） $\operatorname{Im} z > 0$ で，極 $z = iy$ を除き正則，

（ⅱ） 実軸上に極をもたない，

（ⅲ） $0 \leqq \theta \leqq \pi$ に関して，

$$|Rf(Re^{i\theta})| = \frac{R}{|R\cos\theta + iR\sin\theta - iy|^2} = \frac{R}{R^2 + y^2 - 2Ry\sin\theta}$$

$$= \frac{1}{R\left(1 + \dfrac{y^2}{R^2} - \dfrac{2y}{R}\sin\theta\right)} \longrightarrow 0 \quad (R \to \infty)$$

をみたすから，

$$\int_{-\infty}^{\infty} \frac{e^{itx}}{(x-iy)^2} dx = 2\pi i \operatorname{Res}(e^{itz}f(z); iy) \quad (iy \text{ は 2 位の極})$$

$$= 2\pi i \lim_{z \to iy} \frac{d}{dz}(z-iy)^2 e^{itz}f(z)$$

$$= 2\pi i \lim_{z \to iy} ite^{itz} = -2\pi t e^{-ty}$$

【別解】 $I = \displaystyle\int_{-\infty}^{\infty} \frac{e^{itx}}{(x-iy)^2} dx = \int_{-\infty}^{\infty} \frac{e^{itx}(x+iy)^2}{\{(x-iy)(x+iy)\}^2} dx$

$$= \int_{-\infty}^{\infty} \frac{e^{itx}(x^2 - y^2 + i2xy)}{(x^2+y^2)^2} dx$$

$$= \int_{-\infty}^{\infty} \frac{(\cos tx + i\sin tx)(x^2 - y^2 + i2xy)}{(x^2+y^2)^2} dx$$

$$= \int_{-\infty}^{\infty} \frac{(x^2-y^2)\cos tx}{(x^2+y^2)^2} dx - 2y\int_{-\infty}^{\infty} \frac{x\sin tx}{(x^2+y^2)^2} dx$$

$$+ i\int_{-\infty}^{\infty} \frac{(x^2-y^2)\sin tx + 2yx\cos tx}{(x^2+y^2)^2} dx$$

（虚数部は奇関数の積分となる）

$$= \int_{-\infty}^{\infty} \frac{x^2 \cos tx}{(x^2+y^2)^2} dx - y^2 \int_{-\infty}^{\infty} \frac{\cos tx}{(x^2+y^2)^2} dx - 2y\int_{-\infty}^{\infty} \frac{x\sin tx}{(x^2+y^2)^2} dx$$

$$\equiv I_3 - y^2 I_1 - 2y I_2 \qquad ①$$

一方,
$$\int_{-\infty}^{\infty} \frac{e^{itx}}{(x^2+y^2)^2} dx = \int_{-\infty}^{\infty} \frac{\cos tx}{(x^2+y^2)^2} dx + i \int_{-\infty}^{\infty} \frac{\sin tx}{(x^2+y^2)^2} dx$$

(虚数部は奇関数の積分となる)

$$= \int_{-\infty}^{\infty} \frac{\cos tx}{(x^2+y^2)^2} dx = 2\pi i \, \mathrm{Res}\left(e^{itz} \frac{1}{(z^2+y^2)^2} : iy\right) \qquad ②$$

$$\mathrm{Res}\left(\frac{e^{itz}}{(z^2+y^2)^2} : iy\right) = \lim_{z \to iy} \frac{d}{dz}\left\{(z-iy)^2 \frac{e^{itz}}{(z+iy)^2 (z-iy)^2}\right\}$$

$$= \lim_{z \to iy} \frac{d}{dz} \frac{e^{itz}}{(z+iy)^2}$$

$$= \lim_{z \to iy} \frac{ite^{itz}(z+iy)^2 - 2(z+iy)e^{itz}}{(z+iy)^4}$$

$$= \frac{1+ty}{4y^3 i} e^{-ty} \qquad ③$$

②, ③より
$$I_1 = 2\pi i \frac{1+ty}{4y^3 i} e^{-ty} = \frac{\pi(1+ty)}{2y^3} e^{-ty} \qquad ④$$

④の両辺を t で微分すると,
$$\int_{-\infty}^{\infty} \frac{-x \sin tx}{(x^2+y^2)^2} dx = \frac{\pi\{ye^{-ty} + (1+ty)(-y)e^{-ty}\}}{2y^3} = \frac{-\pi t e^{-ty}}{2y}$$

$$\therefore \int_{-\infty}^{\infty} \frac{x \sin tx}{(x^2+y^2)^2} dx = \frac{\pi t e^{-ty}}{2y} \qquad ⑤$$

さらに⑤の両辺を t で微分すると
$$I_3 = \int_{-\infty}^{\infty} \frac{x^2 \cos tx}{(x^2+y^2)^2} dx = \frac{\pi\{e^{-ty} + t(-y)e^{-ty}\}}{2y} = \frac{\pi}{2y} e^{-ty}(1-ty) \qquad ⑥$$

④, ⑤, ⑥を①に代入すると
$$\int_{-\infty}^{\infty} \frac{e^{itx}}{(x-iy)^2} dx = \frac{\pi}{2y} e^{-ty}(1-ty) - y^2 \frac{\pi(1+ty)}{2y^3} e^{-ty} - 2y \frac{\pi t e^{-ty}}{2y}$$

$$= -2\pi t e^{-ty}$$

例題 5.6

（1） $\displaystyle\int_0^{2\pi} \frac{d\theta}{2+\cos\theta}$ を求めよ．

（2） $\displaystyle\int_0^\infty e^{-x^2}\,dx = \frac{\sqrt{\pi}}{2}$ であることを示せ．

（3） また，（2）の関係を使って $\displaystyle\int_0^\infty \cos(x^2)\,dx,\ \int_0^\infty \sin(x^2)\,dx$ を求めよ．

(東大理，早大*)

【解答】（1） $e^{i\theta} = z$ とおき，$\cos\theta = \dfrac{e^{i\theta}+e^{-i\theta}}{2} = \dfrac{z+z^{-1}}{2}$, $d\theta = \dfrac{dz}{iz}$ を与式に代入すると

$$\int_0^{2\pi} \frac{d\theta}{2+\cos\theta} = \int_{|z|=1} \frac{1}{2+\dfrac{z+z^{-1}}{2}} \frac{dz}{iz} = \frac{2}{i}\int_{|z|=1} \frac{dz}{z^2+4z+1}$$

$$= \frac{2}{i}\int_{|z|=1} \frac{dz}{(z-z_1)(z-z_2)}$$

ただし，$z_1 = -2+\sqrt{3},\ z_2 = -2-\sqrt{3}$ である．

$|z_2| > 1$, z_1 は $|z|<1$ 内での 1 位の極であるから

$$\mathrm{Res}\,(z_1) = \lim_{z\to z_1}\left\{(z-z_1)\cdot\frac{2}{i}\frac{1}{(z-z_1)(z-z_2)}\right\} = \frac{2}{i}\frac{1}{z_1-z_2} = \frac{1}{i\sqrt{3}}$$

したがって

$$\int_0^{2\pi}\frac{d\theta}{2+\cos\theta} = 2\pi i\,\mathrm{Res}\,(z_1) = \frac{2\pi}{\sqrt{3}}$$

（2） $x = ty$ とおくと，

$$I = \int_0^\infty e^{-x^2}\,dx = \int_0^\infty t e^{-y^2 t^2}\,dy$$

また，$I = \displaystyle\int_0^\infty e^{-t^2}\,dt$ と書けるから，

$$I^2 = \int_0^\infty e^{-t^2}\,dt \int_0^\infty t e^{-y^2 t^2}\,dy = \int_0^\infty dy \int_0^\infty t e^{-(1+y^2)t^2}\,dt$$

$$= \int_0^\infty dy \left[\frac{-1}{2(1+y^2)}e^{-(1+y^2)t^2}\right]_0^\infty$$

$$= \frac{1}{2}\int_0^\infty \frac{dy}{1+y^2} = \frac{1}{2}\left[\tan^{-1} y\right]_0^\infty = \frac{\pi}{4}$$

$$\therefore\ I = \frac{\sqrt{\pi}}{2}$$

（3） e^{-z^2} は図の積分路の内部で正則であるから，

$$\int_{\overline{OA}} e^{-z^2}\,dz + \int_{\widehat{AB}} e^{-z^2}\,dz + \int_{\overline{BO}} e^{-z^2}\,dz = 0 \qquad ①$$

$$\int_{\overline{OA}} e^{-z^2}\,dz = \int_0^R e^{-x^2}\,dx \longrightarrow \frac{\sqrt{\pi}}{2} \quad (R \to \infty) \qquad ②$$

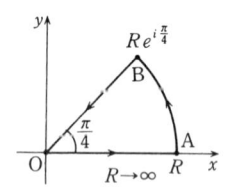

①の第 2 の積分で，$z = Re^{i\theta}$ とおいて

$$\int_{\widehat{AB}} e^{-z^2}\,dz = \int_0^{\pi/4} e^{-R^2(\cos 2\theta + i\sin 2\theta)} iRe^{i\theta}\,d\theta$$

$$= i\int_0^{\pi/4} e^{-R^2\cos 2\theta}\, e^{-iR^2\sin 2\theta}\, Re^{i\theta}\,d\theta$$

$$\therefore\ \left|\int_{\widehat{AB}} e^{-z^2}\,dz\right| \leqq R\int_0^{\pi/4} e^{-R^2\cos 2\theta}\,d\theta = \frac{R}{2}\int_0^{\pi/2} e^{-R^2\sin t}\,dt \quad \left(2\theta = \frac{\pi}{2} - t\right)$$

$$\leqq \frac{R}{2}\int_0^{\pi/2} e^{-R^2 2t/\pi}\,dt \quad \left(\because\ \text{ジョルダンの不等式}\ \sin t \geqq \frac{2t}{\pi}\right)$$

$$= \frac{\pi}{4R}(1 - e^{-R^2}) \longrightarrow 0 \quad (R \to \infty)$$

すなわち

$$\int_{\widehat{AB}} e^{-z^2}\,dz \longrightarrow 0 \quad (R \to \infty) \qquad\qquad ③$$

①の第 3 の積分では，$z = \dfrac{1}{\sqrt{2}}(1+i)r$ とおいて

$$\int_{\overline{BO}} e^{-z^2}\,dz = \frac{1}{\sqrt{2}}(1+i)\int_R^0 e^{-ir^2}\,dr$$

$$\longrightarrow -\frac{1}{\sqrt{2}}(1+i)\int_0^\infty \{\cos r^2 - i\sin r^2\}\,dr \quad (R \to \infty) \qquad ④$$

①，②，③，④ より

$$\int_0^\infty \{\cos(x^2) - i\sin(x^2)\}\,dx = \frac{\sqrt{\pi}}{2\sqrt{2}}(1 - i)$$

両辺の実部および虚部をとれば

$$\int_0^\infty \cos(x^2)\,dx = \int_0^\infty \sin(x^2)\,dx = \frac{1}{2}\cdot\sqrt{\frac{\pi}{2}} \quad (\text{フレネルの積分})$$

例題 5.7

複素積分を利用して次の値を求めよ．

$$\int_{-\infty}^{\infty} \frac{\cos ax}{x^4 + b^4} dx \quad (a > 0, \ b > 0) \qquad \text{(東大工，神戸大)}$$

【解答】 $z^4 + b^4 = (z - e^{i\pi/4}b)(z + ie^{i\pi/4}b)(z - e^{i3\pi/4}b)(z + e^{i3\pi/4}b) = 0$ の根のうち，

$$z_1 = e^{i\pi/4}b = \left(\cos\frac{\pi}{4} + i\sin\frac{\pi}{4}\right)b = \frac{1+i}{\sqrt{2}}b$$

$$z_2 = e^{i3\pi/4}b = \left(\cos\frac{3\pi}{4} + i\sin\frac{3\pi}{4}\right)b = \frac{-1+i}{\sqrt{2}}b$$

は，関数 $f(z) = e^{iaz}/(z^4 + b^4)$ の上半平面 $\operatorname{Im} z > 0$ にある 1 位の極である．ゆえに留数は

$$\operatorname{Res}(z_1) = \frac{e^{iaz}}{(z^4 + b^4)'}\bigg|_{z=z_1} = \frac{e^{iaz}}{4z^3}\bigg|_{z=z_1} = \frac{-(1+i)}{4\sqrt{2}\,b^3}e^{(-1+i)ab/\sqrt{2}}$$

$$\operatorname{Res}(z_2) = \frac{e^{iaz}}{(z^4 + a^4)'}\bigg|_{z=z_2} = \frac{e^{iaz}}{4z^3}\bigg|_{z=z_2} = \frac{1-i}{4\sqrt{2}\,b^3}e^{(-1-i)ab/\sqrt{2}}$$

$$\therefore \int_{-\infty}^{\infty} \frac{e^{iax}}{x^4 + b^4} dx = 2\pi i \{\operatorname{Res}(z_1) + \operatorname{Res}(z_2)\}$$

$$= 2\pi i \left\{ \frac{-(1+i)}{4\sqrt{2}\,b^3} e^{(-1+i)ab/\sqrt{2}} + \frac{1-i}{4\sqrt{2}\,b^3} e^{(-1-i)ab/\sqrt{2}} \right\}$$

すなわち，

$$\int_{-\infty}^{\infty} \frac{\cos ax + i\sin ax}{x^4 + b^4} dx = \frac{\pi}{\sqrt{2}\,b^3} e^{-ab/\sqrt{2}} \left(\cos\frac{ab}{\sqrt{2}} + \sin\frac{ab}{\sqrt{2}}\right)$$

両辺の実部をとれば，

$$\int_{-\infty}^{\infty} \frac{\cos ax}{x^4 + b^4} dx = \frac{\pi}{\sqrt{2}\,b^3} e^{-ab/\sqrt{2}} \left(\cos\frac{ab}{\sqrt{2}} + \sin\frac{ab}{\sqrt{2}}\right)$$

例題 5.8

次の定積分の値を，複素積分を用いて求めよ．

$$J = \int_0^\infty \frac{x}{1+x^3} dx \qquad \text{(東大工)}$$

【解答】 右図のような積分路を用いると，積分路中にある $f(z) = \dfrac{z}{1+z^3}$ の特異点は $z = e^{i\pi/3}$ のみである．

$\overline{OA} : z = x$, $\widehat{AB} : z = Re^{i\theta}$, $\overline{BO} : z = re^{i2\pi/3}$

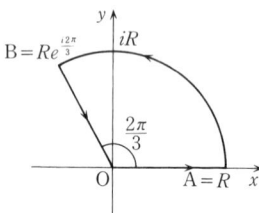

とおくと，留数定理によって

$$\int \frac{z}{z^2+1} dz = \int_{\overline{OA}} + \int_{\widehat{AB}} + \int_{\overline{BO}}$$
$$= 2\pi i \text{ Res } (e^{i\pi/3}) \qquad ①$$

ここで，

$$\int_{\overline{OA}} + \int_{\overline{BO}} = \int_0^R \frac{x}{1+x^3} dx + \int_R^0 \frac{re^{i2\pi/3}}{1+(re^{i2\pi/3})^3} e^{i2\pi/3} dr$$
$$= \int_0^R \frac{x}{1+x^3} dx - e^{i4\pi/3} \int_0^R \frac{r}{1+r^3} dr$$
$$\longrightarrow (1 - e^{i4\pi/3}) \int_0^\infty \frac{x}{1+x^3} dx \quad (R \to \infty) \qquad ②$$

$$\left| \int_{\widehat{AB}} \right| = \left| \int_0^{2\pi/3} \frac{Re^{i\theta}}{1+(Re^{i\theta})^3} Rie^{i\theta} d\theta \right|$$
$$\leq \int_0^{2\pi/3} \frac{R^2}{R^3-1} d\theta = \frac{2\pi}{3} \cdot \frac{R^2}{R^3-1} \longrightarrow 0 \quad (R \to \infty)$$

すなわち，

$$\int_{\widehat{AB}} \longrightarrow 0 \quad (R \to \infty) \qquad ③$$

$$\text{Res } (e^{i\pi/3}) = \frac{z}{(1+z^3)'} \bigg|_{z=e^{i\pi/3}} = \frac{1}{3} e^{-i\pi/3} \qquad ④$$

①の両辺を $R \to \infty$ として，②，③，④を代入すると

$$\int_0^\infty \frac{x}{1+x^3} dx = \frac{2\pi i}{1+e^{i4\pi/3}} \cdot \frac{1}{3} e^{-i\pi/3} = \frac{2\pi}{3\sqrt{3}}$$

〈注〉 $\int_0^\infty \dfrac{x}{x^3+1} dx = \int_0^\infty \dfrac{1}{3} \left(\dfrac{-1}{x+1} + \dfrac{1}{2} \dfrac{2x-1}{x^2-x+1} + \dfrac{3}{2} \dfrac{1}{x^2-x+1} \right) dx$

$$= \frac{1}{3} \Bigg[-\log |x+1| + \frac{1}{2} \log |x^2 - x + 1|$$
$$+ \frac{3}{2} \frac{2}{\sqrt{3}} \tan^{-1} \left\{ \frac{2}{\sqrt{3}} \left(x - \frac{1}{2} \right) \right\} \Bigg]_0^\infty$$
$$= \frac{1}{3} \Bigg[\log \frac{\sqrt{x^2 - x + 1}}{|x+1|} + \sqrt{3} \tan^{-1} \left\{ \frac{2}{\sqrt{3}} \left(x - \frac{1}{2} \right) \right\} \Bigg]_0^\infty$$
$$= \frac{1}{3} \Bigg[0 + \sqrt{3} \cdot \frac{\pi}{2} - \left\{ 0 + \sqrt{3} \tan^{-1} \left(-\frac{1}{\sqrt{3}} \right) \right\} \Bigg]$$
$$= \frac{2\pi}{3\sqrt{3}}$$

例題 5.9

複素関数 $\dfrac{1}{\cosh z}$ の極およびその留数を求めよ．またこれを用いて次の定積分の値を計算せよ．

$$\int_{-\infty}^{\infty} \frac{e^{iax}}{\cosh x} dx \quad (a \text{ は実数}) \qquad \text{(東大理)}$$

【解答】 $f(z) = \dfrac{1}{\cosh z}$ とおくと，$\cosh z = \cos(-iz) = 0$ より，$z = z_n = (n+1/2)\pi i \, (n = 0, \pm 1, \pm 2, \cdots)$ が $f(z)$ の 1 位の極であるから，

$$\text{Res}(f : z_n) = \frac{1}{(\cosh z)'}\bigg|_{z=z_n} = \frac{1}{\sinh\left[\left(n+\frac{1}{2}\right)\pi i\right]} = \frac{1}{i\sin\left(n+\frac{1}{2}\right)\pi}$$

$$= \frac{1}{i(-1)^n} = i(-1)^{n-1} \quad (n = 0, \pm 1, \pm 2, \cdots)$$

$f_1(z) = \dfrac{e^{iaz}}{\cosh z}$ とおくと

(i) $a \geqq 0$ のとき，右図のような積分路をとると，留数定理によって

$$\int_{\overline{AB}} + \int_{\overline{BC}} + \int_{\overline{CD}} + \int_{\overline{DA}} = 2\pi i \,\text{Res}(f_1 : z_0) \qquad ①$$

$$\left|\int_{\overline{AB}=z=R+iy}\right| = \left|\int_0^\pi \frac{e^{ia(R+iy)}}{\cosh(R+iy)} i\,dy\right| \leqq \int_0^\pi \frac{e^{-ay}}{e^R - e^{-R}} dy$$

$$\leqq \frac{\pi}{e^R - e^{-R}} \longrightarrow 0 \quad (R \to \infty)$$

すなわち，

$$\int_{\overline{AB}} \longrightarrow 0 \quad (R \to \infty) \qquad ②$$

同様にして

$$\int_{\overline{CD}} \longrightarrow 0 \quad (R \to \infty) \qquad ③$$

$$\int_{\overline{BC}\,:\,z=x+\pi i} + \int_{\overline{DA}\,:\,z=x} = \int_R^{-R} \frac{e^{ia(x+\pi i)}}{\cosh(x+\pi i)} dx + \int_{-R}^R \frac{e^{iax}}{\cosh x} dx$$

$$= -e^{-\pi a}\int_R^{-R}\frac{e^{iax}}{\cosh x}dx + \int_{-R}^R \frac{e^{iax}}{\cosh x}dx$$

$$= (1+e^{-\pi a})\int_{-R}^R \frac{e^{iax}}{\cosh x}dx$$

$$\longrightarrow (1+e^{-\pi a})\int_{-\infty}^\infty \frac{e^{iax}}{\cosh x}dx \quad (R\to\infty) \qquad ④$$

$$\mathrm{Res}\,(f_1:z_0) = \left.\frac{e^{iaz}}{(\cosh z)'}\right|_{z=z_0=(\pi/2)i} = \frac{e^{ia(\pi/2)i}}{\sinh\left(\dfrac{\pi}{2}i\right)} = \frac{e^{-\pi a/2}}{i} \qquad ⑤$$

①の両辺で $R\to\infty$ として，②，③，④，⑤を代入すると，

$$(1+e^{-\pi a})\int_{-\infty}^\infty \frac{e^{iax}}{\cosh x}dx = 2\pi i\cdot\frac{e^{-\pi a/2}}{i} = 2\pi e^{-\pi a/2}$$

$$\therefore\ \int_{-\infty}^\infty \frac{e^{iax}}{\cosh x}dx = \frac{\pi}{\cosh\left(\dfrac{\pi a}{2}\right)}$$

(ⅱ) $a<0$ のとき

$$\int_{-\infty}^\infty \frac{e^{iax}}{\cosh x}dx = \int_{-\infty}^\infty \frac{e^{-ibx}}{\cosh x}dx \quad (b=-a>0\ \text{とおく})$$

$$= -\int_\infty^{-\infty}\frac{e^{ibt}}{\cosh t}dt = \int_{-\infty}^\infty \frac{e^{ibt}}{\cosh t}dt$$

$$= \frac{\pi}{\cosh\left(\dfrac{\pi b}{2}\right)} \quad (\because\ (\mathrm{i}))$$

$$= \frac{\pi}{\cosh\left(\dfrac{\pi a}{2}\right)}$$

── 例題 5.10 ──────────────
$$I = \int_0^\infty \frac{\sin ax}{x} dx$$
を求めよ．　　　　　　　　　　　　（千葉大，早大*，慶大，東北大，阪大）

【解答】$f(z) = e^{iaz}/z$ とおくと，$f(z)$ は $z = 0$ を除いて正則である．
（i）$a > 0$ のとき，右図のような積分路をとると，留数定理より

$$\left(\int_{\overline{DA}} + \int_{C_R} + \int_{\overline{BC}} + \int_{C_\rho} \right) f(z)\, dz = 0 \quad ①$$

$$\int_{\overline{DA}: z=x} + \int_{\overline{BC}: z=x} = \int_\rho^R \frac{e^{iax}}{x} dx + \int_{-R}^{-\rho} \frac{e^{iax}}{x} dx$$

$$= \int_\rho^R \frac{e^{iax}}{x} dx - \int_\rho^R \frac{e^{-iat}}{t} dt \quad (t = -x \text{ とおく})$$

$$= \int_\rho^R \frac{e^{iax}}{x} dx - \int_\rho^R \frac{e^{-iax}}{x} dx = 2i \int_\rho^R \frac{\sin ax}{x} dx$$

$$\longrightarrow 2i \int_0^\infty \frac{\sin ax}{x} dx \quad (R \to \infty,\ \rho \to 0) \quad ②$$

$$\left| \int_{C_R: z=Re^{i\theta}} \right| = \left| \int_0^\pi \frac{e^{iaR(\cos\theta + i\sin\theta)}}{Re^{i\theta}} iRe^{i\theta}\, d\theta \right|$$

$$\leqq \int_0^\pi e^{-aR\sin\theta} d\theta = \int_0^{\pi/2} e^{-aR\sin\theta} d\theta + \int_{\pi/2}^\pi e^{-aR\sin\theta} d\theta$$

$$= 2\int_0^{\pi/2} e^{-aR\sin\theta} d\theta \leqq 2\int_0^{\pi/2} e^{-2aR\theta/\pi} d\theta$$

$$\left(\because\ \text{ジョルダンの不等式}\ \sin\theta \geqq \frac{2\theta}{\pi},\ \theta \in \left[0, \frac{\pi}{2}\right] \right)$$

$$= \frac{\pi}{aR}(1 - e^{-aR}) \longrightarrow 0 \quad (R \to \infty)$$

すなわち，

$$\int_{C_R} \longrightarrow 0 \quad (R \to \infty) \quad ③$$

最後に，$\int_{C_\rho}$ を考える．

$$f(z) = \frac{e^{iaz}}{z} = \frac{1}{z}\left(1 + iaz + \frac{(iaz)^2}{2!} + \cdots \right) = \frac{1}{z} + P(z)$$

（ここで，$P(z)$ は z のべき級数であるから，C_ρ 上で $|P(z)| < M$（定数））．ゆえに，
$$\left| \int_{C_\rho : z = \rho e^{i\theta}} P(z)\, dz \right| = \left| \int_0^\pi P(\rho e^{i\theta}) i\rho e^{i\theta}\, d\theta \right| \leqq \pi M \rho \longrightarrow 0 \quad (\rho \to 0)$$
すなわち，
$$\int_{C_\rho} P(z)\, dt \longrightarrow 0 \quad (\rho \to 0) \qquad ④$$
したがって，
$$\int_{C_\rho} f(z)\, dz = \int_{C_\rho} \left(\frac{1}{z} + P(z) \right) dz = \int_{C_\rho} \frac{1}{z}\, dz + \int_{C_\rho} P(z)\, dz$$
$$= \int_\pi^0 \frac{1}{\rho e^{i\theta}} i\rho e^{i\theta}\, d\theta + \int_{C_\rho} P(z)\, dz = -\pi i + \int_{C_\rho} P(z)\, dz$$
$$\longrightarrow -\pi i + 0 \quad (\because \ ④)$$
すなわち，
$$\int_{C_\rho} f(z)\, dz = -\pi i \qquad ⑤$$
①の両辺を $R \to \infty, \rho \to 0$ として，②，③，⑤を代入すると
$$2i \int_0^\infty \frac{\sin ax}{x}\, dx - \pi i = 0 \quad \therefore\ \int_0^\infty \frac{\sin ax}{x}\, dx = \frac{\pi}{2}$$
（ii）$a = 0$ のとき，
$$\int_0^\infty \frac{\sin ax}{x}\, dx = \int_0^\infty 0\, dx = 0$$
（iii）$a < 0$ のとき，
$$\int_0^\infty \frac{\sin ax}{x}\, dx = -\int_0^\infty \frac{\sin bx}{x}\, dx \quad (b = -a > 0 \text{ とおく})$$
$$= -\frac{\pi}{2} \quad (\because\ (\text{i}))$$

したがって
$$\int_0^\infty \frac{\sin ax}{x}\, dx = \begin{cases} \dfrac{\pi}{2} & (0 < a) \\ 0 & (a = 0) \\ -\dfrac{\pi}{2} & (a < 0) \end{cases}$$

---- 例題 5.11 ----

次の積分の値を求めよ．

$$\int_0^\infty \frac{\log x}{(x^2+a^2)^2} dx \quad (a > 0) \tag*{(津田塾大)}$$

【解答】 図のような積分路を用いると，留数定理より（Log x：主値），

$$\left(\int_{\overline{DA}} + \int_{C_R} + \int_{\overline{BC}} + \int_{C_\rho}\right) \frac{\text{Log } z}{(z^2+a^2)^2} = 2\pi i \text{ Res } (ia)$$

$$\left(ia \text{ は被積分関数 } \frac{\text{Log } z}{(z^2+a^2)^2} \text{ の 2 位の極}\right) \quad \text{①}$$

$$\int_{\overline{DA}:z=x} + \int_{\overline{BC}:z=x}$$

$$= \int_\rho^R \frac{\log x}{(x^2+a^2)^2} dx + \int_{-R}^{-\rho} \frac{\text{Log } x}{(x^2+a^2)^2} dx$$

$$= \int_\rho^R \frac{\log x}{(x^2+a^2)^2} dx + \int_\rho^R \frac{\text{Log }(-t)}{(t^2+a^2)^2} dt$$

$$(t = -x \text{ とおく})$$

$$= \int_\rho^R \frac{\log x}{(x^2+a^2)^2} dx + \int_\rho^R \frac{\log t + \pi i}{(t^2+a^2)^2} dt$$

$$= 2\int_\rho^R \frac{\log x}{(x^2+a^2)^2} dx + i\pi \int_\rho^R \frac{dx}{(x^2+a^2)^2}$$

$$\longrightarrow 2\int_0^\infty \frac{\log x}{(x^2+a^2)^2} dx + i\pi \int_0^\infty \frac{dx}{(x^2+a^2)^2} \quad (R \to \infty, \; \rho \to 0) \quad \text{②}$$

$$\left|\int_{C_R:z=Re^{i\theta}}\right| = \left|\int_0^\pi \frac{\text{Log }(Re^{i\theta})}{[(Re^{i\theta})^2+a^2]^2} iRe^{i\theta} d\theta\right|$$

$$\leq \int_0^\pi \frac{R}{(R^2-a^2)^2} |\log R + i\theta| d\theta$$

$$= \int_0^\pi \frac{R}{(R^2-a^2)^2} \sqrt{\log^2 R + \theta^2} d\theta$$

$$\leq \frac{\pi R}{(R^2-a^2)^2} \sqrt{\log^2 R + \pi^2} \longrightarrow 0 \quad (R \to \infty)$$

すなわち，

$$\int_{C_R} \longrightarrow 0 \quad (R \to \infty) \tag*{③}$$

$$\left| \int_{C_\rho \,:\, z=\rho e^{i\theta}} \right| = \left| \int_0^\pi \frac{\text{Log}\,(\rho e^{i\theta})}{[(\rho e^{i\theta})^2 + a^2]^2} i\rho e^{i\theta}\, d\theta \right| \leq \int_0^\pi \frac{\rho}{(a^2-\rho^2)^2} |\log\rho + i\theta|\, d\theta$$

$$= \int_0^\pi \frac{\rho}{(a^2-\rho^2)^2} \sqrt{\log^2\rho + \theta^2}\, d\theta$$

$$\leq \frac{\pi\rho}{(a^2-\rho^2)^2}\sqrt{\log^2\rho + \pi^2} \longrightarrow 0 \quad (\rho \to 0)$$

すなわち,

$$\int_{C_\rho} \longrightarrow 0 \quad (\rho \to 0) \qquad\qquad ④$$

$$\text{Res}\,(ia) = \lim_{z \to ia} \frac{d}{dz}\left\{(z-ia)^2 \frac{\text{Log}\,z}{(z^2+a^2)^2}\right\} = \lim_{z \to ia} \frac{z + ia - 2z\,\text{Log}\,z}{z(z+ia)^3}$$

$$= \frac{1}{a^3}\left\{\frac{\pi}{4} + \frac{i}{4}(1 - \log a)\right\} \qquad\qquad ⑤$$

①の両辺を $R \to \infty, \rho \to 0$ として, ②, ③, ④, ⑤を代入すると

$$\int_0^\infty \frac{\log x}{(x^2+a^2)^2}\, dx = i\pi \frac{1}{a^3}\left\{\frac{\pi}{4} + \frac{i}{4}(1-\log a)\right\} - i\frac{\pi}{2}\int_0^\infty \frac{dx}{(x^2+a^2)^2}$$

両辺の実部を比較すると

$$\int_0^\infty \frac{\log x}{(x^2+a^2)^2}\, dx = \frac{\pi}{4a^3}(\log a - 1)$$

―― 例題 5.12 ―――

Γ を図のような閉曲線 ABCDA とする（R, R' は正の定数）．

（1） a を定数とするとき $\displaystyle\int_\Gamma \frac{e^{az}}{1+e^z}\,dz$ を求めよ．

（2） a が $0 < a < 1$ なる定数のとき
$$I = \int_{-\infty}^{\infty} \frac{e^{ax}}{1+e^x}\,dx$$
を求めよ．

(東北大，慶大*)

【解答】（1） $f(z) = \dfrac{e^{az}}{1+e^z}$ とおくと，$e^z = -1 = e^{i(2k+1)\pi}$（$k$：整数）であるが，積分路 Γ 内の $f(z)$ の特異点は 1 位の極 $z = \pi i$ のみである．留数定理によって，

$$\int_\Gamma f(z)\,dz = 2\pi i\,\mathrm{Res}\,(f : \pi i) = 2\pi i \cdot \left.\frac{e^{az}}{(1+e^z)'}\right|_{z=\pi i} = -2\pi i e^{i\pi a}$$

（2） （1）の結果より

$$\left(\int_{\overline{\mathrm{AB}}} + \int_{\overline{\mathrm{BC}}} + \int_{\overline{\mathrm{CD}}} + \int_{\overline{\mathrm{DA}}}\right) f(z)\,dz = -2\pi i e^{i\pi a} \qquad ①$$

$$\left|\int_{\overline{\mathrm{BC}}\,:\,z=R+iy}\right| = \left|\int_0^{2\pi} \frac{e^{a(R+iy)}}{1+e^{R+iy}} i\,dy\right| \leq \int_0^{2\pi} \left|\frac{e^{a(R+iy)}}{1+e^{R+iy}} i\right|\,dy$$

$$\leq \int_0^{2\pi} \frac{e^{aR}}{e^R - 1}\,dy = \frac{2\pi\,e^{aR}}{e^R - 1} \longrightarrow 0 \ (R \to \infty) \ (\because\ a < 1) \quad ②$$

$$\left|\int_{\overline{\mathrm{DA}}\,:\,z=-R'+iy}\right| = \left|\int_0^{2\pi} \frac{e^{a(-R'+iy)}}{1+e^{-R'+iy}} i\,dy\right| \leq \int_0^{2\pi} \left|\frac{e^{a(-R'+iy)}}{1+e^{-R'+iy}} i\right|\,dy$$

$$\leq \int_0^{2\pi} \frac{e^{-aR'}}{1-e^{-R'}}\,dy = \frac{2\pi\,e^{-aR'}}{1-e^{-R'}} \longrightarrow 0 \ (R' \to \infty) \ (\because\ a > 0)$$

$$\qquad\qquad ③$$

$$\int_{\overline{\mathrm{AB}}\,:\,z=x} + \int_{\overline{\mathrm{CD}}\,:\,z=x+2\pi i} = \int_{-R'}^{R} \frac{e^{ax}}{1+e^x}\,dx + \int_{R}^{-R'} \frac{e^{a(x+2\pi i)}}{1+e^{x+2\pi i}}\,dx$$

$$= (1 - e^{i2\pi a}) \int_{-R'}^{R} \frac{e^{ax}}{1+e^x}\,dx$$

$$\longrightarrow (1 - e^{i2\pi a}) \int_{-\infty}^{\infty} \frac{e^{ax}}{1+e^x}\,dx \quad (R, R' \to \infty) \qquad ④$$

②，③，④を①に代入すると，

$$(1 - e^{i2\pi a}) \int_{-\infty}^{\infty} \frac{e^{ax}}{1+e^x}\,dx = -2\pi i e^{i\pi a}$$

$$\therefore \int_{-\infty}^{\infty} \frac{e^{ax}}{1+e^x} dx = \frac{\pi}{\sin \pi a}$$

【別解】 与式において，$e^x \to x$ と置き換えれば，

$$\int_{-\infty}^{\infty} \frac{e^{ax}}{1+e^x} dx = \int_0^{\infty} \frac{x^{a-1}}{x+1} dx \quad (0 < a < 1)$$

となる．右図で $R > 1 > \rho$ とすれば，積分路 C 内および周上で $f(z) = z^{a-1}/(z+1)$ は 1 価で，$z = -1$（1 位の極）を除けば正則である．$z = -1$ で $\arg z = \pi$ とおくと，

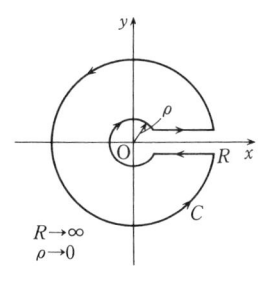

$$\text{Res}\,(f:-1) = \lim_{z \to -1} z^{a-1} = \lim_{z \to -1} e^{(a-1)\log z} = e^{(a-1)\log 1 + i(a-1)\pi} = e^{i\pi(a-1)}$$
$$= -e^{i\pi a}$$

$$\therefore \int_C \frac{z^{a-1}}{z+1} dz = -2\pi i e^{i\pi a}$$

実軸の上側では $\arg z = 0$，下側では $\arg z = 2\pi$ であるから，

$$\int \frac{z^{a-1}}{z+1} dz = \int_\rho^R \frac{x^{a-1}}{x+1} dx + \int_0^{2\pi} \left[\frac{z^{a-1}}{z+1} iz\, d\theta\right]_{|z|=R} + \int_R^\rho \frac{x^{a-1} e^{i2\pi(a-1)}}{x+1} dx$$
$$+ \int_{2\pi}^0 \left[\frac{z^{a-1}}{z+1} iz\, d\theta\right]_{|z|=\rho} = -2\pi i e^{i\pi a} \qquad ①$$

$0 < a < 1$ であるから，

$$\lim_{|z| \to \infty} z \frac{z^{a-1}}{z+1} = \lim_{|z| \to \infty} z^{a-1} = 0, \quad \lim_{|z| \to 0} z \frac{z^{a-1}}{z+1} = \lim_{z \to 0} z^a = 0$$

ゆえに，$R \to \infty$ が $\rho \to 0$ のとき，①の第 2，第 4 項の積分は 0 となり

$$-2\pi i e^{i\pi a} = \{1 - e^{i2\pi(a-1)}\} \int_0^\infty \frac{x^{a-1}}{x+1} dx$$

$$\therefore \int_{-\infty}^\infty \frac{e^{ax}}{1+e^x} dx = \int_0^\infty \frac{x^{a-1}}{x+1} dx = \frac{-2\pi i\, e^{i\pi a}}{1 - e^{i2\pi(a-1)}} = \frac{-2\pi i\, e^{i\pi a}}{1 - e^{i2\pi a}}$$
$$= \frac{\pi}{\dfrac{e^{i\pi a} - e^{-i\pi a}}{2i}} = \frac{\pi}{\sin \pi a}$$

例題 5.13

次の問に答えよ．
（1） 関数
$$f(z) = \begin{cases} \dfrac{\sin z}{z} & (z \neq 0) \\ 1 & (z = 0) \end{cases}$$
は整関数，すなわち複素平面の各点で正則な関数であることを示せ．

（2） 円 $|z| = 2$ の周上を正の向きに1周する積分路を C とする．次の積分を計算せよ．
$$\int_C \frac{z \sin(1-z^2)}{(1-z^2)^2} dz$$
（東北大）

【解答】（1） 明らかに，$f(z)$ は $z \neq 0$ の各点で微分可能である．次に，$z = 0$ でも微分可能であることを証明する．

$$\lim_{z \to 0} \frac{f(z) - f(0)}{z - 0} = \lim_{z \to 0} \frac{\dfrac{\sin z}{z} - 1}{z} = \lim_{z \to 0} \frac{\sin z - z}{z^2} = \lim_{z \to 0}\left(-\frac{1}{3!}z + \frac{1}{5!}z^3 - \cdots\right)$$
$$= 0$$

よって，$f(z)$ は $z = 0$ でも微分可能である．

したがって，$f(z)$ は複素平面の各点で正則な関数である．

（2） $|z| < 2$ 内で関数 $\dfrac{z \sin(1-z^2)}{(1-z^2)^2}$ は特異点 $z = \pm 1$ (1位の極) をもち，

$$\text{Res}(1) = \lim_{z \to 1}(z - 1)\frac{z \sin(1-z^2)}{(1-z^2)^2} = -\lim_{z \to 1}\frac{z}{1+z}\lim_{z \to 1}\frac{\sin(1-z^2)}{1-z^2}$$
$$= -\frac{1}{2} \cdot 1 = -\frac{1}{2}$$

$$\text{Res}(-1) = \lim_{z \to -1}(z + 1)\frac{z \sin(1-z^2)}{(1-z^2)^2} = \lim_{z \to -1}\frac{z}{1-z}\lim_{z \to -1}\frac{\sin(1-z^2)}{1-z^2}$$
$$= -\frac{1}{2} \cdot 1 = -\frac{1}{2}$$

ゆえに，留数定理より

$$\int_C \frac{z \sin(1-z^2)}{(1-z^2)^2} dz = 2\pi i \{\text{Res}(1) + \text{Res}(-1)\} = 2\pi i \left\{-\frac{1}{2} - \frac{1}{2}\right\}$$
$$= -2\pi i$$

---例題 5.14---

n を正整数として，複素関数 $f(z)$ が

$$f(z) = \frac{1}{z^{n+1}} \frac{1-z}{1+z}$$

で与えられている．$f(z)$ の特異点 $z = 0$ と $z = -1$ での留数をそれぞれ R_0, R_{-1} とする．次の問に答えよ．

（1） 和 $R_0 + R_{-1}$ を計算せよ．
（2） R_0 と R_{-1} を計算せよ．
（3） 定積分

$$I_n \equiv \frac{1}{2\pi} \int_{-\pi}^{\pi} \frac{\sin\frac{\theta}{2}}{\cos\frac{\theta}{2}} \sin n\theta \, d\theta \quad (n \text{ は正整数})$$

を，積分変数を $z = e^{i\theta}$ に変換して計算せよ．
（4） （3）の結果および公式

$$\sum_{n=1}^{\infty} \frac{(-1)^n}{n} = -\log 2$$

を利用して，実変数 x の関数 $\log\left|\cos\frac{x}{2}\right|$ のフーリエ級数を求めよ．

(東北大)

【解答】（1） 無限遠点における留数を $\mathrm{Res}\,(\infty)$ とすると，
$$R_0 + R_{-1} = -\mathrm{Res}\,(\infty)$$
$$= -\left\{\mathrm{Res}\left(\frac{1}{\frac{1}{z^{n+1}}} \frac{1-\frac{1}{z}}{1+\frac{1}{z}} \frac{1}{z^2}, 0\right)\right\}$$
$$= \mathrm{Res}\left(z^{n-1}\frac{z-1}{z+1}, 0\right) = 0$$

（2） $R_0 = \dfrac{1}{n!}\dfrac{d^n}{dz^n}\left(z^{n+1}\cdot\dfrac{1}{z^{n+1}}\cdot\dfrac{1-z}{1+z}\right)\bigg|_{z=0}$
$$= \frac{1}{n!}\frac{d^n}{dz^n}\left(\frac{2}{1+z} - 1\right)\bigg|_{z=0} = (-1)^n \cdot 2$$

$R_{-1} = \left((z+1)\cdot\dfrac{1}{z^{n+1}}\dfrac{1-z}{1+z}\right)\bigg|_{z=-1} = (-1)^{n+1}\cdot 2$

(3) $\quad I_n = \dfrac{1}{2\pi}\displaystyle\int_{-\pi}^{\pi} \dfrac{\sin\dfrac{\theta}{2}}{\cos\dfrac{\theta}{2}} \sin n\theta\, d\theta$

$= \dfrac{1}{2\pi}\displaystyle\lim_{\varepsilon\to +0}\int_{-\pi+\varepsilon}^{\pi-\varepsilon} \dfrac{\sin\dfrac{\theta}{2}}{\cos\dfrac{\theta}{2}} \sin n\theta\, d\theta$

$= -\dfrac{1}{2\pi i}\displaystyle\lim_{\varepsilon\to +0}\int_{-\pi+\varepsilon}^{\pi-\varepsilon} \dfrac{\sin\dfrac{\theta}{2}}{\cos\dfrac{\theta}{2}}(\cos n\theta - i\sin n\theta)\, d\theta$

$= -\dfrac{1}{2\pi i}\displaystyle\lim_{\varepsilon\to +0}\int_{-\pi+\varepsilon}^{\pi-\varepsilon} \dfrac{\sin\theta}{1+\cos\theta}(\cos\theta + i\sin\theta)^{-n}\, d\theta$

$= -\dfrac{1}{2\pi i}\displaystyle\lim_{\varepsilon\to +0}\int_{\gamma_1} \dfrac{\dfrac{z-z^{-1}}{2i}}{1+\dfrac{z+z^{-1}}{2}} z^{-n}\dfrac{dz}{iz} \quad (z = e^{i\theta} \text{とおく})$

$= -\dfrac{1}{2\pi i}\displaystyle\lim_{\varepsilon\to +0}\int_{\gamma_1} \dfrac{1}{z^{n+1}}\cdot\dfrac{1-z}{1+z}\, dz$

$= -\dfrac{1}{2\pi i}\displaystyle\lim_{\varepsilon\to +0}\left\{\int_{\Gamma} \dfrac{1}{z^{n+1}}\dfrac{1-z}{1+z}\, dz - \int_{\gamma_2} \dfrac{1}{z^{n+1}}\dfrac{1-z}{1+z}\, dz\right\}$ ①

ただし，$\gamma_1 : z = e^{i\theta}(-\pi+\varepsilon \leqq \theta \leqq \pi-\varepsilon)$, $\gamma_2 : z = re^{i\varphi}$, 閉曲線 $\Gamma = \gamma_1 + \gamma_2$ (図を参照).

留数定理より

$\displaystyle\int_{\Gamma} \dfrac{1}{z^{n+1}}\dfrac{1-z}{1+z}\, dz = 2\pi i\cdot\text{Res}\,(0) = 2\pi i\cdot(-1)^n\cdot 2 \quad (\because \ (2))$ ②

および $\varepsilon \to 0$ のとき，

$\displaystyle\int_{\gamma_2} \dfrac{1}{z^{n+1}}\dfrac{1-z}{1+z}\, dz \longrightarrow -2\pi i\cdot\dfrac{1}{2}\text{Res}\,(-1)$

$\qquad\qquad\qquad\qquad = -2\pi i\cdot\dfrac{1}{2}\cdot(-1)^{n+1}\cdot 2 \quad (\because \ (2))$

$\qquad\qquad\qquad\qquad = -2\pi i\cdot(-1)^{n+1}$ ③

②，③を①に代入すると

$I_n = -\dfrac{1}{2\pi i}\{2\pi i\cdot(-1)^n\cdot 2 + 2\pi i\cdot(-1)^{n+1}\} = (-1)^{n+1}$

(4) $\log\left|\cos\dfrac{x}{2}\right|$ は周期 $T=2\pi$ の偶関数であるから，そのフーリエ級数の係数は

$$a_0 = \frac{1}{\pi}\int_{-\pi}^{\pi} \log\left|\cos\frac{x}{2}\right| dx = \frac{2}{\pi}\int_0^{\pi} \log\cos\frac{x}{2}\,dx$$
$$= \frac{4}{\pi}\int_0^{\pi/2} \log\cos y\,dy \equiv \frac{4}{\pi}\cdot I \qquad ④$$

ここで，

$$2I = \int_{-\pi/2}^{\pi/2} \log\cos y\,dy = \int_{-\pi/2}^{0} \log\cos y\,dy + \int_0^{\pi/2} \log\cos y\,dy$$
$$= \int_0^{\pi/2} \log\sin t\,dt + \int_0^{\pi/2} \log\cos y\,dy \quad \left(\text{ただし,}\ \ t=\frac{\pi}{2}+y\right)$$
$$= \int_0^{\pi/2} \log\sin t\,dt + \int_0^{\pi/2} \log\cos t\,dt$$
$$= \int_0^{\pi/2} \log 2\sin t\cos t\,dt - \int_0^{\pi/2} \log 2\,dt$$
$$= \int_0^{\pi/2} \log\sin 2t\,dt - \frac{\pi}{2}\log 2$$
$$= \frac{1}{2}\int_{-\pi/2}^{\pi/2} \log\cos u\,du - \frac{\pi}{2}\log 2 \quad \left(u=2t-\frac{\pi}{2}\ \text{とおく}\right)$$
$$= \frac{1}{2}\cdot 2I - \frac{\pi}{2}\log 2$$

すなわち，

$$2I = I - \frac{\pi}{2}\log 2$$
$$\therefore\ \ I = -\frac{\pi}{2}\log 2 \qquad ⑤$$

⑤を④に代入すると，

$$a_0 = \frac{4}{\pi}\cdot\left(-\frac{\pi}{2}\log 2\right) = -2\log 2$$

さらに，

$$a_n = \frac{1}{\pi}\int_{-\pi}^{\pi} \log\left|\cos\frac{x}{2}\right|\cos nx\,dx = \frac{1}{n\pi}\int_{-\pi}^{\pi} \log\cos\frac{x}{2}\,d\sin nx\,dx$$

$$= \frac{1}{n\pi} \left\{ \left[\log \cos \frac{x}{2} \cdot \sin nx \right]_{-\pi}^{\pi} + \frac{1}{2} \int_{-\pi}^{\pi} \frac{\sin \frac{x}{2}}{\cos \frac{x}{2}} \sin nx \, dx \right\}$$

$$- \frac{1}{2n\pi} \int_{-\pi}^{\pi} \frac{\sin \frac{x}{2}}{\cos \frac{x}{2}} \sin nx \, dx$$

$$= \frac{(-1)^{n+1}}{n} \quad (\because \ (3)) \quad (n = 1, 2, \cdots)$$

$$b_n = \frac{1}{\pi} \int_{-\pi}^{\pi} \log \left| \cos \frac{x}{2} \right| \sin nx \, dx = 0 \quad (n = 1, 2, \cdots)$$

したがって,

$$\log \left| \cos \frac{x}{2} \right| = -\log 2 + \sum_{n=1}^{\infty} \frac{(-1)^{n+1}}{n} \cos nx$$

〈注〉 (1) $R_0 + R_{-1} = \dfrac{1}{2\pi i} \oint_{|z|=2} \dfrac{1}{z^{n+1}} \dfrac{1-z}{1+z} dz$

$$= \frac{1}{2\pi i} \oint_{|z|=1/4} \frac{\frac{1-z}{1+z}}{z^{n+1}} dz + \frac{1}{2\pi i} \oint_{|z+1|=1/4} \frac{\frac{1-z}{z^{n+1}}}{1+z} dz$$

$$= \frac{1}{n!} \frac{d^n}{dz^n} \left(\frac{1-z}{1+z} \right) \bigg|_{z=0} + \frac{1-z}{z^{n+1}} \bigg|_{z=-1}$$

$$= \frac{1}{n!} \frac{d^n}{dz^n} \left(\frac{2}{1+z} - 1 \right) \bigg|_{z=0} + \frac{2}{(-1)^{n+1}}$$

$$= \frac{1}{n!} (-1)^n \frac{2 \cdot n!}{(1+z)^{n+1}} \bigg|_{z=0} + (-1)^{n+1} \cdot 2$$

$$= (-1)^n \cdot 2 + (-1)^{n+1} \cdot 2 = 0$$

例題 5.15

複素積分
$$\oint \sqrt{z^2-1}\,dz$$
を次の二つの積分路に対して行え.
(1) 円 $|z|=2$ を正方向に 1 周する積分路 C_1.
(2) $z=0$ を始点とし,円 $|z-1|=1$ を正方向に 1 周し,続いて円 $|z+1|=1$ を負方向に 1 周し $z=0$ に戻る積分路 C_2.

ただし C_1, C_2 ともリーマン面上にあり,かつ C_1, C_2 上の点 $z=2$ で $\sqrt{z^2-1}$ は正の実数であるとする. (東大工)

【解答】 (1) 右図のような積分路 $\varGamma =$ 外側積分路 $C_1 +$ 内側積分路を考える.ただし,
$$\gamma_1 = \overline{\mathrm{AB}} + \gamma_\varepsilon^1 + \overline{\mathrm{AB}} + \gamma_\varepsilon^{-1}$$
(A $=$ A$'$ $= -1+\varepsilon$, B $=$ B$'$ $= 1-\varepsilon$, γ_ε^1 は小円 $z=1+\varepsilon e^{i\theta}$ の一部分,γ_ε^{-1} は小円 $z=-1+\varepsilon e^{i\theta}$ の一部分,ε は十分に小さい正数)

$$\oint_\varGamma \sqrt{z^2-1}\,dz = 0$$

$\sqrt{z^2-1}\,|_{z=2} > 0$ によって,被積分関数 $\sqrt{z^2-1}$ は
$$\sqrt{z^2-1} = \sqrt{|z^2-1|}\,e^{i/2\cdot\arg(z^2-1)}$$
である.すなわち,

$$\left(\oint_{C_1} + \int_{\overline{\mathrm{AB}}} + \int_{\gamma_\varepsilon^1} + \int_{\overline{\mathrm{B'A'}}} + \int_{\gamma_\varepsilon^{-1}}\right)\sqrt{z^2-1}\,dz = 0 \quad \text{①}$$

$\varepsilon \to 0$ のとき,

$$\int_{\overline{\mathrm{AB}}} + \int_{\overline{\mathrm{B'A'}}} \longrightarrow \int_{-1}^1 \sqrt{x^2-1}\,dx + \int_1^{-1}(-\sqrt{x^2-1})\,dx$$
$$= 4\int_0^1 \sqrt{x^2-1}\,dx = 4\cdot\frac{1}{2}\left[x\sqrt{x^2-1} - \log(x+\sqrt{x^2-1})\right]_0^1$$
$$= \pi i \quad \text{②}$$

$$\int_{\gamma_\varepsilon^1},\ \int_{\gamma_\varepsilon^{-1}} \longrightarrow 0 \quad \text{③}$$

①の両辺を $\varepsilon \to 0$ として,②,③を代入すると,

$$\oint_{C_1}\sqrt{z^2-1}\,dz + \pi i = 0 \quad \therefore\ \oint_{C_1}\sqrt{z^2-1}\,dz = -\pi i$$

(2)　被積分関数 $= \sqrt{|z^2-1|}\, e^{i/2 \cdot \arg(z^2-1)}$　　($|z-1|=1$ 上で)
　　　被積分関数 $= -\sqrt{|z^2-1|}\, e^{i/2 \cdot \arg(z^2-1)}$　　($|z+1|=1$ 上で)

$$\therefore \oint_{C_2} \sqrt{z^2-1}\, dz = \oint_{\Gamma_1} \sqrt{|z^2-1|}\, e^{i/2 \cdot \arg(z^2-1)}\, dz$$
$$- \int_{\Gamma_2} \sqrt{|z^2-1|}\, e^{i/2 \cdot \arg(z^2-1)}\, dz \qquad ④$$

(ただし，Γ_1 は円 $|z-1|=1$ を正方向に1周する積分路，Γ_2 は円 $|z+1|=1$ を正方向に1周する積分路)

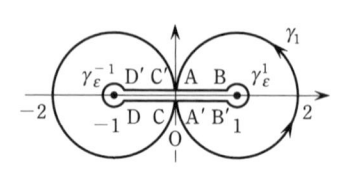

右図のような二つの積分路を考える．
まず，右積分路に沿う積分を計算する．

$$\left(\oint_{\gamma_1} + \int_{\overline{AB}} + \int_{\gamma_\varepsilon^1} + \int_{\overline{B'A'}} \right) \sqrt{|z^2-1|}\, e^{i/2 \cdot \arg(z^2-1)}\, dz = 0 \qquad ⑤$$

$\varepsilon \to 0$ のとき，

$$\oint_{\gamma_1} \longrightarrow \int_{\Gamma_1} \qquad ⑥$$

$$\int_{\overline{AB}} + \int_{\overline{B'A'}} \longrightarrow -\int_0^1 \sqrt{x^2-1}\, dx + \int_1^0 \sqrt{x^2-1}\, dx$$
$$= -2 \int_0^1 \sqrt{x^2-1}\, dx$$
$$= -2 \cdot \frac{1}{2} \left[x\sqrt{x^2-1} - \log(x+\sqrt{x^2-1}) \right]_0^1$$
$$= -\frac{\pi}{2} i \qquad ⑦$$

$$\int_{\gamma_\varepsilon^1} \longrightarrow 0 \qquad ⑧$$

⑥，⑦，⑧を⑤に代入すると，$\displaystyle \int_{\Gamma_1} \sqrt{|z^2-1|}\, e^{i/2 \cdot \arg(z^2-1)}\, dz = \frac{\pi}{2} i$ 　⑨

同様に，左積分路に沿う積分を計算すると

$$\int_{\Gamma_2} \sqrt{|z^2-1|}\, e^{i/2 \cdot \arg(z^2-1)}\, dz = -\frac{\pi}{2} i \qquad ⑩$$

⑨，⑩を④に代入すると $\displaystyle \oint_{C_2} \sqrt{z^2-1}\, dz = \frac{\pi}{2} i - \left(-\frac{\pi}{2} i\right) = \pi i$

問題研究

5.5 $f_k(x) = \dfrac{(1-ix)^k}{(1+ix)^{k+1}}$

として積分

$$\int_{-\infty}^{\infty} f_n(x) f_m^*(x)\, dx \quad (n, m = 0, 1, 2, \cdots)$$

の値を計算せよ．ただし，i は虚数単位，*は共役複素数を表わすものとする．

(東大工)

5.6 複素変数 z と正の実変数 t の関数

$$f(z, t) = \dfrac{\sin t}{\sin (zt)}$$

を考える．z に関する複素積分

$$g(t) = \dfrac{1}{2\pi i} \oint_C f(z, t)\, dz$$

(C：単位円（図参照））

を求め，$t(>0)$ の関数として図示せよ． (東大工)

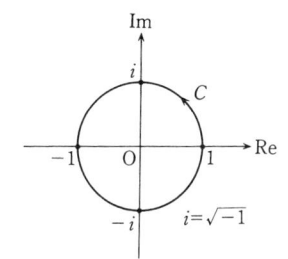

5.7 z を複素数とし，半直線 $\arg(z) = \theta\,(-\infty < \theta < \infty)$ に沿う積分

$$I = \int_0^\infty \dfrac{z}{1+z^4}\, dz$$

を考える．I を θ の関数として求め，これを図示せよ． (東大工)

5.8 次の定積分を求めよ．

$$\int_0^\infty \dfrac{dx}{ax^4 + 2bx^2 + c}$$

ただし，$a > 0, b > 0, c > 0, b^2 > ac$．答は，二つの平方根記号と，$a, b, c$ を使って表わせ． (東大工)

5.9 次の定積分を計算せよ．

$$\int_0^\infty \dfrac{\cos ax}{b^2 + x^2}\, dx \quad (a, b > 0)$$

(東大理，新潟大，九大，北大)

5.10 次の定積の値を複素積分により求めよ．

$$I = \int_0^{2\pi} \dfrac{\sin^2 \theta}{1 - 2a \cos \theta + a^2}\, d\theta \quad (0 < a < 1)$$

(東大工)

5.11 次の定積分を留数定理を用いて求めよ．ただし，$a > b > 0$．
$$\int_0^{2\pi} \frac{\sin^2 \theta}{a + b\cos\theta} d\theta \qquad \text{(東大工)}$$

5.12 x の関数 $f(x) = \dfrac{1}{(1 + k\cos x)^2}$ $(0 < k < 1)$ について次の定積分を求めよ．
$$\int_0^{2\pi} f(x)\, dx \qquad \text{(東大理)}$$

5.13 複素積分の方法を利用して，次の実数定積分を証明せよ．ただし，$0 \leqq a \leqq 1$．
$$\int_0^\infty \frac{x^a}{1 + x^2} dx = \frac{\pi/2}{\cos(\pi a/2)} \qquad \text{(東大理，九大*，横国大)}$$

5.14 複素関数 P, Q およびその偏導関数 P_x, P_y, Q_x, Q_y が，区分的になめらかな単一閉曲線 C およびその内部領域 D で連続なとき，次のグリーンの定理が成立する．
$$\iint_D \left(\frac{\partial P}{\partial x} + \frac{\partial Q}{\partial y} \right) dx\, dy = \oint_C (P\, dy - Q\, dx)$$
このとき，以下の問に答えよ．

（1） $z = x + iy, \bar{z} = x - iy$ を (x, y) から $(z, \bar{z})$ への変数変換とみなせば，次の微分作用素が定義できることを示せ．ただし，$i = \sqrt{-1}$ である．
$$\frac{\partial}{\partial z} = \frac{1}{2}\left(\frac{\partial}{\partial x} - i\frac{\partial}{\partial y} \right),\quad \frac{\partial}{\partial \bar{z}} = \frac{1}{2}\left(\frac{\partial}{\partial x} + i\frac{\partial}{\partial y} \right)$$

（2） グリーンの定理と（1）を利用して，
$$\iint_D \frac{\partial P}{\partial \bar{z}} dx\, dy = \frac{1}{2i} \oint_C P\, dz$$
が成立することを示せ．

（3） （2）を利用して，次の積分を複素線積分に変換せよ．
$$\iint_D (x^2 + y^2)\, dx\, dy$$

（4） $|z| < R$ (R は定数) によって定義される円領域 D において，複素関数 $S(z) = \sum_{r=0}^n a_r z^r$ を考える．（2）を利用して
$$\iint_D |S(z)|^2 dx\, dy = \sum_{r=0}^n \frac{\pi |a_r|^2}{r + 1} R^{2r+2}$$
が成立することを示せ． （東大工，阪市大*）

5.15 実数変数の対数関数 $\ln x$ に関する定積分
$$I = \int_0^\infty \frac{\ln x}{x^2 + 4} dx$$
の値を計算するため，e を底とする複素変数の対数関数 $\log z$ の複素積分
$$J = \int_C f(z) dz; \quad f(z) = \frac{(\log z)^2}{z^2 + 4}$$
を考えることにした．ここで積分経路 C は z に示す経路 $C_1 \sim C_4$ からなり，$\log z$ の値を実軸上にとった経路 C_1, C_3 上で $\ln z$ と一致するように選ぶ．経路 C_2 は原点を中心とする半径 R の円弧，経路 C_4 は原点を中心とする半径 ε の円弧である．R は十分大きく，ε は十分小さいとする．以下の問に答えよ．

問 1 複素変数の対数関数 $\log z$ は多価関数である．この意味を簡潔に説明せよ．

問 2 $R \to +\infty, \varepsilon \to +\infty$ の極限をとるとき，経路 C の内部にある $f(z)$ の極をすべて答え，対応する留数の値をそれぞれ求めよ．なお答えは実数変数の対数関数 $\ln$ を用いて答えること．

問 3 複素積分 J の値を求めよ．

問 4 $R \to +\infty, \varepsilon \to +\infty$ の極限をとるとき，積分 J において，経路 C_1 による寄与と経路 C_3 による寄与の和を I で表わせ．

問 5 複素積分 J において，経路 C_2 による寄与，経路 C_4 による寄与が，それぞれ $R \to +\infty, \varepsilon \to +\infty$ の極限で消えることを説明せよ．

問 6 前問までの結果を参考にして，複素積分 J の結果を利用することで，定積分 I の値を求めよ． （筑大[*]，九大[*]，神戸大[*]，津田大[*]）

5.16 （1）コーシーの積分公式[注1]を利用して次式を求めよ．
$$\int_{|z|=1} \left(z + \frac{1}{z}\right)^{2n} \frac{dz}{z}$$
（2）この結果を用いて次の公式を導け．
$$\int_0^{2\pi} \cos^{2n}\theta \, d\theta = 2\pi \frac{1 \cdot 3 \cdots (2n-1)}{2 \cdot 4 \cdots 2n}$$

〈注1〉 コーシーの積分公式：$\int_C \frac{f(z)}{z-a} dz = 2\pi i f(a)$，点 a は経路 C の内部の点，$f(z)$ はこの領域内で正則．さらに $\int_C \frac{f(z)}{(z-a)^{(n+1)}} dz = \frac{2\pi i}{n!} \left.\frac{d^n f(z)}{dz^n}\right|_{z=a}$ $(n \geq 0)$ が成り立つ．
（京大）

5.17 z を複素数とするとき，次の問に答えよ．
（1）$|z| < 1$ のとき，次式が成り立つことを示せ．ただし，n は整数である．

$$\sum_{n=0}^{\infty} z^n = \frac{1}{1-z}$$

（2） 次式が z についての恒等式となるように定数 a, b の値を定めよ．

$$\frac{1}{z^2 - 4z + 3} = \frac{a}{z-3} + \frac{b}{z-1}$$

（3） 関数 $f(z) = \dfrac{1}{z^2 - 4z + 3}$ $(|z| < 1)$ のマクローリン展開を求めよ．

(山形大)

5.18 コーシーの積分定理を用いて，次の積分を計算せよ．ただし，p, q は正数とする（図を参考にせよ）．

$$\int_{-\infty}^{\infty} \frac{\cos(px) - \cos(qx)}{x^2} dx$$

(慶大，九大)

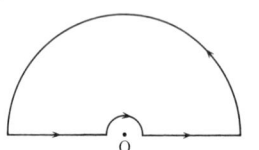

5.19 複素数 $z \neq 0$ に対して次を証明せよ．

$$\exp\left(\frac{1}{2}\left(z - \frac{1}{z}\right)\right) = \sum_{n=-\infty}^{\infty} a_n z^n$$

ただし，$a_n = \dfrac{1}{2\pi} \displaystyle\int_0^{2\pi} \cos(n\theta - \sin\theta) d\theta$ $(n = 0, \pm 1, \pm 2, \cdots)$ とする．

(お茶大，岡山大)

5.20 n を 0 または正の正数とするとき，次の等式を証明せよ．

$$\int_0^{2\pi} e^{\cos\theta} \cos(n\theta - \sin\theta) d\theta = \frac{2\pi}{n!}$$

(熊本大)

5.21 曲線 C を右図のとおり，C と区間 $[-1, 1]$ で囲まれる領域 D の面積を 1 とすると，積分

$$\int_C (\sin^2 z + \bar{z}) dz \text{ を求めよ．}$$

(電通大)

5.22 適当な積分路に沿った複素積分

$$\oint \cot\left(\frac{\pi z}{\Delta x}\right) \frac{dz}{z^2 + a^2}$$

$(a > 0,\ \Delta x$ は小さい実正数$)$

を利用して

$$f(x) = \frac{1}{x^2 + a^2}$$

の定積分の台形積分近似公式

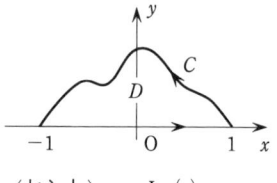

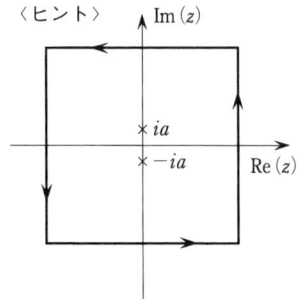

$$\int_{-\infty}^{\infty} f(x)\,dx \simeq \sum_{n=-\infty}^{\infty} \frac{\Delta x}{2}\left(f(x_n) + f(x_{n+1})\right) \quad (x_n = n\Delta x)$$

を Δx と a の関数として求め，$\Delta x \to 0$ としたときどのように真の値に近づくかを示せ。　　　　　　　　　　　　　　　　　　　　　　　　　　　　　(東大工)

5.23　(1)　$|z - z_0| < R$ において正則な関数 $f(z)$ のテイラー展開を

$$f(z) = \sum_{n=0}^{\infty} a_n (z - z_0)^n$$

とする．このとき，次の等式が成立することを証明せよ．ただし，$0 \leq r < R$ とする．

$$\frac{1}{2\pi}\int_0^{2\pi} |f(z_0 + re^{i\theta})|^2 \, d\theta = \sum_{n=0}^{\infty} |a_n|^2 r^{2n}$$

(2)　上記の等式を用いて，次の定積分の値を求めよ．ただし，k は非負の整数とする．

$$\frac{1}{2\pi}\int_0^{2\pi} \left(\frac{\sin\frac{k\theta}{2}}{\sin\frac{\theta}{2}}\right)^2 d\theta \qquad \text{(東大工)}$$

5.24　$f(z)$ を，∞ を含まない単連結領域 D において正則な関数とするとき，原点を正の向きに1周する単一な積分路 C に対して，

$$\left.\frac{d^n f(z)}{dz^n}\right|_{z=0} = \frac{n!}{2\pi i}\int_C \frac{f(\zeta)}{\zeta^{n+1}}d\zeta \quad (n:0\text{ または正の整数})$$

が成立する．このとき，次の問に答えよ．

(1)　$\displaystyle \frac{1}{(n!)^2} = \frac{-1}{2\pi}\int_C \left(\frac{i}{\zeta}\right)^{n+1}\frac{e^{-i\zeta}}{n!}d\zeta$

を説明せよ．ただし，$i = \sqrt{-1}$ とする．

(2)　$\displaystyle \sum_{n=0}^{\infty}\frac{1}{(n!)^2} = \frac{1}{2\pi}\int_0^{2\pi} e^{2\sin\theta}\,d\theta$

を導け．　　　　　　　　　　　　　　　　　　　　　　　　　　　　　(東大工)

5.25　(1)　虚数単位を i と表わすとき，$\log(1+i)$ の実部と虚部を求めよ．また，$1+i$ の4乗根を求めよ．

(2)　複素変数 z の関数 $\dfrac{e^{\alpha z}}{z}$ と $\dfrac{e^{\alpha z}}{z^4}$ の $z=0$ における留数を求めよ．

(お茶大†, 理科大*, 国公*)

5.26 次の定積分を求めよ．

$$\int_0^\infty \frac{x^\alpha}{1-x}dx$$

ただし，$-1<\alpha<0$ とする． (京大†，東大*)

5.27 次式で定められた複素関数について次の（1）～（3）の問に答えよ．

$$f(z) = \frac{e^{\pi z}}{(z^2+1)(2z-i)^2}$$

（1） $f(z)$ のすべての極について，その位数を述べよ．

（2） 各極における $f(z)$ の留数を求めよ．

（3） 曲線 $C:|z-(1+i)|=\sqrt{2}$ に反時計回りに向きを定めるとき，次を求めよ．

$$\int_C f(z)dz$$

(名工大)

5.28 次の定積分を求めよ．

$$\int_0^\infty \frac{x^{-a}}{r^2+1}dx \quad (-1<a<1)$$

(東工大，東大*)

5.29 （1） z を複素数とするとき，$\dfrac{1}{e^z-1}$ の極およびその留数を求めよ．

（2） η を1より小さい正の実数，$\omega_n = 2n\pi$ (n：整数) とするとき，

$$\sum_{n=-\infty}^\infty \frac{e^{i\omega_n \eta}}{i\omega_n - x} = \frac{1}{2\pi i}\int_C \frac{e^{\eta z}}{(z-x)(e^z-1)}dz \quad (\text{a})$$

であることを証明せよ．ただし，x は正の実数，$i=\sqrt{-1}$，積分路 C は下図に示す通りである．

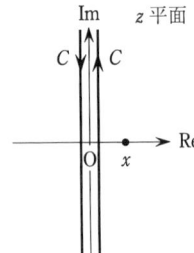

（3） 式(a)の関係を使い，次式を証明せよ．

$$\lim_{\eta \to 0}\sum_{n=-\infty}^\infty \frac{e^{i\omega_n \eta}}{i\omega_n - x} = \frac{1}{1-e^x}$$

(東大工)

5.30 複素関数 $f(z)$ は特異点 z_0 を中心としてローラン展開できることを示そう．$f(z)$ は z_0 を中心とする下図の環状領域 D で正則であるとする．そのとき，D の中の任意の点 z に対してコーシーの積分公式

$$f(z) = \int_C \frac{d\zeta}{2\pi i} \frac{f(\zeta)}{\zeta - z} \qquad ①$$

が成立する．C はその周と内部が D に含まれる単一閉曲線で，z をその内部に含むものとする．

（1） 積分路を変形して，①を下図の積分路 C_1 と C_2 を用いて書き直せ．

（2） 円環 C_1 上の点を ζ_1，外側の円環 C_2 上の点を ζ_2 とすると，
$$|\zeta_2 - z_0| > |z - z_0| > |\zeta_1 - z_0|$$
であることに留意して，（1）で求めた積分公式を，$|z - z_0|\,/\,|\zeta_2 - z_0|$ と $|\zeta_1 - z_0|\,/\,|z - z_0|$ でべき展開せよ．

（3） 関数 $f(z)$ を

$$f(z) = \sum_{n=-\infty}^{\infty} c_n (z - z_0)^n \qquad ②$$

と書いたとき，係数 c_n の表式を与えよ．

（4） ②の展開で $n < 0$ の部分を z_0 点におけるローラン展開の主部という．特に z_0 が孤立特異点のとき，$f(z)$ の z_0 での留数を c_n を用いて表わせ．

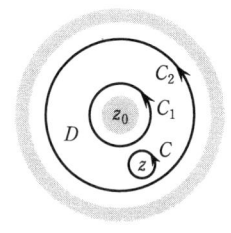

(東大工)

5.31 $|z^2 f(z)| \leq M\,(z \to \infty)$ ならば $\displaystyle\lim_{R \to \infty} \int_{K_R} e^{ihz} f(z)\,dz = 0$ を証明せよ．ただし，$h > 0$，K_R は原点中心の半径 R の上半円周とする． (北大)

7 等角写像

§1 写像と等角写像

1.1 写像

$z = x + iy$ 平面上の領域 D と $w = u + iv$ 平面上の領域 D' との間の 1 対 1 対応を与える複素関数 $w = f(z)$ があるとき, $w = f(z)$ を z 平面から w 平面への**写像**（または**変換**）という.

1.2 等角写像

C_1, C_2 を点 z_0 を通る二つのなめらかな曲線とし, Γ_1, Γ_2 を $w = f(z)$ によるそれらの w 平面上の像とするとき, z_0 における C_1, C_2 の接線のなす角が $w_0 = f(z_0)$ における Γ_1, Γ_2 の接線のなす角に向きも含めて等しいならば, $w = f(z)$ における写像は z_0 において**等角写像**であるという.

1.3 1次変換（メービウス変換）

$$w = \frac{az + b}{cz + d} \quad (ad - bc \neq 0) \tag{5.53}$$

を **1次関数**, それによる変換を **1次変換**という.

1.3.1 1次関数は, $z = -d/c$, 無限遠点を除いて写像が等角で, 無限遠点を含む全平面をそれ自身に 1 対 1 に写像する.

1.3.2 1次変換によって点 z_1, z_2, z_3, z_4 が点 w_1, w_2, w_3, w_4 に対応するならば

$$\frac{w_1 - w_3}{w_1 - w_4} : \frac{w_2 - w_3}{w_2 - w_4} = \frac{z_1 - z_3}{z_1 - z_4} : \frac{z_2 - z_3}{z_2 - z_4} \quad \text{(非調和比不変)}$$

1.3.3 1次変換によって z 平面の円または直線は, w 平面の円または直線に写像される（円円対応）.

1.4 2次変換（ジューコフスキー変換）

$$w = z + \frac{k^2}{z} \quad \text{または} \quad \frac{w - 2k}{w + 2k} = \left(\frac{z - k}{z + k}\right)^2 \tag{5.54}$$

はジューコフスキー変換と呼ばれる. 特異点は $z = 0, \pm k, \infty$ で, そこでは $w = \infty, \pm 2k, \infty$ である. 逆変換は $z = (1/2)(w \pm \sqrt{w^2 - 4k^2})$ で 1 個の値は z の 2 個の値に対応する. 平方根について正符号を選ぶと, 大きい w に対して, $z \sim w$ となり, 2 個の面の無限遠点は対応している. 負の符号を選ぶと, $z \sim 2k^2/w$, すなわち w 面の無限遠点は $z = 0$ の近傍に変換される.

（ⅰ） C が円で $z = fe^{i\theta}(f > k)$ ならば, Γ は楕円で, $(\xi/a)^2 + (\eta/b)^2 = 1$, $a = f + k^2/f$, $b = f - k^2/f$ となる.

（ⅱ） C が円 $z = ke^{i\theta}$ ならば, Γ は直線 $\xi = 2k\cos\theta, \eta = 0$ である.

(iii) C が円 $|z - z_0| = r$ で $|k - z_0| = r$, すなわち $z = k$ が C 上にあり, $|-k - z_0| < r$ すなわち $z = -k$ が C の内部にあれば, Γ は $\zeta = 2k$ で尖点をもつ翼型である.

1.5 シュヴァルツ・クリストッフェル変換

z 平面の実軸上の点を $a_1 < a_2 < \cdots < a_n$ とし, $\alpha_k (k = 1, 2, \cdots, n)$ は

$$\sum_{k=1}^{n} \alpha_k = n - 2$$

をみたす. それぞれ $0 < \alpha_k < 2$ であるような正数, C と C' を任意の定数とすれば,

$$w = C \int \prod_{k=1}^{n} (z - a_k)^{\alpha_k - 1} \alpha_k \, dz + C' \tag{5.55}$$

によって定まる変換 $z \to w(z)$ により, z 平面の上半面は, w 平面の各点 $b_k = w(\alpha_k)$ を頂点とし, 内角がそれぞれ $\alpha_k \pi$ であるような n 角形の内部に写像される.

― 例題 5.16 ―――

1 次変換
$$f(z) = \frac{\alpha z + \beta}{\gamma z + \delta} \quad (\alpha, \beta, \gamma, \delta \in C, \ \alpha\delta - \beta\gamma \neq 0)$$

について，以下の問に答えよ．

（1） f は非調和比 $(z_1, z_2, z_3, z_4) = \dfrac{z_1 - z_3}{z_1 - z_4} : \dfrac{z_2 - z_3}{z_2 - z_4}$ を不変にすることを示せ．

（2） f は円（直線を含む）を円に写すことを示せ． （熊本大[†]，都立大[†]）

【解答】 （1） $w \equiv f(z) = \dfrac{\alpha z + \beta}{\gamma z + \delta}$ とおけば，

$$w = \frac{\alpha}{\gamma} + \frac{\beta\gamma - \alpha\delta}{\gamma} \frac{1}{\gamma z + \delta} \quad \text{①}$$

から

$$(w_1, w_2, w_3, w_4) = \frac{w_1 - w_3}{w_1 - w_4} : \frac{w_2 - w_3}{w_2 - w_4} = \frac{w_1 - w_3}{w_1 - w_4} \cdot \frac{w_2 - w_4}{w_2 - w_3}$$

$$= \frac{\dfrac{1}{\gamma z_1 + \delta} - \dfrac{1}{\gamma z_3 + \delta}}{\dfrac{1}{\gamma z_1 + \delta} - \dfrac{1}{\gamma z_4 + \delta}} \cdot \frac{\dfrac{1}{\gamma z_2 + \delta} - \dfrac{1}{\gamma z_4 + \delta}}{\dfrac{1}{\gamma z_2 + \delta} - \dfrac{1}{\gamma z_3 + \delta}} = \frac{z_3 - z_1}{z_4 - z_1} \cdot \frac{z_4 - z_2}{z_3 - z_2}$$

$$= \frac{z_1 - z_3}{z_1 - z_4} \cdot \frac{z_2 - z_4}{z_2 - z_3} = \frac{z_1 - z_3}{z_1 - z_4} : \frac{z_2 - z_3}{z_2 - z_4} = (z_1, z_2, z_3, z_4)$$

（2） xy 平面上の2次曲線

$$a(x^2 + y^2) + bx + cy + d = 0 \quad (\text{ただし，} a, b, c, d : \text{実数}) \quad \text{②}$$

は $a \neq 0$ のときは円，$a = 0$ かつ $b^2 + c^2 \neq 0$ のときは直線を表わす．$z = x + iy$ とおけば，$x = \dfrac{z + \bar{z}}{2},\ y = \dfrac{z - \bar{z}}{2i}$ となる．これを②に代入すれば，円または直線の一般式は次のように書ける．

$$Az\bar{z} + \bar{B}z + B\bar{z} + C = 0 \quad (\text{ただし，} A = a, B = (b - ic)/2, C = d) \quad \text{③}$$

$A \neq 0$（円）のとき，③を書き直すと

$$\left(z + \frac{B}{A}\right)\left(\bar{z} + \frac{\bar{B}}{A}\right) = \frac{B\bar{B} - AC}{A^2} \quad \text{すなわち} \quad \left|z + \frac{B}{A}\right|^2 = \frac{B\bar{B} - AC}{A^2}$$

ゆえに，中心は $-\bar{B}/A$，半径の2乗は $(B\bar{B} - AC)/A^2$．したがって，③は $|B|^2 - AC > 0$ のときに限って実円を表わす．$C = 0$（直線）のときは③が原点を通るとき

に限る.

次に，1次変換式の w と z を変換したものを③に代入すれば
$$A\frac{\alpha w+\beta}{\gamma w+\delta}\frac{\bar{\alpha}\bar{w}+\bar{\beta}}{\bar{\gamma}\bar{w}+\bar{\delta}}+\bar{B}\frac{\alpha w+\beta}{\gamma w+\delta}+B\frac{\bar{\alpha}\bar{w}+\bar{\beta}}{\bar{\gamma}\bar{w}+\bar{\delta}}+C=0$$

分母を払うと
$$A(\alpha w+\beta)(\bar{\alpha}\bar{w}+\bar{\beta})+\bar{B}(\alpha w+\beta)(\bar{\gamma}\bar{w}+\bar{\delta})+B(\bar{\alpha}\bar{w}+\bar{\beta})(\gamma w+\delta)$$
$$+C(\gamma w+\delta)(\bar{\gamma}\bar{w}+\bar{\delta})$$
$$=\{A|\alpha|^2+(B\bar{\alpha}\gamma+\overline{B\bar{\alpha}\gamma})+C|\gamma|^2\}w\bar{w}+(A\alpha\bar{\beta}+B\bar{\beta}\gamma+\bar{B}\alpha\bar{\delta}+C\gamma\bar{\delta})w$$
$$+(A\bar{\alpha}\beta+\bar{B}\bar{\beta}\bar{\gamma}+B\bar{\alpha}\delta+C\bar{\gamma}\delta)\bar{w}+\{A|\beta|^2+B\bar{\beta}\delta+\overline{B\bar{\beta}\delta}+C|\delta|^2\}$$
$$\equiv A_1 w\bar{w}+\bar{B}_1 w+B_1\bar{w}+C_1=0$$

のように③と同型に書け，A_1, C_1 は実数となる．また
$$|B_1|^2-A_1 C_1$$
$$=|A\bar{\alpha}\beta+\bar{B}\beta\bar{\gamma}+B\bar{\alpha}\delta+C\bar{\gamma}\delta|^2$$
$$-\{A|\alpha|^2+(B\bar{\alpha}\gamma+\bar{B}\alpha\bar{\gamma})+C|\gamma|^2\}\{A|\beta|^2+B\bar{\beta}\delta+\bar{B}\beta\bar{\delta}+C|\delta|^2\}$$
$$=AC(\alpha\bar{\beta}\bar{\gamma}\delta+\bar{\alpha}\beta\gamma\bar{\delta}-|\beta|^2|\gamma|^2-|\alpha|^2|\delta|^2)$$
$$+|B|^2(|\alpha|^2|\delta|^2+|\beta|^2|\gamma|^2-\bar{\alpha}\beta\gamma\bar{\delta}-\alpha\bar{\beta}\bar{\gamma}\delta)$$
$$=(|B|^2-AC)C|\alpha|^2|\delta|^2+|\beta|^2|\gamma|^2-\bar{\alpha}\beta\gamma\bar{\delta}-\bar{\alpha}\beta\bar{\gamma}\delta)$$
$$=(|B|^2-AC)|\alpha\delta-\beta\gamma|^2>0$$

ゆえに，w 平面の円の方程式（直線を含む）の条件がすべてみたされ，円円対応が証明された．

【別解】（2） 方程式：$az\bar{z}+\bar{b}z+b\bar{z}+C=0$ (a, c：実数) は $a\ne 0$ かつ $|b|^2-ac>0$ のとき，円を表わし（なぜならば，このとき，方程式は $|z+\bar{b}/a|^2=(b^2-ac)/a^2$ になる），$a=0$ のとき，直線を表わす（なぜならば，このとき，方程式は $\bar{b}z+\overline{bz}+c=0$, $2(b_1 x+b_2 y)+c=0$ になる．ただし，$b=b_1+ib_2$ ($b_1, b_2\in\boldsymbol{R}$), $z=x+iy$)

①より，$w=f(z)$ は次の三つの基本変換の合成である．

(i) $w=z+A$ （平行移動）

(ii) $w=Bz$ （相似回転）

(iii) $w=1/z$

明らかに，(i), (ii) は円は円に写される（直線も含む）．いま，(iii) を考える．

(iii) より $z=1/w$ が得られ，$az\bar{z}+\bar{b}z+b\bar{z}+c=0$ に代入すると，
$$cw\bar{w}+\bar{b}\bar{w}+bw+a=0$$
は円または直線となる．したがって，1次変換 $w=f(z)$ は円（直線を含む）を円（直線を含む）に写す．

例題 5.17

右の複素 z 平面内の斜線をほどこした部分の内部（右側は無限遠までのびる）を w 平面の上半分に 1 対 1 に対応させるような等角写像
$$w = f(z)$$
の一般式を求めよ． （東大理）

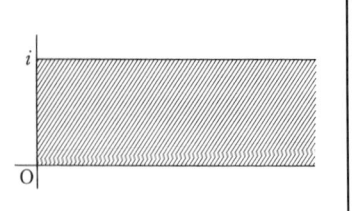

【解答】 まず，z 平面の上半分を w 平面上の斜線をほどこした部分の内部（上図）に 1 対 1 に対応する等角写像を求める．

z 平面の実軸においての三つの点 $\infty, -1, 1$ をそれぞれ w 平面内の斜線をほどこした部分の頂点 $\infty, i, 0$ に対応させる．シュヴァルツ・クリストッフェルの変換公式より，求める等角写像は

$$w = A \int (z+1)^{-1/2} \left(z - \frac{1}{2}\right)^{-1/2} dz + B$$

$$= A \int \frac{dz}{\sqrt{z^2 - 1}} + B = A \cosh^{-1} z + B$$

$$\begin{cases} i = A \cosh^{-1}(-1) + B \\ 0 = A \cosh^{-1} 1 + B \end{cases} \qquad ①$$

$\cosh^{-1}(-1) = c$ とおくと，

$$\cosh c = -1 \implies \cos ic = -1 \implies ic = -\pi \implies c = i\pi$$
$$\implies \cosh^{-1}(-1) = \pi i$$

同様にして，$\cosh^{-1} 1 = 0$．①に代入すると，

$$\begin{cases} i\pi A + B = i \\ 0A + B = 0 \end{cases} \implies A = \frac{1}{\pi}, \ B = 0$$

$$\therefore \ w = \frac{1}{\pi} \cosh^{-1} z \qquad ②$$

次に，本問題が求めたい等角写像は②の逆変換であるから，この写像は，$z \leftrightarrow w$ として

$$z = \frac{1}{\pi} \cosh^{-1} w \quad \text{すなわち} \quad w = \cosh \pi z$$

例題 5.18

複素級数の収束領域を変数変換によって拡大することを考える. 次の問に答えよ. ただし, z は複素変数で, Log は対数関数の主値を表わすものとする.

(1) $\text{Log}\,(1+z)$ を $z=0$ を中心とするテイラー級数に展開せよ. また, この級数は z 平面のどのような領域で収束するか.

(2) 変数 $z = \dfrac{2w}{1-w}$ によって, w 平面の単位円の内部 $|w|<1$ は z 平面のどのような領域に写像されるか. 図示せよ.

(3) $z = \dfrac{2w}{1-w}$ を $\text{Log}\,(1+z)$ に代入し, それを $w=0$ を中心とするテイラー級数に展開せよ. また, この級数は w 平面のどのような領域で収束するか.

(4) z の値を与えたとき $z = \dfrac{2w}{1-w}$ の関係を通じて一つの w の値が決まる. この w を(3)の級数に代入すると, (1)とは異なる級数による $\text{Log}\,(1+z)$ の表示が得られる. この表示を z の関数として書き下せ. また, それが収束するのは z が z 平面のどのような領域にあるときか. (東大工)

【解答】 (1) $\displaystyle \text{Log}\,z = \int_0^z \frac{dz_1}{1+z_1}$ $(z_1 \in |z|<1)$

$$= \int_0^z (1 - z_1 + z_1^2 - \cdots + (-1)^{n-1} z_1^{n-1} + \cdots)\, dz_1$$

$$= z - \frac{1}{2}z^2 + \frac{1}{3}z^3 - \cdots + (-1)^n \frac{1}{2} z^n + \cdots \quad (|z|<1)$$

(2) $|w|=1$ を $w = e^{i\varphi}$ と書くと, $z = \dfrac{2w}{1-w}$ より

$$z = \frac{2 e^{i\varphi}}{1-e^{i\varphi}} = i\,\frac{e^{i\varphi/2}}{\dfrac{e^{i\varphi/2}-e^{-i\varphi/2}}{2i}} = i\,\frac{\cos\dfrac{\varphi}{2} + i\sin\dfrac{\varphi}{2}}{\sin\dfrac{\varphi}{2}} = -1 + i\cot\dfrac{\varphi}{2}$$

$$\therefore\ x = -1,\ y = \cot\frac{\varphi}{2} \quad (0 \leq \varphi < 2\pi)\quad (z = x + iy)$$

すなわち, $z = \dfrac{2w}{1-w}$ は w 平面上の円周 $|w|=1$ を z 平面上の直線 $\text{Re}\,z = -1$ に写す.

$z|_{w=0} = 0$

よって, $z = \dfrac{2w}{1-w}$ は $|w| < 1$ を z 平面の $\mathrm{Re}\, z > -1$ 部分に写す (下図参照).

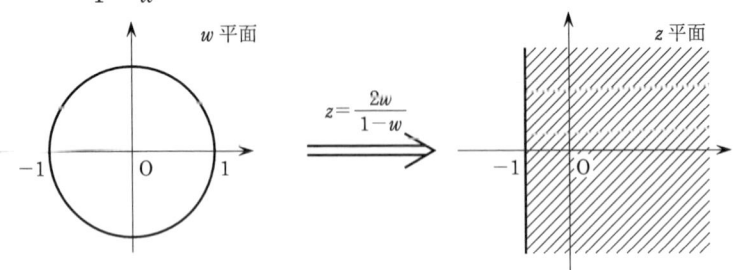

(3) $\mathrm{Log}\,(1+z)|_{z=2w/(1+w)}$

$= \mathrm{Log}\,\dfrac{1+w}{1-w} = \mathrm{Log}\,(1+w) - \mathrm{Log}\,(1-w)$

$= w - \dfrac{1}{2}w^2 + \dfrac{1}{3}w^3 - \cdots + (-1)^{n-1}\dfrac{1}{n}w^n + \cdots$

$\quad - \left(-w - \dfrac{1}{2}w^2 - \dfrac{1}{3}w^3 - \cdots - (-1)^{n-1}\dfrac{1}{n}w^n - \cdots\right)$

$= 2\left(w + \dfrac{1}{3}w^3 + \cdots + \dfrac{1}{2n+1}w^{2n+1} + \cdots\right) \quad (|w|<1) \qquad ①$

(4) $z = \dfrac{2w}{1-w} \Longrightarrow w = \dfrac{z}{2+z}$

①に代入すると,

$\mathrm{Log}\,(1+z) = 2\left\{\dfrac{z}{2+z} + \dfrac{1}{3}\left(\dfrac{z}{2+z}\right)^3 + \cdots \right.$

$\left. + \dfrac{1}{2n+1}\left(\dfrac{z}{2+z}\right)^{2n+1} + \cdots\right\} \qquad ②$

②の右辺の級数が収束する領域は $\left|\dfrac{z}{2+z}\right| < 1$

(右図参照).

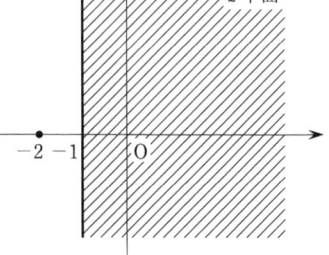

問題研究

5.32 $w = \dfrac{1}{2}\left(z + \dfrac{1}{z}\right)$

によって z 平面の円 $|z| = r$ は w 平面のどのような曲線に写像されるか説明せよ.
(電通大,九大*,山形大*)

5.33 (1) $z = x + iy, w = u + iv$ (x, y, u, v は実数,$i = \sqrt{-1}$) とする.

写像 $w = \coth z$ によって,z 平面上の $x = $ 一定の直線群,$y = $ 一定の直線群は,それぞれ w 平面上のどのような図形に写像されるか.これらの図形の方程式を導き,概形を図示せよ.

(2) u-v 平面上での実関数 $\phi(u, v)$ の勾配を $|\text{grad}\,\phi| = \left|\dfrac{\partial \phi}{\partial u} + i\dfrac{\partial \phi}{\partial v}\right|$ で定義する.(1)において,x は (u, v) の実関数となるが,その u-v 平面上での勾配 $|\text{grad}\,x|$ を (x, y) を関数として表わすと $\dfrac{1}{2}|\cosh 2x - \cos 2y|$ となることを示せ.

次にこれを用いて,$x = 1$ に対応する u-v 平面の曲線上で,$|\text{grad}\,x|$ が最大となる点の (u, v) 座標を求めよ. (東大工)

5.34 (1) $f(z) = e^{i\theta}\dfrac{z - a}{\bar{a}z - 1}$ ($|a| < 1,\ 0 \leqq \theta \leqq 2\pi$) (A)

とすれば,$f(z)$ は単位円 $\Delta = \{z\,;\,|z| < 1\}$ を Δ の上へ 1 対 1 に写す正則関数であることを示せ.

(2) 単位円 Δ を Δ の上へ 1 対 1 に写す正則関数 $f(z)$ は (A) の形をしていることを示せ. (上智大,新潟大*,立大*)

5.35 複素変数 z が半径 R の円上 ($z = Re^{i\theta}$ とする) を反時計方向に 1 周すると,次式が成立する.

$$\int_{|z|=R} \dfrac{R^2 - |a|^2}{|z - a|^2}\,d\theta = 2\pi \quad (*)$$

a は複素定数で,$|a| < R$ とする.ただし,$i = \sqrt{-1}$ とする.このとき以下の問に答えよ.

(1) 次式の変換により,z 平面の $|z| \leqq R$ の領域および $z = a$ の点は,w 平面の $|w| \leqq 1$ の領域および $w = 0$ の点に写像されることを示せ.ただし,$\bar{a}$ は a の共役複素数である.

$$z = \frac{R(Rw + a)}{R + \bar{a}w}$$

（2）w 平面の単位円（$w = e^{i\varphi}$ とする）に沿う 1 周積分について，下の式が成り立つ．

$$\int_{|w|=1} d\varphi = 2\pi$$

このことを利用して，（*）の積分公式を証明せよ．

（3）（*）の積分公式を極座標表示した式を用いて，次の二つの定積分の値を求めよ．

$$\int_0^{2\pi} \frac{d\theta}{1 - 2c\cos\theta + c^2}, \quad \int_0^{2\pi} \frac{d\theta}{1 - 2c\sin\theta + c^2}$$

ただし，c は実定数で，$|c| < 1$ とする． （東大工，立大*）

5.36 関数 $z = f(w) = \dfrac{1}{2}\left(w + \dfrac{1}{w}\right)(w \in \mathbb{C})$ は $\{w = \rho e^{i\theta}, \rho > 1\}$ を $\mathbb{C} - [-1, 1]$ の上に 1 対 1 に写すことを示せ． （山形大，神戸大*）

5.37 一般に a, b, c, d を任意の複素数とするとき，$w = \dfrac{az + b}{cz + d}$ （$ad - bc \neq 0$）で定義される z の複素関数 $w = f(z)$ を z の 1 次（分数）関数，それによる z 平面から w 平面への変換（写像）を 1 次変換（写像）という．以下の問に答えよ．

（1）$w = \dfrac{1}{z + 3}$ によって領域 $\{z = x + iy | 0 < y < A(実数)\}$ は w 平面上へどのように写像されるか，図示せよ．

（2）z 平面の実軸を w 平面の単位円 $|w| = 1$ に写像する 1 次変換を求めよ．

（3）z 平面の単位円 $|z| = 1$ を w 平面の単位円 $|w| = 1$ へ写像する 1 次変換を求めよ．

（4）（3）の 1 次変換が単位円内を単位円内へ写像する条件は何か．

（東大工）

6編　確率・統計

1　順列・組合せ

§1　順　列

1.1 n 個の異なるものから重複を許さずに r 個をとって，これを1列に並べたものを，n 個のものの r **順列**といい，その数は

$$_n\mathrm{P}_r = \frac{n!}{(n-r)!} = n(n-1)\cdots(n-r+1) \tag{6.1}$$

1.2 $_n\mathrm{P}_n = n(n-1)\cdots 2\cdot 1 = n!, \quad _n\mathrm{P}_0 = 1, \quad _0\mathrm{P}_0 = 0! = 1 \tag{6.2}$

1.3 n 個の異なるものから重複を許して r 個をとってできる順列の数は n^r．

1.4 n 個のもののうち a が n_1 個，b が n_2 個，c が n_3 個，… であるとき，この n 個を1列に並べる順列の数は，$\dfrac{n!}{n_1!n_2!n_3!\cdots}$ $(n_1 + n_2 + n_3 + \cdots = n)$．

§2　組　合　せ

2.1 n 個の異なるものから重複を許さずに r 個をとった組を，n 個のものの r **組合せ**といい，その数は

$$_n\mathrm{C}_r = \binom{n}{r} = \frac{n(n-1)\cdots(n-r+1)}{1\cdot 2\cdot\cdots\cdot r} = \frac{n!}{(n-r)!r!} \tag{6.3}$$

2.2 $_n\mathrm{C}_n = 1, \quad _n\mathrm{C}_0 = 1 \tag{6.4}$

2.3 n 個の異なるものから重複を許して r 個をとってできる組合せの数は

$$_{n+r-1}\mathrm{C}_r = \frac{n(n+1)\cdots(n+r-1)}{r!} \tag{6.5}$$

§3　2項定理と多項定理

3.1 a, b を任意の数，n を正整数とするとき，

$$(a+b)^n = \sum_{r=0}^n {}_n\mathrm{C}_r a^{n-r} b^r = {}_n\mathrm{C}_0 a^n + {}_n\mathrm{C}_1 a^{n-1} b + \cdots + {}_n\mathrm{C}_n b^n \tag{6.6}$$

3.2 $a = 1, b = x$ とおけば

$$(1+x)^n = \sum_{r=0}^n {}_n\mathrm{C}_r x^r = {}_n\mathrm{C}_0 + {}_n\mathrm{C}_1 x + \cdots + {}_n\mathrm{C}_n x^n \tag{6.7}$$

3.3 α を任意の実数, $|x| < 1$ とするとき

$$(1+x)^\alpha = \sum_{r=0}^{n} {}_\alpha C_r x^r = {}_\alpha C_0 + {}_\alpha C_1 x + \cdots + {}_\alpha C_r x^r + \cdots$$

$$= 1 + \alpha x + \frac{\alpha(\alpha-1)}{2}x^2 + \cdots + \frac{\alpha(\alpha-1)\cdots(\alpha-r+1)}{r!}x^r$$

$$+ \cdots \tag{6.8}$$

3.4 $t_1, t_2, \cdots, t_k$ を任意の数, n と k を正整数とするとき

$$(t_1 + t_2 + \cdots + t_k)^n = \sum \frac{n!}{r_1! r_2! \cdots r_k!} t_1^{r_1} t_2^{r_2} \cdots t_n^{r_n} \tag{6.9}$$

ただし, $\sum$ は $r_1 + r_2 + \cdots + r_k = n$ なるすべての整数の組 $(r_1, \cdots, r_k)$ についての和を表わす.

2 確率

§1 事象

Ω:全事象 (標本空間), ϕ:空事象, A:事象, A^c:余事象
$A_1 \cup A_2$:和事象, $A_1 \cap A_2$:積事象, $A_1 \cap A_2 = \phi$:排反事象
$A \subset B$:A が起これば B も起こる (A は B の部分集合)

§2 確率の基本定理

(ⅰ) $0 \leqq P(A) \leqq 1$ (6.10)

(ⅱ) $P(\Omega) = 1, \quad P(\phi) = 0$ (6.11)

(ⅲ) $P(A^c) = 1 - P(A)$ (6.12)

(ⅳ) $P(A_1 \cup A_2) = P(A_1) + P(A_2) - P(A_1 \cap A_2)$ (6.13)

(ⅴ) A_1, A_2 が排反するとき,
$P(A_1 \cup B_1) = P(A_1) + P(A_2)$ (6.14)

(ⅵ) $A_1, \cdots, A_k$ が排反するとき,
$P(A_1 \cup A_2 \cup \cdots \cup A_k) = P(A_1) + P(A_2) + \cdots + P(A_k)$ **(加法定理)**
(6.15)

§3 条件付き確率と独立性

3.1 $P(A_1) > 0$ のとき,

$$P(A_2 | A_1) = \frac{P(A_1 \cap A_2)}{P(A_1)} \tag{6.16}$$

これを, 条件 A_1 のもとで A_2 の起こる**条件付き確率**という.

3.2 A_1 と A_2 が独立, $P(A_1) > 0$ のとき,
$$P(A_2|A_1) = P(A_2) \tag{6.17}$$

3.3 $P(A_1) > 0$ のとき,
$$P(A_1 \cap A_2) = P(A_1)P(A_2|A_1) = P(A_2)P(A_1|A_2) \tag{6.18}$$

3.4 A_1 と A_2 が独立のとき,
$$P(A_1 \cap A_2) = P(A_1)P(A_2) \tag{6.19}$$

3.5 $P(A_1 \cap \cdots \cap A_{k-1}) > 0$ のとき,
$$P(A_1 \cap A_2 \cap \cdots \cap A_k)$$
$$= P(A_1)P(A_2|A_1)P(A_3|A_1 \cap A_2) \cdots P(A_k|A_1 \cap A_2 \cap \cdots \cap A_{k-1})$$
（乗法定理） (6.20)

3.6 $A_1, \cdots, A_k$ が独立のとき,
$$P(A_1 \cap A_2 \cap \cdots \cap A_k) = P(A_1) \cdots P(A_k) \tag{6.21}$$

§4 確率変数

4.1 1次元確率分布

（ⅰ） 確率変数 X, 任意の実数 $x(-\infty < x < \infty)$ に対して, $F(x) = P(X \leqq x)$ を X の**分布関数**という.

（ⅱ） 離散的な場合：X のとる値が有限または可付番個の値 $x_1, x_2, \cdots$ に限られていて，それぞれのとる確率 $P(X = x_i) = p_i \geqq 0$ が定まり，$\sum_i p_i = 1$ のとき,
$$F(x) = \sum_{x_i \leqq x} p_i \tag{6.22}$$
を満足する p_i を離散確率変数 X の**確率分布**という.

（ⅲ） 連続的な場合：$f(x) \geqq 0, \int_{-\infty}^{\infty} f(x)\,dx = 1$ のとき, $P\{a < X \leqq b\} = \int_a^b f(x)\,dx$ を満足する $f(x)$ を連続確率変数 X の**確率密度関数**または**密度関数**といい,
$$F(x) = \int_{-\infty}^{x} f(t)\,dt \tag{6.23}$$

4.2 2次元（多次元）確率分布

4.2.1 結合（または同時）分布関数

$$F(x_1, x_2) = P(-\infty < X_1 \leqq x_1,\ -\infty < X_2 \leqq x_2) \tag{6.24}$$
を (X_1, X_2) の**分布関数**という.

4.2.2 結合確率密度関数

離散的な場合：$P(X_1 = x_{1i}, X_2 = x_{2j}) = p_{ij} \geqq 0, \quad \sum_{i,j} p_{ij} = 1,$

$$F(x_1, x_2) = \sum_{x_{i_1} \leqq x_1} \sum_{x_{i_2} \leqq x_2} p_{ij} \tag{6.25}$$

連続的な場合：$f(x_1, x_2) \geqq 0, \quad \int_{-\infty}^{\infty} \int_{-\infty}^{\infty} f(x_1, x_2)\, dx_1\, dx_2 = 1,$

$$F(x_1, x_2) = \int_{-\infty}^{x_1} \int_{-\infty}^{x_2} f(t_1, t_2)\, dt_1\, dt_2 \tag{6.26}$$

をみたす $p_{ij}, f(x_1, x_2)$ を結合（または同時）確率密度関数という．

4.2.3 周辺分布関数

X_1 の周辺分布関数：$F_1(x_1) = F(x_1, \infty) = P(X_1 \leqq x_1, \quad x_2 < \infty)$

X_2 の周辺分布関数：$F_2(x_2) = F(\infty, x_2) = P(X_1 < \infty, \quad X_2 \leqq x_2)$

離散的な場合：$F_1(x_1) = \sum_{x_{1i} \leqq x_1} \sum_{j} p_{ij}, \quad F_2(x_2) = \sum_{i} \sum_{x_{2j} \leqq x_2} p_{ij}$ (6.27)

連続的な場合：
$$F_1(x_1) = \int_{-\infty}^{x_1} \int_{-\infty}^{\infty} f(t_1, t_2)\, dt_2\, dt_1$$
$$F_2(x_2) = \int_{-\infty}^{x_2} \int_{-\infty}^{\infty} f(t_1, t_2)\, dt_1\, dt_2 \tag{6.28}$$

4.2.4 周辺密度関数

離散的な場合：$P(X_1 = x_{1i}) = p_{i\cdot} = \sum_{j} p_{ij}, \quad P(X_2 = x_{2j}) = p_{\cdot j} = \sum_{i} p_{ij}$ (6.29)

連続的な場合：$f_1(x_1) = \int_{-\infty}^{\infty} f(x_1, x_2)\, dx_2, \quad f_2(x_2) = \int_{-\infty}^{\infty} f(x_1, x_2)\, dx_1$ (6.30)

4.2.5 条件付き確率密度関数

離散的な場合：$p_{X|Y}(x|y) = P(X = x | Y = y) = \dfrac{p(x, y)}{p_Y(y)} \quad (p_Y(y) > 0)$ (6.31)

連続的な場合：$f_{X|Y}(x|y) = \dfrac{f(x, y)}{f_Y(y)} \quad (f_Y(y) > 0)$ (6.32)

を $Y = y$ のもとでの X の条件付き確率密度関数という．

4.2.6 条件付き分布関数

離散的な場合：$F_{X|Y}(x|y) = P(X \leqq x | Y = y) = \sum_{a \leqq x} p_{X|Y}(a|y)$ (6.33)

連続的な場合：$F_{X|Y}(a|y) = P(X \leqq a | Y = y) = \int_{-\infty}^{a} f_{X|Y}(x|y)\, dx$ (6.34)

を $Y = y$ のもとでの X の条件付き分布関数という．

4.2.7 独立性

$X_1, \cdots, X_k$ が独立のとき, $X_j(j = 1, \cdots, k)$ の周辺分布関数を $F_j(x_j)$, 結合分布関数を $F(x_1, \cdots, x_k)$ とすれば, 任意の $x_1, \cdots, x_k$ に対して次式が成立するとき, $X_1, \cdots, X_k$ は独立であるという.

$$F(x_1, \cdots, x_k) = F_1(x_1) \cdots F_k(x_k) \quad (離散的, 連続的) \tag{6.35}$$

4.2.8 たたみ込み（合成積）

X, Y が独立で, それぞれ確率分布 $p(x_k), q(x_l)$ （離散的）, および確率密度関数 $f(x), g(y)$ （連続的）をもつとき, $Z \equiv X + Y$ の

$$\text{確率分布} : r(x_k) = \sum_{x_l} p(x_k - x_l) q(x_l) = p * q \tag{6.36}$$

$$\text{確率密度関数} : r(z) = \int_{-\infty}^{\infty} f(z - x) g(x)\, dx$$

$$= \int_{-\infty}^{\infty} f(z - y) g(y)\, dy = f * g \tag{6.37}$$

をたたみ込みという.

§5 平均, 分散, 標準偏差, 積率

5.1 平均値（期待値）

（ⅰ）X の平均値 : $m = E(X) = \begin{cases} \sum_i x_i p_i & \text{（離散的）} \\ \int_{-\infty}^{\infty} x f(x)\, dx & \text{（連続的）} \end{cases}$ （6.38）

（ⅱ）$E(g(X)) = \begin{cases} \sum_i g(x_i) p_i & \text{（離散的）} \\ \int_{-\infty}^{\infty} g(x) f(x)\, dx & \text{（連続的）} \end{cases}$ （6.39）

（ⅲ）$E(a_1 X_1 + \cdots + a_k X_k + b) = a_1 E(X_1) + \cdots + a_k E(X_k) + b$
$\qquad\qquad\qquad\qquad\qquad\qquad\qquad (a_1, \cdots, a_k, b : 定数)$ （6.40）

（ⅳ）$X_1, \cdots, X_k$ が独立 $\Rightarrow$
$\quad E(X_1 X_2 \cdots X_k) = E(X_1) E(X_2) \cdots E(X_k)$ （6.41）

5.2 分散, 標準偏差

（ⅰ）X の分散 : $\sigma^2 = V(X) = E[(X - E(X))^2] = E(X^2) - E^2(X)$ （6.42）

（ⅱ）X の標準偏差 : $\sigma = \sqrt{V(X)} = \sqrt{E(X^2) - E^2(X)} \quad (\geqq 0)$ （6.43）

（ⅲ）$V(aX + b) = a^2 V(X)$ （6.44）

(iv) $X_1, \cdots, X_k$ が独立 $\Rightarrow$
$$V(a_1X_1 + \cdots + a_kX_k + b) = a_1^2 V(X_1) + \cdots + a_k^2 V(X_k) \tag{6.45}$$

5.3 積率（モーメント）

(i) X の原点のまわりの k 次の積率：$\alpha_k = \alpha_k(X) = E(X^k)$ (6.46)
$$\left(= \phi^{(k)}(0) = \frac{1}{i^k} [\zeta^{(k)}(0)] \right)$$

(ii) X の平均値のまわりの k 次の積率：$\mu_k = \mu_k(X) = E[(X - E(X))^k]$
(6.47)

5.4 積率母関数と特性関数

(i) 積率母関数
$$\phi(t) = E(e^{tx}) = 1 + tE(X) + \frac{1}{2!} t^2 E(X^2) + \cdots + \frac{1}{n!} t^n E(X^n) + \cdots$$
$$= \begin{cases} \sum_j e^{tx_j} p_j & \text{（離散的）} \\ \int_{-\infty}^{\infty} e^{tx} f(x)\, dx & \text{（連続的）} \end{cases} \tag{6.48}$$

(ii) 特性関数
$$\varphi(t) = E(e^{itx}) = E(\cos tX) + iE(\sin tX)$$
$$= \begin{cases} \sum_j e^{itx_j} p_j & (i = \sqrt{-1}) \quad \text{（離散的）} \\ \int_{-\infty}^{\infty} e^{itx} f(x)\, dx & \text{（連続的）} \end{cases} \tag{6.49}$$

(iii) $X_1, \cdots, X_n$ が独立 $\Rightarrow X_1 + \cdots + X_n$ の積率母関数，特性関数：
$$\phi(t) = \phi_1(t) \cdots \phi_n(t), \quad \varphi(t) = \varphi_1(t) \cdots \varphi_n(t) \tag{6.50}$$

5.5 共分散，相関係数

(i) 共分散
$$\text{Cov}(X_1, X_2) = \sigma_{X_1 X_2} = E[(X_1 - E(X_1))(X_2 - E(X_2))]$$
$$= E(X_1 X_2) - E(X_1) E(X_2) \tag{6.51}$$

(ii) 相関係数
$$\rho = \rho_{X_1 X_2} = \frac{\sigma_{X_1 X_2}}{\sigma_{X_1} \sigma_{X_2}} = \frac{\text{Cov}(X_1, X_2)}{\sigma_{X_1} \sigma_{X_2}} \quad (|\rho| \leq 1) \tag{6.52}$$

(iii) $V(X_1 + X_2) = V(X_1) + V(X_2) + 2\,\text{Cov}(X_1, X_2)$ (6.53)

(iv) X_1, X_2 が独立 $\Rightarrow \text{Cov}(X_1, X_2) = 0$
$$V(X_1 + X_2) = V(X_1) + V(X_2) \tag{6.54}$$

（v） $X_1, X_2, \cdots, X_n$ に対して，$\mathrm{Var}\, X_i = \sigma_{ii}$, $\mathrm{Cov}\,(X_i, X_j) = \sigma_{ij} = \sigma_{ji}$, $\rho_{ij} = \rho_{ji}$ $= \rho_{X_i, X_j}, \rho_{ii} = 1$ とし，

$$(\sigma_{ij}) = \begin{bmatrix} \sigma_{11} & \sigma_{12} & \cdots & \sigma_{1n} \\ \sigma_{21} & \sigma_{22} & \cdots & \sigma_{2n} \\ \cdots & \cdots & \cdots & \cdots \\ \sigma_{n1} & \sigma_{n2} & \cdots & \sigma_{nn} \end{bmatrix}, \quad (\rho_{ij}) = \begin{bmatrix} \rho_{11} & \rho_{12} & \cdots & \rho_{1n} \\ \rho_{21} & \rho_{22} & \cdots & \rho_{2n} \\ \cdots & \cdots & \cdots & \cdots \\ \rho_{n1} & \rho_{n2} & \cdots & \rho_{nn} \end{bmatrix} \quad (6.55)$$

をそれぞれ，**共分散行列，相関行列**という．

§6 主要な確率分布

6.1 2項分布 $B(n, p)$

（ⅰ） 確率分布：$p_k = \binom{n}{k} p^k q^{n-k} \quad (p, q > 0, \quad p + q = 1, \quad k = 0, 1, \cdots, n)$ (6.56)

（ⅱ） 分布関数 $= \sum_{k \leq x} \binom{n}{k} p^k q^{n-k}$ (6.57)

（ⅲ） 平均値 $= np$, 分散 $= npq$

（ⅳ） 積率母関数 $= (q + pe^t)^n$, 特性関数 $= (q + pe^{it})^n$

6.2 ポアッソン分布 $P(\lambda)$

（ⅰ） 確率分布：$p_k = e^{-\lambda} \dfrac{\lambda^k}{k!} \quad (\lambda > 0, \quad k = 0, 1, 2, \cdots)$ (6.58)

（ⅱ） 分布関数 $= \sum_{k \leq x} e^{-\lambda} \dfrac{\lambda^k}{k!}$ (6.59)

（ⅲ） 平均値 $= \lambda$, 分散 $= \lambda$

（ⅳ） 積率母関数 $= \exp\{\lambda(e^t - 1)\}$, 特性関数 $= \exp\{\lambda(e^{it} - 1)\}$

6.3 超幾何分布 $H(N_1, N_2, n)$

（ⅰ） 確率分布：$p_k = \dfrac{{}_{N_1}C_k \,{}_{N_2}C_{n-k}}{{}_{N_1+N_2}C_n} = \binom{N_1}{k}\binom{N_2}{n-k} \Big/ \binom{N_1+N_2}{n}$

$\qquad\qquad\qquad (N_1 + N_2 > N, \quad k = 0, 1, 2, \cdots, \min(N_1, n))$ (6.60)

（ⅱ） 平均値 $= \dfrac{nN_1}{N}$, 分散 $= \dfrac{nN_1 N_2 (NN_1 + N_2 - n)}{(N_1 + N_2)(N_1 + N_2 - 1)}$

6.4 負の2項分布（パスカル分布）$NB(r, p)$

（ⅰ） 確率分布：$p_k = \dfrac{\Gamma(r + k)}{k! \Gamma(r)} p^r q^k = \binom{r + k - 1}{k} p^r q^k = \binom{-r}{k} p^r (-q)^k$

$\qquad\qquad\qquad (r > 0, \quad p > 0, \quad p + q = 1, \quad k = 0, 1, 2, \cdots)$ (6.61)

(ii) 平均値 $= rq/p$, 分散 $= rq/p^2$

(iii) 積率母関数 $= \left(\dfrac{p}{1-qe^t}\right)^r$, 特性関数 $= \left(\dfrac{p}{1-qe^{it}}\right)^r$

(iv) $r=1$ のときは**幾何分布**となる: $p_k = pq^k$ $(k=0,1,\cdots)$

(v) $r=h/d, p=1/(1+d)$ とおくと**ポリヤ・エゲンベルガー分布**となる:

$$p_k = \dfrac{\Gamma\left(\dfrac{k}{d}+k\right)}{k!\,\Gamma\left(\dfrac{k}{d}\right)} \dfrac{d^k}{(1+d)^{h/d+k}}$$

6.5 一様分布（矩形分布） $U(a,b)$

(i) 確率密度関数 : $f(x) = \begin{cases} 1/(b-a) & (a \leqq x \leqq b) \\ 0 & \text{（その他）} \end{cases}$ (6.62)

(ii) 分布関数 $= \begin{cases} 0 & (-\infty < x < a) \\ (x-a)/(b-a) & (a \leqq x \leqq b) \\ 1 & (b < x < +\infty) \end{cases}$ (6.63)

(iii) 平均値 $= (a+b)/2$, 分散 $= (b-a)^2/12$

(iv) 積率母関数 $= (e^{bt}-e^{at})/(b-a)t$, 特性関数 $= (e^{ibt}-e^{iat})/i(b-a)t$

6.6 正規分布 $N(\mu, \sigma^2)$

(i) 確率密度関数 : $f(x) = \dfrac{1}{\sqrt{2\pi\sigma^2}} \exp\left\{-\dfrac{(x-\mu)^2}{2\sigma^2}\right\}$

$(-\infty < \mu < \infty, \ \sigma > 0, \ -\infty < x < \infty)$ (6.64)

(ii) 分布関数 $= \dfrac{1}{\sqrt{2\pi\sigma^2}} \displaystyle\int_{-\infty}^{x} e^{-(t-\mu)^2/2\sigma^2}\,dt$ (6.65)

(iii) 平均値 $= \mu$, 分散 $= \sigma^2$

(iv) 積率母関数 $= \exp(\mu t + \sigma^2 t^2/2)$, 特性関数 $= \exp(i\mu t - \sigma^2 t^2/2)$

6.7 指数分布 Exp (λ)

(i) 確率密度関数 : $f(x) = \begin{cases} \lambda e^{-\lambda x} & (0 < x) \\ 0 & (x \leqq 0) \end{cases}$ (6.66)

(ii) 分布関数 $= \begin{cases} 1-e^{-\lambda x} & (0 < x) \\ 0 & (x \leqq 0) \end{cases}$ (6.67)

(iii) 平均値 $= 1/\lambda$, 分散 $= 1/\lambda^2$

(iv) 積率母関数 $= \left(1-\dfrac{t}{\lambda}\right)^{-1}$, 特性関数 $= \left(1-\dfrac{it}{\lambda}\right)^{-1}$

6.8 コーシー分布 $C(\lambda, \alpha)$

（ⅰ）確率密度関数：$f(x) = \dfrac{1}{\pi} \dfrac{\alpha}{\alpha^2 + (x-\lambda)^2}$

$$(\alpha > 0, \quad -\infty < \lambda < \infty, \quad -\infty < x < \infty) \quad (6.68)$$

（ⅱ）平均値，分散 = なし

（ⅲ）積率母関数 = なし，特性関数 = $e^{i\lambda z - \alpha|t|}$

6.9 ガンマ分布 $\Gamma(\lambda, \alpha)$

（ⅰ）確率密度関数：$f(x) = \begin{cases} \dfrac{\alpha^\lambda}{\Gamma(\lambda)} x^{\lambda-1} e^{-\alpha x} & (0 < x) \\ 0 & (x \leqq 0) \end{cases}$ $(\alpha > 0, \quad \lambda > 0)$

$$(6.69)$$

（ⅱ）平均値 = λ/α，分散 = λ/α^2

（ⅲ）積率母関数 = $(1 - t/\alpha)^{-\lambda}$，特性関数 = $(1 - it/\alpha)^{-1}$

6.10 ベータ分布 $B_e(p, q)$

（ⅰ）確率密度関数：$f(x) = \begin{cases} \dfrac{1}{B(p,q)} x^{p-1}(1-x)^{q-1} & (0 < x < 1) \\ 0 & (\text{その他}) \end{cases}$

$$(p > 0, \quad q > 0) \quad (6.70)$$

（ⅱ）平均値 = $\dfrac{p}{p+q}$，分散 = $\dfrac{pq}{(p+q)^2(p+q+1)}$

6.11 χ^2 分布 $\chi^2(n)$

（ⅰ）確率密度関数：$f(x) = \begin{cases} \dfrac{1}{2^{n/2}\Gamma(n/2)} x^{n/2-1} e^{-x/2} & (0 < x) \\ 0 & (x \leqq 0) \end{cases}$ （自由度 n）

$$(6.71)$$

（ⅱ）平均値 = n，分散 = $2n$

（ⅲ）積率母関数 = $(1 - 2t)^{-n/2}$，特性関数 = $(1 - 2it)^{-n/2}$

6.12 t 分布（スチューデント分布）$t(n)$

（ⅰ）確率密度関数：$f(x) = \dfrac{1}{\sqrt{n}} \dfrac{1}{B\left(\dfrac{1}{2}, \dfrac{n}{2}\right)} \left(1 + \dfrac{x^2}{n}\right)^{-(n+1)/2}$

$$(-\infty < x < \infty) \quad (\text{自由度 } n) \quad (6.72)$$

（ⅱ）平均値 = 0 $(n > 1)$，分散 = $n/(n-2)$ $(n > 2)$

6.13 F 分布 (スネデッカー分布) $F(m, n)$

(ⅰ) 確率密度関数: $f(x) = \begin{cases} \dfrac{m^{m/2} n^{n/2}}{B\left(\dfrac{m}{2}, \dfrac{n}{2}\right)} \dfrac{x^{m/2-1}}{(mx+n)^{(m+n)/2}} & (0 < x) \\ 0 & (x \leq 0) \end{cases}$

(自由度 m, n)　(6.73)

(ⅱ) 平均値 $= \dfrac{n}{n-2}$ $(n > 2)$, 分散 $= \dfrac{2n^2(m+n+2)}{m(n-2)^2(n-4)}$ $(n > 4)$

§7 その他の定理
7.1 チェビシェフの不等式
確率変数 $X, E(X) = \mu, V(X) = \sigma^2$ とすれば, $\varepsilon > 0$ のとき,
$$P(|X - \mu| \geq \varepsilon) \leq \sigma^2/\varepsilon^2 \qquad (6.74)$$
7.2 大数の (弱) 法則
確率変数 $X_1, X_2, \cdots, X_n$ が独立, $E(X_i) = \mu$, $V(X_i) = \sigma^2$, $\bar{X} = \sum_{i=1}^{n} X_i/n$, $\varepsilon > 0$ のとき,
$$\lim_{n \to \infty} P(|\bar{X} - \mu| \geq \varepsilon) = 0 \qquad (6.75)$$
7.3 中心極限定理
確率変数 $\{X_j\}$ が同一分布に従い, 互いに独立で, $E(X_i) = \mu$, $V(X_i) = \sigma^2 (i = 1, 2, \cdots)$ のとき,
$$\lim_{n \to \infty} P\left(\frac{X_1 + X_2 + \cdots + X_n - n\mu}{\sqrt{n\sigma^2}} \leq x\right) = \frac{1}{\sqrt{2\pi}} \int_{-\infty}^{x} e^{-t^2/2} \, dt = N(0, 1)$$
(6.76)

― 例題 6.1 ―

十分に広い紙に間隔 l で平行線を無数に引き，そこに長さ l の針を無作為に落とす．針は必ず倒れるものとし，また，針と平行線の太さは無視できるものとする．
（1） 針と線が交わる確率を解析的に求めよ．
（2） 針と線が交わる確率を計算機シミュレーションによって近似的に求めるプログラムの内容に関する簡単な説明を付記せよ．プログラム言語は BASIC, FORTRAN, ADA, PASCAL, C, PL/I のいずれかを用いること．0 から 1 までの範囲の一様乱数を発生する関数 RND( ) があることを前提とする． (東大理，東大理*)

【解答】 （1） 一般に，針の長さを l_N，平行線の間隔を l_L, $l_N/l_L \equiv R$ とする．下図(a)のように，平行線からの針の中心 C の距離を x，平行線の垂直方向と針のなす角を θ とすると，針が平行線と交わる条件は

$$x \leq \frac{l_N}{2} \cos\theta \qquad ①$$

である．対称性から針の中心は $(0, l_1/2)$ の一様分布，θ は $(0, \pi/2)$ の一様分布と考えられる．したがって，図の(b)は長方形 Ω 内に無作為に 1 点 (x, θ) をとったとき，①を満足する領域 A に落ちる確率は

$$P(A) = \frac{A \text{ の面積}}{\Omega \text{ の面積}} = \frac{\int_0^{\pi/2} \frac{l_N}{2} \cos\theta \, d\theta}{\frac{\pi}{2} \cdot \frac{l_L}{2}}$$

$$= \frac{2}{\pi} \frac{l_N}{l_L} [\sin\theta]_0^{\pi/2} = \frac{2}{\pi} R$$

$l_N = l_L = l$ とすると，$P\{A\} = 2/\pi$．

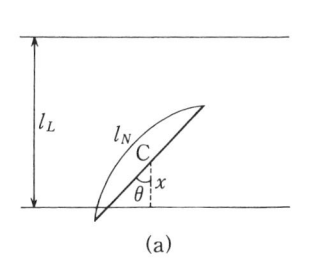

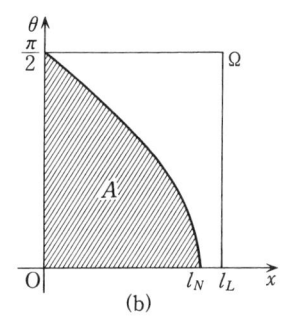

(a) (b)

（2） 解答は省略．

―― 例題 6.2 ――

同一の製品を三つの工場 A, B, C で生産している．その生産高の割合は，それぞれ50%, 30%, 20%であり，不良品の発生率は 3%, 4%, 5%である．このとき，次の問に答えよ．
（1） 1個の製品を無作為に選ぶとき，それが不良品である確率を求めよ．
（2） 無作為に選んだ製品が不良品であったとする．これが工場 A で生産された確率を求めよ．
（3） 各工場から製品を一つずつ選ぶものとする．この3個の製品の中に不良品が1個だけ入っている確率を求めよ．　　　　　　　　　　　（岩大工）

【解答】（1） $M =$ （無作為に選んだ製品は不良品）
　　　　　　$A =$ （無作為に選んだ製品は A 工場のもの）
　　　　　　$B =$ （無作為に選んだ製品は B 工場のもの）
　　　　　　$C =$ （無作為に選んだ製品は C 工場のもの）

とおくと，
$$P(M) = P(M(A+B+C)) = P(MA + MB + MC)$$
$$= P(MA) + P(MB) + P(MC)$$
$$= P(M|A)P(A) + P(M|B)P(B) + P(M|C)P(C)$$
$$= 3\% \cdot 50\% + 4\% \cdot 30\% + 5\% \cdot 20\% \fallingdotseq 0.037$$

（2） $P(A|M) = \dfrac{P(MA)}{P(M)} = \dfrac{3\% \cdot 50\%}{0.037} \fallingdotseq 0.405$

（3） $P = 3\% \cdot (1-4\%)(1-5\%) + (1-3\%) \cdot 4\% \cdot (1-5\%)$
　　　　　$+ (1-3\%)(1-4\%) \cdot 5\%$
　　　$\fallingdotseq 0.111$

―― 例題 **6.3** ――

a, b 二つの値をランダムにとる,時間 $t(t \geqq 0)$ の関数 $s(t)$ がある.微小時間 Δt の間に $s(t)$ がとる値を変える確率は,過去の履歴によらず $\lambda \Delta t$ (λ は定数) であるとする.このとき,$s(0)$ と $s(t)$ とが同じ値をとる確率 $p(t)$ を求めよ.

(東大工)

【解答】 $P(s(t+\Delta t) = a | s(0) = a)$
$= P(s(t) = a | s(0) = a)(1 - \lambda \Delta t) + P(s(t) = b | s(0) = a)\lambda \Delta t$

$\therefore \dfrac{P(s(t+\Delta t) = a | s(0) = a) - P(s(t) = a | s(0) = a)}{\Delta t}$

$= -\lambda P(s(t) = a | s(0) = a) + \lambda P(s(t) = b | s(0) = a)$

$\Delta t \to 0$ として

$\dfrac{d}{dt} P(s(t) = a | s(0) = a)$

$= -\lambda P(s(t) = a | s(0) = a) + \lambda P(s(t) = b | s(0) = a)$

同様にして,

$\dfrac{d}{dt} P(s(t) = a | s(0) = b), \quad \dfrac{d}{dt} P(s(t) = b | s(0) = a)$

$\dfrac{d}{dt} P(s(t) = b | s(0) = b)$

が求められる.これらを行列で表わすとすると

$\dfrac{d}{dt} \begin{bmatrix} P(s(t) = a | s(0) = a) & P(s(t) = b | s(0) = a) \\ P(s(t) = a | s(0) = b) & P(s(t) = b | s(0) = b) \end{bmatrix}$

$= \begin{bmatrix} P(s(t) = a | s(0) = a) & P(s(t) = b | s(0) = a) \\ P(s(t) = a | s(0) = b) & P(s(t) = b | s(0) = b) \end{bmatrix} \begin{bmatrix} -\lambda & \lambda \\ \lambda & -\lambda \end{bmatrix}$

$P(t) = \begin{bmatrix} P(s(t) = a | s(0) = a) & P(s(t) = b | s(0) = a) \\ P(s(t) = a | s(0) = b) & P(s(t) = b | s(0) = b) \end{bmatrix}$,

$Q = \begin{bmatrix} -\lambda & \lambda \\ \lambda & -\lambda \end{bmatrix}$

とおくと,

$\dfrac{dP}{dt} = PQ$ ①

$P(0) = \begin{bmatrix} 1 & 0 \\ 0 & 1 \end{bmatrix}$ ②

①より,$P = Ce^{tQ}$. ②を用いると,$\begin{bmatrix} 1 & 0 \\ 0 & 1 \end{bmatrix} = C$. ゆえに

$$P = e^{tQ} \qquad ③$$

$$|xE - Q| = \begin{vmatrix} x+\lambda & -\lambda \\ -\lambda & x+\lambda \end{vmatrix} = (x+2\lambda)x = 0 \implies x = 0, -2\lambda$$

(Q の固有値)

$x = 0$ のとき,対応する固有ベクトルを $\boldsymbol{p}_1 = {}^t(x_1, x_2)$ とすると,

$$\begin{bmatrix} \lambda & -\lambda \\ -\lambda & \lambda \end{bmatrix} \begin{bmatrix} x_1 \\ x_2 \end{bmatrix} = \boldsymbol{0} \quad \therefore \ x_1 = x_2 \implies \boldsymbol{p}_1 = \begin{bmatrix} 1 \\ 1 \end{bmatrix}$$

$x = 2\lambda$ のとき,対応する固有ベクトルを $\boldsymbol{p}_2 = {}^t(x_3, x_4)$ とすると,

$$\begin{bmatrix} -\lambda & -\lambda \\ -\lambda & -\lambda \end{bmatrix} \begin{bmatrix} x_3 \\ x_4 \end{bmatrix} = \boldsymbol{0} \quad \therefore \ x_3 = -x_4 \implies \boldsymbol{p}_2 = \begin{bmatrix} 1 \\ -1 \end{bmatrix}$$

$M = (\boldsymbol{p}_1, \boldsymbol{p}_2) = \begin{bmatrix} 1 & 1 \\ 1 & -1 \end{bmatrix}$ とおくと,

$$M^{-1} = \frac{1}{\begin{vmatrix} 1 & 1 \\ 1 & -1 \end{vmatrix}} \begin{bmatrix} -1 & -1 \\ -1 & 1 \end{bmatrix} = \frac{1}{2} \begin{bmatrix} 1 & 1 \\ 1 & -1 \end{bmatrix}$$

$$M^{-1}QM = \begin{bmatrix} 0 & \\ & -2\lambda \end{bmatrix} \quad \therefore \ Q = M \begin{bmatrix} 0 & \\ & -2\lambda \end{bmatrix} M^{-1}$$

よって,

$$e^{tQ} = Me^{t\begin{bmatrix} 0 & \\ & -2\lambda \end{bmatrix}} M^{-1} = Me^{\begin{bmatrix} 0 & \\ & -2\lambda t \end{bmatrix}} M^{-1}$$

$$= M \begin{bmatrix} e^0 & \\ & e^{-2\lambda t} \end{bmatrix} M^{-1} = \begin{bmatrix} 1 & 1 \\ 1 & -1 \end{bmatrix} \begin{bmatrix} 1 & \\ & e^{-2\lambda t} \end{bmatrix} \frac{1}{2} \begin{bmatrix} 1 & 1 \\ 1 & -1 \end{bmatrix}$$

$$= \frac{1}{2} \begin{bmatrix} 1+e^{-2\lambda t} & 1-e^{-2\lambda t} \\ 1-e^{-2\lambda t} & 1+e^{-2\lambda t} \end{bmatrix} \qquad ④$$

③,④より,$s(0)$ と $s(t)$ が同じ確率をとる確率 $p(t)$ は

$$p(t) = P(s(t) = a|s(0) = a) = P(s(t) = b|s(0) = b)$$

$$= \frac{1}{2}(1 + e^{-2\lambda t})$$

〈注〉a, b のとる確率をそれぞれ p, q とすると,$p + q = 1$

$\therefore \ p(t) = P(s(t) = a|s(0) = a) \cdot p + P(s(t) = b|s(0) = b) \cdot q$

$\qquad = \frac{1}{2}(1 + e^{-2\lambda t}) \cdot p + \frac{1}{2}(1 + e^{-2\lambda t}) \cdot q = \frac{1}{2}(1 + e^{-2\lambda t})$

― 例題 **6.4** ―――――――――――――――――――

表の出る確率が p の硬貨を n 回続けて投げるとき,表が 2 回続けては現れない確率を q_n とする.
(1) q_n に関する漸化式を求めよ.
(2) p が 2/3 のとき,q_n を n の関数として求めよ.　　　　　　(東大工)

【解答】 (1)
$$q_n = P(n \text{ 回投げたとき表が 2 回続けて現われない})$$
$$= P(n-1 \text{ 回投げたとき表が 2 回続かない}) \times P(n \text{ 回目に表が出ない})$$
$$+ P(n-2 \text{ 回投げたとき表が 2 回続かない})$$
$$\times P(n-1 \text{ 回目に表が出ない}) \times P(n \text{ 回目に表が出る})$$
$$= q_{n-1}(1-p) + q_{n-2}(1-p)p \quad (n \geq 2)$$

よって,q_n に関する漸化式は
$$q_0 = q_1 = 1, \quad q_n = q_{n-1}(1-p) + q_{n-2}(1-p)p \quad (n \geq 2) \qquad ①$$

(2) $p = \dfrac{2}{3}$ のとき,①は $q_n = \dfrac{1}{3}q_{n-1} + \dfrac{2}{9}q_{n-2}$ となる.すなわち

$$q_n - \left(\dfrac{2}{3} - \dfrac{1}{3}\right)q_{n-1} - \dfrac{2}{3}\dfrac{1}{3}q_{n-2} = 0$$

ゆえに,$q_n - \dfrac{2}{3}q_{n-1} = -\dfrac{1}{3}\left(q_{n-1} - \dfrac{2}{3}q_{n-2}\right) \qquad ②$

あるいは $q_n + \dfrac{1}{3}q_{n-1} = \dfrac{2}{3}\left(q_{n-1} + \dfrac{1}{3}q_{n-2}\right) \qquad ③$

が得られる.②より

$$q_n - \dfrac{2}{3}q_{n-1} = \left(-\dfrac{1}{3}\right)^{n-1}\left(q_1 - \dfrac{2}{3}q_0\right) = \left(-\dfrac{1}{3}\right)^{n-1}\left(1 - \dfrac{2}{3}\right)$$
$$= (-1)^{n-1}\left(\dfrac{1}{3}\right)^n \qquad ④$$

③より $q_n + \dfrac{1}{3}q_{n-1} = \dfrac{2}{3}\left(q_{n-1} + \dfrac{1}{3}q_{n-2}\right)$
$$= \left(\dfrac{2}{3}\right)^{n-1}\left(q_1 + \dfrac{1}{3}q_0\right) = \left(\dfrac{2}{3}\right)^{n-1} \cdot \dfrac{4}{3} = 2\left(\dfrac{2}{3}\right)^n \qquad ⑤$$

④ + 2 × ⑤より

$$3q_n = (-1)^{n-1}\left(\dfrac{1}{3}\right)^n + 4\left(\dfrac{2}{3}\right)^n \quad \therefore \quad q_n = (-1)^{n-1}\left(\dfrac{1}{3}\right)^{n+1} + 2\left(\dfrac{2}{3}\right)^{n+1}$$

例題 6.5

$X_1, X_2, \cdots, X_n$ は互いに独立な確率変数である。いま，$X_i(i=1,2,\cdots,n)$ が $X_i \leqq x$ となる確率 $P(X_i \leqq x)$ が次式で与えられるとき，

$$P(X_i \leqq x) = \begin{cases} 1-e^{-\lambda x} & (0 \leqq x) \\ 0 & (x < 0) \end{cases} \quad (\text{ただし，}\lambda \text{は正の定数})$$

(1) $X_1 + X_2 \leqq x$ となる確率を求めよ。

(2) $X_1 + X_2 + \cdots + X_n \leqq x$ となる確率は次の式で与えられることを証明せよ。

$$P(X_1 + X_2 + \cdots + X_n \leqq x)$$
$$= \begin{cases} 1 - e^{-\lambda x}\left(1 + \dfrac{\lambda x}{1!} + \cdots + \dfrac{(\lambda x)^{n-1}}{(n-1)!}\right) & (0 \leqq x) \\ 0 & (x<0) \end{cases}$$

(京大)

【解答】 X_i の確率密度関数は

$$p(x) = \begin{cases} \lambda e^{-\lambda x} & (0 \leqq x) \\ 0 & (x < 0) \end{cases}$$

$X_1, X_2, \cdots, X_n (i=1,2,\cdots,n)$ は互いに独立な確率変数であるから，$X_1, X_2, \cdots, X_n$ の結合密度関数は

$$f_n(x_1, x_2, \cdots, x_n) = p(x_1)p(x_2)\cdots p(x_n)$$
$$= \begin{cases} \lambda^n e^{-\lambda(x_1+x_2+\cdots+x_n)} & (x_1, x_2, \cdots, x_n \geqq 0) \\ 0 & (\text{その他}) \end{cases}$$

(1) $p(X_1 + X_2 \leqq x) = \iint_{x_1+x_2 \leqq x} f_2(x_1, x_2)\, dx_1\, dx_2$

$$= \begin{cases} \displaystyle\int_0^x dx_1 \int_0^{x-x_1} \lambda^2 e^{-\lambda(x_1+x_2)}\, dx_2 & (0 \leqq x) \\ 0 & (x < 0) \end{cases}$$

$$\int_0^x dx_1 \int_0^{x-x_1} \lambda^2 e^{-\lambda(x_1+x_2)}\, dx_2 = \int_0^x \lambda(e^{-\lambda x_1} - e^{-\lambda x})\, dx_1 = 1 - e^{-\lambda x} - \lambda x e^{-\lambda x}$$

$$\therefore\quad P(X_1 + X_2 \leqq x) = \begin{cases} 1 - e^{-\lambda x}(1 + \lambda x) & (0 \leqq x) \\ 0 & (x < 0) \end{cases}$$

(2) $n = 1, 2$ のとき，仮定と(1)より，明らかに与えられた結論が成立する。$n = k$ のとき，

$$P(X_1 + X_2 + \cdots + X_k \leqq x) = \begin{cases} 1 - e^{-x}\left(1 + \dfrac{\lambda x}{1!} + \cdots + \dfrac{(\lambda x)^{k-1}}{(k-1)!}\right) & (0 \leqq x) \\ 0 & (x < 0) \end{cases}$$

が成立すると仮定すると，$n=k+1$ のとき，$Y=X_1+X_2+\cdots+X_k$ とおくと，Y の密度関数は

$$q_k(y) = \frac{d}{dy}P(X_1+X_2+\cdots+X_k \leqq y)$$

$$= \begin{cases} \dfrac{d}{dy}\left\{1-e^{-\lambda y}\left(1+\dfrac{\lambda y}{1!}+\cdots+\dfrac{(\lambda y)^{k-1}}{(k-1)!}\right)\right\} & (0 \leqq y) \\ 0 & (y < 0) \end{cases}$$

また，Y と X_{k+1} は独立であるから，

$$P(X_1+X_2+\cdots+X_{k+1} \leqq x) = P(Y+X_{k+1} \leqq x)$$

$$= \begin{cases} \displaystyle\iint_{y+x_{k+1}\leqq x} q_k(y)p(x_{k+1})\,dy\,dx_{k+1} & (y, x_{k+1} \geqq 0) \\ 0 & (その他) \end{cases}$$

ここで，

$$\iint_{y+x_{k+1}\leqq x} q_k(y)p(x_{k+1})\,dy\,dx_{k+1}$$

$$= \int_0^x dy \int_0^{x-y} q_k(y)\lambda e^{-\lambda x_{k+1}}\,dx_{k+1} = \int_0^x q_k(y)(1-e^{-\lambda(x-y)})\,dy$$

$$= \int_0^x (1-e^{-\lambda(x-y)})\,d\left\{1-e^{-\lambda y}\left(1+\frac{\lambda y}{1!}+\cdots+\frac{(\lambda y)^{k-1}}{(k-1)!}\right)\right\}$$

$$= -\int_0^x \left\{1-e^{-\lambda y}\left(1+\frac{\lambda y}{1!}+\cdots+\frac{(\lambda y)^{k-1}}{(k-1)!}\right)\right\}(-\lambda e^{-\lambda(x-y)})\,dy$$

$$= \int_0^x \lambda e^{-(x-y)}\,dy - \int_0^x e^{-\lambda y}\left(1+\frac{\lambda y}{1!}+\cdots+\frac{(\lambda y)^{k-1}}{(k-1)!}\right)\lambda e^{-\lambda(x-y)}\,dy$$

$$= \lambda e^{-\lambda x}\int_0^x e^{\lambda y}\,dy - \lambda e^{-\lambda x}\int_0^x \left(1+\frac{\lambda y}{1!}+\cdots+\frac{(\lambda y)^{k-1}}{(k-1)!}\right)dy$$

$$= 1 - e^{-\lambda x}\left(1+\frac{\lambda x}{1!}+\cdots+\frac{(\lambda x)^k}{k!}\right)$$

よって，帰納法によって，任意の自然数 n に対して，与えられた結論が成立する．

問題研究

6.1 正規分布
$$P(x) = \frac{1}{\sqrt{2\pi}\sigma} \exp\left(-\frac{x^2}{2\sigma^2}\right) \quad (-\infty < x < \infty, \; \sigma > 0)$$
に従う2つの独立な確率変数 x, y の和 $x + y$ が従う確率分布関数と，商 x/y が従う確率分布関数を求めよ．また，それぞれの分布を $P(x)$ と比較し，その違いを簡潔に述べよ． (東大)

6.2 分布関数が $f(x_1), g(x_2) \, (-\infty < x < \infty)$ で与えられる変数 x_1, x_2 があるとき，和 $x_1 + x_2$ の分布関数を求めよ． (東大[†]，東大[*])

6.3 数直線上の原点に置かれたコマを考える．1から6の目のサイコロを投げ，偶数の目が出たらプラスの方向へ，奇数の目が出たらマイナスの方向へそれぞれ距離1だけ移動させる．各試行後の位置を X とするとき，次の問に答えよ．

（1） 1回試行したときの，平均 $E(X)$ と分散 $V(X)$ を求めよ．

（2） 2回試行したときの，確率分布 $P(X)$ を求めよ．

（3） n 回試行したときの，平均 $E(X)$ を求めよ． (山形大[*]，北大[*])

6.4 互いに独立な n 個の確率変数 $X_1, X_2, \cdots, X_n$ の分布はすべて区間 $[0, 1]$ 上の一様分布とする．このとき $1 \leq i \leq j \leq n$ なるすべての i, j に対し $|X_i - X_j| > d$ となる確率を求めよ．ただし d は $0 < d < 1/(n-1)$ なる定数である．

(東女大，東大工[*])

6.5 n 個の自然数 $(n \geq 1)$ が小さい順に並べられているとし，これらの一部あるいは全部を並べかえることを置換操作ということにする．ただし，全く並べかえない操作も1回の置換操作と考える．置換操作のうち，すべての数字の位置を変えるような操作を完全置換操作というとき，n 個の自然数に対して存在する完全置換操作の個数を w_n として，以下の問に答えよ．

（1） w_1, w_2, w_3 を求めよ．

（2） w_n を w_{n-1} と w_{n-2} を用いて表せ．ただし，$n \geq 3$ とする（結果だけでなく考え方の筋道も示すこと）．

（3） n 個の自然数に関する置換操作がすべて等確率で行われるとするとき，完全置換操作が行われる確率 $P_n (n \geq 1)$ を求めよ．

（4） $\lim_{n \to \infty} P_n$ を自然対数の底 e を用いて表わせ． (東大工)

6.6 半径 $R, r \left(r \leq \dfrac{R}{2}\right)$ の同心円 C_1, C_2 がある．円 C_1 の周上にランダムに3点 A, B, C を選ぶ．三角形 ABC が円 C_2 を内部に含む確率を求めよ．

ただし，$\sin^{-1}\dfrac{r}{R} = \theta \left(0 \leq \theta \leq \dfrac{\pi}{6}\right)$ とし，確率を θ で表わすこと．

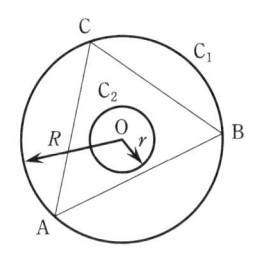

(東大工)

6.7 長さ1の線分上にランダムに三つの点をとり，それらの点でこの線分を切断して四つに分ける．このとき，少なくとも一つの線分の長さが0.4を越える確率を求めよ． (東大工)

6.8 A, B, 二人が合わせて n 個のリンゴをもっており，ゲーム毎に，勝った方は負けた方からリンゴを一つもらえるとする．ゲームには引分けは無く，A が勝つ確率を p, B が勝つ確率を q とする．このゲームを A または B, どちらかが手もちのリンゴが無くなるまで続ける試合を考える．すべてのリンゴを集めた方を勝者，リンゴを無くした方を敗者とする．また，A または B がリンゴを z 個もっているとき，それぞれが勝者になる確率を p_z, q_z とする．このとき，以下の問に答えよ．

 (1) p_z を p_{z-1} および p_{z+1} で表わせ．
 (2) p_z および q_z を求めよ．
 (3) 試合が永遠に続く確率が0であることを示せ． (東大工)

6.9 XY 平面に，$(m, n), (m+k, n), (m+k, n+k), (m, n+k)$ を4頂点とする正方閉領域 S が与えられている（ただし，m, n, k は正整数）．

また，A, B, C の目が等確率 (1/3) で出現する電子サイコロがある．

これに関して次の問に答えよ．

 (1) 電子サイコロを r 回ふって，目 A, B, C それぞれが少なくとも1回以上出る事象 (E_a) の発生確率 (P_a) を求めよ．
 (2) XY 平面の原点から始めて，点を移動させる．各移動に際し，r 回サイコロをふり，(1) の事象 E_a が起こったとき，X 軸方向に +1, それ以外の場合 Y 軸方向に +1 進む．このとき，点が領域 S を通過，または S に接触する確率を求めよ． (東大工[†])

6.10 離散的な確率変数 N の分布はパラメータ λ のポアッソン分布である.

$$P\{N = n\} = \frac{\lambda^n}{n!}e^{-\lambda} \quad (n = 0, 1, 2, \cdots) \qquad (\text{I})$$

また，離散的な確率変数 X の N に関する条件付き分布が次のように与えられている. p, q は $p + q = 1, p > 0, q > 0$ の条件をみたす.

$$P\{X = k | N = n\} = \begin{cases} {}_nC_k p^k q^{n-k} & (k = 0, 1, \cdots, n; n = 0, 1, \cdots) \\ 0 & (\text{その他}) \end{cases} \qquad (\text{II})$$

次の(1)～(5)の問に答えよ.

(1) $(N-1)(N-2)$ の期待値 $E[(N-1)(N-2)] = E[N(N-1)] - 2E[N] + 2$ を求めよ.

(2) 二つの事象 A, B について，$P(A|B)$ を事象 B に関する事象 A の条件付き確率としたとき，$P(A \cap B), P(B), P(A|B)$ の三つの確率の間にはどのような関係があるか.

(3) 前問(2)の結果を用いて，二つの事象 $\{X = k\}$ と $\{N = n\}$ の同時事象 $\{X = k\} \cap \{N = n\} = \{X = k, N = n\}$ の確率 $P\{X = k, N = n\}$ を式(I)と式(II)を用いて書き表わせ. k と n の範囲に注意せよ.

(4) $P\{X = k\}$ の確率はどのようになるか. 前問(3)の結果を用いて，次の和の計算を行なえ. $P\{X = k\} = \sum_{n=k}^{\infty} P\{X = k, N = n\}$

また，このことから期待値 $E[X]$ はどのようになるか.

(5) $X \cdot (N-1)(N-2)$ の期待値 $E[X \cdot (N-1)(N-2)]$ を次の和の計算を行なうことで求めよ.

$$E[X \cdot (N-1)(N-2)] = \sum_{n=0}^{\infty} \sum_{k=0}^{n} k \cdot (n-1)(n-2) \cdot P\{X = k, N = n\}$$

また，これを用いて，共分散 $\mathrm{Cov}[X, (N-1)(N-2)]$ を求めよ.

(名工大)

6.11 (1) 連続値をとる確率変数 X が区間 $[-1, 1]$ 上の一様分布 U に従っているものとする. X の分散 σ_X^2 を求めよ.

(2) 確率変数 $X_1, \cdots, X_n$ は互いに独立で X と同一の分布に従っているものとし，$S(n) = \sum_{i=1}^{n} X_i$ と定義する. $n = 2$ のとき，確率変数 $S(2) = X_1 + X_2$ の確率密度関数を図示し，分散 $\sigma_{S(2)}^2$ を求めよ.

(3) X の特性関数 $\varphi_X(t)$ を求めよ.

（4） $S(n)$ の特性関数 $\varphi_{S(n)}(t)$ を求めよ． （名大†）

6.12 $X_1, X_2, \cdots$ は，独立で平均 1 の指数分布に従うとする．このとき，$T_n = \sum_{i=1}^{n} X_i$ の密度関数が，$\dfrac{1}{(n-1)!} t_n^{n-1} \exp(-t_n)$ $(t_n > 0)$ であることを証明せよ．

（ヒント） 数学的帰納法によるのが一つの方法である．先ず T_{n-1} と T_n の同時分布を求めて，T_{n-1} を積分して消去すればよい．（一橋大，九大*，東北大*）

6.13 確率変数 X の平均を μ，標準偏差を $\sigma > 0$ とする．このとき，任意の $k > 0$ に対して，不等式

$$P(|X - \mu| > k\sigma) \leq \frac{1}{k^2}$$

が成立することを証明せよ（チェビシェフの不等式）．ただし，X は連続型として構わない． （首都大，一橋大*，東女大*）

6.14 下図のように，x 軸上の点 $S(s, 0)$ は s が $[-1, +1]$ なる一様分布をし，また直線 $y = 1$ 上の点 $T(t, 1)$ は t が $[-1, +1]$ なる一様分布をする．なお両者は互いに独立である．直線 ST が直線 $y = a$（ただし $a < 2$）と交わる点を $U(u, a)$ とする．以下の問に答えよ．

（1） 点 T が $t = t_0$ に確定したとき，点 U が $|u| \leq u_0$ である確率 p_1 を求める式を導出せよ．

（2） 点 S, T がそれぞれ上述の分布をするとき，点 U が $|u| \leq 0.5$ である確率 p_0 を求めよ．ただし，$a = 3$ とする．

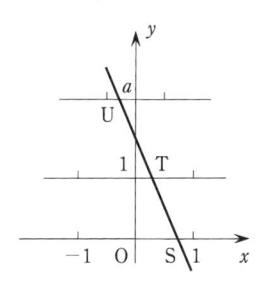

（東大工）

3 統 計

§1 資料の整理
1.1 度数分布表
測定値 x_i と対応する度数 $f_i (i = 1, \cdots, n)$ を表にしたものを**度数分布表**という.

度数分布数

階　級	中央値	度　数	累積度数
$a_0 \sim a_1$	x_1	f_1	f_1
$a_1 \sim a_2$	x_2	f_2	$f_1 + f_2$
$\vdots$	$\vdots$	$\vdots$	$\vdots$
$a_{i-1} \sim a_i$	x_i	f_i	$f_1 + f_2 + \cdots + f_i$
$\vdots$	$\vdots$	$\vdots$	$\vdots$
$a_{n-1} \sim a_n$	x_n	f_n	$f_1 + f_2 + \cdots + f_n = N$

1.2 平　均
（ⅰ） 測定値 $x_i (i = 1, 2, \cdots, n)$ に対して, 平均値は

$$\bar{x} = \sum_{i=1}^{n} \frac{x_i}{n} \quad (\langle x \rangle \text{と書くこともある}) \tag{6.77}$$

（ⅱ） 度数分布表が与えられたとき, 平均値は

$$\bar{x} = \frac{1}{N} \sum_{i=1}^{n} f_i x_i, \quad N = \sum_{i=1}^{n} f_i \tag{6.78}$$

1.3 メジアン, モード, レンジ
（ⅰ） **メジアン (中央値)** M_e

測定値 $x_1, x_2, \cdots, x_n$ を大きさの順に並べて $y_1 \leqq y_2 \leqq \cdots \leqq y_n$ としたとき, 中央の値:

$$M_e = \begin{cases} y_{(n+1)/2} & (n: \text{奇数}) \\ (y_{n/2} + y_{n/2+1})/2 & (n: \text{偶数}) \end{cases} \tag{6.79}$$

（ⅱ） **モード (最頻度)** M_0

$\max(f_1, f_2, \cdots, f_n) = f_m$ に対する測定値 x_m をモードという.

（ⅲ） **レンジ (範囲)** R

範囲: $R = \max(x_1, x_2, \cdots, x_n) - \min(x_1, x_2, \cdots, x_n) \tag{6.80}$

1.4 分散, 標準偏差
（ⅰ） 分散: $s^2 = \sum_{i=1}^{n} \dfrac{(x_i - \bar{x})^2}{n} = \sum_{i=1}^{n} \dfrac{x_i^2}{n} - \bar{x}^2 \quad (\bar{x}: \text{平均値}) \tag{6.81}$

標準偏差: $s = \sqrt{s^2} > 0$

（ⅱ） 度数分布表が与えられたとき,

分散: $s^2 = \dfrac{1}{N} \sum_{i=1}^{n} f_i (x_i - \bar{x})^2 = \dfrac{1}{N} \sum_{i=1}^{n} f_i x_i^2 - \bar{x}^2 \tag{6.82}$

標準偏差 : $s = \sqrt{s^2}$

1.5 相関

（ⅰ）**相関表** 2測定値 (x_i, y_i) と対応する度数 $f_{ij}(i = 1, \cdots, l\,;\,j = 1, \cdots, m)$ を表にしたものを**相関表**という．

相関表

Y \ X	$a_0 \sim a_1$ x_1	$a_1 \sim a_2$ x_2	$\cdots$	$a_{i-1} \sim a_i$ x_i	$\cdots$	$a_{l-1} \sim a_l$ x_l	$f_{\cdot j} = \sum_{i=1}^{l} f_{ij}$
$b_0 \sim b_1$ y_1	f_{11}	f_{21}	$\cdots$	f_{i1}		f_{l1}	$f_{\cdot 1}$
$b_1 \sim b_2$ y_2	f_{12}	f_{22}	$\cdots$	f_{i2}		f_{l2}	$f_{\cdot 2}$
$\vdots$ $\vdots$	$\vdots$	$\vdots$		$\vdots$		$\vdots$	$\vdots$
$b_{j-1} \sim b_j$ y_j	f_{1j}	f_{2j}	$\cdots$	f_{ij}	$\cdots$	f_{lj}	$f_{\cdot j}$
$\vdots$ $\vdots$	$\vdots$	$\vdots$		$\vdots$		$\vdots$	$\vdots$
$b_{m-1} \sim b_m$ y_m	f_{1m}	f_{2m}		f_{im}		f_{lm}	$f_{\cdot m}$
$f_{i\cdot} = \sum_{j=1}^{m} f_{ij}$	$f_{1\cdot}$	$f_{2\cdot}$	$\cdots$	$f_{i\cdot}$	$\cdots$	$f_{l\cdot}$	N

（ⅱ）**相関係数**

N 個の資料 $(x_i, y_i)\,(i = 1, 2, \cdots, N)$ に対し，

$$\text{相関係数} : r = \frac{s_{xy}^2}{s_x s_y} = \frac{\sum_{i=1}^{N}(x_i - \bar{x})(y_i - \bar{y})}{\sqrt{\sum_{i=1}^{N}(x_i - \bar{x})^2 (y_i - \bar{y})^2}} = \frac{\sum x_i y_i - N\bar{x}\bar{y}}{\sqrt{\sum x_i^2 - N\bar{x}^2}\sqrt{\sum y_i^2 - N\bar{y}^2}} \tag{6.83}$$

ただし，共分散 $s_{xy}^2 = \dfrac{1}{N}\sum(x_i - \bar{x})(y_i - \bar{y})$，分散 $s_x^2 = \dfrac{1}{N}\sum(x_i - \bar{x})^2$，$s_y^2 = \dfrac{1}{N}\sum(y_i - \bar{y})^2$ とする．

（ⅲ）相関表が与えられたとき，

$$\text{相関係数} : r = \frac{\sum_{i=1}^{l}\sum_{j=1}^{m}(x_i - \bar{x})(y_i - \bar{y})f_{ij}}{\sqrt{\sum_{i=1}^{l}(x_i - \bar{x})^2 f_{i\cdot}}\sqrt{\sum_{j=1}^{m}(y_i - \bar{y})^2 f_{\cdot j}}} \tag{6.84}$$

ただし，$f_{i\cdot} = \sum_{j=1}^{l} f_{ij}$，$f_{\cdot j} = \sum_{i=1}^{k} f_{ij}$ とする．

1.6 最小2乗法と回帰直線

N 個の資料 $(x_i, y_i)\,(i = 1, \cdots, N)$ に直線 $y = a + bx$ をあてはめる場合，

$$S = \sum_{i=1}^{n}(y_i - a - bx_i)^2, \quad \frac{\partial S}{\partial a} = 0, \quad \frac{\partial S}{\partial b} = 0$$

より

$$b = \frac{s_{xy}^2}{s_x^2} = \frac{\sum_{i=1}^{N}(x_i-\bar{x})(y_i-\bar{y})}{\sum_{i=1}^{N}(x_i-\bar{x})^2} = \frac{\sum x_i y_i - N\bar{x}\bar{y}}{\sum x_i^2 - N\bar{x}^2}, \quad a = \bar{y} - b\bar{x} \qquad (6.85)$$

となる.
$$y - \bar{y} = b(x - \bar{x}) \qquad (6.86)$$
を Y の X への**回帰直線**という.

§2 標 本 分 布

2.1 標本確率変数と統計量

（ⅰ） 分布関数 $F(x)$ をもつ母集団から，大きさ n の観測値 $x_1, x_2, \cdots, x_n$ を，同一分布 $F(x)$ をもつ n 個の確率変数 $X_1, X_2, \cdots, X_n$ の実現値とみるとき，$X_1, X_2, \cdots, X_n$ を**標本確率変数**, $x_1, x_2, \cdots, x_n$ を**標本値**という.

（ⅱ） 標本確率変数 $X_1, X_2, \cdots, X_n$ の関数を一般に**統計量**という.

2.2 順序統計量

母集団分布 $F(x)$ から，標本 $X_1, X_2, \cdots, X_n$ をその実現値の大きさの順に並びかえ，$X_{(1)} \leqq X_{(2)} \leqq \cdots \leqq X_{(n)}$ とし，**順序統計量**という.

（ⅰ） 同時分布：$1 \leqq r_1 < r_2 < \cdots < r_k \leqq n$ の k 個の整数に対して，$X(r_1), \cdots, X(r_k)$ の同時密度は

$$\frac{n!}{(r_1-1)!(r_2-r_1-1)!\cdots(r_k-r_{k-1}-1)!(n-r_k)!}$$
$$\times \left(\int_{-\infty}^{x_{r_1}} f(x)\,dx\right)^{r_1-1} \left(\int_{x_{r_1}}^{x_{r_2}} f(x)\,dx\right)^{r_2-r_1-1}$$
$$\cdots \left(\int_{x_{r_k}}^{\infty} f(x)\,dx\right)^{n-r_k} f(x_{r_1}) f(x_{r_2}) \cdots f(x_{r_k})$$
$$\times dx_{r_1} dx_{r_2} \cdots dx_{r_k} \quad (-\infty \leqq x_{r_1} \leqq \cdots \leqq x_{r_k} < \infty) \qquad (6.87)$$

（ⅱ） レンジ $R = X_{(n)} - X_{(1)}$ の密度は

$$h(r) = n(n-1) \int_a^{b-r} \left\{ f(u) f(u+r) \left(\int_u^{u+r} f(x)\,dx \right)^{n-2} \right\} du \qquad (6.88)$$

ただし, (a, b) は母集団分布の変域で, $0 < r < b - a$ である.

4 確 率 過 程

時間の経過と共に，変動の大きさが不確定に変動する現象を**確率過程**という.

── 例題 6.6 ──

点 O を中心として，半径 X_1, X_2, X_3 を $[0, 1]$ の範囲からランダムに，しかも独立に選択し，3 個の同心円を描くものとする．
（1） 3 個の同心円のうち，最大半径をもつ円の面積の期待値を求めよ．
（2） 3 個の同心円のうち，最小半径をもつ円の面積の期待値を求めよ．

(東大工)

【解答】 （1） $\max(X_1, X_2, X_3)$ の分布関数と確率密度関数をそれぞれ $F(x)$ と $f(x)$ とすると，

$$F(x) = P(\max(X_1, X_2, X_3) \leqq x) = P(X_1 \leqq x, \ X_2 \leqq x, \ X_3 \leqq x)$$
$$= P(X_1 \leqq x)P(X_2 \leqq x)P(X_3 \leqq x) \quad (\because \ X_1, X_2, X_3 が互いに独立)$$
$$= (P(X_1 \leqq x))^3 = \begin{cases} 0 & (x \leqq 0) \\ x^3 & (0 < x < 1) \\ 1 & (1 \leqq x) \end{cases}$$

であるから，

$$f(x) = \begin{cases} 3x^2 & (0 < x < 1) \\ 0 & (その他) \end{cases}$$

したがって，最大半径をもつ円の面積の期待値は

$$E_{\max} = \int_{-\infty}^{\infty} \pi x^2 \cdot f(x)\, dx = \int_0^1 \pi x^2 \cdot 3x^2\, dx = \frac{3\pi}{5}$$

（2） $\min(X_1, X_2, X_3)$ の分布関数と密度関数をそれぞれ $W(x)$ と $w(x)$ とすると，

$$W(x) = P(\min(X_1, X_2, X_3) \leqq x) = 1 - P(\min(X_1, X_2, X_3) > x)$$
$$= 1 - P(X_1 > x, \ X_2 > x, \ X_3 > x)$$
$$= 1 - P(X_1 > x)P(X_2 > x)P(X_3 > x)$$
$$= 1 - (1 - P(X_1 \leqq x))^3 = \begin{cases} 0 & (x \leqq 0) \\ 1 - (1 - x)^3 & (0 < x < 1) \\ 1 & (1 \leqq x) \end{cases}$$

であるから，

$$w(x) = \begin{cases} 3(1 - x)^2 & (0 < x < 1) \\ 0 & (その他) \end{cases}$$

したがって，最小半径をもつ円の面積の期待値は

$$E_{\min} = \int_{-\infty}^{\infty} \pi x^2 \cdot w(x)\, dx = \int_0^1 \pi x^2 \cdot 3(1 - x)^2\, dx = \frac{\pi}{10}$$

―― 例題 6.7 ―――――――――――――――――――――――

硬貨を繰返し投げ上げ，表裏の出る回数を観測する．表の出る確率を p, 裏の出る確率を $q(=1-p)$ として，次の問に答えよ．
(1) n 回投げ上げたうち，m 回表が出る確率はいくらか．
(2) (1)の結果に基づき，n 回投げ上げたうち表の出る回数 m の平均値（期待値）$\langle m \rangle$ を求めよ．結果だけでなく式を書き残せ．
(3) 同様にして，n 回投げ上げたうち表の出る回数 m の分散 $\sigma^2 = \langle (m - \langle m \rangle)^2 \rangle$ を求めよ．結果だけでなく式を書き残せ． (東大理)

【解答】 (1) 2項分布より

$$P(n \text{ 回投げ上げたうち，} m \text{ 回表が出る}) = \binom{n}{m} p^m q^{n-m}$$

(2) $\displaystyle \langle m \rangle = \sum_{m=0}^{n} m \binom{n}{m} p^m q^{n-m}$

$\displaystyle \quad = \sum_{m=1}^{n} m \cdot \frac{n!}{m!(n-m)!} p^m q^{n-m}$

$\displaystyle \quad = np \sum_{m=1}^{n} \frac{(n-1)!}{(m-1)![(n-1)-(m-1)]!} p^{m-1} q^{(n-1)-(m-1)}$

$\displaystyle \quad = np \sum_{l=0}^{n-1} \frac{(n-1)!}{l!(n-1-l)!} p^l q^{n-1-l} \quad (l = m-1 \text{ とおく})$

$\quad = np(p+q)^{n-1} = np$

(3) $\displaystyle \langle m^2 \rangle = \sum_{m=0}^{n} m^2 \binom{n}{m} p^m q^{n-m}$

$\displaystyle \quad = \sum_{m=2}^{n} m(m-1) \binom{n}{m} p^m q^{n-m} + \sum_{m=0}^{n} m \binom{n}{m} p^m q^{n-m}$

$\displaystyle \quad = \sum_{m=2}^{n} m(m-1) \frac{n!}{m!(n-m)!} p^m q^{n-m} + \langle m \rangle$

$\displaystyle \quad = n(n-1) p^2 \sum_{m=2}^{n} \frac{(n-2)!}{(m-2)![(n-2)-(m-2)]!}$
$\displaystyle \qquad \times p^{m-2} q^{(n-2)-(m-2)} + \langle m \rangle$

$\displaystyle \quad = n(n-1) p^2 \sum_{l=0}^{n-2} \frac{(n-2)!}{l!(n-2-l)!} p^l q^{n-2-l} + \langle m \rangle$

$\hfill (l = m-2 \text{ とおく})$

$\quad = n(n-1) p^2 (p+q)^{n-2} + np = n(n-1) p^2 + np$

$$\therefore\ \sigma^2 = \langle m^2 \rangle - \langle m \rangle^2 = \{n(n-1)p^2 + np\} - (np)^2 = np(1-p) = npq$$

【別解】 （2） 確率母関数： $\pi(t) \equiv \sum_{m=0}^{n} t^m \binom{n}{m} p^m q^{n-m}$

$$= \sum_{m=0}^{n} \binom{n}{m} (pt)^m q^{n-m} = (q + pt)^n$$

両辺を t で微分すると，

$$\pi'(t) = np(q + pt)^{n-1}, \quad \pi''(t) = n(n-1)p^2(q + pt)^{n-2}$$

$$\therefore\ \langle m \rangle = \alpha_{[1]} = \pi'(1) = np(q + p)^{n-1} = np$$

（3） $\alpha_{[2]} = \pi''(1) = n(n-1)p^2(q + p)^{n-2} = n(n-1)p^2$

$$\therefore\ \langle m^2 \rangle = \alpha_{[2]} + \alpha_{[1]} = n(n-1)p^2 + np$$

$$\therefore\ \sigma^2 = \langle (m - \langle m \rangle)^2 \rangle = \langle m^2 - 2m\langle m \rangle + \langle m \rangle^2 \rangle$$

$$= \langle m^2 \rangle - 2\langle m \rangle^2 + \langle m \rangle^2 = \langle m^2 \rangle - \langle m \rangle^2$$

$$= n(n-1)p^2 + np - (np)^2 = np(1-p) = npq$$

〈注〉 積率母関数を用いると

$$\phi(t) = \sum_{m=0}^{n} e^{tm} \binom{n}{m} p^m q^{n-m} = (pe^t + q)^n$$

$$\phi'(t) = n(pe^t + q)^{n-1} pe^t = np(pe^t + q)^{n-1} e^t$$

$$\phi''(t) = n(n-1)p^2(pe^t + q)^{n-2} e^{2t} + np(pe^t + q)^{n-1} e^t$$

$$\therefore\ \langle m \rangle = \alpha_1 = \phi'(0) = np(p + q)^{n-1} = np$$

σ^2 も同様にして求められる．

例題 6.8

以下の問題では $'$ は $\dfrac{d}{dt}$, $''$ は $\dfrac{d^2}{dt^2}$ とする.

(1) 常微分方程式
$$x''(t) + k^2 x(t) = f(t) \quad (t \geq 0)$$
の初期条件
$$x(0) = 0, \quad x'(0) = 0$$
のもとでの解は
$$x(t) = \frac{1}{k} \int_0^t \sin k(t-s) f(s)\, ds$$
であることを示せ. ただし k は正定数である.

(2) 確率微分方程式
$$X''(t) + k^2 X(t) = W'(t) \quad (t \geq 0)$$
を初期条件
$$X(0) = 0, \quad X'(0) = 0$$
のもとで解け. ただし $W(t)$ は
$$E[W'(t) W'(s)] = \sigma^2 \delta(t-s)$$
を満足する不規則過程である. ここで σ は正定数, $E[\ ]$ は期待値をとる記号である. また $\delta(t)$ はディラックの δ 関数であり, $t=0$ で連続な任意の関数 $\varphi(t)$ に対し, $t=0$ を含む積分領域で
$$\int \varphi(t) \delta(t)\, dt = \varphi(0)$$
を満足する.

(3) 平均値が 0 の場合の分散
$$V[X(t)] \equiv E[(X(t))^2]$$
を求めよ.

(東大工)

【解答】 (1) $x''(t) + k^2 x(t) = f(t) \quad (t \geq 0)$
をラプラス変換し, 初期条件を代入すると,
$$s^2 X(s) - s x(0) - x'(0) + k^2 X(s) = F(s)$$
ただし, $\mathscr{L}[x(t)] = X(s),\ \mathscr{L}[f(t)] = F(s)$ とする.
$$(s^2 + k^2) X(s) = F(s) \quad \therefore\quad X(s) = \frac{F(s)}{s^2 + k^2}$$
この式を逆ラプラス変換し, 重畳定理を用いると,

$$x(t) = \mathscr{L}^{-1}\left[\frac{F(s)}{s^2+k^2}\right] = \frac{1}{k}\mathscr{L}^{-1}\left[\frac{k}{s^2+k^2}F(s)\right]$$
$$= \frac{1}{k}\int_0^t \sin k(t-s)f(s)\,ds$$

（2） $X''(t) + k^2 X(t) = W'(t) \quad (t \geqq 0)$
に対して，（1）において，$x(t) \to X(t)$, $f(t) \to W'(t)$ と置換すると，
$$X(t) = \frac{1}{k}\int_0^t \sin k(t-s)W'(s)\,ds$$

（3） 与えられた条件
$$E[X(t)] = 0, \quad E[W'(t)W'(s)] = \sigma^2 \delta(t-s)$$
を用いると，
$$V[X(t)] = E[(X(t))^2] - (E[X(t)])^2$$
$$= E[(X(t))^2]$$
$$= E\left[\left(\frac{1}{k}\int_0^t \sin k(t-s)W'(s)\,ds\right)^2\right]$$
$$= \frac{1}{k^2}E\left[\left(\int_0^t \sin k(t-s)W'(s)\,ds\right)\left(\int_0^t \sin k(t-r)W'(r)\,dr\right)\right]$$
$$= \frac{1}{k^2}\int_0^t\int_0^t \sin k(t-s)\sin k(t-r)E[W'(s)W'(r)]\,ds\,dr$$
$$= \frac{1}{k^2}\int_0^t\int_0^t \sin k(t-s)\sin k(t-r)\sigma^2\delta(r-s)\,ds\,dr$$
$$= \frac{\sigma^2}{k^2}\int_0^t \sin^2 k(t-s)\,ds$$
$$= \frac{\sigma^2}{k^2}\int_0^t \frac{1-\cos 2k(t-s)}{2}\,ds$$
$$= \frac{\sigma^2}{2k^2}\left[s - \frac{\sin 2k(s-t)}{2k}\right]_0^t$$
$$= \frac{\sigma^2}{2k^2}\left(t - \frac{\sin 2kt}{2k}\right)$$

---- 例題 6.9 ----

（1） X_1, X_2 は独立な確率変数とし，その密度関数を $f_1(x_1), f_2(x_2)$ とする．このとき，$X_1 + X_2$ の密度関数 $f(x)$ は

$$f(x) = \int_{-\infty}^{\infty} f_1(x_1) f_2(x - x_1) \, dx_1 \qquad (*)$$

で与えられることを示せ．

（2） X_1, X_2 はそれぞれ正規分布 $N(m_1, \sigma_1^2), N(m_2, \sigma_2^2)$ に従うとき，$X_1 + X_2$ はどのような密度関数をもつか． (津田塾大)

【解答】 （1） X_1, X_2 は独立であるから，X_1, X_2 の結合確率密度関数 $h(x_1, x_2)$ は
$$h(x_1, x_2) = f_1(x_1) f_2(x_2)$$
したがって，$X_1 + X_2$ の密度関数 $f(x)$ は

$$f(x) = \frac{d}{dx} P(X_1 + X_2 \leqq x)$$

$$= \frac{d}{dx} \iint_{x_1 + x_2 \leqq x} h(x_1, x_2) \, dx_1 \, dx_2$$

$$= \frac{d}{dx} \int_{-\infty}^{\infty} dx_1 \int_{-\infty}^{x - x_1} f_1(x_1) f_2(x_2) \, dx_2$$

$$= \int_{-\infty}^{\infty} \left(\frac{d}{dx} \int_{-\infty}^{x - x_1} f_1(x_1) f_2(x_2) \, dx_2 \right) dx_1$$

$$= \int_{-\infty}^{\infty} f_1(x_1) f_2(x - x_1) \, dx_1 \qquad ①$$

（2） X_1, X_2 の確率密度関数はそれぞれ

$$f_1(x_1) = \frac{1}{\sqrt{2\pi\sigma_1^2}} \exp\left\{ -\frac{(x_1 - m_1)^2}{2\sigma_1^2} \right\}$$

$$f_2(x_2) = \frac{1}{\sqrt{2\pi\sigma_2^2}} \exp\left\{ -\frac{(x_2 - m_2)^2}{2\sigma_2^2} \right\}$$

$X_1 + X_2$ の確率密度関数は，① より

$$f(x) = \frac{1}{\sqrt{2\pi\sigma_1^2}} \frac{1}{\sqrt{2\pi\sigma_2^2}} \int_{-\infty}^{\infty} \exp\left\{ -\frac{(x_1 - m_1)^2}{2\sigma_1^2} \right\}$$

$$\times \exp\left\{ -\frac{(x - x_1 - m_2)^2}{2\sigma_2^2} \right\} dx_1$$

$$= \frac{1}{2\pi\sigma_1\sigma_2} \int_{-\infty}^{\infty} e^{-Q} \, dx_1$$

ただし,
$$Q = \frac{(x_1 - m_1)^2}{2\sigma_1^2} + \frac{(x - x_1 - m_2)^2}{2\sigma_2^2}$$
$$= \frac{\sigma_1^2 + \sigma_2^2}{2\sigma_1^2 \sigma_2^2}\left(x_1 - \frac{\dfrac{m_1}{\sigma_1^2} + \dfrac{x - m_2}{\sigma_2^2}}{\dfrac{1}{\sigma_1^2} + \dfrac{1}{\sigma_2^2}}\right)^2 + \frac{(x - m_1 - m_2)^2}{2(\sigma_1^2 + \sigma_2^2)}$$

$$\therefore\ f(x) = \frac{1}{2\pi \sigma_1 \sigma_2} \exp\left\{-\frac{(x - m_1 - m_2)^2}{2(\sigma_1^2 + \sigma_2^2)}\right\}$$
$$\times \int_{-\infty}^{\infty} \exp\left\{-\frac{\sigma_1^2 + \sigma_2^2}{2\sigma_1^2 \sigma_2^2}\left(x_1 - \frac{\dfrac{m_1}{\sigma_1^2} + \dfrac{x - m_2}{\sigma_2^2}}{\dfrac{1}{\sigma_1^2} + \dfrac{1}{\sigma_2^2}}\right)^2\right\} dx_1$$
$$= \frac{1}{2\pi \sigma_1 \sigma_2} \exp\left\{-\frac{(x - m_1 - m_2)^2}{2(\sigma_1^2 + \sigma_2^2)}\right\} \sqrt{\frac{2\pi \sigma_1^2 \sigma_2^2}{\sigma_1^2 + \sigma_2^2}}$$
$$= \frac{1}{\sqrt{2\pi(\sigma_1^2 + \sigma_2^2)}} \exp\left\{-\frac{(x - m_1 - m_2)^2}{2(\sigma_1^2 + \sigma_2^2)}\right\}$$

ゆえに,$X_1 + X_2$ は正規分布 $N(m_1 + m_2, \sigma_1^2 + \sigma_2^2)$ に従う(これを正規分布の**再生性**という).

【別解】(1) X_1, X_2 の結密度 $h(x_1, x_2)$ は
$$h(x_1, x_2) = f_1(x_1) f_2(x_2)$$
$$\begin{cases} U = X_1 \\ V = X_1 + X_2 \end{cases}$$
とおくと,U, V の結合密度 $h_1(u, v) = h(x_1, x_2)\left|\dfrac{\partial(x_1, x_2)}{\partial(u, v)}\right|$,ただし
$$\begin{cases} u = x_1 \\ v = x_1 + x_2 \end{cases} \Longrightarrow \begin{cases} x_1 = u \\ x_2 = -u + v \end{cases}$$
$$\therefore\ h_1(u, v) = f_1(u) f_2(v - u) \begin{vmatrix} 1 & 0 \\ -1 & 1 \end{vmatrix} = f_1(u) f_2(v - u)$$
したがって,$X_1 + X_2$ の密度関数 $f(x) = V$ の周辺密度関数は
$$f(x) = \int_{-\infty}^{\infty} h_1(u, x)\, du = \int_{-\infty}^{\infty} f_1(u) f_2(x - u)\, du = \int_{-\infty}^{\infty} f_1(x_1) f_2(x - x_1)\, dx_1$$

例題 6.10

X_1, X_2, X_3 は互いに独立な確率変数で,その分布はすべて区間 $[0, 1]$ 上の一様分布とする.和 $X_1 + X_2 + X_3$ の分布密度関数を求めよ. (東女大)

【解答】 (1) $i = 1, 2$ に対し,
$$f_i(x) = \begin{cases} 1 & (0 \leq x < 1) \\ 0 & (その他) \end{cases}$$

$Y = X_1 + X_2$ の密度関数は
$$g(y) = \int_{-\infty}^{\infty} f_1(x_1) f_2(y - x_1) \, dx_1$$

右図の斜線領域 D 外では $f_1(x_1)f_2(y-x_2) = 0$,
D 内では $f_1(x_1)f_2(y-x_1) = 1 \cdot 1 = 1$ である.

$$\therefore \ g(y) = \begin{cases} 0 & (y < 0) \\ \int_0^y 1 \cdot 1 \, dx_1 & (0 \leq y < 1) \\ \int_{y-1}^1 1 \cdot 1 \, dx_1 & (1 \leq y < 2) \\ 0 & (2 \leq y) \end{cases} = \begin{cases} 0 & (y < 0) \\ y & (0 \leq y < 1) \\ 2 - y & (1 \leq y < 2) \\ 0 & (2 \leq y) \end{cases}$$

(2) $Z = X_1 + X_2 + X_3 = Y + Z_3$ の密度関数は
$$h(z) = \int_{-\infty}^{\infty} f(x_3) g(z - x_3) \, dx_3 \qquad ①$$

(ⅰ) $0 \leq x_3 < 1$, $0 \leq z - x_3 < 1$, すなわち
$0 \leq x_3 < 1$, $z - 1 < x_3 \leq z$ のとき,
$f(x_3)g(z-x_3) = 1 \cdot (z - x_3) = z - x_3$

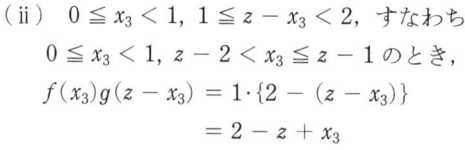

(ⅱ) $0 \leq x_3 < 1$, $1 \leq z - x_3 < 2$, すなわち
$0 \leq x_3 < 1$, $z - 2 < x_3 \leq z - 1$ のとき,
$f(x_3)g(z - x_3) = 1 \cdot \{2 - (z - x_3)\}$
$\qquad\qquad\qquad\quad = 2 - z + x_3$

(ⅲ) 右図の平行四辺形外では $f(x_3)g(z-x_3) = 0$.
z に関して次の 5 区間に分けて①の積分を行う.

(a) $z < 0$ のとき, $h(z) = 0$
(b) $0 \leq z < 1$ のとき,
$$h(z) = \int_0^z (z - x_3) \, dx_3 = \left[zx_3 - \frac{x_3^2}{2} \right]_0^z = \frac{z^2}{2}$$

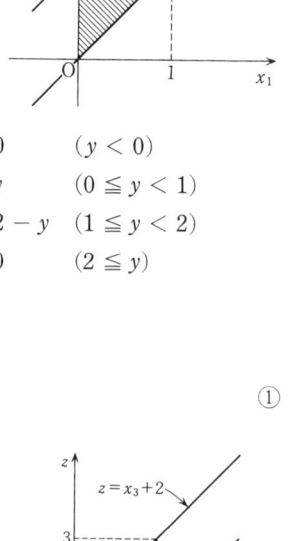

（c） $1 \leqq z < 2$ のとき，

$$h(z) = \int_0^{z-1} (2 - z + x_3)\, dx_3 + \int_{z-1}^1 (z - x_3)\, dx_3$$
$$= \left[(2-z)x_3 + \frac{x_3^2}{2} \right]_0^{z-1} + \left[zx_3 - \frac{x_3^2}{2} \right]_{z-1}^1$$
$$= -z^2 + 3z - \frac{3}{2}$$

（d） $2 \leqq z < 3$ のとき，

$$h(z) = \int_{z-2}^1 (2 - z + x_3)\, dx_3 = \left[(2-z)x_3 + \frac{x_3^2}{2} \right]_{z-2}^1 = \frac{z^2}{2} - 3z + \frac{9}{2}$$

（e） $3 \leqq z$ のとき，$h(z) = 0$

【別解】（2） X_1, X_2, X_3 は互いに独立であるから，X_1, X_2, X_3 の結合密度関数 $f(x_1, x_2, x_3)$ は

$$f(x_1, x_2, x_3) = \begin{cases} 1 & (x_1, x_2, x_3 \in [0, 1)) \\ 0 & (その他) \end{cases}$$

$$\begin{cases} Y_1 = X_1 + X_2 + X_3 \\ Y_2 = X_2 \\ Y_3 = X_3 \end{cases} \qquad ②$$

図 a

とおくと，Y_1, Y_2, Y_3 の結合密度関数 $\varphi(y_1, y_2, y_3)$ は

$$\varphi(y_1, y_2, y_3) = f(x_1, x_2, x_3) \left| \frac{\partial(x_1, x_2, x_3)}{\partial(y_1, y_2, y_3)} \right|$$

図 b

②より，

$$\begin{cases} y_1 = x_1 + x_2 + x_3 \\ y_2 = x_2 \\ y_3 = x_3 \end{cases}$$

$$\Longrightarrow \begin{cases} x_1 = y_1 - y_2 - y_3 \\ x_2 = y_2 \\ x_3 = y_3 \end{cases}$$

$$\Longrightarrow \frac{\partial(x_1, x_2, x_3)}{\partial(y_1, y_2, y_3)} = \begin{vmatrix} 1 & -1 & -1 \\ & 1 & \\ & & 1 \end{vmatrix} = 1$$

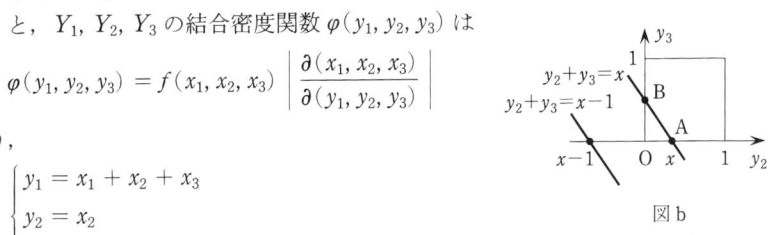

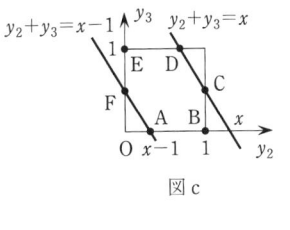

図 c

$$\therefore \quad \varphi(y_1, y_2, y_3) = \begin{cases} 1 & (0 \leqq y_1 - y_2 - y_3 < 1, \ 0 \leqq y_2, y_3 < 1) \\ 0 & (その他) \end{cases}$$

ゆえに，$X_1 + X_2 + X_3$ の密度関数 $f_{X_1+X_2+X_3}(x) = Y_1$ の周辺密度関数は

図d　　　　　　　　　　図e

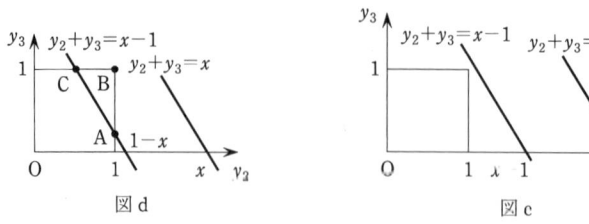

$$\varphi_X(x) = \int_{-\infty}^{\infty} \int_{-\infty}^{\infty} \varphi(x_1, y_2, y_3)\, dy_2\, dy_3$$

$$= \begin{cases} 0 & (x < 0) \quad (\text{図 a}) \\[4pt] \iint_{\triangle \text{ABO}} dy_2\, dy_3 & (0 \leqq x < 1) \quad (\text{図 b}) \\[4pt] \iint_{\text{六辺形 ABCDEF}} dy_2\, dy_3 & (1 \leqq x < 2) \quad (\text{図 c}) \\[4pt] \iint_{\triangle \text{ABC}} dy_2\, dy_3 & (2 \leqq x < 3) \quad (\text{図 d}) \\[4pt] 0 & (3 \leqq x) \quad (\text{図 e}) \end{cases}$$

$$= \begin{cases} 0 & (x < 0) \\[4pt] \dfrac{1}{2} x^2 & (0 \leqq x < 1) \\[4pt] 1 - \dfrac{1}{2}(x-1)^2 - \dfrac{1}{2}(2-x)^2 & (1 \leqq x < 2) \\[4pt] \dfrac{1}{2}(3-x)^2 & (2 \leqq x < 3) \\[4pt] 0 & (3 \leqq x) \end{cases}$$

$$= \begin{cases} \dfrac{1}{2} x^2 & (0 \leqq x < 1) \\[4pt] -x^2 + 3x - \dfrac{3}{2} & (1 \leqq x < 2) \\[4pt] \dfrac{1}{2} x^2 - 3x + \dfrac{9}{2} & (2 \leqq x < 3) \\[4pt] 0 & (\text{その他}) \end{cases}$$

例題 6.11

確率変数 X, Y が独立で，X は正規分布 $N(0,1)$ に従い，Y は自由度 n のカイ 2 乗 (χ^2) 分布をするとき，$U = \dfrac{\sqrt{n}\,X}{\sqrt{Y}}$ の確率分布を求めよ． (岡山大)

【解答】 X, Y は独立で，その確率密度関数はそれぞれ

$$f(x) = \frac{1}{\sqrt{2\pi}} e^{-x^2/2}, \quad g(y) = \begin{cases} \dfrac{1}{2^{n/2}\Gamma(n/2)} y^{n/2-1} e^{-y/2} & (0 \leqq y) \\ 0 & (y < 0) \end{cases}$$

であるから，X, Y の結合密度関数 $h(x, y)$ は

$$h(x, y) = \begin{cases} C e^{-x^2/2} y^{n/2-1} e^{-y/2} & (-\infty < x < \infty,\ 0 \leqq y) \\ 0 & (その他) \end{cases}$$

ただし，$C = \dfrac{1}{\sqrt{2\pi}\,2^{n/2}\Gamma(n/2)}$ とする．

$U = \dfrac{\sqrt{n}\,X}{\sqrt{Y}},\ V = Y$ とおくと，U, V の結合密度関数 $h_1(u, v)$ は

$$h_1(u, v) = h(x, y) \left| \frac{\partial(x, y)}{\partial(u, v)} \right|$$

ただし，$\begin{cases} u = \dfrac{\sqrt{n}\,x}{\sqrt{y}} \\ v = y \end{cases} \Longrightarrow \begin{cases} x = \dfrac{u\sqrt{v}}{\sqrt{n}} \\ y = v \end{cases}$

ゆえに，$\dfrac{\partial(x, y)}{\partial(u, v)} = \begin{vmatrix} \sqrt{\dfrac{v}{n}} & \dfrac{u}{2\sqrt{vn}} \\ 0 & 1 \end{vmatrix} = \sqrt{\dfrac{v}{n}}$

$\therefore\ h_1(u, v) = \begin{cases} C_1 v^{(n-1)/2} e^{-v(1+u^2/n)/2} & (-\infty < u < \infty,\ 0 \leqq v) \\ 0 & (その他) \end{cases} \quad \left(C_1 = \dfrac{C}{\sqrt{n}} \right)$

ゆえに，U の密度関数 $p(u)$ は

$$p(u) = \int_{-\infty}^{\infty} h_1(u, v)\,dv = C_1 \int_0^{\infty} v^{(n-1)/2} e^{-v(1+u^2/n)/2}\,dv$$

$$= C_1 2^{(n+1)/2} \left(1 + \frac{u^2}{n}\right)^{-(n+1)/2} \int_0^{\infty} t^{(n+1)/2-1} e^{-t}\,dt \quad \left(t = \frac{v}{2}\left(1 + \frac{u^2}{n}\right) とおく \right)$$

$$= \frac{2^{(n+1)/2} \Gamma\left(\dfrac{n+1}{2}\right)}{\sqrt{2\pi}\,2^{n/2} \Gamma\left(\dfrac{n}{2}\right) \sqrt{n}} \left(1 + \frac{u^2}{n}\right)^{-(n+1)/2} = \frac{\Gamma\left(\dfrac{n+1}{2}\right)}{\sqrt{n\pi}\,\Gamma\left(\dfrac{n}{2}\right)} \left(1 + \frac{u^2}{n}\right)^{-(n+1)/2}$$

---- 例題 6.12 ----

$h(x) = \displaystyle\int_{-\infty}^{\infty} f(x')g(x-x')\,dx'$ のとき，次の問に答えよ．

（1） $f(x), g(x), h(x)$ の n 次モーメントを f_n, g_n, h_n とする．たとえば，
$$g_3 = \int_{-\infty}^{\infty} x^3 g(x)\,dx$$
h_0, h_1, h_2 を $f(x), g(x)$ のモーメントで表わせ．

（2） 分布 $h(x)$ の与える標準偏差を $f(x), g(x)$ の与える標準偏差で表わせ．

（3） $F(X), G(X), H(X)$ をそれぞれ $f(x), g(x), h(x)$ のフーリエ変換とするとき $H(X)$ を $F(X), G(X)$ で表わせ． (東大理)

【解答】（1） $h_0 = \displaystyle\int_{-\infty}^{\infty} h(x)\,dx = \int_{-\infty}^{\infty}\left\{\int_{-\infty}^{\infty} f(x')g(x-x')\,dx'\right\}dx$

$\displaystyle = \int_{-\infty}^{\infty}\int_{-\infty}^{\infty} f(x')g(x-x')\,dx'\,dx$

$\displaystyle = \int_{-\infty}^{\infty} f(x')\left\{\int_{-\infty}^{\infty} g(x-x')\,dx\right\}dx'$

$\displaystyle = \int_{-\infty}^{\infty} f(x')\left\{\int_{-\infty}^{\infty} g(u)\,du\right\}dx' \quad (u = x - x' \text{ とおく})$

$\displaystyle = g_0 \int_{-\infty}^{\infty} f(x')\,dx' = f_0 g_0$

$h_1 = \displaystyle\int_{-\infty}^{\infty} xh(x)\,dx = \int_{-\infty}^{\infty} x\left\{\int_{-\infty}^{\infty} f(x')g(x-x')\,dx'\right\}dx$

$\displaystyle = \int_{-\infty}^{\infty}\left\{f(x')\int_{-\infty}^{\infty} xg(x-x')\,dx\right\}dx'$

$\displaystyle = \int_{-\infty}^{\infty}\left\{f(x')\int_{-\infty}^{\infty}(u+x')g(u)\,du\right\}dx' \quad (u = x - x' \text{ とおく})$

$\displaystyle = \int_{-\infty}^{\infty} f(x')\left\{\int_{-\infty}^{\infty} ug(u)\,du + x'\int_{-\infty}^{\infty} g(u)\,du\right\}dx'$

$\displaystyle = \int_{-\infty}^{\infty} f(x')(g_1 + x'g_0)\,dx'$

$\displaystyle = g_1 \int_{-\infty}^{\infty} f(x')\,dx' + g_0 \int_{-\infty}^{\infty} x'f(x')\,dx' = f_0 g_1 + f_1 g_0$

$$h_2 = \int_{-\infty}^{\infty} x^2 h(x) = \int_{-\infty}^{\infty} x^2 \left\{ \int_{-\infty}^{\infty} f(x')g(x-x')\, dx' \right\} dx$$

$$= \int_{-\infty}^{\infty} f(x') \left\{ \int_{-\infty}^{\infty} x^2 g(x-x')\, dx \right\} dx'$$

$$= \int_{-\infty}^{\infty} f(x') \left\{ \int_{-\infty}^{\infty} (u+x')^2 g(u)\, du \right\} dx' \quad (u = x - x' \text{ とおく})$$

$$= \int_{-\infty}^{\infty} f(x') \left[\int_{-\infty}^{\infty} \{u^2 + 2x'u + (x')^2\} g(u)\, du \right] dx'$$

$$= \int_{-\infty}^{\infty} f(x') \left\{ \int_{-\infty}^{\infty} u^2 g(u)\, du + 2x' \int_{-\infty}^{\infty} u g(u)\, du \right.$$
$$\left. + (x')^2 \int_{-\infty}^{\infty} g(u)\, du \right\} dx'$$

$$= \int_{-\infty}^{\infty} f(x')(g_2 + 2x' g_1 + (x')^2 g_0)\, dx'$$

$$= g_2 \int_{-\infty}^{\infty} f(x')\, dx' + 2g_1 \int_{-\infty}^{\infty} x' f(x')\, dx' + g_0 \int_{-\infty}^{\infty} (x')^2 f(x')\, dx'$$

$$= f_0 g_2 + 2 f_1 g_1 + f_2 g_0$$

ただし, $f_0 = g_0 = 1$ とする.

（2） 分布 $f(x)$ の標準偏差を σ_f とすると,

$$\sigma_f = \left\{ \int_{-\infty}^{\infty} x^2 f(x)\, dx - \left(\int_{-\infty}^{\infty} x f(x)\, dx \right)^2 \right\}^{1/2}$$

$$= (f_2 - f_1^2)^{1/2}$$

同様に, $\sigma_g = (g_2 - g_1^2)^{1/2}$

よって, 分布 $h(x)$ の標準偏差 σ_h は

$$\sigma_h = (h_2 - h_1^2)^{1/2}$$
$$= \{(g_2 + 2f_1 g_1 + f_2) - (g_1 + f_1)^2\}^{1/2} \quad (\because \text{ (1)})$$
$$= \sqrt{(g_2 - g_1^2) + (f_2 - f_1^2)}$$
$$= \sqrt{\sigma_g^2 + \sigma_f^2}$$

（3） $F(X), G(X), H(X)$ はそれぞれ $f(x), g(x), h(x)$ のフーリエ変換であるから, 重畳定理によって

$$H(X) = F(X) G(X) \quad (\text{または } \sqrt{2\pi} F(X) G(X))$$

【別解】（2） 分散 : $\sigma^2 = \overline{(x-\bar{x})^2} = \overline{x^2 - 2x\bar{x} + (\bar{x})^2} = \overline{x^2} - 2\bar{x}\bar{x} + (\bar{x})^2 = \overline{x^2} - (\bar{x})^2$

標準偏差 : $\sigma = \sqrt{\overline{x^2} - (\bar{x})^2}$

$$\bar{x} = \int_{-\infty}^{\infty} x h(x)\, dx = h_1, \quad \overline{x^2} = \int_{-\infty}^{\infty} x^2 h(x)\, dx = h_2$$
$$\therefore \quad \sigma_h = \sqrt{h_2 - h_1^2}$$

同様にして,
$$\sigma_f = \sqrt{f_2 - f_1^2}, \quad \sigma_g = \sqrt{g_2 - g_1^2}$$
$$\therefore \quad \sigma_h = \sqrt{h_2 - h_1^2} = \sqrt{(g_2 + 2g_1 f_1 + f_2) - (g_1 + f_1)^2}$$
$$= \sqrt{(g_2 - g_1^2) + (f_2 - f_1^2)} = \sqrt{\sigma_g^2 + \sigma_f^2}$$

(3) $\displaystyle H(X) = \frac{1}{\sqrt{2\pi}} \int_{-\infty}^{\infty} h(x)\, e^{-iXx}\, dx$

$\displaystyle \qquad = \frac{1}{\sqrt{2\pi}} \int_{-\infty}^{\infty} \left\{ \int_{-\infty}^{\infty} f(x') g(x - x')\, dx' \right\} e^{-iXx}$

$\displaystyle \qquad = \frac{1}{\sqrt{2\pi}} \int_{-\infty}^{\infty} f(x') \int_{-\infty}^{\infty} g(Y)\, e^{-iX(Y+x')}\, dY\, dx'$

(ただし, $x - x' = Y$)

$\displaystyle \qquad = \int_{-\infty}^{\infty} f(x')\, e^{-iXx'} \left\{ \frac{1}{\sqrt{2\pi}} \int_{-\infty}^{\infty} g(Y)\, e^{-iXY}\, dY \right\} dx'$

$\displaystyle \qquad = \int_{-\infty}^{\infty} f(x')\, e^{-iXx'} G(X)\, dx'$

$\displaystyle \qquad = \sqrt{2\pi}\, G(X) \frac{1}{\sqrt{2\pi}} \int_{-\infty}^{\infty} f(x')\, e^{-iXx'}\, dx'$

$\displaystyle \qquad = \sqrt{2\pi}\, G(X) F(X)$

例題 6.13

X, Y は 2 次のモーメントをもつ確率変数である．X と Y の分散をそれぞれ $V(X), V(Y)$ とし，X と Y の共分散を $\mathrm{Cov}\,(X, Y)$ で表わす．以下を示せ．

(1) $X + Y$ の分散 $V(X + Y)$ は
$$V(X + Y) = V(X) + V(Y) + 2\,\mathrm{Cov}\,(X, Y)$$
で表わされる．

(2) X と Y の相関係数 $\rho = \dfrac{\mathrm{Cov}\,(X, Y)}{\sqrt{V(X)V(Y)}}$ は $\rho^2 \leqq 1$ をみたす．

(九大，新潟大)

【解答】 (1) $E(X) = \mu_1, E(Y) = \mu_2$ とおくと，
$$E(X + Y) = \mu_1 + \mu_2$$
$$\therefore\; V(X + Y) = E((X + Y - \mu_1 - \mu_2)^2)$$
$$= E((X - \mu_1)^2 + 2(X - \mu_1)(Y - \mu_2) + (Y - \mu_2)^2)$$
$$= E((X - \mu_1)^2) + E((Y - \mu_2)^2) + 2E((X - \mu_1)(Y - \mu_2))$$
$$= V(X) + V(Y) + 2\,\mathrm{Cov}\,(X, Y)$$

ただし，$\mathrm{Cov}\,(X, Y) = E((X - \mu_1)(Y - \mu_2))$ とする．

(2) $V(X) = \sigma_1^2, V(Y) = \sigma_2^2$ とおくと，

$$0 \leqq E\left(\left(\frac{X - \mu_1}{\sigma_1} \mp \frac{Y - \mu_2}{\sigma_2}\right)^2\right)$$
$$= E\left(\frac{(X - \mu_1)^2}{\sigma_1^2} \mp 2\frac{(X + \mu_1)(Y - \mu_2)}{\sigma_1 \sigma_2} + \frac{(Y - \mu_2)^2}{\sigma_2^2}\right)$$
$$= \frac{1}{\sigma_1^2}E((X - \mu_1)^2) \mp 2\frac{1}{\sigma_1 \sigma_2}E((X - \mu_1)(Y - \mu_2)) + \frac{1}{\sigma_2^2}E((Y - \mu_2)^2)$$
$$= \frac{\sigma_1^2}{\sigma_1^2} \mp 2\rho + \frac{\sigma_2^2}{\sigma_2^2} = 2\{1 \mp \rho\}$$

$$\therefore\; -1 \leqq \rho \leqq 1 \quad \text{すなわち} \quad \rho^2 \leqq 1$$

ただし，$\rho = \dfrac{E((X - \mu_1)(Y - \mu_2))}{\sigma_1 \sigma_2} = \dfrac{\mathrm{Cov}\,(X, Y)}{\sqrt{V(X)V(Y)}}$ とする．

―― 例題 **6.14** ――

確率変数 X が平均 λ のポアッソン分布に従っている。次の問に答えよ。
（1） X の積率母関数 $\phi_X(t)$ を求めよ。
（2） 平均 $E(X)$，分散 $V(X)$ を求めよ。
（3） 規準化変数 $Y = \{X - E(X)\}/\sqrt{V(X)}$ の $\lambda \to \infty$ のときの極限分布が正規分布 $N(0, 1)$ であることを示せ。　　　　（東京理科大，九大*，新潟大*）

【解答】（1） X の積率母関数は

$$\phi_X(t) = \sum_{k=0}^{\infty} e^{tk} p(k\,;\lambda)$$

$$= \sum_{k=0}^{\infty} (e^t)^k e^{-\lambda} \frac{\lambda^k}{k!}$$

$$= e^{-\lambda} \sum_{k=0}^{\infty} \frac{(\lambda e^t)^k}{k!}$$

$$= e^{-\lambda} \exp(\lambda e^t)$$

$$= \exp\{\lambda(e^t - 1)\} \qquad ①$$

（2） ①より，

$$\phi_X'(t) = \exp\{\lambda(e^t - 1)\} \cdot \lambda e^t$$

$$\therefore\ E(X) = \mu_1' = \phi_X'(0) = \lambda \qquad ②$$

$$\phi_X''(t) = \exp\{\lambda(e^t - 1)\}(\lambda e^t)^2 + \exp\{\lambda(e^t - 1)\} \cdot \lambda e^t$$

$$\therefore\ \mu_2' = \phi_X''(0) = \lambda^2 + \lambda$$

$$\therefore\ V(X) = \mu_2' - (\mu_1')^2$$

$$= \lambda^2 + \lambda - \lambda^2 = \lambda \qquad ③$$

（3） ②，③を与式に代入すれば，

$$Y = (X - E(X))/\sqrt{V(X)} = (X - \lambda)/\sqrt{\lambda}$$

となり，この積率母関数を求めると，

$$\phi(Y\,;t) = E(e^{Yt})$$

$$= \sum_{k=0}^{\infty} e^{(k-\lambda)t/\sqrt{\lambda}} \frac{\lambda^k}{k!} e^{-\lambda}$$

$$= e^{-\sqrt{\lambda}\,t} \sum_{k=0}^{\infty} \frac{(\lambda e^{t/\sqrt{\lambda}})^k}{k!}$$

$$= e^{-\sqrt{\lambda}\,t} \exp\{\lambda(e^{t/\sqrt{\lambda}} - 1)\}$$

この対数をとり，指数部をテイラー展開すると，

$$\log \phi(Y\,;t) = -\sqrt{\lambda}\,t + \lambda(e^{t/\sqrt{\lambda}} - 1)$$

$$= -\sqrt{\lambda}\, t + \left\{1 + \frac{t}{\sqrt{\lambda}} + \frac{1}{2!}\left(\frac{t}{\sqrt{\lambda}}\right)^2 + O(\lambda^{-3/2})\right\}$$

$$= \frac{t^2}{2} + O(\lambda^{-1/2}) \longrightarrow \frac{t^2}{2} \quad (\lambda \to \infty) \qquad ④$$

一方，$N(0, 1)$ の積率母関数は，

$$\phi(t) = E(e^{Xt}) = \int_{-\infty}^{\infty} e^{Xt} \frac{1}{\sqrt{2\pi}} e^{-x^2/2}\, dx$$

$$= \frac{1}{\sqrt{2\pi}} e^{t^2/2} \int_{-\infty}^{\infty} e^{-(x-t)^2/2}\, d(x-t)$$

$$= \frac{1}{\sqrt{2\pi}} e^{t^2/2} \cdot \sqrt{2\pi} = e^{t^2/2}$$

$$\therefore \quad \log \phi(t) = \frac{t^2}{2} \qquad ⑤$$

④，⑤より，Y は正規分布 $N(0, 1)$ に収束することがわかる．

【別解】（2）
$$E(X) = \sum_{k=0}^{\infty} k p(k\,;\,\lambda)$$

$$= \sum_{k=1}^{\infty} k e^{-\lambda} \frac{\lambda^k}{k!}$$

$$= \lambda e^{-\lambda} \sum_{k=1}^{\infty} \frac{\lambda^{k-1}}{(k-1)!}$$

$$= \lambda e^{-\lambda} \sum_{l=0}^{\infty} \frac{\lambda^l}{l!} = \lambda e^{-\lambda} \cdot e^{\lambda} = \lambda$$

$$E(X^2) = \sum_{k=0}^{\infty} k^2 p(k\,;\,\lambda)$$

$$= \sum_{k=0}^{\infty} k(k-1) p(k\,;\,\lambda) + \sum_{k=0}^{\infty} k p(k\,;\,\lambda)$$

$$= \sum_{k=2}^{\infty} k(k-1)\, e^{-\lambda} \frac{\lambda^k}{k!} + \lambda$$

$$= \lambda^2 e^{-\lambda} \sum_{k=2}^{\infty} \frac{\lambda^{k-2}}{(k-2)!} + \lambda$$

$$= \lambda^2 e^{-\lambda} \sum_{m=0}^{\infty} \frac{\lambda^m}{m!} + \lambda$$

$$= \lambda^2 e^{-\lambda} \cdot e^{\lambda} + \lambda = \lambda^2 + \lambda$$

$$\therefore \quad V(X) = E(X^2) - E^2(X) = \lambda$$

例題 6.15

Y を $\left(-\dfrac{\pi}{2}, \dfrac{\pi}{2}\right)$ 上の一様分布に従う確率変数とする.

(1) 確率変数 $X = C\tan Y$ ($C > 0$: 変数) の分布の密度関数を求めよ.

(2) $X_1, \cdots, X_n$ を上の X と同じ分布に従う独立な確率変数とする. このとき
$$\dfrac{X_1 + \cdots + X_n}{n}$$
の密度関数を求めよ. (立教大)

【解答】 (1) $X = C\tan Y\left(-\dfrac{\pi}{2} < Y < \dfrac{\pi}{2}\right)$ は $X = C\tan\pi\left(Y' - \dfrac{1}{2}\right)$ ($0 < Y' < 1$) と等価である. したがって, X の分布関数を $G(x)$ とすると,

$$G(x) = P\{X \leq x\} = P\left\{C\tan\pi\left(Y' - \dfrac{1}{2}\right) \leq x\right\}$$

$$= P\left\{Y' - \dfrac{1}{2} \leq \dfrac{1}{\pi}\tan^{-1}\dfrac{x}{C}\right\} = P\left\{Y' \leq \dfrac{1}{2} + \dfrac{1}{\pi}\tan^{-1}\dfrac{x}{C}\right\}$$

$$= F\left(\dfrac{1}{2} + \dfrac{1}{\pi}\tan^{-1}\dfrac{x}{C}\right) = \dfrac{1}{2} + \dfrac{1}{\pi}\tan^{-1}\dfrac{x}{C}$$

ゆえに, X の密度関数 $g(x)$ は

$$g(x) = G'(x) = \left(\dfrac{1}{\pi}\tan^{-1}\dfrac{x}{C}\right)' = \dfrac{1}{\pi}\dfrac{d\tan^{-1}\xi}{dx}\dfrac{d\xi}{dx} \quad \left(\xi = \dfrac{x}{C}\right)$$

$$= \dfrac{1}{\pi}\dfrac{1}{1+\xi^2}\dfrac{1}{C} = \dfrac{C}{(x^2+C^2)\pi} \quad (-\infty < x < \infty)$$

(2) X の特性関数は
$$\varphi(t) = e^{-Ct}$$
であるから, $\bar{X} = \dfrac{X_1 + \cdots + X_n}{n}$ の特性関数は

$$\left\{\varphi\left(\dfrac{t}{n}\right)\right\}^n = \{e^{-Ct/n}\}^n = e^{-Ct}$$

となって, $\varphi(t)$ に等しい. したがって, $\bar{X}$ の密度関数は

$$g(x) = \dfrac{C}{(x^2+C^2)\pi} \quad (-\infty < x < \infty)$$

〈注〉 X の特性関数の計算
$$\varphi(t) = \int_{-\infty}^{\infty} e^{itx} \frac{C}{\pi(x^2+C^2)} dx = \frac{1}{\pi}\int_{-\infty}^{\infty} \frac{e^{iCty}}{y^2+1} dy \quad \left(y=\frac{x}{C} \text{ とおく}\right) \quad \text{①}$$

$f(z) = \dfrac{e^{iCtz}}{z^2+1}$ とおくと,

(ⅰ) $t>0$ のとき,右図より,
$$\text{Res}(f:i) = \frac{e^{iCtz}}{(z^2+1)'}\bigg|_{z=i} = \frac{e^{-Ct}}{2i}$$

留数定理より
$$\oint_{ABCA} f(z)\,dz = 2\pi i \cdot \frac{e^{-Ct}}{2i}$$
$$\therefore \left(\int_{\overline{AB}} + \int_{\widehat{BCA}}\right) f(z)\,dz = \pi e^{-Ct} \quad \text{②}$$

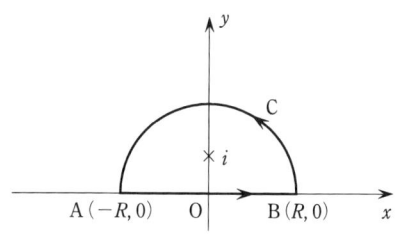

ここで,
$$\left|\int_{\widehat{BCA}} f(z)\,dz\right| \leqq \int_0^\pi \frac{e^{-CtR\sin\theta}}{R^2-1} R\,d\theta \leqq \frac{2R}{R^2-1}\int_0^{\pi/2} e^{-2CtR\theta/\pi}\,d\theta$$
$$\left(0 \leqq \theta \leqq \frac{\pi}{2} \text{ のとき, } \sin\theta > \frac{2}{\pi}\theta\right)$$
$$\leqq \frac{2R}{R^2-1}\int_0^\infty e^{-2CtR\theta/\pi}\,d\theta = \frac{\pi}{Ct(R^2-1)} \longrightarrow 0 \quad (R\to\infty)$$

ゆえに,②の両辺を $R\to\infty$ として
$$\int_{-\infty}^\infty f(x)\,dx = \pi e^{-Ct} \quad \text{③}$$

①に③を代入すると
$$\varphi(t) = e^{-Ct}$$

(ⅱ) $t \leqq 0$ のとき,同様にして
$$\varphi(t) = e^{Ct}$$

したがって,両者を含めて
$$\varphi(t) = e^{-C|t|} \quad (-\infty < t < \infty)$$

例題 6.16

中心を O とする半径 R の円内に，まったくでたらめに 2 点 P および Q をとる．このとき，次の問に答えよ．

(1) OP 間の距離を a とするとき，a および a^2 の確率密度関数を求めよ．

(2) 三角形 OPQ の面積の期待値を求めよ．

(3) 次に，点 P は固定したままとし，点 Q を，距離 OQ は一定に保ったまま O のまわりに回転させて $\angle POQ = \pi/2$ となる位置まで移動させた．このとき，移動後の PQ 間の距離 d の確率密度関数を求めよ．

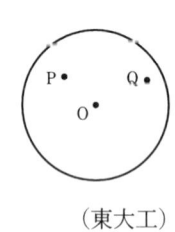

(東大工)

【解答】 (1) a および a^2 の密度関数をそれぞれ $f_a(r), f_{a^2}(r)$ とおくと，a の分布関数は

$$F_a(r) = p\{a \leqq r\} = \begin{cases} 0 & (r \leqq 0) \\ \iint_{x^2+y^2 \leqq r^2} f(x,y)\,dx\,dy & (0 < r < R) \\ 1 & (R \leqq r) \end{cases}$$

$$\left(\because \text{ 点 P の座標 } (x,y) \text{ の密度関数は } f(x,y) = \begin{cases} \dfrac{1}{\pi R^2} & (x^2+y^2 \leqq R^2) \\ 0 & (\text{その他}) \end{cases}\right)$$

$$= \begin{cases} 0 & (r \leqq 0) \\ \left(\dfrac{r}{R}\right)^2 & (0 < r < R) \\ 1 & (R \leqq r) \end{cases}$$

であるから，$f_a(r) = \begin{cases} \dfrac{2r}{R^2} & (0 < r < R) \\ 0 & (\text{その他}) \end{cases}$

a^2 の分布関数は

$$F_{a^2}(r) = p\{a^2 \leqq r\}$$

$$= \begin{cases} 0 & (r \leqq 0) \\ \iint_{x^2+y^2 \leqq r} f(x,y)\,dx\,dy & (0 < r < R) \\ 1 & (R \leqq r) \end{cases} = \begin{cases} 0 & (r \leqq 0) \\ \dfrac{r}{R^2} & (0 < r < R) \\ 1 & (R \leqq r) \end{cases}$$

であるから，

$$f_{a^2}(r) = \begin{cases} \dfrac{1}{R^2} & (0 < r < R) \\ 0 & (その他) \end{cases}$$

（2） $\overrightarrow{\mathrm{OQ}}$ を正の x 軸とすると，三角形 OPQ の面積 S は

$$S = \frac{1}{2} a_\mathrm{P} a_\mathrm{Q} |\sin \Theta| \quad (0 < \Theta < 2\pi) \qquad ①$$

ただし，$a_\mathrm{P} = \overline{\mathrm{OP}}, a_\mathrm{Q} = \overline{\mathrm{OQ}}, \Theta = \overrightarrow{\mathrm{OP}}$ の偏角とする．

Θ は $(0, 2\pi)$ において一様分布に従うから，その密度関数は

$$f_\Theta(\theta) = \begin{cases} 1/2\pi & (0 < \theta < 2\pi) \\ 0 & (その他) \end{cases}$$

（1），①によって，S の期待値は

$$E(S) = \int_0^{2\pi} \int_0^R \int_0^R \frac{1}{2} r_\mathrm{P} r_\mathrm{Q} |\sin \theta| \cdot \frac{2r_\mathrm{P}}{R^2} \frac{2r_\mathrm{Q}}{R^2} \cdot \frac{1}{2\pi} \, dr_\mathrm{P} \, dr_\mathrm{Q} \, d\theta$$

$$= \frac{1}{\pi R^4} \cdot \left(2\int_0^\pi \sin \theta \, d\theta \right) \left(\int_0^R r_\mathrm{P}^2 \, dr_\mathrm{P} \right) \left(\int_0^R r_\mathrm{Q}^2 \, dr_\mathrm{Q} \right)$$

$$= \frac{1}{\pi R^4} \cdot 2[\cos \theta]_\pi^0 \cdot \left[\frac{1}{3} r_\mathrm{P}^3 \right]_0^R \cdot \left[\frac{1}{3} r_\mathrm{Q}^3 \right]_0^R = \frac{4}{9\pi} R^2$$

（3） $C = \mathrm{OP}$（定数）とおくと，

$$P\{d = \sqrt{C^2 + a_\mathrm{Q}^2} \leqq t\} = \begin{cases} 0 & (t \leqq C) \\ P\{a_\mathrm{Q}^2 \leqq t^2 - C^2\} & (C < t < \sqrt{R^2 + C^2}) \\ 1 & (\sqrt{R^2 + C^2} \leqq t) \end{cases}$$

$$= \begin{cases} 0 & (t \leqq C) \\ \displaystyle\iint_{x^2+y^2 \leqq t^2-C^2} \frac{1}{\pi R^2} \, dx \, dy & (C < t < \sqrt{R^2 + C^2}) \\ 1 & (\sqrt{R^2 + C^2} \leqq t) \end{cases}$$

$$= \begin{cases} 0 & (t \leqq C) \\ \dfrac{t^2 - C^2}{R^2} & (C < t < \sqrt{R^2 + C^2}) \\ 1 & (\sqrt{R^2 + C^2} \leqq t) \end{cases}$$

$\therefore$ d の密度関数 $f_d(t) = \begin{cases} \dfrac{2t}{R^2} & (C < t < \sqrt{R^2 + C^2}) \\ 0 & (その他) \end{cases}$

── 例題 6.17 ──

xy 面上の動点を q とする．1 から 6 までの目が等確率で出るさいころをふり，1 または 6 の目が出たときは q を x 方向に $+1$，2 または 5 の目が出たときは x 方向に -1，3 または 4 の目が出たときは y 方向に $+1$ だけ動かすものとする．はじめ q は原点 $(0,0)$ にあったものとし，上記の操作を n 回繰り返した後で q が (x, y) にいる確率を $P_n(x, y)$ とする．
(a) P_n を P_{n-1} で表わす式をつくれ．
(b) n 回の操作後の q の位置について $x^2 + y^2$ の期待値を求めよ．（東大理）

【解答】 (a) $A = (1\text{ または }6\text{ の目が出る})$
$B = (2\text{ または }5\text{ の目が出る})$
$C = (3\text{ または }4\text{ の目が出る})$
$E(u, v, i) = (i\text{ 回の操作後の動点 }q\text{ は }(u, v)\text{ の位置である})$

とおくと，

$E(x, y, n) = E(x, y, n)A \cup E(x, y, n)B \cup E(x, y, n)C$
$\therefore\ P(E(x, y, n)) = P(E(x, y, n)A) + P(E(x, y, n)B) + P(E(x, y, n)C)$
$\qquad = P(E(x, y, n)|A)P(A) + P(E(x, y, n)|B)P(B)$
$\qquad\quad + P(E(x, y, n)|C)P(C)$
$\qquad = P(E(x-1, y, n-1))P(A)$
$\qquad\quad + P(E(x+1, y, n-1))P(B)$
$\qquad\quad + P(E(x, y-1, n-1))P(C)$

ゆえに，

$$P_n(x, y) = \frac{1}{3}P_{n-1}(x-1, y) + \frac{1}{3}P_{n-1}(x+1, y) + \frac{1}{3}P_{n-1}(x, y-1)$$

$$\left(\because\ P(A) = P(B) = P(C) = \frac{1}{6} + \frac{1}{6} = \frac{1}{3}\right)$$

(b) x 方向に右移動および左移動した回数をそれぞれ a, b，y 方向に移動した回数を c とすると，n 回の操作後の q の位置は $(a-b, c)$ である．多項分布によって，この位置にある確率は

$$P_n(a-b, c) = \frac{n!}{a!b!c!}\left(\frac{1}{3}\right)^n = \frac{n!}{a!b!(n-a-b)!}\left(\frac{1}{3}\right)^n$$

$$(\because\ a+b+c = n)$$

したがって，求める期待値は

$$M = \sum_{a=0, b=0, a+b \leq n} \{(a-b)^2 + (n-a-b)^2\} P_n(a-b, c)$$

$$= \sum_{a=0, b=0, a+b \leq n} \{(a-b)^2 + (n-a-b)^2\} \frac{n!}{a!b!(n-a-b)!} \left(\frac{1}{3}\right)^n$$

$$= \left(\frac{1}{3}\right)^n \sum_{a=0}^{n} \frac{n!}{a!(n-a)!}$$

$$\times \sum_{b=0}^{n-a} \frac{\{2a^2 + 2b(b-1) + 2b + n^2 - 2na - 2nb\}(n-a)!}{b!(n-a-b)!}$$

$$= \left(\frac{1}{3}\right)^n \sum_{a=0}^{n} \frac{n!}{a!(n-a)!} \left\{ (2a^2 + n^2 - 2na) 2^{n-a} \right.$$

$$+ 2(n-a)(n-a-1) \sum_{b=2}^{n-a} \frac{(n-a-2)!}{(b-2)!(n-a-b)!}$$

$$\left. - (2n-1)(n-a) \sum_{b=1}^{n-a} \frac{(n-a-1)!}{(b-1)!(n-a-b)!} \right\}$$

$$= \left(\frac{1}{3}\right)^n \sum_{a=0}^{n} \frac{n!}{a!(n-a)!} \{(2a(a-1) + 2a + n^2 - 2na) 2^{n-a}$$

$$+ 2(n-a)(n-a-1) 2^{n-a-2} - (2n-1)(n-a) 2^{n-a-1}\}$$

$$= \left(\frac{1}{3}\right)^n \left\{ 2n(n-1) \sum_{a=2}^{n} \frac{(n-2)!}{(a-2)!(n-a)!} 2^{(n-2)-(a-2)} \right.$$

$$- 2n(n-1) \sum_{a=1}^{n} \frac{(n-1)!}{(a-1)!(n-a)!} 2^{(n-1)-(a-1)}$$

$$+ n^2 \sum_{a=0}^{n} \frac{n!}{a!(n-a)!} 2^{n-a} + 2n(n-1) \sum_{a=0}^{n-2} \frac{(n-2)!}{a!(n-a-2)!} 2^{(n-2)-a}$$

$$\left. - (2n-1)n \sum_{a=0}^{n-1} \frac{(n-1)!}{a!(n-a-1)!} 2^{(n-1)-a} \right\}$$

$$= \left(\frac{1}{3}\right)^n \{2n(n-1)3^{n-2} - 2n(n-1)3^{n-1} + n^2 \cdot 3^n$$

$$+ 2n(n-1)3^{n-2} - (2n-1)n 3^{n-1}\}$$

$$= \left(\frac{1}{3}\right)^n \{2n(n-1) - 6n(n-1) + 9n^2 + 2n(n-1)$$

$$- 3n(2n-1)\} 3^{n-2}$$

$$= \frac{1}{9} \{n^2 + 5n\}$$

例題 6.18

直交座標系 O-xyz で表わされる3次元空間において，原点 O を始点とし点 P(x, y, z) を終点とするベクトル $\overrightarrow{OP}$ の xy 平面への正射影の長さを R とする．点 P が単位球面上に一様にランダムに選ばれるとして次の問に答えよ．

(1) R の確率密度関数を求めよ．
(2) R の期待値を求めよ． (東大工)

【解答】 (1) $0 \leqq r < 1$ のとき，

$P\{r < R \leqq r + \Delta r\}$
$= 8P\{点 P \in A\}$ （A：単位球面上の斜線部分）
$= 8 \iint_A \dfrac{1}{4\pi} dS$
$= 8 \iint_{D_{xy}} \sqrt{1 + \left(\dfrac{\partial z}{\partial x}\right)^2 + \left(\dfrac{\partial z}{\partial y}\right)^2} \, dx \, dy$

（ただし，$x^2 + y^2 + z^2 = 1$, D_{xy}：A の xy 平面への投影領域）

$= \dfrac{2}{\pi} \iint_{D_{xy}} \sqrt{1 + \left(\dfrac{-x}{\sqrt{1-x^2-y^2}}\right)^2 + \left(\dfrac{-y}{\sqrt{1-x^2-y^2}}\right)^2} \, dx \, dy$

$= \dfrac{2}{\pi} \iint_{D_{xy}} \dfrac{1}{\sqrt{1-x^2-y^2}} \, dx \, dy$

$= \dfrac{2}{\pi} \int_0^{\pi/2} d\theta \int_r^{r+\Delta r} \dfrac{\rho}{\sqrt{1-\rho^2}} \, d\rho \quad (x = \rho \cos\theta, \ y = \rho \sin\theta)$

$= \dfrac{2}{\pi} \cdot \dfrac{\pi}{2} \cdot \sqrt{1-\rho^2}\bigg|_{r+\Delta r}^{r} = \sqrt{1-r^2} - \sqrt{1-(r+\Delta r)^2}$

$= \dfrac{2r\Delta r + (\Delta r)^2}{\sqrt{1-r^2} + \sqrt{1-(r+\Delta r)^2}}$

$r < 0$ のとき，$P\{r < R \leqq r + \Delta r\} = 0$．
$r \geqq 1$ のとき，$P\{r < R \leqq r + \Delta r\} = 0$．
したがって，R の密度関数は，

$f_R(r) = \lim_{\Delta r \to 0} \dfrac{P\{r < R \leqq r + \Delta r\}}{\Delta r}$

$= \begin{cases} \displaystyle\lim_{\Delta r \to 0} \dfrac{2r + \Delta r}{\sqrt{1-r^2} + \sqrt{1-(r+\Delta r)^2}} & (0 \leqq r < 1) \\ 0 & \text{（その他）} \end{cases}$

$$= \begin{cases} \dfrac{r}{\sqrt{1-r^2}} & (0 \leqq r < 1) \\ 0 & (\text{その他}) \end{cases}$$

（2） R の期待値 $E(R)$ は

$$E(R) = \int_0^\infty r f_R(r)\,dr = \int_0^1 r \cdot \frac{r}{\sqrt{1-r^2}}\,dr = \int_0^{\pi/2} \sin^2\theta\,d\theta$$

$$= \int_0^{\pi/2} \frac{1-\cos 2\theta}{2}\,d\theta = \frac{1}{2} \cdot \frac{\pi}{2} = \frac{\pi}{4}$$

例題 6.19

1次元，2次元ガウス分布の確率密度関数 $g_1(x), g_2(x,y)$ は $g_1(x) = c_1 e^{-ax^2}$, $g_2(x,y) = c_1^2 e^{-a(x^2+y^2)}$ で与えられる．ここで a は正であり，規格化定数 c_1 は $c_1^{-1} = \int_{-\infty}^{+\infty} e^{-ax^2} dx = \sqrt{\dfrac{\pi}{a}}$ で与えられる．次の問に答えよ．

（1） 1次元ガウス分布 $g_1(x)$ の $2n$ 次（n は自然数）のモーメント $\langle x^{2n} \rangle_1 = \int_{-\infty}^{+\infty} x^{2n} g_1(x) dx$ を計算せよ．

（2） 2次元ガウス分布 $g_2(x,y)$ について，動径成分 $r (r^2 = x^2 + y^2)$ の確率密度関数 $p(r)$ を求めよ．

（3） 2次元ガウス分布 $g_2(x,y)$ による動径成分 r の $2n-1$ 次（n は自然数）のモーメント $\langle r^{2n-1} \rangle_2 = \int_0^{+\infty} r^{2n-1} p(r) dr$ を求めよ． （東北大）

【解答】 （1）
$$\langle x^{2n} \rangle_1 = \int_{-\infty}^{\infty} x^{2n} c_1 e^{-ax^2} dx$$
$$= 2c_1 \int_0^{\infty} x^{2n} e^{-ax^2} dx$$
$$= 2c_1 \int_0^{\infty} \left(\frac{t}{a}\right)^n e^{-t} \frac{1}{2a} \left(\frac{t}{a}\right)^{-1/2} dt \quad (t = ax^2 \text{ とおく})$$
$$= 2c_1 \frac{1}{2a^{n+1/2}} \int_0^{\infty} t^{(n+1/2)-1} e^{-t} dt$$
$$= \frac{1}{\sqrt{\pi} a^n} \Gamma\left(n + \frac{1}{2}\right)$$
$$= \frac{1}{\sqrt{\pi} a^n} \left(n - \frac{1}{2}\right)\left(n - \frac{3}{2}\right) \cdots \frac{3}{2} \cdot \frac{1}{2} \sqrt{\pi}$$
$$= \frac{1}{a^n} \left(n - \frac{1}{2}\right)\left(n - \frac{3}{2}\right) \cdots \frac{3}{2} \cdot \frac{1}{2}$$

（2） 動径成分 r の分布関数を $F(r)$ とすると，
$$F(r) = P\{R \leqq r\}$$
（ⅰ） $r \leqq 0$ のとき，$F(r) = 0$
（ⅱ） $r > 0$ のとき，
$$F(r) = P\{x^2 + y^2 \leqq r^2\}$$

$$= \iint_{x^2+y^2 \leq r^2} c_1^2 e^{-a(x^2+y^2)} \, dx \, dy$$

$$= c_1^2 \int_0^{2\pi} d\theta \int_0^r e^{-a\rho^2} \rho \, d\rho \quad (x = \rho \cos\theta, y = \rho \sin\theta \text{ とおく})$$

$$= c_1^2 \cdot 2\pi \cdot \frac{1}{2a} \int_0^{ar^2} e^{-t} \, dt \quad (t = ar^2 \text{ とおく})$$

$$= c_1^2 \frac{\pi}{a} \left[-e^{-t} \right]_0^{ar^2}$$

$$= \frac{a}{\pi} \cdot \frac{\pi}{a} (1 - e^{-ar^2}) = 1 - e^{-ar^2}$$

$$\therefore \quad p(r) = \frac{d}{dr} F(r) = \begin{cases} 0 & (r \leq 0) \\ 2ar \, e^{-ar^2} & (0 < r) \end{cases}$$

(3) $\langle r^{2n-1} \rangle_2 = \displaystyle\int_0^\infty r^{2n-1} p(r) \, dr$

$$= \int_0^\infty r^{2n-1} 2ar \, e^{-ar^2} \, dr$$

$$= 2a \int_0^\infty r^{2n} e^{-ar^2} \, dr$$

$$= 2a \cdot \frac{1}{2a^{n+1/2}} \Gamma\left(n + \frac{1}{2}\right) \quad ((1) \text{の計算を参照})$$

$$= \frac{\sqrt{\pi}}{a^{n-1/2}} \left(n - \frac{1}{2}\right) \left(n - \frac{3}{2}\right) \cdots \frac{3}{2} \cdot \frac{1}{2}$$

---例題 6.20---

確率変数 X が正規分布をもち, $E[X] = 0, E[X^2] = 1$ であるとする. ここで $E[\cdot]$ は期待値を意味する. 互いに独立な確率変数 $X_n (n = 1, 2, 3, 4)$ がそれぞれ, X と同じ正規分布をもつとする. 次の問に答えよ.

(1) X の特性関数 $\phi_X(k) = E[e^{ikX}]$ を求めよ.
(2) $W = X_1 + X_2$ によって定義される確率変数の特性 $\phi_W(k)$ を求め, $\phi_X(k)$ との関係を書け.
(3) $Y = X_1 X_2$ によって定義される確率変数の特性関数 $\phi_Y(k)$ を求めよ.
(4) $Z = X_1 X_2 + X_3 X_4$ によって定義される確率変数の確率密度関数 $f_Z(z)$ を求めよ. (東北大)

【解答】 (1) X の分布密度は, 題意より

$$\frac{1}{\sqrt{2\pi}} e^{-x^2/2} \quad (-\infty < x < \infty)$$

$$\therefore \phi_X(k) = E(e^{ikx}) = \int_{-\infty}^{\infty} \frac{1}{\sqrt{2\pi}} e^{-x^2/2} e^{ikx} \, dx$$

$$= e^{-k^2/2} \int_{-\infty}^{\infty} \frac{1}{\sqrt{2\pi}} e^{-(1/2)\{x^2 - 2ikx + (ik)^2\}} \, dx$$

$$= e^{-k^2/2} \int_{-\infty}^{\infty} \frac{1}{\sqrt{2\pi}} e^{-(1/2)(x-ik)^2} \, dx = e^{-k^2/2}$$

(2) X_1, X_2 は互いに独立で, X と同じ正規分布をもつから,

$$\phi_W(k) = \phi_{X_1}(k) \cdot \phi_{X_2}(k) = \phi_X^2(k) = (e^{-k^2/2})^2 = e^{-k^2}$$

(3) X_1, X_2 は互いに独立であるから,

$$\phi_Y(k) = E(e^{iky}) = E(e^{ikx_1 x_2})$$

$$= \int_{-\infty}^{\infty} \int_{-\infty}^{\infty} e^{ikx_1 x_2} \frac{1}{\sqrt{2\pi}} e^{-x_1^2/2} \cdot \frac{1}{\sqrt{2\pi}} e^{-x_2^2/2} \, dx_1 \, dx_2$$

$$= \int_{-\infty}^{\infty} \frac{1}{\sqrt{2\pi}} e^{-x_2^2/2 + (1/2)(ikx_2)^2} \, dx_2 \int_{-\infty}^{\infty} \frac{1}{\sqrt{2\pi}} e^{-(1/2)\{x_1^2 - 2ikx_1 x_2 + (ikx_2)^2\}} \, dx_1$$

$$= \int_{-\infty}^{\infty} \frac{1}{\sqrt{2\pi}} e^{-\{(1+k^2)/2\} x_2^2} \, dx_2 \int_{-\infty}^{\infty} \frac{1}{\sqrt{2\pi}} e^{-(1/2)(x_1 - ikx_2)^2} \, dx_1$$

$$= \frac{1}{\sqrt{1+k^2}} \int_{-\infty}^{\infty} \frac{1}{\sqrt{2\pi} \frac{1}{\sqrt{1+k^2}}} \exp\left(-\frac{x_2^2}{\frac{2}{1+k^2}}\right) dx_2 = \frac{1}{\sqrt{1+k^2}}$$

(4) $\phi_Z(k) = E(e^{ikz}) = E(e^{ikx_1 x_2}) E(e^{ikx_3 x_4})$

$$= \left(\frac{1}{\sqrt{1+k^2}}\right)^2 = \frac{1}{1+k^2}$$

すなわち,

$$\int_{-\infty}^{\infty} f(z)\, e^{ikz}\, dz = \frac{1}{1+k^2} \qquad ①$$

一方,部分積分によって,

$$\int_{0}^{\infty} e^{-z} \cos kz\, dz = \frac{1}{1+k^2}$$

すなわち,

$$\int_{-\infty}^{\infty} e^{-|z|} \cos kz\, dz = \frac{2}{1+k^2}$$

$$\therefore \int_{-\infty}^{\infty} \frac{1}{2} e^{-|z|} e^{ikz}\, dz = \frac{1}{1+k^2} \qquad ②$$

①を②と比較すると,

$$f(z) = \frac{1}{2} e^{-|z|}$$

問題研究

6.15 $X_1, X_2, \cdots, X_n$ は $N(0, 1)$ からの標本変量とする.
$$\begin{bmatrix} Y_1 \\ Y_2 \\ \vdots \\ Y_n \end{bmatrix} = P \begin{bmatrix} X_1 \\ X_2 \\ \vdots \\ X_n \end{bmatrix}, \quad P は直交行列$$
とおくとき, $Y_1, Y_2, \cdots, Y_n$ は互いに独立となり, かつ, 各々は $N(0, 1)$ に従うことを示せ. (熊本大, 大阪市大*)

6.16 確率変数 (X, Y) が 2 次元正規分布に従い, その確率密度関数が
$$f(x, y) = \frac{1}{2\pi\sigma_x\sigma_y\sqrt{1-\rho^2}} \exp\left\{-\frac{1}{2(1-\rho^2)}\left(\frac{x^2}{\sigma_x^2} - 2\rho\frac{xy}{\sigma_x\sigma_y} + \frac{y^2}{\sigma_y^2}\right)\right\}$$
(ただし, $-\infty < x, y < \infty$, $\sigma_x, \sigma_y > 0$, $0 < \rho^2 < 1$ で与えられているとき)
(1) Y の周辺密度関数を求めよ.
(2) $Y = y$ が与えられたときの X の条件付分布が正規分布になることを示し, その平均と分散を求めよ.
(3) X と Y が統計的に独立であるための必要十分条件は $\rho = 0$ であることを示せ. (広島大[†], 筑波大[†])

6.17 確率変数 (X, Y, Z) の密度関数を
$$f(x, y, z) = \begin{cases} e^{-(x+y+z)} & (x > 0, \ y > 0, \ z > 0) \\ 0 & (その他) \end{cases}$$
とするとき, $U = \dfrac{1}{3}(X + Y + Z)$ の確率密度関数 $g(u)$ を求めよ. (岡山大)

6.18 確率変数 $X_1, X_2, \cdots, X_n$ が互いに独立で, 密度関数
$$f(x) = \begin{cases} \lambda \exp(-\lambda x) & (0 < x) \\ 0 & (x \leq 0) \end{cases}$$
をもつ同一の指数分布に従うとする. ただし, $\lambda > 0$ とする. このとき, 確率変数 $Y = X_1 + X_2 + \cdots + X_n$ は密度関数
$$g(y) = \begin{cases} \dfrac{1}{(n-1)!} \lambda^n y^{n-1} \exp(-\lambda y) & (0 < y) \\ 0 & (y \leq 0) \end{cases}$$
をもつガンマ分布に従うことを示せ. (九大)

6.19 （1） ξ を 0 から 1 の範囲の一様な乱数としたとき，$x = -\log_e \xi$ で定義される x は，どのような確率分布をとるか．確率密度関数 $f(x)$ を求めよ．

（2） ξ_1, ξ_2 をそれぞれ 0 から 1 の範囲の一様な乱数としたとき，$y = \xi_1 \xi_2$ の確率密度関数 $g(y)$ を求めよ．

（3） また（2）で使った $y = \xi_1 \xi_2$ について $z = -\log_e y$ で定義される z の確率密度関数 $h(z)$ を求めよ． (東大理)

6.20 以下の 5 組の標本データについて，x, y それぞれの平均値と不偏分散を求めよ．また，x と y の相関係数を求めよ．

x	7	9	11	13	10
y	10	6	18	14	12

(お茶大)

6.21 n 次元ベクトル $\boldsymbol{X} = (x_1, \cdots, x_n)$，$\boldsymbol{Y} = (y_1, \cdots, y_n)$ に対して，定数 $\mu_X, \mu_Y, \sigma_{XX}, \sigma_{XY}$ を

$$\mu_X = \frac{1}{n}\sum_{i=1}^n x_i, \quad \mu_Y = \frac{1}{n}\sum_{i=1}^n y_i, \quad \sigma_{XX} = \frac{1}{n}\sum_{i=1}^n x_i^2, \quad \sigma_{XY} = \frac{1}{n}\sum_{i=1}^n x_i y_i$$

と定義する．(a, b) の関数 $L(a, b) = \sum_{i=1}^n (y_i - a - bx_i)^2$ を最小化させる (a, b) を (α, β) とする．(α, β) が存在して一意に定まる必要条件を述べ，その場合の (α, β) を $\mu_X, \mu_Y, \sigma_{XX}, \sigma_{XY}$ によって表わせ． (首都大)

6.22 区間 $[0, 1]$ からランダムに 2 点 x_1, x_2 を独立に選ぶ．このとき，両者の距離
$$\delta = |x_1 - x_2|$$
の期待値と分散とを求めよ． (東大工)

6.23 十分大きな面積 S の平面上に，質点が単位面積あたり ρ 個の割合で，ランダムに分布している．

（1） 一つの質点から，距離 a の範囲内に，他の質点が 1 個も存在しない確率 p_0 を求めよ．

（2） $S \to \infty$ で，$p_0 = e^{-\pi \rho a^2}$ となることを示せ．

（3） （2）のとき，一つの質点から，それに最も近い質点までの距離が，r と $r + dr$ の間にくる確率 $f(r)\, dr$ を求めよ．

（4） （2）のとき，r^2 の期待値を求めよ． (東大工*)

6.24 1 から n までの番号のついた n 個の箱がある．また 1 から n までの番号がついた n 個の球がある．この球の中から無作為に 1 球を取り出し，番号 1 の箱に入れる．残りの $n-1$ 個の球から無作為に 1 球を取り出し，番号 2 の箱に入れる．このようにして n 個の箱に球を一つずつ入れるとき，箱の番号と，球の番号が一致するものの数を R とする．R の平均値 $E(R)$ と分散 $V(R)$ を求めよ．

(早大)

6.25 $T_n(x) = \begin{cases} 0 & (x \leq 0) \\ \dfrac{1}{2^{n/2}\Gamma\left(\dfrac{n}{2}\right)} x^{(n-2)/2} e^{-x/2} & (0 < x) \end{cases}$

を確率密度とする分布を,自由度 n の χ^2 分布という (n は自然数). y_1, y_2 がそれぞれ独立に自由度 n_1 の χ^2 分布,自由度 n_2 の χ^2 分布に従うとき,$y = y_1 + y_2$ が自由度 $n_1 + n_2$ の χ^2 分布に従うことを証明せよ. (立教大)

6.26 次の(1), (2)に答えよ.
(1) X, Y が独立な確率変数のとき
$$V(X + Y) = V(X) + V(Y)$$
を示せ.ここで $V(X)$ は X の分散である.
(2) X, Y が独立で,その分布が共に2項分布 $B(n, p)$ であるとき $X + Y$ の分布を計算せよ. (津田塾大)

6.27 確率変数 $Z_1, Z_2, \cdots, Z_n$ が標準正規分布 $N(0, 1)$ に従い,互いに独立とする.このとき $X_n = Z_1^2 + Z_2^2 + \cdots + Z_n^2$ について下の問に答えよ.
(1) X_n の平均値と分散を求めよ.
(2) X_n の分布の確率密度関数 $f_n(x)$ を求めよ.
(3) n を十分大としたとき X_n/n の近似分布を求めよ.

(東工大,東京理科大*,九大*)

6.28 X を値が非負整数の確率変数とする.ある正数 λ について
$$P(X = m) = \frac{\lambda^m}{m!} e^{-\lambda} \quad (m = 0, 1, 2, \cdots)$$
であるとき,X はパラメータ λ のポアッソン分布に従うという.
(1) X がパラメータ λ のポアッソン分布に従う確率変数であるとき,X の平均値と分散を求めよ.
(2) X_1, X_2 はそれぞれパラメータ λ_1, λ_2 のポアッソン分布に従う確率変数で,X_1 と X_2 とは互いに独立であるとする.このとき,
 (i) $X_1 + X_2$ はパラメータ $\lambda_1 + \lambda_2$ のポアッソン分布に従うことを示せ.
 (ii) 条件 $X_1 + X_2 = n$ の下で,$X_1 = m$ となる確率を求めよ.

(阪大)

6.29 平均 m のポアッソン分布 $\left(P_m(x) = \dfrac{e^{-m} m^x}{x!}\right)$ に従う母集団から,n 個の標本 $x_1, x_2, \cdots, x_n$ を独立に取り出したとき,$\sum_{i=1}^{n} x_i$ は平均 mn のポアッソン分布に従うことを示せ. (立教大)

6.30 伝染性の病気の患者数が時間とともに増加していく問題を考える．一人の患者が微小時間 dt の間に他の一人を感染させる確率を λdt とする（λ は正定数）．一人の患者が1度に二人以上の人を感染させる可能性，および，患者が回復または死亡する可能性は無視する．時刻 $t=0$ に一人の患者がいるとして，時間 t 後に患者数が n 人になっている確率を $P_n(t)$ とする $\left(\sum_{n=1}^{\infty} P_n(t) = 1\right)$.

（1） $P_n(t)$ が次の連立微分方程式をみたす理由を簡単に説明せよ．
$$\frac{dP_1}{dt} = -\lambda P_1$$
$$\frac{dP_n}{dt} = -n\lambda P_n + (n-1)\lambda P_{n-1} \quad (n \geq 2)$$

（2） 解 $P_1(t), P_2(t), P_3(t)$ を求めよ．

（3） 解 $P_n(t)$ を求めよ．

（4） 時刻 t における患者数について，その期待値 $\bar{n}$ と分散 σ^2 を計算せよ．

(東大理)

6.31 X_n が2項分布 $B(n, p_n)$ に従う確率変数であり，ある整数 λ に対して
$$\lim_{n \to \infty} np_n = \lambda$$
が成り立つものとする．X をパラメータ λ のポアッソン分布に従う確率変数とするとき，X_n は X に法則収束することを証明せよ．

(神戸大)

6.32 $\{X_n\}_{n \geq 1}$ は互いに独立で有限の分散と平均値をもつ同じ分布をしている確率変数の列とする．このとき $\bar{X}_n = \dfrac{\sum_{i=1}^{n} X_i}{n}$ は上の平均値に確率収束することを示せ．

(新潟大)

6.33 区別可能な N 個のボールが入っている壺がある．この壺からボール1個を取り出し，また壺へと戻すという操作を繰り返す．ただし，個々のボールが選択される確率は等しいものとする．このとき以下の問に答えよ．

（1） $N=3$ のとき，r 回目（$r \geq 3$）の操作ではじめて3個のボールすべてが少なくとも1回は選択される確率を求めよ．

（2） $N=3$ のとき，上記（1）の結果を利用して，3個のボールすべてが少なくとも1回選択されるまでに要する操作の回数の期待値を求めよ．

（3） ボールの個数が一般に N の場合，N 個のボールすべてが少なくとも1回選択されるまでに要する操作の回数の期待値を求めよ． (東大工)

6.34 平面内に平均面密度 n で点が分布している場合，面積 a の図形中に x 個の点

が存在する確率 $P(x)$ は, $P(x) = \dfrac{(an)^x}{x!} e^{-an}$ で表わされる. このとき, 次の問に答えよ.

(1) 任意の点から最も近い点に至るまでの平均距離 r_1 を求めよ.
(2) 任意の点から2番目に近い点に至るまでの平均距離 r_2 を求めよ.
(3) 任意の点から m 番目 (m：正の整数) に近い点に至るまでの平均距離 r_m を求めよ.

ただし, $\displaystyle\int_0^\infty e^{-s} ds = \dfrac{\sqrt{\pi}}{2}$ である. (東大工)

6.35 X_1, X_2, X_3 は3変量正規分布に従い, 平均値はそれぞれ μ_1, μ_2, μ_3 でその共分散行列は $\begin{bmatrix} 6 & -2 & 2 \\ -2 & 10 & 2 \\ 2 & 2 & 4 \end{bmatrix}$ であるとする. このとき,

(1) X_1, X_2, X_3 の同時確率密度関数を求めよ.
(2) X_1, X_2 の同時周辺分布の密度関数を求めよ.
(3) X_1, X_2 を与えたときの X_3 の条件付き分布の密度関数を求めよ.

(九大)

6.36 図のような1次元の格子上を粒子が酔歩する問題を考える. すなわち時刻 t_n に x_m にあった粒子が, 時刻 $t_{n+1} = t_n + \Delta t$ に $x_{m+1} = x_m + \Delta x$ に移動する確率 p, $x_{m-1} = x_m - \Delta x$ に移動する確率 q とし, $p + q = 1$ とする. 粒子が時刻 t_n に x_m にいる確率を $P(x_m, t_n)$ とするとき, 以下の問に答えよ.

(a) $P(x_m, t_{n+1})$ を時刻 t_n における P を用いて表わせ.
(b) $\dfrac{(\Delta x)^2}{\Delta t} = D$ および $c = \dfrac{D(p-q)}{\Delta x}$ を一定に保ちながら $\Delta x \to 0$ の極限をとるときに, (a) の結果から得られる方程式を求めよ.
(c) 最初 $L\Delta x > x_m > 0$ にいた粒子が酔歩を繰り返し, $x_0 = 0$ または $x_L = L\Delta x$ に移動してくると吸収されて消滅するとする. 粒子が結局 $x_0 = 0$ で吸収されて消滅する確率を Q_m とするとき, Q_m を Q_{m-1} と Q_{m+1} とを用いて表わし, この方程式を解いて, Q_m を p, q, m の関数として表わせ.

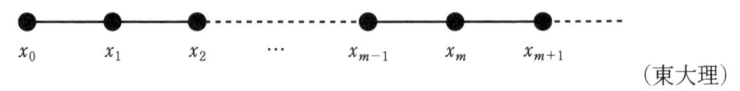

(東大理)

6.37 $X_1, X_2, \cdots$ を独立に同一の連続分布に従う確率変数とする.
このとき, 確率変数 N を
$$N = \min\{n : X_n < X_{n-1}\}$$

で定義する．たとえば，$X_1 < X_2$，かつ $X_3 < X_2$ ならば，$N = 3$ である．
以下の問に答えよ．

(1) N の確率関数 $P(n) = P(N = n)$ を求めよ．
(2) N の期待値 $E(N)$ を求めよ． (東大工)

6.38 直線上の点 x にあった質点は 1 秒後に，$x - 1$ または $x + 1$ に変位するとし，それぞれの変位の起こる確率を $p, q(= 1 - p)$ とする．質点は最初原点にあるとして次の問に答えよ．

(a) 確率変数 $X_n = \sum_{j=1}^{n} x_j$, $X_0 = 0$ について，X_1, X_2，および X_n のとり得る値を求めよ．ただし x_j は j 秒後の質点の位置を表わすものとする．

(b) 質点が n 秒後に位置 m (m は正整数) に存在する確率 $P_n(m)$ を求めよ．

(c) m_1 (正整数) の位置に質点を完全に反射させる壁があるとする．この場合，質点が n 秒後に位置 $m (\leq m_1)$ に存在する確率 $P_n(m, m_1)$ を求めよ．また完全に吸収する壁の場合はどうか． (東大理†)

6.39 x 軸上の区間 $[0, 1]$ を図のように x 軸の正方向と負方向に進む粒子群がある．位置 x でのそれぞれの群の流量を $F^+(x)$ (個/秒) および $F^-(x)$ (個/秒) とする．ある粒子群の流量が F であるとき，距離 ds を進む間に $F ds$ 個/秒の粒子が x 軸を構成する格子と衝突する．衝突するたびに粒子群の一部は確率 a で消滅し，残りは進行方向およびそれと反対方向に確率 f と b で散乱される．すなわち，$a + b + f = 1$ である．ただし粒子の速さはすべて同じで，散乱の際にも粒子の速さは変化しないとする．また格子点は一様で十分多いので x 軸は連続体とみなして良い．このとき，次の設問に答えよ．

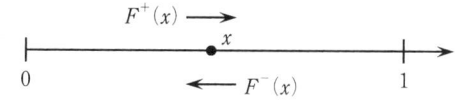

(a) 流量 $F^+(x)$ と流量 $F^-(x)$ を支配する x についての 1 階連立微分方程式系を導け．

(b) 次の行列の固有値および固有ベクトルを求めよ．ただし，固有ベクトルの第 1 成分は 1 とする．

$$A = \begin{bmatrix} -\alpha & \beta \\ -\beta & \alpha \end{bmatrix}$$

ここで $\alpha > \beta > 0$ とする．

(c) (b) の結果を利用して (a) の方程式系を解け．ただし，境界条件として粒子は $x = 0$ で区間に流量 1 個/秒で流入しており，また，$x = 1$ で区間に流入するものはないとする．さらに $a, b > 0$ とする． (東大理)

問 題 解 答

4編解答

4.1 (1) (a) $y(t) \longleftrightarrow Y(s), g(t) \longleftrightarrow G(s)$ とし,初期条件を代入すると,

$$s^2 Y(s) - sy(0) - y'(0) + Y(s) = s^2 Y(s) - s - Y(s) - G(s)$$

$$(s^2 + 1)F(s) = s + G(s), \quad F(s) = \frac{s}{s^2 + 1} + \frac{G(s)}{s^2 + 1}$$

コンボリューション定理

$$L\{f(t)\}L\{g(t)\} = L\left[\int_0^t f(u)g(t-u)du\right]$$

を用いると,

$$f(t) = \cos t + \int_0^t g(\tau) \sin(t - \tau) d\tau$$

(b) $s^2 Y(s) - sy(0) - y'(0) + 2\{sY(s) - y(0)\} + Y(s)$
$= s^2 Y(s) - y'(0) + 2sY(s) + Y(s) = 0$

$$Y(s) = \frac{y'(0)}{s^2 + 2s + 1} = \frac{y'(0)}{(s+1)^2}$$

$y(t) = y'(0)te^{-t}, \quad y(1) = 1 = y'(0)e^{-1}, \quad y'(0) = e$

∴ $y(t) = ete^{-t} = te^{1-t}$

(c) コンボリューション定理を用いると,

$$Y(s) = \frac{1}{s^2} + \frac{1}{s^2 + 1} Y(s), \quad \frac{s^2}{s^2 + 1} Y(s) = \frac{1}{s^2},$$

$$Y(s) = \frac{s^2 + 1}{s^4} = \frac{1}{s^2} + \frac{1}{s^4}$$

公式 $L\{t^n\} = \frac{n!}{s^{n+1}}$ において $\longleftrightarrow \frac{1}{s^2}, t^3 \longleftrightarrow \frac{1 \cdot 2 \cdot 3}{s^4} = \frac{6}{s^4}$ を用いると, $y(t) = t + \frac{t^3}{6}$

(2) 先ず,1番目 ($0 \leq t \leq \pi$) の半波を $f_1(t)$ とおくと,

$$f_1(t) = u(t) \sin t + u(t - \pi) \sin(t - \pi)$$

これをラプラス変換すると,

$$L\{f_1(t)\} = F_1(s) = \frac{1}{s^2 + 1} + \frac{1}{s^2 + 1} e^{-\pi s} = \frac{1}{s^2 + 1}(1 + e^{-\pi s})$$

周期関数 $f(t) = f(t - T)$ のラプラス変換定理 $F(s) = \dfrac{\int_0^T f(t)e^{-st} dt}{1 - e^{-sT}}$ を用いると,

$$F(s) = \frac{1}{s^2+1}(1+e^{-\pi s})\frac{1}{1-e^{-\pi s}} = \frac{1}{s^2+1}\coth\frac{\pi s}{2}$$

〈注〉 $L\{f(t)\}L\{g(t)\} = L\left[\int_0^t f(u)g(t-u)\,du\right]$

$f(t) = f(t-T) \Longrightarrow F(s) = \dfrac{\int_0^T f(t)e^{-st}\,dt}{1-e^{-sT}}$

4.2 （a） $a > 0$ のとき，$ax = X, dX = a\,dx$ とおくと，

$$\int_{-\infty}^{\infty} f(x)\delta(ax)dx = \int_{-\infty}^{\infty} f\left(\frac{X}{a}\right)\delta(X)\frac{dX}{a} = \frac{1}{a}\int_{-\infty}^{\infty} f\left(\frac{X}{a}\right)\delta(X)dX$$

$$= \frac{1}{a}f(0) = \frac{1}{|a|}\int_{-\infty}^{\infty} f(x)\delta(x)dx$$

$a = -a' < 0$ のとき，$-a'x = Y, dY = -a'\,dx$ とおくと，

$$\int_{-\infty}^{\infty} f(x)\delta(-a'x)dx = \int_{\infty}^{-\infty} f\left(-\frac{Y}{a'}\right)\delta(Y)\frac{dY}{-a'}$$

$$= \frac{1}{a'}f(0) = -\frac{1}{a}f(0)$$

$$= \frac{1}{|a|}\int_{-\infty}^{\infty} f(x)\delta(x)dx$$

$\therefore\quad \delta(ax) = \dfrac{1}{|a|}\delta(x)$

（別解） $\delta(ax) = \delta(|a|x)$ は明らかだから，$\delta(|a|x) = |a|^{-1}\delta(x)$ を証明すればよい．$|a|x = t, dt = |a|\,dx$ とおき，$\varphi(x)$ を掛け，積分すると，

$$\text{左辺} = \int_{-\infty}^{\infty} \delta(|a|x)\varphi(x)dx = \int_{-\infty}^{\infty} \delta(t)\varphi(|a|^{-1}t)\frac{dt}{|a|} = |a|^{-1}\varphi(|a|^{-1}0)$$

$$= |a|^{-1}\varphi(0)$$

$$\text{右辺} = \int_{-\infty}^{\infty} |a|^{-1}\delta(x)\varphi(x)dx = |a|^{-1}\varphi(0)$$

$\therefore\quad \delta(ax) = \dfrac{1}{|a|}\delta(x)$

（b） $g(x)$ を $g(x) = 0$ の根 x_i の回りでテイラー展開すると，

$$g(x) \cong g(x_i)\frac{dg}{dx}\bigg|_{x=x_i}(x-x_i)$$

ゆえに，

$$\int_{-\infty}^{\infty} f(x)\delta(z - g(x))dx = \sum_i \int_{-\infty}^{\infty} f(x)\delta\left[z - g(x_i) - \frac{dg}{dx}\bigg|_{x=x_i}(x - x_i)\right]dx$$

$$\cong \sum_i \int_{-\infty}^{\infty} f(x)\delta\left[-\frac{dg}{dx}\bigg|_{x=x_i}(x - x_i)\right]dx$$

$$= \sum_i \int_{-\infty}^{\infty} f(x)\delta\left[\frac{dg}{dx}\bigg|_{x=x_i}(x - x_i)\right]$$

$$= \sum_i \int_{-\infty}^{\infty} \frac{1}{dg/dx|_{x=x_i}} f(x)\delta(x - x_i)dx$$

$$\therefore\ \delta(z - g(x)) = \sum_i \delta(x - x_i)\frac{1}{|g'(x_i)|}$$

（c）左辺は，$(x - a)(x - b) = t$ とおくと，
$x^2 - (a + b)x + (ab - t) = 0,$

$$x = \frac{a + b \pm \sqrt{(a+b)^2 - 4(ab-t)}}{2} = \frac{a+b}{2} \pm \sqrt{t + \frac{(a-b)^2}{4}}$$

だから，

$$\int_{-\infty}^{\infty} \delta((x - a)(x - b))\varphi(x)dx$$

$$= \left(\int_{-\infty}^{(a+b)/2} + \int_{(a+b)/2}^{\infty}\right)\int_{-\infty}^{\infty} \delta((x - a)(x - b))\varphi(x)dx$$

$$= \int_{-(a-b)^2/2}^{\infty} \delta(t)\left[\varphi\left(\frac{a+b}{2} - \sqrt{t + \frac{(a-b)^2}{4}}\right)\right.$$
$$\left. + \varphi\left(\frac{a+b}{2} + \sqrt{t + \frac{(a-b)^2}{4}}\right)\right]\frac{dt}{\sqrt{4t + (a-b)^2}}$$

$$= \frac{1}{|a-b|}\{\varphi(a) + \varphi(b)\}$$

右辺 $= \dfrac{1}{|a-b|} \displaystyle\int_{-\infty}^{\infty}\{\delta(x-a) + \delta(x-b)\}\varphi(x)dx = \dfrac{1}{|a-b|}\{\varphi(a) + \varphi(b)\}$

$\therefore\ \delta((x-a)(x-b)) = |a-b|^{-1}\{\delta(x-a) + \delta(x-b)\}$

4.3　（1）　$\mathscr{L}[x(t)] = X(s),\ \mathscr{L}[y(t)] = Y(s),\ \mathscr{L}[f(t)] = F(s)$ とおくと，

$$F(s) = \mathscr{L}\left[\frac{1}{\delta}u(t) - \frac{1}{\delta}u(t - \delta)\right] = \frac{1}{\delta}\left(\frac{1}{s} - \frac{1}{s}e^{-\delta s}\right)$$

$$\begin{cases} sX(s) - x(0) + a\{sY(s) - y(0)\} + X(s) = F(s) \\ a\{sX(s) - x(0)\} + sY(s) - y(0) + Y(s) = 0 \end{cases}$$

初期条件 $x(0) = 0$, $y(0) = 0$ を代入すると，

$$\begin{cases} (s+1)X(s) + asY(s) = \dfrac{1}{\delta}\dfrac{1}{s}(1 - e^{-\delta s}) \\ asX(s) + (s+1)Y(s) = 0 \end{cases} \quad ①$$

$$X(s) = \frac{\begin{vmatrix} (1/\delta)(1/s)(1-e^{-\delta s}) & a \\ 0 & (s+1) \end{vmatrix}}{\begin{vmatrix} (s+1) & as \\ as & (s+1) \end{vmatrix}} = \frac{\dfrac{1}{\delta}\dfrac{s+1}{s}(1-e^{-\delta s})}{(s+1)^2 - (as)^2}$$

$$= \frac{1}{\delta}\frac{(s+1)(1-e^{-\delta s})}{s(s+1+as)(s+1-as)}$$

$$= \frac{1}{\delta(1-a^2)}\left\{\frac{s+1}{s\left(s+\dfrac{1}{1+a}\right)\left(s+\dfrac{1}{1-a}\right)}\right.$$

$$\left. - \frac{s+1}{s\left(s+\dfrac{1}{1+a}\right)\left(s+\dfrac{1}{1-a}\right)}e^{-\delta s}\right\}$$

$$\mathscr{L}^{-1}\left[\frac{s+1}{s\left(s+\dfrac{1}{1+a}\right)\left(s+\dfrac{1}{1-a}\right)}\right]$$

$$= \left.\frac{s+1}{\left(s+\dfrac{1}{1+a}\right)\left(s+\dfrac{1}{1-a}\right)}\right|_{s=0} \cdot e^{0t}$$

$$+ \left.\frac{s+1}{s\left(s+\dfrac{1}{1-a}\right)}\right|_{s=-1/(1+a)} \cdot e^{-1/(1+a)\cdot t}$$

$$+ \left.\frac{s+1}{s\left(s+\dfrac{1}{1+a}\right)}\right|_{s=-1/(1-a)} \cdot e^{-1/(1-a)\cdot t}$$

$$= (1-a^2) - \frac{1-a^2}{2}e^{-t/(1+a)} - \frac{1-a^2}{2}e^{-t/(1-a)}$$

$$\mathscr{L}^{-1}\left[\frac{s+1}{s\left(s+\dfrac{1}{1+a}\right)\left(s+\dfrac{1}{1-a}\right)}e^{-\delta s}\right]$$

$$= \left[(1-a^2) - \frac{1-a^2}{2} e^{-(t-\delta)/(1+a)} - \frac{1-a^2}{2} e^{-(t-\delta)/(1-a)} \right] u(t-\delta)$$

$$\therefore \quad x(t) = \frac{1}{\delta} \left[1 - \frac{1}{2} (e^{-t/(1+a)} + e^{-t/(1-a)}) \right]$$

$$- \frac{1}{\delta} \left[1 - \frac{1}{2} (e^{-(t-\delta)/(1+a)} + e^{-(t-\delta)/(1-a)}) \right] u(t-\delta)$$

$$= \frac{1}{\delta} \left[1 - \frac{1}{2} (e^{-t/(1+a)} + e^{-t/(1-a)}) \right] u(t)$$

$$- \frac{1}{\delta} \left[1 - \frac{1}{2} (e^{-(t-\delta)/(1+a)} + e^{-(t-\delta)/(1-a)}) \right] u(t-\delta)$$

①より

$$Y(s) = \frac{\dfrac{a}{\delta}(1-e^{-\delta s})}{(1-a^2)\left(s + \dfrac{1}{1+a}\right)\left(s + \dfrac{1}{1-a}\right)}$$

$X(s)$ と同様にして，

$$y(t) = \frac{1}{2\delta} (e^{-t/(1+a)} - e^{-t/(1-a)}) u(t)$$

$$- \frac{1}{2\delta} (e^{-(t-\delta)/(1+a)} - e^{-(t-\delta)/(1-a)}) u(t-\delta)$$

（2） $x_0(t) = \lim_{\delta \to 0} \left\{ \dfrac{u(t) - u(t-\delta)}{\delta} - \dfrac{1}{2} \dfrac{e^{-t/(1+a)} u(t) - e^{-(t-\delta)/(1+a)} u(t-\delta)}{\delta} \right.$

$$\left. - \frac{1}{2} \frac{e^{-t/(1-a)} u(t) - e^{-(t-\delta)/(1-a)} u(t-\delta)}{\delta} \right\}$$

$$= u'(t) - \frac{1}{2} \{e^{-t/(1+a)} u(t)\}' - \frac{1}{2} \{e^{-t/(1-a)} u(t)\}'$$

$$= \delta(t) - \frac{1}{2} \left\{ -\frac{1}{1+a} e^{-t/(1+a)} u(t) + e^{-t/(1+a)} \delta(t) \right\}$$

$$- \frac{1}{2} \left\{ -\frac{1}{1-a} e^{-t/(1-a)} u(t) + e^{-t/(1-a)} \delta(t) \right\}$$

$$= \left\{ 1 - \frac{1}{2} (e^{-t/(1+a)} + e^{-t/(1-a)}) \right\} \delta(t)$$

$$+ \frac{1}{2} \left\{ \frac{1}{1+a} e^{-t/(1+a)} + \frac{1}{1-a} e^{-t/(1-a)} \right\} u(t)$$

$$y_0(t) = \lim_{\delta \to 0} \left\{ \frac{1}{2} \frac{e^{-t/(1+a)}u(t) - e^{-(t-\delta)/(1+a)}u(t-\delta)}{\delta} \right.$$
$$\left. - \frac{1}{2} \frac{e^{-t/(1-a)}u(t) - e^{-(t-\delta)/(1-a)}u(t-\delta)}{\delta} \right\}$$
$$= \frac{1}{2} (e^{-t/(1+a)}u(t))' - \frac{1}{2} (e^{-t/(1-a)}u(t))'$$
$$= \frac{1}{2} \left[-\frac{1}{1+a} e^{-t/(1+a)} u(t) + e^{-t/(1+a)} u'(t) \right]$$
$$\quad - \frac{1}{2} \left[-\frac{1}{1-a} e^{-t/(1-a)} u(t) + e^{-t/(1-a)} u'(t) \right]$$
$$= \frac{1}{2} (e^{-t/(1+a)} - e^{-t/(1-a)}) \delta(t)$$
$$\quad - \frac{1}{2} \left(\frac{1}{1+a} e^{-t/(1+a)} - \frac{1}{1-a} e^{-t/(1-a)} \right) u(t)$$

$$X \equiv \int_0^\infty x_0(t) \, dt = \int_0^\infty \left[1 - \frac{1}{2} (e^{-t/(1+a)} + e^{-t/(1-a)}) \right] \delta(t) \, dt$$
$$\quad + \int_0^\infty \frac{1}{2} \left[\frac{1}{1+a} e^{-t/(1+a)} + \frac{1}{1-a} e^{-t/(1-a)} \right] dt$$
$$= \frac{1}{2} \left[1 - \frac{1}{2} (e^{-t/(1+a)} + e^{-t/(1-a)}) \right]_{t=0} + \frac{1}{2} \left[e^{-t/(1+a)} + e^{-t/(1-a)} \right]_\infty^0$$
$$= 0 + \frac{1}{2} \cdot 2 = 1$$

$$Y = \int_0^\infty y_0(t) \, dt = \int_0^\infty \frac{1}{2} (e^{-t/(1+a)} - e^{-t/(1-a)}) \delta(t) \, dt$$
$$\quad + \int_0^\infty \left(-\frac{1}{2} \right) \left(\frac{1}{1+a} e^{-t/(1+a)} - \frac{1}{1-a} e^{-t/(1-a)} \right) u(t) \, dt$$
$$= \frac{1}{2} \left[\frac{1}{2} (e^{-t/(1+a)} - e^{-t/(1-a)}) \right]_{t=0}$$
$$\quad - \int_0^\infty \left(\frac{1}{1+a} e^{-t/(1+a)} - \frac{1}{1-a} e^{-t/(1-a)} \right) dt$$
$$= 0 - [e^{-t/(1+a)} - e^{-t/(1-a)}]_\infty^0 = 0$$

4.4 （1） $a_k(x) = \dfrac{(-1)^k}{k!(n+k)!} \left(\dfrac{x}{2} \right)^{2k}$ $(k = 0, 1, \cdots)$ とおくと，

$$\lim_{k\to\infty}\left|\frac{a_{k+1}(x)}{a_k(x)}\right| = \lim_{k\to\infty}\frac{1}{(k+1)(n+k+1)}\left(\frac{x}{2}\right)^2 = 0$$

が任意の x に対して成り立つから，収束半径 $R = \infty$．

（2） $b_k^{(n)} = \dfrac{(-1)^k}{k!(n+k)!2^{2k+n}}$ とおくと，

$$J_n(x) = \sum_{k=0}^{\infty} b_k^{(n)} x^{2k+n}, \quad J_n'(x) = \sum_{k=0}^{\infty} (2k+n) b_k^{(n)} x^{2k+n-1}$$

$$J_n''(x) = \sum_{k=0}^{\infty} (2k+n-1)(2k+n) b_k^{(n)} x^{2k+n-2}$$

$\therefore\ x^2 J_n''(x) + x J_n'(x) + (x^2 - n^2) J_n(x)$

$$= \sum_{k=0}^{\infty} (2k+n-1)(2k+n) b_k^{(n)} x^{2k+n} + \sum_{k=0}^{\infty} (2k+n) b_k^{(n)} x^{2k+n}$$

$$+ (x^2 - n^2) \sum_{k=0}^{\infty} b_k^{(n)} x^{2k+n}$$

$$= \sum_{k=0}^{\infty} [(2k+n-1)(2k+n) + (2k+n) - n^2] b_k^{(n)} x^{2k+n}$$

$$+ \sum_{k=0}^{\infty} b_k^{(n)} x^{2k+n+2}$$

$$= \sum_{k=1}^{\infty} 4k(n+k) b_k^{(n)} x^{2k+n} + \sum_{k=1}^{\infty} b_{k-1}^{(n)} x^{2k+n}$$

$$= \sum_{k=1}^{\infty} [4k(n+k) b_k^{(n)} + b_{k-1}^{(n)}] x^{2k+n}$$

ところが，

$$4k(n+k) b_k^{(n)} + b_{k-1}^{(n)} = 4k(n+k) \cdot \frac{(-1)^k}{k!(n+k)!2^{2k+n}} + b_{k-1}^{(n)}$$

$$= -\frac{(-1)^{k-1}}{(k-1)!(n+k-1)!2^{2(k-1)+n}} + b_{k-1}^{(n)}$$

$$= -b_{k-1}^{(n)} + b_{k-1}^{(n)} = 0 \quad (k = 1, 2, \cdots)$$

$\therefore\ x^2 J_n''(x) + x J_n'(x) + (x^2 - n^2) J_n(x) = 0$

すなわち，$J_0(x)$ は微分方程式 (B) をみたす．

（3） （2）より，

$$\frac{d^2 J_0(x)}{dx^2} + \frac{1}{x} \frac{d J_0(x)}{dx} + J_0(x) = 0$$

すなわち

$$x\frac{d^2 J_0(x)}{dx^2} + \frac{dJ_0(x)}{dx} + xJ_0(x) = 0 \qquad ①$$

一方，(A) より
$$J_0(0) = 1, \quad J_0'(0) = 0 \qquad ②$$

①のラプラス変換をとって，$\mathscr{L}[J_0(x)]$ を $Y(s)$ とおいて，②を用いると，

$$\mathscr{L}\left[x\frac{d^2 J_0(x)}{dx^2}\right] + \mathscr{L}\left[\frac{dJ_0(x)}{dx}\right] + \mathscr{L}[xJ_0(x)] = 0$$

$$-\frac{d}{ds}\mathscr{L}\left[\frac{d^2 J_0(x)}{dx^2}\right] + (sY(s) - 1) - Y'(s) = 0$$

$$-\frac{d}{ds}[s^2 Y(s) - s] + sY(s) - 1 - Y'(s) = 0$$

$$(-2sY(s) - s^2 Y'(s) + 1) + sY(s) - 1 - Y'(s) = 0$$

すなわち，

$$Y'(s) + \frac{s}{s^2 + 1}Y(s) = 0$$

$$Y(s) = c\, e^{-\int s/(s^2+1)\, ds} = \frac{c}{\sqrt{s^2 + 1}} \quad (c : 定数)$$

初期値定理 $\lim_{s \to \infty} sY(s) = \lim_{x \to 0} y(x) = J_0(0)$ を用いると，

$$\lim_{s \to \infty} \frac{sc}{\sqrt{s^2 + 1}} = 1 \implies c = 1 \quad \therefore\quad Y(s) = \frac{1}{\sqrt{s^2 + 1}}$$

一方，

$$\frac{dJ_0(x)}{dx} = \frac{d}{dx}\sum_{k=0}^{\infty}\frac{(-1)^k}{k!k!}\left(\frac{x}{2}\right)^{2k} = \sum_{k=1}^{\infty}\frac{(-1)^k}{k!k!}\left(\frac{x}{2}\right)^{2k-1}\cdot k$$

$$= \frac{x}{2}\sum_{k=1}^{\infty}\frac{(-1)^k}{(k-1)!k!}\left(\frac{x}{2}\right)^{2(k-1)} = \frac{x}{2}\sum_{k=0}^{\infty}\frac{(-1)^{k+1}}{k!(k+1)!}\left(\frac{x}{2}\right)^{2k}$$

$$= -J_1(x)$$

であるから，

$$\mathscr{L}[J_1(x)] = -\mathscr{L}\left[\frac{d}{dx}J_0(x)\right] = -(sY(s) - 1) = -sY(s) + 1$$

$$= -\frac{s}{\sqrt{s^2 + 1}} + 1 = \frac{\sqrt{1 + s^2} - s}{\sqrt{1 + s^2}}$$

〈注〉 一般に，$\dfrac{(\sqrt{1+s^2} - s)^n}{\sqrt{1+s^2}}$，$\mathscr{L}^{-1}[x^n J_n(x)] = \dfrac{(2n)!}{2^n n!(s^2+1)^{n+1/2}}$ である．

4.5 $\mathscr{L}[x(t)] = X(s), \mathscr{L}[y(t)] = Y(s), \mathscr{L}[z(t)] = Z(s)$ とすると，与式は

$$\begin{cases} sX(s) - x(0) = Y(s) + 2Z(s) \\ sY(s) - y(0) = X(s) + Z(s) \\ sZ(s) - z(0) = -X(s) + Y(s) + Z(s) \end{cases}$$

初期条件を代入すると

$$\begin{cases} sX(s) - Y(s) - 2Z(s) = 3 \\ X(s) + sY(s) - Z(s) = 2 \\ X(s) - Y(s) + (s-1)Z(s) = 0 \end{cases}$$

$$X(s) = \frac{\begin{vmatrix} 3 & -1 & -2 \\ 2 & s & -1 \\ 0 & -1 & (s-1) \end{vmatrix}}{\begin{vmatrix} s & -1 & -2 \\ -1 & s & -1 \\ 1 & -1 & (s-1) \end{vmatrix}} = \frac{3s^2 - s - 1}{s^2(s-1)} = \frac{3}{s-1} - \frac{1}{s(s-1)} - \frac{1}{s^2(s-1)}$$

$$= \frac{3}{s-1} - \left(\frac{-1}{s} + \frac{1}{s-1}\right) - \left(-\frac{1}{s^2} - \frac{1}{s} + \frac{1}{s-1}\right)$$

$\therefore\ x(t) = \mathscr{L}^{-1}[X(s)] = 3e^t - (-1 + e^t) - (-t - 1 + e^t) = e^t + t + 2$

$$Y(s) = \frac{\begin{vmatrix} s & 3 & -2 \\ -1 & 2 & -1 \\ 1 & 0 & (s-1) \end{vmatrix}}{s^2(s-1)} = \frac{2s^2 + s - 2}{s^2(s-1)} = \frac{2}{s-1} - \frac{1}{s(s-1)} - \frac{2}{s^2(s-1)}$$

$$= \frac{2}{s-1} - \left(-\frac{1}{s} + \frac{1}{s-1}\right) - 2\left(-\frac{1}{s^2} - \frac{1}{s} + \frac{1}{s-1}\right)$$

$\therefore\ y(t) = \mathscr{L}^{-1}[Y(s)] = 2e^t - 1 + e^t - 2(-t - 1 + e^t) = e^t + 2t + 1$

$$Z(s) = \frac{\begin{vmatrix} s & -1 & 3 \\ -1 & s & 2 \\ 1 & -1 & 0 \end{vmatrix}}{s^2(s-1)} = \frac{-s+1}{s^2(s-1)} = -\frac{1}{s^2}$$

$\therefore\ z(t) = \mathscr{L}^{-1}[Z(s)] = -t$

4.6 $\mathscr{L}[x(t)] = X(s), \mathscr{L}[y(t)] = Y(s)$ として与式をラプラス変換すると，

$$\begin{cases} s^2X(s) - sx(0) - x'(0) + X(s) + Y(s) = \dfrac{1}{s^2+1} \\ s^2Y(s) - sy(0) - y'(0) - 5X(s) - Y(s) = 0 \end{cases}$$

初期条件 $x(0) = 0,\ x'(0) = 0,\ y(0) = 0,\ y'(0) = 0$ を代入すると，

$$\begin{cases} (s^2+1)X(s) + Y(s) = \dfrac{1}{s^2+1} \\ -5X(s) + (s^2-1)Y(s) = 0 \end{cases}$$

$$X(s) = \frac{\begin{vmatrix} 1/(s^2+1) & 1 \\ 0 & (s^2-1) \end{vmatrix}}{\begin{vmatrix} (s^2+1) & 1 \\ -5 & (s^2-1) \end{vmatrix}} = \frac{(s^2-1)/(s^2+1)}{(s^2+1)(s^2-1)+5}$$

$$= \frac{1}{s^4+4} - 2\frac{1}{(s^2+1)(s^4+4)} \equiv X_1(s) - 2X_2(s)$$

$$X_1(s) \equiv \frac{1}{s^4+4} = \frac{1}{(s^2+2i)(s^2-2i)} = -\frac{1}{4i}\left(\frac{1}{s^2+2i} - \frac{1}{s^2-2i}\right)$$

$$= -\frac{1}{4i}\left\{\frac{1}{s^2+(1+i)^2} - \frac{1}{s^2-(1+i)^2}\right\}$$

$\therefore\ x_1(t) = \mathscr{L}^{-1}[X_1(s)]$

$$= -\frac{1}{4i}\left\{\frac{1}{1+i}\sin(1+i)t - \frac{1}{1+i}\sinh(1+i)t\right\}$$

$$= \frac{-1}{4i}\frac{1}{1+i}\{\sin t\cos it + \cos t\sin it - (\sinh t\cosh it + \cosh t\sinh it)\}$$

$$= \frac{-1}{4i}\frac{1}{1+i}\{\sin t\cosh t + i\cos t\sinh t - (\sinh t\cosh t + i\cosh t\sin t)\}$$

$$= \frac{-1}{4i}\frac{1-i}{1+i}(\sin t\cosh t - \cos t\sinh t)$$

$$= \frac{1}{4}(\sin t\cosh t - \cos t\sinh t)$$

$$X_2(s) \equiv \frac{1}{(s^2+1)(s^4+4)} = \frac{1}{(s^2+1)(s^2+2i)(s^2-2i)}$$

$$= \frac{As+B}{s^2+1} + \frac{Cs+D}{s^2+2i} + \frac{Es+F}{s^2-2i}$$

とおくと,

$$\begin{aligned}
1 &= (As+B)(s^4+4) + (Cs+D)(s^2+1)(s^2-2i) \\
&\quad + (Es+F)(s^2+1)(s^2+2i) \\
&= (A+C+E)s^5 + (B+D+F)s^4 + (-i2C+C+i2E+E)s^3 \\
&\quad + (-i2D+D+i2F+F)s^2 + (4A-i2C+i2E)s \\
&\quad + (4B-i2D+i2F)
\end{aligned}$$

両辺の係数を比較すると，

$$\begin{cases} A+C+E=0, \quad B+D+F=0, \quad -i2C+C+i2E+E=0, \\ -i2D+D+i2F+F=0, \quad 4A-i2C+i2E=0, \quad 4B-i2D+i2F=1 \end{cases}$$

$$\Longrightarrow A=0, \quad B=\frac{1}{5}, \quad C=0, \quad D=\frac{-2+i}{20}, \quad E=0, \quad F=\frac{-2-i}{20}$$

$$\therefore \ X_2(s) = \frac{1}{5}\frac{1}{s^2+1} + \frac{-2+i}{20}\frac{1}{s^2+2i} + \frac{-2-i}{20}\frac{1}{s^2-2i}$$

$$= \frac{1}{5}\frac{1}{s^2+1} + \frac{-2+i}{20}\frac{1}{s^2+(1+i)^2} + \frac{-2-i}{20}\frac{1}{s^2-(1+i)^2}$$

$$\therefore \ x_2(t) = \mathscr{L}^{-1}[X_2(s)] = \frac{1}{5}\sin t + \frac{-2+i}{20}\frac{1}{1+i}\sin(1+i)t$$

$$+ \frac{-2-i}{20}\frac{1}{1+i}\sinh(1+i)t$$

$$= \frac{1}{5}\sin t - \frac{1}{20(1+i)}\{(2-i)\sin(t+it)$$
$$+ (2+i)\sinh(t+it)\}$$

$$= \frac{1}{5}\sin t - \frac{1}{20(1+i)}\{(2-i)(\sin t\cos it + \cos t\sin it)$$
$$+ (2+i)(\sinh t\cosh it + \cosh t\sinh it)\}$$

$$= \frac{1}{5}\sin t - \frac{1}{20(1+i)}\{(2-i)(\sin t\cosh t + i\cos t\sinh t)$$
$$+ (2+i)(\sinh t\cos t + i\cosh t\sin t)\}$$

$$= \frac{1}{5}\sin t - \frac{1}{20(1+i)}\{(1+i)\sin t\cosh t$$
$$+ 3(1+i)\sinh t\cos t\}$$

$$= \frac{1}{5}\sin t - \frac{1}{20}(\sin t\cosh t + 3\sinh t\cos t)$$

$$\therefore \ x(t) = x_1(t) - 2x_2(t)$$

$$= \frac{1}{4}(\sin t\cosh t - \cos t\sinh t) - \frac{2}{5}\sin t$$

$$+ \frac{1}{10}(\sin t\cosh t + 3\sinh t\cos t)$$

$$= -\frac{2}{5}\sin t + \frac{7}{20}\sin t\cosh t + \frac{1}{20}\cos t\sinh t$$

与えられた第1式に代入して,
$$y(t) = \sin t - \frac{1}{4}\sin t \cosh t - \frac{3}{4}\cos t \sinh t$$

4.7 （1） $\dfrac{d^2y}{dt^2} + 2\gamma\dfrac{dy}{dt} + \omega_0^2 y = 0$

$\mathscr{L}\{y(t)\} = Y(s)$ とおいて，両辺をラプラス変換すると，
$$s^2 Y(s) - sy(0) - y'(0) + 2\gamma\{sY(s) - y(0)\} + \omega_0^2 Y(s) = 0$$
$$(s^2 + 2\gamma s + \omega_0^2)Y(s) = y(0)s + s\gamma y(0) + y'(0)$$

$\omega_0 > \gamma$ のとき，
$$Y(s) = \frac{y(0)(s+\gamma)}{(s+\gamma)^2 + (\omega_0^2 - \gamma^2)} + \frac{\gamma y(0) + y'(0)}{\sqrt{\omega_0^2 - \gamma^2}} \frac{\sqrt{\omega_0^2 - \gamma^2}}{(s+\gamma)^2 + (\omega_0^2 - \gamma^2)}$$

$\therefore\ \mathscr{L}^{-1}\{Y(s)\} = y(t) = y(0)\,e^{-\gamma t}\cos\sqrt{\omega_0^2 - \gamma^2}\,t + \dfrac{\gamma y(0) + y'(0)}{\sqrt{\omega_0^2 - \gamma^2}}e^{-\gamma t}$
$$\times \sin\sqrt{\omega_0^2 - \gamma^2}\,t$$

〈注〉 与式に微分演算子 $D = d/dt$ を導入し，
$$(D^2 + 2\gamma D + \omega_0^2)y = f_0 e^{i\Omega t}$$
と書くと，特解は，
$$y(t) = \mathrm{Re}\left\{\frac{f_0\,e^{i\Omega t}}{D^2 + 2\gamma D + \omega_0^2}\right\} = \mathrm{Re}\left\{\frac{f_0\,e^{i\Omega t}}{(i\Omega)^2 + 2\gamma i\Omega + \omega_0^2}\right\}$$
$$= f_0\frac{(\omega_0^2 - \Omega^2)\cos\Omega t + 2\gamma\Omega\sin\Omega t}{(\omega_0^2 - \Omega^2)^2 + (2\gamma\Omega)^2}$$

（2） 特解を
$$y(t) = \alpha\sin\Omega t + \beta\cos\Omega t$$
と仮定し，
$$\frac{dy(t)}{dt} = \omega(\alpha\cos\Omega t - \beta\sin\Omega t),\ \frac{d^2y(t)}{dt^2} = -\omega^2(\alpha\sin\Omega t - \beta\cos\Omega t)$$
を与式に代入すれば，
$$\{(\omega_0^2 - \Omega^2)\alpha - 2\gamma\Omega\beta\}\sin\Omega t + \{2\gamma\Omega\alpha + (\omega_0^2 - \Omega^2)\beta\}\cos\omega t = f_0\cos\Omega t$$
両辺の $\sin\Omega t$ および $\cos\Omega t$ の係数を比較して
$$\begin{cases}(\omega_0^2 - \Omega^2)\alpha - 2\gamma\Omega\beta = 0 \\ 2\gamma\Omega\alpha + (\omega_0^2 - \Omega^2) = f_0\end{cases}$$
この連立方程式を解いて α, β を求めると，
$$\alpha = \frac{2\gamma\Omega f_0}{(\omega_0^2 - \Omega^2)^2 + (2\gamma\Omega)^2} \equiv \frac{2\gamma\Omega f_0}{\Delta},\quad \beta = \frac{(\omega_0^2 - \Omega^2)f_0}{\Delta}$$
ゆえに特解は，

$$y(t) = \frac{2\gamma\Omega f_0}{\Delta}\sin\Omega t + \frac{(\omega_0^2 - \Omega^2)f_0}{\Delta}\cos\Omega t \equiv A\cos(\Omega t - \delta)$$

ただし,

$$A = \sqrt{\alpha^2 + \beta^2} = \frac{f_0}{\sqrt{(\omega_0^2 - \Omega^2)^2 + (2\gamma\Omega)^2}} \quad (振幅)$$

$$\delta = \tan^{-1}\frac{2\gamma\Omega}{\omega_0^2 - \Omega^2} \quad (位相差)$$

一般解は

$$y(t) = y(0)\,e^{-\gamma t}\cos\sqrt{\omega_0^2 - \gamma^2}\,t + \frac{\gamma y(0) + y'(0)}{\sqrt{\omega_0^2 - \gamma^2}}e^{-\gamma t}\sin\sqrt{\omega_0^2 - \gamma^2}\,t$$

$$+ A\cos(\Omega t - \delta) \quad\quad ①$$

〈注〉 ラプラス変換を用いると,

$$s^2 Y(s) - sy(0) - y'(0) + 2\gamma\{sY(s) - y(0)\} + \omega_0^2 Y(s) = f_0\Omega\frac{s}{s^2 + \Omega^2}$$

$$\therefore\quad Y(s) = \frac{y(0)(s+\gamma)}{(s+\gamma)^2 + \omega_0^2 - \gamma^2} + \frac{y'(0) + y(0)\gamma}{(s+\gamma)^2 + \omega_0^2 - \gamma^2}$$

$$+ \frac{f_0\Omega s}{\{(s+\gamma)^2 + \omega_0^2 - \gamma^2\}(s^2 + \Omega^2)}$$

となり,逆変換が煩雑だが,やはり①となる.

(3) 十分時間が経ったあとは
$A\cos(\Omega t - \delta)$
のみが残る.

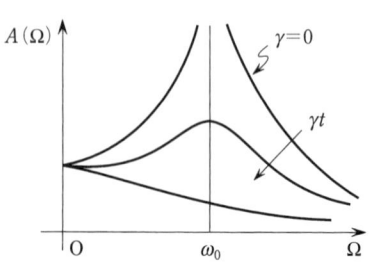

(4)

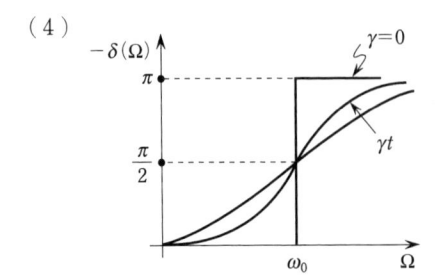

4.8 与式をラプラス変換すると，

$$sY(s) - y(0) + aY(s) = \frac{1}{s+b} + \frac{s}{s^2+c^2} \quad (\mathscr{L}\{y(x)\} = Y(s))$$

$$(s+a)Y(s) = d + \frac{1}{s+b} + \frac{s}{s^2+c^2} \quad (y(0) = d)$$

$$Y(s) = \frac{d}{s+a} + \frac{1}{(s+a)(s+b)} + \frac{s}{(s+a)(s^2+c^2)}$$

ここで，

$$\frac{s}{(s+a)(s^2+c^2)} = \frac{A}{s+a} + \frac{Bs+D}{s^2+c^2} = \frac{A(s^2+c^2) + (Bs+D)(s+a)}{(s+a)(s^2+c^2)}$$

$$= \frac{(A+B)s^2 + (D+Ba)s + (Da+Ac^2)}{(s+a)(s^2+c^2)}$$

$$\begin{cases} A + B = 0 \\ D + Ba = 1 \\ Da + Ac^2 = 0 \end{cases} \Rightarrow A = \frac{-a}{a^2+c^2}, \quad B = \frac{a}{a^2+c^2}, \quad D = \frac{c^2}{a^2+c^2}$$

$$\therefore \quad Y(s) = \frac{d}{s+a} + \frac{1}{b-a}\left(\frac{1}{s+a} - \frac{1}{s+b}\right) - \frac{a}{a^2+c^2}\frac{1}{s+a}$$

$$+ \frac{a}{a^2+c^2}\frac{s}{s^2+c^2} + \frac{c^2}{a^2+c^2}\frac{1}{s^2+c^2}$$

$$\therefore \quad y(t) = de^{-ax} + \frac{1}{b-a}(e^{-ax} - e^{-bx})$$

$$- \frac{a}{a^2+c^2}e^{-ax} + \frac{a}{a^2+c^2}\cos cx + \frac{c^2}{a^2+c^2}\sin cx$$

$$= e^{-ax}\left[d + \frac{1}{a-b}\{e^{(a-b)x} - 1\} - \frac{a}{a^2+c^2}\right.$$

$$\left. + \frac{1}{a^2+c^2}e^{ax}(a\cos cx + c\sin cx)\right]$$

$$= e^{-ax}\left[k + \frac{1}{a-b}e^{(a-b)x} + \frac{1}{a^2+c^2}e^{ax}(a\cos cx + c\sin cx)\right]$$

$$\left(k \equiv d - \frac{1}{a-b} - \frac{a}{a^2+c^2} : 定数\right)$$

(別解)　$P(x) = a, Q(x) = e^{-bx} + \cos cx$ とおくと，

$$y = e^{-\int P(x)\,dx}\left(\int Q(x)\,e^{\int P(x)\,dx}\,dx + k\right) \quad (k:定数)$$

$$= e^{-\int a\,dx}\left\{\int (e^{-bx}+\cos cx)\,e^{\int a\,dx}\,dx + k\right\}$$

$$= e^{-ax}\left\{\int (e^{-bx}+\cos cx)\,e^{ax}\,dx + k\right\}$$

$$= e^{-ax}\left\{\int (e^{(a-b)x}+e^{ax}\cos cx)\,dx + k\right\}$$

$$= e^{-ax}\left(\frac{1}{a-b}e^{(a-b)x}+\int e^{ax}\cos cx\,dx + k\right)$$

ここで,

$$I \equiv \int e^{ax}\cos cx\,dx = \frac{e^{ax}}{a}\cos cx - \int \frac{e^{ax}}{a}(-c\sin cx)\,dx$$

$$= \frac{e^{ax}}{a}\cos cx + \frac{c}{a}\int e^{ax}\sin cx\,dx$$

$$= \frac{e^{ax}}{a}\cos cx + \frac{c}{a}\left(\frac{e^{ax}}{a}\sin cx - \int \frac{e^{ax}}{a}c\cos cx\,dx\right)$$

$$= \frac{e^{ax}}{a}\cos cx + \frac{c}{a}\left(\frac{e^{ax}}{a}\sin cx - \frac{c}{a}I\right)$$

$$\Rightarrow I = \frac{1}{a^2+c^2}e^{ax}(a\cos cx + c\sin cx)$$

$$\therefore\ y = e^{-ax}\left\{\frac{1}{a-b}e^{(a-b)x}+\frac{1}{a^2+c^2}e^{ax}(a\cos cx + c\sin cx)+k\right\}$$

4.9 (1) $F(s)=\displaystyle\int_0^\infty e^{-st}f(t)\,dt = \left[\dfrac{e^{-st}}{-s}f(t)\right]_0^\infty - \int_0^\infty \dfrac{e^{-st}}{-s}\,dt$

$$= \frac{1}{s}\int_0^\infty e^{-st}\,dt = \frac{1}{s}\left[\frac{e^{-st}}{-s}\right]_0^\infty = \frac{1}{s^2}$$

(2) $F(s)=\displaystyle\int_0^\infty e^{-st}\sin t\,dt = \left[\dfrac{e^{-st}}{-s}\sin t\right]_0^\infty - \int_0^\infty \dfrac{e^{-st}}{-s}\cos t\,dt$

$$= \frac{1}{s}\int_0^\infty e^{-st}\cos t\,dt = \frac{1}{s}\left\{\left[\frac{e^{-st}}{-s}\cos t\right]_0^\infty - \int_0^\infty \frac{e^{-st}}{-s}(-\sin t)\,dt\right\}$$

$$= \frac{1}{s}\left\{\frac{1}{s}-\frac{1}{s}\int_0^\infty e^{-st}\sin t\,dt\right\} = \frac{1}{s^2}\{1-F(s)\}$$

$$\therefore\ F(s) = \frac{1}{s^2+1}$$

(3) $\mathscr{L}[H(t-a)f(t-a)]$

$$= \int_0^\infty H(t-a)f(t-a)\,e^{-st}\,dt$$

$$= \int_a^\infty f(t-a)\,e^{-st}\,dt = e^{-sa}\int_a^\infty f(t-a)\,e^{-s(t-a)}\,dt$$

$$= e^{-sa}\int_0^\infty f(T)\,e^{-sT}\,dT = e^{-sa}\mathscr{L}\{f(t)\}$$

（4） $\mathscr{L}\{y(t)\} = Y(s)$ とし，①を用いて，②の両辺をラプラス変換すると，

$$Y(s) = F(s) + \mathscr{L}\{\sin t\}\mathscr{L}\{y(t)\} = F(s) + \frac{1}{s^2+1}Y(s)$$

$$Y(s) = \left(1 + \frac{1}{s^2}\right)F(s)$$

$$\therefore\ y(t) = \mathscr{L}^{-1}\{Y(s)\} = \mathscr{L}^{-1}\left\{1 + \frac{1}{s^2}\right\} = \delta(t) + t$$

4.10 （1） $f(x) = \dfrac{a_0}{2} + \sum_{n=1}^{\infty}\left(a_n\cos\dfrac{n\pi x}{l} + b_n\sin\dfrac{n\pi x}{l}\right)$

とおくと，

$$a_0 = \frac{1}{l}\int_{-l}^{l} f(x)\,dx = \frac{1}{l}\left\{\int_{-l}^{0}(-l)\,dx + \int_0^l x\,dx\right\} = -l + \frac{1}{2}l = -\frac{l}{2}$$

$$a_n = \frac{1}{l}\int_{-l}^{l} f(x)\cos\frac{n\pi x}{l}\,dx = \frac{1}{l}\int_{-l}^{0}\left(-l\cos\frac{n\pi x}{l}\right)dx + \frac{1}{l}\int_0^l x\cos\frac{n\pi x}{l}\,dx$$

$$= -\frac{l}{n\pi}\left[\sin\frac{n\pi x}{l}\right]_{-l}^{0} + \frac{1}{l}\left\{\left[\frac{l}{n\pi}x\sin\frac{n\pi x}{l}\right]_0^l - \frac{l}{n\pi}\int_0^l \sin\frac{n\pi x}{l}\,dx\right\}$$

$$= \frac{1}{l}\left\{\frac{l}{n\pi}l\sin\frac{n\pi l}{l} + \frac{1}{n\pi}\left[\frac{l}{n\pi}\cos\frac{n\pi x}{l}\right]_0^l\right\}$$

$$= \frac{l}{(n\pi)^2}(\cos n\pi - 1) = \frac{l}{(n\pi)^2}\{(-1)^n - 1\}$$

$$b_n = \frac{1}{l}\int_{-l}^{l} f(x)\sin\frac{n\pi x}{l}\,dx = \frac{1}{l}\int_{-l}^{0}\left(-l\sin\frac{n\pi x}{l}\right)dx + \frac{1}{l}\int_0^l x\sin\frac{n\pi x}{l}\,dx$$

$$= \frac{l}{n\pi}\left[\cos\frac{n\pi x}{l}\right]_{-l}^{0} + \frac{1}{l}\left\{\left[-x\frac{l}{n\pi}\cos\frac{n\pi x}{l}\right]_0^l\right.$$

$$\left. - \int_0^l\left(-\frac{l}{n\pi}\right)\cos\frac{n\pi x}{l}\,dx\right\}$$

$$= \frac{l}{n\pi}(1 - \cos n\pi) + \frac{1}{l}\left\{-\frac{l^2}{n\pi}\cos n\pi + \frac{l}{n\pi}\frac{l}{n\pi}\left[\sin\frac{n\pi x}{l}\right]_0^l\right\}$$

$$= \frac{l}{n\pi}\{1-(-1)^n\} + \frac{1}{l}\left\{-\frac{l^2}{n\pi}(-1)^n\right\} = \frac{l}{n\pi}\{1-2(-1)^n\}$$

$$(n=1,2,3,\cdots)$$

$$\therefore\ f(x) = -\frac{l}{4} + \sum_{n=1}^{\infty}\frac{l}{(n\pi)^2}\{(-1)^n-1\}\cos\frac{n\pi x}{l}$$

$$+ \sum_{n=1}^{\infty}\frac{1}{n\pi}\{1-2(-1)^n\}\sin\frac{n\pi x}{l} \qquad ①$$

(2) $f(0) = \dfrac{1}{2}\{f(-0)+f(+0)\} = \dfrac{1}{2}\{-l+0\} = -\dfrac{l}{2}$ ②

一方, ①より,

$$f(0) = -\frac{l}{4} + \sum_{n=1}^{\infty}\frac{l}{(n\pi)^2}\{(-1)^n-1\} = -\frac{l}{4} + \sum_{n=1}^{\infty}\frac{-2l}{\pi^2}\cdot\frac{1}{(2n-1)^2} \qquad ③$$

②と③より,

$$\sum_{n=1}^{\infty}\frac{1}{(2n-1)^2} = \frac{\pi^2}{8}$$

4.11 (1) $f(x) = \displaystyle\int_{-\infty}^{\infty}\hat{f}(k)\,e^{ikx}\,dk$ より,

$$\frac{d}{d\xi}f(\xi) = \int_{-\infty}^{\infty}(ik)\hat{f}(k)\,e^{ik\xi}\,dk \qquad ①$$

(C) より

$$\frac{1}{\sqrt{\pi}}\int_{-\infty}^{x}\frac{1}{\sqrt{x-\xi}}\frac{d}{d\xi}f(\xi)\,d\xi = \frac{1}{\sqrt{\pi}}\int_{-\infty}^{x}\frac{1}{\sqrt{x-\xi}}\int_{-\infty}^{\infty}(ik)\hat{f}(k)\,e^{ik\xi}\,dk\,d\xi$$

$$(\because\ ①)$$

$$= \frac{1}{\sqrt{\pi}}\int_{-\infty}^{x}\frac{d\xi}{\sqrt{x-\xi}}\int_{-\infty}^{\infty}(ik)\hat{f}(k)\,e^{ik\xi}\,dk \qquad ②$$

$t = x - \xi$ と置換すると, $dt = -d\xi$. ②より,

$$\frac{1}{\sqrt{\pi}}\int_{\infty}^{0}\frac{-dt}{\sqrt{t}}\int_{-\infty}^{\infty}(ik)\hat{f}(k)\,e^{ik(x-t)}\,dk$$

$$= \frac{1}{\sqrt{\pi}}\int_{0}^{\infty}\frac{e^{-ikt}}{\sqrt{t}}\,dt\int_{-\infty}^{\infty}(ik)\hat{f}(k)\,e^{ikx}\,dk$$

$$= \frac{1}{\sqrt{\pi}}\cdot\left(\frac{\pi}{ik}\right)^{1/2}\cdot\int_{-\infty}^{\infty}(ik)\hat{f}(k)\,e^{ikx}\,dk \quad (\because\ (B))$$

$$= \int_{-\infty}^{\infty}(ik)^{1/2}\hat{f}(k)\,e^{ikx}\,dk = \left(\frac{d}{dx}\right)^{1/2}f(x) \quad (\because\ (A))$$

（2） $s = \sqrt{x}$ と置換すると，$ds = dx/2\sqrt{x}$．（B）の左辺は，

$$\int_0^\infty \frac{e^{-ikx}}{\sqrt{x}} dx = \int_0^\infty e^{-iks^2} \cdot 2\, ds = 2\int_0^\infty (\cos ks^2 - i \sin ks^2)\, ds$$

$$= 2\int_0^\infty (\cos^2 x - i \sin^2 x) \frac{dx}{\sqrt{k}} = \frac{2}{\sqrt{k}} \left(\frac{1}{2}\sqrt{\frac{\pi}{2}} - i \cdot \frac{1}{2}\sqrt{\frac{\pi}{2}} \right)$$

$$(\because 与式)$$

$$= \sqrt{\frac{\pi}{2k}} (1-i) = \sqrt{\frac{\pi}{2k}} \cdot \sqrt{-2i} = \left(\frac{\pi}{ik}\right)^{1/2}$$

4.12 （i） $f(x) = |x|\ (-\pi \leqq x \leqq \pi)$ は偶関数であるから，フーリエ係数は

$$b_n = \frac{1}{\pi}\int_{-\pi}^{\pi} f(x) \sin nx\, dx = 0 \quad (n = 1, 2, \cdots)$$

$$a_0 = \frac{1}{\pi}\int_{-\pi}^{\pi} f(x)\, dx = \frac{2}{\pi}\int_0^{\pi} x\, dx = \pi$$

$$a_n = \frac{1}{\pi}\int_{-\pi}^{\pi} f(x) \cos nx\, dx = \frac{2}{\pi}\int_0^{\pi} x \cos nx\, dx$$

$$= \frac{2}{\pi}\left\{ \left[\frac{x \sin nx}{n}\right]_0^{\pi} - \frac{1}{n}\int_0^{\pi} \sin nx\, dx \right\} = \frac{2}{\pi n}\left[\frac{\cos nx}{n}\right]_0^{\pi}$$

$$= \frac{2}{\pi n^2}\{(-1)^n - 1\} = \begin{cases} 0 & (n:偶数) \\ -\dfrac{4}{\pi n^2} & (n:奇数) \end{cases}$$

$$\therefore\ f(x) = |x| = \frac{\pi}{2} + \frac{2}{\pi}\sum_{n=1}^{\infty} \frac{1}{n^2}\{(-1)^n - 1\} \cos nx$$

$$= \frac{\pi}{2} - \frac{4}{\pi}\sum_{k=1}^{\infty} \frac{1}{(2k-1)^2} \cos(2n-1)x \qquad ①$$

（ii） ①で $x = 0$ とおくと，

$$f(0) = 0 = \frac{\pi}{2} - \frac{4}{\pi}\sum_{k=1}^{\infty}\frac{1}{(2k-1)^2} \quad \therefore\ \sum_{k=1}^{\infty}\frac{1}{(2k-1)^2} = \frac{\pi^2}{8}$$

（iii） ①にパーシバルの等式を適用すると，

$$\frac{1}{\pi}\int_{-\pi}^{\pi} |x|^2\, dx = \frac{\pi^2}{2} + \sum_{k=1}^{\infty}\left\{\frac{4}{\pi(2k-1)^2}\right\}^2$$

$$\frac{2}{\pi}\cdot\frac{\pi^3}{3} = \frac{\pi^2}{2} + \frac{16}{\pi^2}\sum_{k=0}^{\infty}\frac{1}{(2k-1)^4} \quad \therefore\ \sum_{k=1}^{\infty}\frac{1}{(2k-1)^4} = \frac{\pi^4}{96}$$

4.13 （1） $f(x)$ は $-\pi \leqq x \leqq \pi$ は奇関数であるから，$a_n = 0 (n = 0, 1, \cdots)$

$$b_n = \frac{1}{\pi} \int_{-\pi}^{\pi} f(x) \sin nx \, dx = \frac{2}{\pi} \int_0^{\pi} \frac{x}{2} \sin nx \, dx$$

$$= \frac{1}{\pi} \int_0^{\pi} x \sin nx \, dx = \frac{1}{\pi} \left\{ \left[\frac{-x \cos nx}{n} \right]_0^{\pi} + \int_0^{\pi} \frac{\cos nx}{n} dx \right\}$$

$$= \frac{(-1)^{n+1}}{n} \quad (n = 1, 2, \cdots)$$

$$\therefore \ f(x) = \frac{x}{2} = \sum_{n=1}^{\infty} \frac{(-1)^{n+1}}{n} \sin nx$$

（2） （1）より，$\dfrac{1}{2} x = \displaystyle\sum_{n=1}^{\infty} \frac{(-1)^{n+1}}{n} \sin nx$

$$\therefore \ \int_0^x \frac{t}{2} dt = \sum_{n=1}^{\infty} \int_0^x \frac{(-1)^{n+1}}{n} \sin nx \, dx$$

$$\therefore \ \frac{1}{4} x^2 = \sum_{n=1}^{\infty} \frac{(-1)^n}{n^2} (\cos nx - 1) = \sum_{n=1}^{\infty} \frac{(-1)^{n+1}}{n^2} + \sum_{n=1}^{\infty} \frac{(-1)^n}{n^2} \cos nx$$

$$= \frac{\pi^2}{12} + \sum_{n=1}^{\infty} \frac{(-1)^n}{n^2} \cos nx$$

$$\left(\sum_{n=1}^{\infty} \frac{(-1)^{n+1}}{n^2} = \frac{\pi^2}{12} \text{については例題 4.11（3）を参照} \right)$$

したがって，

$$\frac{1}{4} (x^2 - \alpha^2) = \left(-\frac{\alpha^2}{4} + \frac{\pi^2}{12} \right) + \sum_{n=1}^{\infty} \frac{(-1)^n}{n^2} \cos nx$$

（別解） $f(x) = \dfrac{1}{4} (x^2 - \alpha^2) = \dfrac{a_0}{2} + \displaystyle\sum_{n=1}^{\infty} a_n \cos nx$

$$a_n = \frac{1}{\pi} \int_{-\pi}^{\pi} f(x) \cos nx \, dx = \frac{2}{\pi} \int_0^{\pi} \frac{1}{4} (x^2 - \alpha^2) \cos nx \, dx$$

$$2\pi a_n = \int_0^{\pi} (x^2 - \alpha^2) \cos nx \, dx = \int_0^{\pi} x^2 \cos nx \, dx - \alpha^2 \int_0^{\pi} \cos nx \, dx$$

$$= \left[\frac{\sin nx}{n} x^2 \right]_0^{\pi} - \int_0^{\pi} \frac{\sin nx}{n} \cdot 2x \, dx - \alpha^2 \left[\frac{\sin nx}{n} \right]_0^{\pi}$$

$$= -\frac{2}{n} \left\{ \left[\frac{x \cos nx}{-n} \right]_0^{\pi} - \int_0^{\pi} \frac{\cos nx}{-n} dx \right\}$$

$$= -\frac{2}{n} \left\{ \frac{\cos n\pi}{-n} \cdot \pi + \frac{1}{n} \left[\frac{\sin nx}{n} \right]_0^{\pi} \right\}$$

$$= \frac{2\pi}{n^2}(-1)^n \quad \therefore \quad a_n = \frac{(-1)^n}{n^2}$$

$$a_0 = \frac{1}{\pi}\int_{-\pi}^{\pi}\frac{1}{4}(x^2-\alpha^2)\,dx = \frac{2}{4\pi}\left[\frac{x^3}{3}-\alpha^2 x\right]_0^\pi = \frac{1}{2}\left(\frac{\pi^2}{3}-\alpha^2\right)$$

$$\therefore \quad f(x) = \frac{1}{4}(x^2-\alpha^2) = \frac{1}{4}\left(\frac{\pi^2}{3}-\alpha^2\right) + \sum_{n=1}^{\infty}\frac{(-1)^n}{n^2}\cos nx \qquad ①$$

（3） $g(x) = x(x^2-\pi^2)$ とおくと，

$$g'(x) = (x^2-\pi^2) + 2x^2$$

$$= 12\cdot\left\{\left(-\frac{\pi^2}{4}+\frac{\pi^2}{12}\right) + \sum_{n=1}^{\infty}\frac{(-1)^n}{n^2}\cos nx\right\} + 2\pi^2 \quad (\because \ ①)$$

$$= 12\sum_{n=1}^{\infty}\frac{(-1)^n\cdot 12}{n^2}\cos nx$$

$$\therefore \quad g(x) = \int_0^x g'(t)\,dt = \sum_{n=1}^{\infty}\int_0^x \frac{(-1)^n\cdot 12}{n^2}\cos nt\,dt = 12\sum_{n=1}^{\infty}\frac{(-1)^n}{n^3}\sin nx$$

4.14 $\displaystyle a_0 = \frac{1}{\pi}\int_{-\pi}^{\pi}f(t)\,dt = \frac{1}{\pi}\int_0^{\pi}\sin t\,dt = \frac{1}{\pi}\bigl[-\cos t\bigr]_0^{\pi} = \frac{2}{\pi}$

$$a_1 = \frac{1}{\pi}\int_{-\pi}^{\pi}f(t)\cos t\,dt = \frac{1}{\pi}\int_0^{\pi}\sin t\cos t\,dt = \frac{1}{2\pi}\bigl[\sin^2 t\bigr]_0^{\pi} = 0$$

$$a_n = \frac{1}{\pi}\int_{-\pi}^{\pi}f(t)\cos nt\,dt = \frac{1}{\pi}\int_0^{\pi}\sin t\cos nt\,dt$$

$$= \frac{1}{2\pi}\int_0^{\pi}\{\sin(n+1)t - \sin(n-1)t\}\,dt$$

$$= \frac{1}{2\pi}\left[-\frac{1}{n+1}\cos(n+1)t + \frac{1}{n-1}\cos(n-1)t\right]_0^{\pi}$$

$$= \frac{1}{2\pi}\left[-\frac{1}{n+1}\{(-1)^{n+1}-1\} + \frac{1}{n-1}\{(-1)^{n-1}-1\}\right]$$

$$= \frac{-2}{2\pi(n^2-1)}\{1+(-1)^n\}$$

$$= \begin{cases} 0 & (n:\text{奇数}) \quad (n\neq 1) \\ -\dfrac{2}{\pi}\cdot\dfrac{1}{n^2-1} & (n:\text{偶数}) \quad (n=2,4,\cdots) \end{cases}$$

$$b_1 = \frac{1}{\pi}\int_{-\pi}^{\pi}f(x)\sin t\,dt = \frac{1}{\pi}\int_0^{\pi}\sin^2 t\,dt = \frac{1}{2\pi}\int_0^{\pi}(1-\cos 2t)\,dt$$

$$= \frac{1}{2\pi}\left[t - \frac{1}{2}\sin 2t\right]_0^\pi = \frac{1}{2}$$

$$b_n = \frac{1}{\pi}\int_{-\pi}^{\pi} f(x)\sin nt\, dt = \frac{1}{\pi}\int_0^\pi \sin t \sin nt\, dt$$

$$= -\frac{1}{2\pi}\int_0^\pi \{\cos(n+1)t - \cos(n-1)t\}\, dt$$

$$= -\frac{1}{2\pi}\left[\frac{1}{n+1}\sin(n+1)t - \frac{1}{n-1}\sin(n-1)t\right]_0^\pi = 0$$

$$(n = 2, 3, \cdots)$$

$$\therefore\ f(t) = \frac{1}{\pi} + \frac{1}{2}\sin t - \frac{2}{\pi}\sum_{m=1}^{\infty} \frac{1}{4m^2 - 1}\cos 2mt$$

$$= \frac{1}{\pi} + \frac{1}{2}\sin t - \frac{2}{\pi}\sum_{m=1}^{\infty} \frac{1}{(2m-1)(2m+1)}\cos 2mt \qquad ①$$

①で $t = \dfrac{\pi}{2}$ とおくと,

$$1 = \frac{1}{\pi} + \frac{1}{2} - \frac{2}{\pi}\sum_{m=1}^{\infty} \frac{(-1)^m}{(2m-1)(2m+1)}$$

$$\therefore\ \pi = 2 + 4\sum_{n=1}^{\infty} \frac{(-1)^{n-1}}{(2n-1)(2n+1)}$$

4.15 （1） $f(x) = 1\,(0 < x < \pi)$ とすると,

$$b_n = \frac{2}{\pi}\int_0^\pi f(x)\sin nx\, dx = \frac{2}{\pi}\int_0^\pi \sin nx\, dx$$

$$= -\frac{2}{\pi n}\{(-1)^n - 1\} = \begin{cases} 0 & (n:\text{偶数}) \\ \dfrac{4}{\pi n} & (n:\text{奇数}) \end{cases}$$

$$\therefore\ f(x) = \frac{4}{\pi}\sum_{m=0}^{\infty} \frac{1}{2m+1}\sin(2m+1)x$$

（2） $f_N(x) = \dfrac{4}{\pi}\sum_{n=1}^{N} \dfrac{1}{n}\sin nx \quad (n:\text{奇数})$

$$f_1(x) = \frac{4}{\pi}\sin x, \quad f_3(x) = \frac{4}{\pi}\left(\sin x + \frac{1}{3}\sin 3x\right)$$

$$f_1\left(\frac{m\pi}{6}\right) = \frac{4}{\pi}\sin\left(\frac{m\pi}{6}\right) \quad (m = 0, 1, \cdots, 6)$$

$$f_1(0) = 0,$$

$$f_1\left(\frac{\pi}{6}\right) = \frac{4}{\pi}\sin\frac{\pi}{6} = \frac{2}{\pi} \fallingdotseq 0.637,$$

$$f_1\left(\frac{2\pi}{6}\right) = \frac{4}{\pi}\sin\frac{\pi}{3} = \frac{2\sqrt{3}}{\pi} \fallingdotseq 1.103,$$

$$f_1\left(\frac{3\pi}{6}\right) = \frac{4}{\pi}\sin\frac{\pi}{2} = \frac{4}{\pi} \fallingdotseq 1.273,$$

$$f_1\left(\frac{4\pi}{6}\right) = \frac{4}{\pi}\sin\frac{2\pi}{3} = \frac{4}{\pi}\sin\frac{\pi}{3} \fallingdotseq 1.103,$$

$$f_1\left(\frac{5\pi}{6}\right) = \frac{4}{\pi}\sin\frac{5\pi}{6} = \frac{4}{\pi}\sin\frac{\pi}{6} \fallingdotseq 0.687, \quad f_1\left(\frac{6\pi}{6}\right) = 0$$

$$f_3\left(\frac{m\pi}{6}\right) = \frac{4}{\pi}\left\{\sin\left(\frac{m\pi}{6}\right) + \frac{1}{3}\sin\left(\frac{3m\pi}{6}\right)\right\} \quad (m = 0, 1, \cdots, 6)$$

$$f_3(0) = 0, \quad f_3\left(\frac{\pi}{6}\right) = \frac{4}{\pi}\left(\sin\frac{\pi}{6} + \frac{1}{3}\sin\frac{\pi}{2}\right) = \frac{10}{3\pi} \fallingdotseq 1.062$$

$$f_3\left(\frac{2\pi}{6}\right) = \frac{4}{\pi}\left(\sin\frac{\pi}{3} + \frac{1}{3}\sin\pi\right) = \frac{2\sqrt{3}}{\pi} \fallingdotseq 1.103,$$

$$f_4\left(\frac{3\pi}{6}\right) = \frac{4}{\pi}\left(\sin\frac{\pi}{2} + \frac{1}{3}\sin\frac{9\pi}{6}\right) = \frac{8}{3\pi} \fallingdotseq 0.849,$$

$$f_3\left(\frac{4\pi}{6}\right) = \frac{4}{\pi}\left(\sin\frac{2\pi}{3} + \frac{1}{3}\sin\frac{12\pi}{6}\right) = \frac{2\sqrt{3}}{\pi} \fallingdotseq 1.103,$$

$$f_3\left(\frac{5\pi}{6}\right) = \frac{4}{\pi}\left(\sin\frac{5\pi}{6} + \frac{1}{3}\sin\frac{15\pi}{6}\right) = \frac{10}{3\pi} \fallingdotseq 1.062, \quad f_3\left(\frac{6\pi}{6}\right) = 0$$

グラフは上図に示す通りである.

（3） $e_1 = \dfrac{1}{\pi}\displaystyle\int_0^\pi \left|1 - \dfrac{4}{\pi}\sin x\right|^2 dx = \dfrac{1}{\pi^3}\int_0^\pi (\pi^2 + 16\sin^2 x - 8\pi\sin x)\, dx$

$\qquad = \dfrac{1}{\pi}\displaystyle\int_0^\pi \left(\pi^2 + 16\dfrac{1-\cos 2x}{2} - 8\pi\sin x\right) dx$

$\qquad = \dfrac{1}{\pi^3}\left[\pi^2 x + 8\left(x - \dfrac{\sin 2x}{2}\right) + 8\pi\cos x\right]_0^\pi = 1 - \dfrac{8}{\pi^2}$

$e_2 = \dfrac{1}{\pi}\displaystyle\int_0^\pi \left|1 - \dfrac{4}{\pi}\left(\sin x + \dfrac{1}{3}\sin 3x\right)\right|^2 dx$

以下省略.

4.16 （1） $h(x) = \begin{cases} 0 & (x < 0) \\ 1 & (x > 0) \end{cases}$, $f(x) = e^{-2\pi|\alpha|x}h(x)$ とおくと,

$$F(y) = \int_{-\infty}^{\infty} f(x)\, e^{-2\pi i xy}\, dx = \int_{-\infty}^{\infty} e^{-2\pi|\alpha|x} h(x)\, e^{-2\pi i xy}\, dx$$

$$= \left[\frac{e^{-2(|\alpha|+iy)x}}{-2\pi(|\alpha|+iy)} \right]_0^{\infty} = \frac{1}{2\pi(|\alpha|+iy)} = \frac{1}{2\pi i(y - i|\alpha|)} \quad ①$$

（2） フーリエ逆変換公式 $f(x) = \int_{-\infty}^{\infty} F(-y)\, e^{-i2\pi xy}\, dy$ に①を代入して

$$\int_{-\infty}^{\infty} \frac{1}{2\pi i((-y) - i|\alpha|)}\, e^{-i2\pi xy}\, dy = e^{-2\pi|\alpha|x} h(x)$$

$$\therefore \int_{-\infty}^{\infty} \frac{1}{y + i|\alpha|}\, e^{-i2\pi xy}\, dy = -2\pi i\, e^{-2\pi|\alpha|x} h(x) \quad ②$$

$\alpha < 0$ のとき，②より（x と y を入れかえて）

$$G(y) = \int_{-\infty}^{\infty} \frac{1}{x - i\alpha}\, e^{-i2\pi yx}\, dx = \begin{cases} -2\pi i\, e^{2\pi\alpha y} & (y > 0) \\ 0 & (y < 0) \end{cases}$$

$\alpha > 0$ のとき

$$G(y) = \int_{-\infty}^{\infty} \frac{1}{x - i\alpha}\, e^{-i2\pi yx}\, dx = \int_{-\infty}^{\infty} \frac{1}{-t - i\alpha}\, e^{-i2\pi(-y)t}\, dt \quad (t = -x \text{ とおく})$$

$$= -\int_{-\infty}^{\infty} \frac{1}{t + i\alpha}\, e^{-i2\pi(-y)t}\, dt = \begin{cases} 2\pi i\, e^{2\pi\alpha y} & (y < 0) \\ 0 & (y > 0) \end{cases} \quad (\because ②)$$

4.17 （1） $f(x) = \cos \alpha x = \dfrac{a_0}{2} + \sum_{n=1}^{\infty} a_n \cos nx$

$$a_n = \frac{1}{\pi} \int_{-\pi}^{\pi} \cos \alpha x \cos nx\, dx = \frac{2}{\pi} \int_0^{\pi} \cos \alpha x \cos nx\, dx$$

$$= \frac{2}{\pi} \int_0^{\pi} \frac{1}{2} \{\cos(\alpha+n)x + \cos(\alpha-n)x\}\, dx$$

$$= \frac{1}{\pi} \left[\frac{\sin(\alpha+n)x}{\alpha+n} + \frac{\sin(\alpha-n)x}{\alpha-n} \right]_0^{\pi}$$

$$= \frac{1}{\pi} \left\{ \frac{\sin(\alpha+n)\pi}{\alpha+n} + \frac{\sin(\alpha-n)\pi}{\alpha-n} \right\}$$

$$= \frac{1}{\pi} \left\{ \frac{\sin(n+\alpha)\pi}{n+\alpha} + \frac{\sin(n-\alpha)\pi}{n-\alpha} \right\}$$

$$= \frac{1}{\pi} \left\{ \frac{(-1)^n \sin \alpha\pi}{n+\alpha} + \frac{(-1)^{n+1} \sin \alpha\pi}{n-\alpha} \right\}$$

$$= \frac{(-1)^n \sin \alpha\pi}{\pi} \left(\frac{1}{n+\alpha} - \frac{1}{n-\alpha} \right) = \frac{(-1)^n \cdot 2\alpha \sin \alpha\pi}{\pi(\alpha^2 - n^2)}$$

$$\therefore \quad \cos\alpha x = \frac{\sin\alpha\pi}{\alpha\pi} + \frac{2\alpha\sin\alpha\pi}{\pi}\sum_{n=1}^{\infty}(-1)^n\frac{\cos nx}{\alpha^2-n^2} \quad (\alpha \neq n)$$

$$= \frac{\sin\alpha\pi}{\pi}\left\{\frac{1}{\alpha} + 2\alpha\sum_{n=1}^{\infty}\frac{(-1)^n}{\alpha^2-n^2}\cos nx\right\}$$

$x = \pi$ とすると,

$$\cos\alpha\pi = \frac{\sin\alpha\pi}{\pi}\left\{\frac{1}{\alpha} + 2\alpha\sum_{n=1}^{\infty}(-1)^n\frac{\cos n\pi}{\alpha^2-n^2}\right\}$$

$$= \frac{\sin\alpha\pi}{\pi}\left\{\frac{1}{\alpha} + 2\alpha\sum_{n=1}^{\infty}\frac{(-1)^n(-1)^n}{\alpha^2-n^2}\right\}$$

$$= \frac{\sin\alpha\pi}{\pi}\left(\frac{1}{\alpha} + 2\alpha\sum_{n=1}^{\infty}\frac{1}{\alpha^2-n^2}\right)$$

$$\therefore \quad \cot\pi\alpha = \frac{1}{\pi}\left(\frac{1}{\alpha} + 2\alpha\sum_{n=1}^{\infty}\frac{1}{\alpha^2-n^2}\right) \qquad ①$$

(2) ①から,

$$\pi\cot\pi\alpha - \frac{1}{\alpha} = \sum_{n=1}^{\infty}\frac{2\alpha}{\alpha^2-n^2}$$

左辺を 0 から $\alpha(0<|\alpha|<1)$ まで積分すると,

$$\int_0^\alpha \left(\pi\cot\pi\alpha - \frac{1}{\alpha}\right)d\alpha = \int_0^\alpha \left(\frac{\pi\cos\pi\alpha}{\sin\pi\alpha} - \frac{1}{\alpha}\right)d\alpha$$

$$= [\log\sin\pi\alpha - \log\alpha]_0^\alpha$$

$$= \log\frac{\sin\pi\alpha}{\alpha} - \lim_{\alpha\to 0}\log\frac{\sin\pi\alpha}{\alpha}$$

$$= \log\frac{\sin\pi\alpha}{\alpha} - \log\pi = \log\frac{\sin\pi\alpha}{\pi\alpha}$$

右辺を 0 から α まで積分すると,

$$\int_0^\alpha \sum_{n=1}^{\infty}\frac{2\alpha}{\alpha^2-n^2}d\alpha = \sum_{n=1}^{\infty}\int_0^\alpha\frac{2\alpha}{\alpha^2-n^2}d\alpha = \sum_{n=1}^{\infty}[\log(\alpha^2-n^2)]_0^\alpha$$

$$= \log\prod_{n=1}^{\infty}\left(1 - \frac{\alpha^2}{n^2}\right)$$

$$\therefore \quad \sin\pi\alpha = \pi\alpha\prod_{n=1}^{\infty}\left(1 - \frac{\alpha^2}{n^2}\right)$$

4.18 $u(x)$ は $u(0) = u(\pi) = 0$ をみたす滑らかな関数であるから,

$$u(x) = \sum_{n=1}^{\infty} b_n \sin nx \quad (0 \leqq x \leqq \pi)$$

ただし, $b_n = \dfrac{1}{\pi}\displaystyle\int_{-\pi}^{\pi} u(x) \sin nx\, dx\, (n = 0, 1, 2, \cdots)$. ゆえに,

$$u'(x) = \sum_{n=1}^{\infty} nb_n \cos nx$$

$$\int_0^{\pi} (u')^2 dx = \int_0^{\pi} \left(\sum_{n=1}^{\infty} nb_n \cos nx\right)^2 dx$$

$$= \int_0^{\pi} \left\{\sum_{n=1}^{\infty} (nb_n)^2 \cos^2 nx + \sum_{j \neq k} 2jb_j b_k \cos jx \cos kx\right\} dx$$

ここで,

$$\int_0^{\pi} \cos^2 nx\, dx = \frac{1}{2}\int_0^{\pi} (1 + \cos 2nx)\, dx = \frac{\pi}{2} \quad (n = 1, 2, \cdots)$$

$$\int_0^{\pi} \cos jx \cos kx\, dx = \frac{1}{2}\int_0^{\pi} \{\cos(j+k)x + \cos(j-k)x\}\, dx$$

$$= \frac{1}{2}\left[\frac{\sin(j+k)x}{j+k} + \frac{\sin(j-k)}{j-k}\right]_0^{\pi} = 0 \quad (j \neq k)$$

$\therefore\ \displaystyle\int_0^{\pi} (u')^2 dx = \dfrac{\pi}{2}\sum_{n=1}^{\infty} (nb_n)^2$ ①

一方,

$$\int_0^{\pi} u^2 dx = \int_0^{\pi} \left(\sum_{n=1}^{\infty} b_n \sin nx\right)^2 dx$$

$$= \int_0^{\pi} \left\{\sum_{n=1}^{\infty} b_n^2 \sin^2 nx + \sum_{j \neq k} 2b_j b_k \sin jx \sin kx\right\} dx$$

$$= \frac{\pi}{2}\sum_{n=1}^{\infty} b_n^2 \qquad ②$$

$\because\ \displaystyle\int_0^{\pi} \sin jx \sin kx\, dx = -\dfrac{1}{2}\int_0^{\pi} \{\cos(j+k)x - \cos(j-k)x\}\, dx$

$$= -\frac{1}{2}\left[\frac{\sin(j+k)x}{j+k} - \frac{\sin(j-k)x}{j-k}\right]_0^{\pi} = 0$$

①と②を比較すると

$$\int_0^{\pi} (u')^2 dx \geqq \int_0^{\pi} u^2 dx$$

$u(x) = \sin x$ の場合に等号が成立する.

4.19 (1) $F_c[e^{-at}\cos at] = \sqrt{\dfrac{2}{\pi}}\displaystyle\int_0^\infty e^{-at}\cos at\cos xt\,dt$

$\qquad\qquad\qquad = \sqrt{\dfrac{2}{\pi}}\displaystyle\int_0^\infty e^{-at}\dfrac{e^{iat}+e^{-iat}}{2}\dfrac{e^{ixt}+e^{-ixt}}{2}\,dt$

$\qquad\qquad\qquad = \sqrt{\dfrac{2}{\pi}}\dfrac{1}{4}\displaystyle\int_0^\infty [e^{(-a+i(a+x))t} + e^{(-a-i(a+x))t}$

$\qquad\qquad\qquad\qquad + e^{(-a+i(-a+x))t} + e^{(-a+i(a-x))t}]\,dt$

$\qquad\qquad\qquad = \sqrt{\dfrac{2}{\pi}}\dfrac{a}{2}\left[\dfrac{1}{a^2+(a+x)^2} + \dfrac{1}{a^2+(a-x)^2}\right]$

$\qquad F_c[e^{-at}\sin at] = \sqrt{\dfrac{2}{\pi}}\displaystyle\int_0^\infty e^{-at}\sin at\cos xt\,dt$

$\qquad\qquad\qquad = \sqrt{\dfrac{2}{\pi}}\dfrac{1}{2}\left[\dfrac{a+x}{a^2+(a+x)^2} + \dfrac{a-x}{a^2+(a-x)^2}\right]$

(2) $F_c\left[\dfrac{1}{t^4+b^4}\right] = \sqrt{\dfrac{2}{\pi}}\displaystyle\int_0^\infty \dfrac{1}{t^4+b^4}\cos xt\,dt = \sqrt{\dfrac{2}{\pi}}\dfrac{1}{2}\displaystyle\int_{-\infty}^\infty \dfrac{1}{t^4+b^4}\cos xt\,dt$

$\qquad = \sqrt{\dfrac{2}{\pi}}\dfrac{1}{2}\operatorname{Re}\left\{\displaystyle\int_C \dfrac{1}{z^4+b^4}e^{ixz}\,dz\right\}$

$\qquad f(z) \equiv \dfrac{e^{ixz}}{z^4+b^4}$

の C 内の上半平面にある特異点は

$\qquad z_0 = be^{i\pi/4},\quad z_1 = be^{i3\pi/4}$

$\qquad \operatorname{Res}(f:z_0) + \operatorname{Res}(f:z_1) = \dfrac{e^{ixz_0}}{4z_0^3} + \dfrac{e^{ixz_1}}{4z_1^3} = -\dfrac{i}{2b^3}e^{-bx/\sqrt{2}}\sin\left(\dfrac{bx}{\sqrt{2}} + \dfrac{\pi}{4}\right)$

$\qquad \therefore\ \displaystyle\int_{-\infty}^\infty \dfrac{1}{t^4+b^4}\cos xt\,dt = \operatorname{Re}\left[2\pi i\left\{-\dfrac{i}{2b^3}e^{-bx/\sqrt{2}}\sin\left(\dfrac{bx}{\sqrt{2}}+\dfrac{\pi}{4}\right)\right\}\right]$

$\qquad\qquad\qquad = \dfrac{\pi}{b^3}e^{-bx/\sqrt{2}}\sin\left(\dfrac{bx}{\sqrt{2}}+\dfrac{\pi}{4}\right)$

$\qquad \therefore\ F_c\left[\dfrac{1}{t^4+b^4}\right] = \sqrt{\dfrac{2}{\pi}}\dfrac{\pi}{2b^3}e^{-bx/\sqrt{2}}\sin\left(\dfrac{bx}{\sqrt{2}}+\dfrac{\pi}{4}\right)$

同様にして

$\qquad F_c\left[\dfrac{t^2}{t^4+b^4}\right] = \sqrt{\dfrac{2}{\pi}}\displaystyle\int_0^\infty \dfrac{t^2}{t^4+b^4}\cos xt\,dt = \sqrt{\dfrac{2}{\pi}}\dfrac{\pi}{2b}e^{-bx/\sqrt{2}}\cos\left(\dfrac{xb}{\sqrt{2}}+\dfrac{\pi}{4}\right)$

4.20 (1) $\omega \neq 0$ のとき,

$$F_1(\omega) = \int_{-\infty}^{\infty} f_1(t)\, e^{-i\omega t}\, dt = \int_{-T/2}^{T/2} 1 \cdot e^{-i\omega t}\, dt = \int_{-T/2}^{T/2} (\cos \omega t - i \sin \omega t)\, dt$$

$$= 2 \int_0^{T/2} \cos \omega t\, dt = 2 \left[\frac{\sin \omega t}{\omega} \right]_0^{T/2} = \frac{2}{\omega} \sin \omega T/2$$

$\omega = 0$ のとき,

$$F_1(0) = \lim_{\omega \to 0} 2 \frac{(\sin \omega T/2)'}{\omega'} = \lim_{\omega \to 0} 2 \frac{\dfrac{T}{2} \cos \omega T/2}{1} = T$$

$$\therefore\ \frac{F_1(\omega)}{F_1(0)} = \frac{\dfrac{2}{\omega} \sin \omega T/2}{T} = \frac{\sin \omega T/2}{\omega T/2}$$

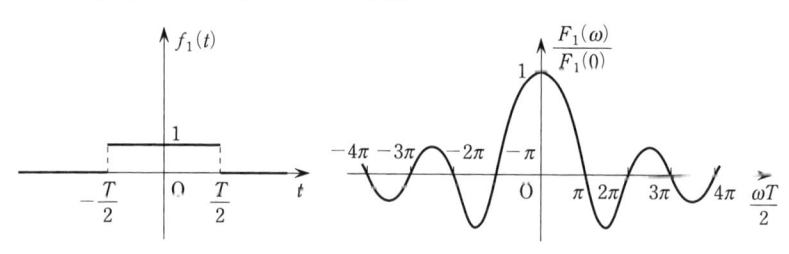

(2) $\displaystyle F_2(\omega) = \int_{-\infty}^{\infty} f_2(t)\, e^{-i\omega t}\, dt = \int_{-T/2}^{T/2} \left\{ 1 - \frac{2(t)}{T} \right\} e^{-i\omega t}\, dt$

$$= \int_{-T/2}^{T/2} \left\{ 1 - \frac{2(t)}{T} \right\} (\cos \omega t - i \sin \omega t)\, dt$$

$$= 2 \int_0^{T/2} \left\{ 1 - \frac{2(t)}{T} \right\} \cos \omega t\, dt$$

$$= 2 \int_0^{T/2} \left(1 - \frac{2t}{T} \right) \cos \omega t\, dt = 2 \int_0^{T/2} \cos \omega t\, dt - \frac{4}{T} \int_0^{T/2} t \cos \omega t\, dt$$

$$= \left[\frac{\sin \omega t}{\omega} \right]_0^{T/2} - \frac{4}{T} \left\{ \left[\frac{\sin \omega T}{\omega} t \right]_0^{T/2} - \int_0^{T/2} \frac{\sin \omega t}{\omega}\, dt \right\}$$

$$= \frac{2}{\omega} \sin \omega T/2 - \frac{4}{T} \left\{ \frac{\sin \omega T/2}{\omega} \frac{T}{2} - \frac{1}{\omega} \left[\frac{\cos \omega t}{-\omega} \right]_0^{T/2} \right\}$$

$$= \frac{2}{\omega} \sin \omega T/2 - \frac{4}{T} \left\{ \frac{\sin \omega T/2}{\omega} \frac{T}{2} + \frac{\cos \omega T/2 - 1}{\omega^2} \right\}$$

$$= \frac{4}{T\omega^2} (1 - \cos \omega T/2) = \frac{8}{T\omega^2} \sin^2 \omega T/4$$

$$F_2(0) = \frac{8}{T}\left(\lim_{\omega\to 0}\frac{\sin\omega T/2}{\omega}\right)^2 = \frac{8}{T}\left(\frac{T}{2}\right)^2 = \frac{T}{2}$$

$$\therefore \quad \frac{F_2(\omega)}{F_2(0)} = \frac{\dfrac{8}{T\omega^2}\sin^2\omega T/4}{T/2} = \left(\frac{\sin\omega T/4}{\omega T/4}\right)^2$$

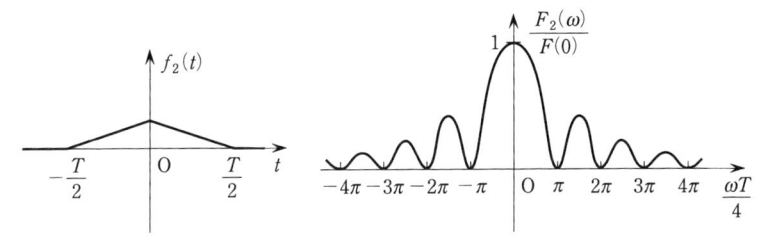

(3) (a) $f(t) = \begin{cases} \cos^2\dfrac{\pi t}{T} & (|t| \leqq T/2) \\ 0 & (|t| > T/2) \end{cases}$

$= \begin{cases} \dfrac{1 + \cos\dfrac{2\pi t}{T}}{2} & (|t| \leqq T/2) \\ 0 & (|t| > T/2) \end{cases}$

を考える．

(b) $F(\omega) = \displaystyle\int_{-\infty}^{\infty}\left(\frac{1+\cos\dfrac{2\pi t}{T}}{2}\right)e^{-i\omega t}\,dt = \int_{-T/2}^{T/2}\left(\frac{1+\cos\dfrac{2\pi t}{T}}{2}\right)e^{-i\omega t}\,dt$

$= \displaystyle\int_{-T/2}^{T/2}\left(\frac{1+\cos\dfrac{2\pi t}{T}}{2}\right)(\cos\omega t - i\sin\omega t)\,dt$

$= \displaystyle\int_{-T/2}^{T/2}\left(\frac{1+\cos\dfrac{2\pi t}{T}}{2}\right)\cos\omega t\,dt = \int_0^{T/2}\left(1+\cos\frac{2\pi t}{T}\right)\cos\omega t\,dt$

$= \displaystyle\int_0^{T/2}\cos\omega t\,dt + \int_0^{T/2}\cos\omega t\cos\frac{2\pi t}{T}\,dt$

$= \left[\dfrac{\sin\omega t}{\omega}\right]_0^{T/2} + \dfrac{1}{2}\displaystyle\int_0^{T/2}\left\{\cos\left(\omega+\frac{2\pi}{T}\right)t + \cos\left(\omega-\frac{2\pi}{T}\right)t\right\}dt$

$$= \frac{\sin \omega T/2}{\omega} + \frac{1}{2} \left[\frac{\sin \left(\omega + \frac{2\pi}{T}\right)\frac{T}{2}}{\omega + \frac{2\pi}{T}} + \frac{\sin \left(\omega - \frac{2\pi}{T}\right)t}{\omega - \frac{2\pi}{T}} \right]_0^{T/2}$$

$$= \frac{\sin \omega T/2}{\omega} + \frac{1}{2} \left[\frac{\sin (\omega T/2 + \pi)}{\omega + \frac{2\pi}{T}} + \frac{\sin (\omega T/2 - \pi)}{\omega - \frac{2\pi}{T}} \right]$$

$$= \frac{\sin \omega T/2}{\omega} - \frac{1}{2} \left[\frac{\sin \omega T/2}{\omega + \frac{2\pi}{T}} + \frac{\sin \omega T/2}{\omega - \frac{2\pi}{T}} \right]$$

$$= \frac{\left(\frac{2\pi}{T}\right)^2 \sin \omega T/2}{\omega \left[\left(\frac{2\pi}{T}\right)^2 - \omega^2 \right]}$$

$$F(0) = \lim_{\omega \to 0} \left(\frac{2\pi}{T}\right)^2 \frac{(\sin \omega T/2)'}{\left[\left(\frac{2\pi}{T}\right)^2 \omega - \omega^3\right]'} = \lim_{\omega \to 0} \left(\frac{2\pi}{T}\right)^2 \frac{\frac{T}{2} \cos \omega T/2}{\left(\frac{2\pi}{T}\right)^2 - 3\omega^2} = \frac{T}{2}$$

$$\therefore \left| \frac{F(\omega)}{F(0)} \right| = \left| \left(\frac{2\pi}{T}\right)^2 \frac{\sin \omega T/2}{\frac{\omega T}{2}\left[\left(\frac{2\pi}{T}\right)^2 - \omega^2\right]} \right| \sim \frac{1}{\omega^3} \quad (\omega \to \infty)$$

〈注〉 $f(t) = \begin{cases} \cos \dfrac{\pi t}{T} & (|t| \leqq T/2) \\ 0 & (|t| > T/2) \end{cases}$ と考えると, $F(\omega) = \dfrac{\dfrac{2\pi}{T}\cos \omega T/2}{\left(\dfrac{\pi}{T}\right)^2 - \omega^2}$

$$\therefore \left| \frac{F(\omega)}{F(0)} \right| = \left| \frac{\cos \omega T/2}{1 - \left(\frac{\omega T}{\pi}\right)^2} \right| \sim \frac{1}{\omega^2} \quad (\omega \to \infty)$$

4.21 (1) $k \neq m$ のとき, 加法定理を用いて,

$$\int_{-\pi}^{\pi} \cos (kx) \cos (mx) dx = \int_{-\pi}^{\pi} \frac{1}{2} \{\cos (k+m)x + \cos (k-m)x\} dx$$

$$= \frac{1}{2} \left[\frac{\sin (k+m)x}{k+m} + \frac{\sin (k-m)x}{k-m} \right]_{-\pi}^{\pi} = 0$$

$k = m$ のとき, 半角公式を用いて,

$$\int_{-\pi}^{\pi} \cos^2 (kx) dx = 2 \int_0^{\pi} \frac{1 + \cos 2kx}{2} dx = \left[x + \frac{\sin 2kx}{2k} \right]_0^{\pi} = \pi$$

(2)　$f(x) = \dfrac{a_0}{2} + \sum_{k=1}^{\infty} a_k \cos(kx) \sum_{k=1}^{\infty} b_k \sin(kx)$　　①

とし，① × $\cos(mx)$ を，$-\pi$ から π まで積分すると，

$$\int_{-\pi}^{\pi} f(x) \cos(mx)\, dx$$

$$= \int_{-\pi}^{\pi} \dfrac{a_0}{2} \cos(mx)\, dx$$

$$+ \sum_{k=1}^{\infty} \int_{-\pi}^{\pi} a_k \cos(kx)\cos(mx)\, dx + \sum_{k=1}^{\infty} \int_{-\pi}^{\pi} b_k \sin(kx)\cos(mx)\, dx$$

ここで，$\int_{-\pi}^{\pi} \cos(mx)\, dx = 0$ （∵ 偶関数），$\int_{-\pi}^{\pi} \cos(kx)\cos(mx)\, dx = 0\ (k \neq m)$，

$\int_{-\pi}^{\pi} \sin(kx)\cos(mx)\, dx = \int_{-\pi}^{\pi} \dfrac{1}{2}\{\sin(k+m)x + \sin(k-m)x\} dx = 0$ （∵ 奇関数），

$\int_{-\pi}^{\pi} \sin^2(kx)\, dx = \int_{-\pi}^{\pi} \dfrac{1-\sin(2kx)}{2} dx = \pi\ (k=m)$ を用いると，

$$\int_{-\pi}^{\pi} f(x) \cos(kx)\, dx = 0 + 0 + a_k \pi$$

$$\therefore\ a_k = \dfrac{1}{\pi} \int_{-\pi}^{\pi} f(x) \cos(kx)\, dx$$

$k = 0$ とおくと，

$$a_0 = \dfrac{1}{\pi} \int_{-\pi}^{\pi} f(x)\, dx$$

また，① × $\sin(mx)$ を，$-\pi$ から π まで積分すると，

$$\int_{-\pi}^{\pi} f(x) \sin(mx)\, dx$$

$$= \int_{-\pi}^{\pi} \dfrac{a_0}{2} \sin(mx)\, dx + \sum_{k=1}^{\infty} \int_{-\pi}^{\pi} a_k \cos(kx)\sin(mx)\, dx$$

$$+ \sum_{k=1}^{\infty} \int_{-\pi}^{\pi} b_k \sin(kx)\sin(mx)\, dx$$

$$= 0 + 0 + b_k \pi$$

$$\therefore\ b_k = \dfrac{1}{\pi} \int_{-\pi}^{\pi} f(x) \sin(kx)\, dx$$

(3)　$g(x) = x^2\ (-\pi \leq x \leq \pi)$ のとき，

　　$b_k = 0$ （∵ 偶関数）

$$a_0 = \frac{1}{\pi}\int_{-\pi}^{\pi} x^2\,dx = \frac{2}{\pi}\int_0^{\pi} x^2\,dx = \frac{2}{\pi}\left[\frac{x^3}{3}\right]_0^{\pi} = \frac{2}{3}\pi^2 \qquad ②$$

$$a_k = \frac{1}{\pi}\int_{-\pi}^{\pi} x^2 \cos(kx)\,dx = \frac{2}{\pi}\int_0^{\pi} x^2 \cos(kx)\,dx \qquad ③$$

ここで，③の積分項は

$$I \equiv \left[\frac{\sin(kx)}{k} x^2\right]_0^{\pi} - \int_0^{\pi}\frac{\sin(kx)}{k}\cdot 2x\,dx = -\frac{2}{k}\int_0^{\pi} x \sin(kx)\,dx$$

$$= -\frac{2}{k}\left\{\left[\frac{\cos(kx)}{-k} x\right]_0^{\pi} - \int_{-\pi}^{\pi}\frac{\cos(kx)}{-k}\,dx\right\}$$

$$= -\frac{2}{k}\left\{\frac{\cos(k\pi)}{-k}\pi + \frac{1}{k}\left[\frac{\sin(kx)}{k}\right]_0^{\pi}\right\}$$

$$= \frac{2\pi}{k^2}\cos(k\pi) = \frac{2\pi}{k^2}(-1)^k \quad (k=1,2,\cdots)$$

$$\therefore\ a_k = \frac{2}{\pi}\frac{2\pi}{k^2}(-1)^k = \frac{4}{k^2}(-1)^k \qquad ④$$

②，④より，$f(x) = \frac{\pi^2}{3} + 4\sum_{k=1}^{\infty}(-1)^k\frac{\cos(kx)}{k^2}$

$x=0$ とおくと，$f(0) = \frac{\pi^2}{3} + 4\sum_{k=1}^{\infty}\frac{(-1)^k}{k^2} = 4\left\{-1 + \frac{1}{2^2} - \frac{1}{3^2} + \cdots\right\}$

$$\therefore\ 1 - \frac{1}{2^2} + \frac{1}{3^2} - \frac{1}{4^2} + \cdots + \frac{(-1)^{k-1}}{k^2} + \cdots = \frac{\pi^2}{12}$$

4.22 (a) $g(\omega) = \int_{-\infty}^{\infty} f(t)e^{i2\pi\omega t}\,dt = \int_{-a/2}^{a/2} e^{i2\pi\omega t}\,dt = \left[\frac{e^{i2\pi\omega t}}{i2\pi\omega}\right]_{-a/2}^{a/2}$

$$= \frac{e^{i2\pi\omega a/2} - e^{-i2\pi\omega a/2}}{i2\pi\omega} = \frac{1}{\pi\omega}\frac{e^{i\pi\omega a} - e^{-i\pi\omega a}}{2i} = \frac{1}{\pi\omega}\sin\pi\omega a = a\frac{\sin\pi\omega a}{\pi\omega a}$$

(b) $g(\omega) = \int_{-\infty}^{\infty} f(t)e^{i2\pi\omega t}\,dt = \int_{-\infty}^{\infty}(a+t)e^{i2\pi\omega t}\,dt + \int_{-\infty}^{\infty}(a-t)e^{i2\pi\omega t}\,dt$

$$= a\int_{-a}^{0} e^{i2\pi\omega t}\,dt + \int_{-a}^{0} t e^{i2\pi\omega t}\,dt + a\int_0^{a} e^{i2\pi\omega t}\,dt - \int_0^{a} t e^{i2\pi\omega t}\,dt$$

$$= a\left[\frac{e^{i2\pi\omega t}}{i2\pi\omega}\right]_{-a}^{0} + I_1 + a\left[\frac{e^{i2\pi\omega t}}{i2\pi\omega}\right]_0^{a} - I_2$$

$$= a\frac{1 - e^{-i2\pi\omega a}}{i2\pi\omega} + I_1 + a\frac{e^{i2\pi\omega a} - 1}{i2\pi\omega} - I_2$$

ここで，

$$I_1 = \int_{-a}^{0} t e^{i2\pi\omega t} \, dt = \left[\frac{e^{i2\pi\omega t}}{i2\pi\omega} t\right]_{-a}^{0} - \int_{-a}^{0} \frac{e^{i2\pi\omega t}}{i2\pi\omega} dt$$

$$= \frac{ae^{-i2\pi\omega a}}{i2\pi\omega} - \frac{1}{i2\pi\omega}\left[\frac{e^{i2\pi\omega t}}{i2\pi\omega}\right]_{-a}^{0} = \frac{ae^{-i2\pi\omega a}}{i2\pi\omega} - \frac{1 - e^{-i2\pi\omega a}}{(i2\pi\omega)^2}$$

$$I_2 = \int_{0}^{a} t e^{i2\pi\omega t} \, dt = \left[\frac{e^{i2\pi\omega t}}{i2\pi\omega} t\right]_{0}^{a} - \int_{0}^{a} \frac{e^{i2\pi\omega t}}{i2\pi\omega} dt$$

$$= \frac{ae^{i2\pi\omega a}}{i2\pi\omega} - \frac{1}{i2\pi\omega}\left[\frac{e^{i2\pi t}}{i2\pi\omega}\right]_{0}^{a} = \frac{ae^{i2\pi\omega a}}{i2\pi\omega} - \frac{e^{i2\pi\omega a} - 1}{(i2\pi\omega)^2}$$

$$\therefore \ g(\omega) = \frac{a(1 - e^{-i2\pi\omega a})}{i2\pi\omega} + \frac{a(e^{i2\pi\omega a} - 1)}{i2\pi\omega} + \frac{ae^{-i2\pi\omega a}}{i2\pi\omega}$$

$$- \frac{1 - e^{-i2\pi\omega a}}{(i2\pi\omega)^2} - \frac{ae^{i2\pi\omega a}}{i2\pi\omega} - \frac{e^{i2\pi\omega a} - 1}{(i2\pi\omega)^2} = 4\frac{\sin^2 \pi\omega a}{(\pi\omega a)^2}$$

（c） $g(\omega) = \displaystyle\int_{-\infty}^{\infty} f(t) e^{i2\pi\omega t} \, dt = \frac{1}{a\sqrt{\pi}} \int_{-\infty}^{\infty} e^{-t^2/a^2} e^{i2\pi\omega t} \, dt$

ここで，$I = \displaystyle\int_{-\infty}^{\infty} \exp\left[-\frac{t^2}{a^2} + i2\pi\omega t\right] dt = \int_{-\infty}^{\infty} \exp\left[-\frac{1}{a^2}(t^2 - i2\pi\omega a^2 t)\right] dt$

$$= \int_{-\infty}^{\infty} \exp\left[-\frac{1}{a^2}\{(t - i\pi\omega a^2)^2 - (i\pi\omega a^2)^2\}\right] dt$$

$$= \int_{-\infty}^{\infty} \exp\left[\frac{(i\pi\omega a^2)^2}{a^2}\right] \exp\left[-\frac{1}{a^2}(t - i\pi\omega a^2)^2\right] dt$$

$$= \exp\left[-\frac{(\pi\omega a^2)^2}{a^2}\right] \int_{-\infty}^{\infty} \exp\left[-\frac{T}{a^2}\right] dT = \exp[-(\pi\omega a)^2]\sqrt{a^2\pi}$$

ただし，$t - i\pi\omega a = T, dt = dT$ と置換した．

$$\therefore \ g(\omega) = \frac{1}{a\sqrt{\pi}} a\sqrt{\pi} \, e^{-\pi^2 a^2 \omega^2} = e^{-\pi^2 a^2 \omega^2}$$

（d） $g(\omega) = \dfrac{a}{\pi} \displaystyle\int_{-\infty}^{\infty} \frac{1}{t^2 + a^2} e^{i2\pi\omega t} \, dt$

$$= \frac{a}{\pi}\int_{-\infty}^{\infty} \frac{1}{t^2 + a^2} \cos 2\pi\omega t \, dt + i\int_{-\infty}^{\infty} \frac{1}{t^2 + a^2} \sin 2\pi\omega t \, dt$$

$$= \frac{a}{\pi}\int_{-\infty}^{\infty} \frac{1}{t^2 + a^2} \cos 2\pi\omega t \, dt = \frac{2a}{\pi}\int_{0}^{\infty} \frac{1}{t^2 + a^2} \cos 2\pi\omega t \, dt = \frac{2a}{\pi} \frac{\pi}{2a} e^{-2\pi\omega a}$$

$$= e^{-2\pi\omega a} \ \text{〈注〉}$$

〈注〉 最後の積分には複素積分を用いる．上半円 C 内の極は $z = ia$ だけだから，留数は

$$\text{Res}\,(ia) = \lim_{t \to ia} (t - ia) \frac{1}{(t + ia)(t - ia)} e^{i n \omega t} = \frac{1}{2ia} e^{i 2\pi \omega (ia)} = \frac{1}{2ia} e^{-2\pi \omega a}$$

$$I = \int_{-\infty}^{\infty} \frac{1}{t^2 + a^2} \cos 2\pi \omega t\, dt = 2 \int_{0}^{\infty} \frac{1}{t^2 + a^2} \cos 2\pi \omega t\, dt$$

$$= 2\pi i \,\text{Res}\,(ia) = 2\pi i \frac{1}{2ia} e^{-2\pi \omega a} = \frac{\pi}{a} e^{-2\pi \omega a}$$

$$\therefore \int_{0}^{\infty} \frac{\cos 2\pi \omega t}{t^2 + a^2} dt = \frac{\pi}{2a} e^{-2\pi \omega a}$$

〈参考〉 フーリエ変換 $g(\omega) = \int_{-\infty}^{\infty} f(t) \exp(2\pi i \omega t) dt$ は通常は

$g(\omega) = \int_{-\infty}^{\infty} f(t) \exp(-i\omega t) dt$ で定義するため，他の著書とは結果が異なるところがある．

4.23 方形パルス $p(t) = \begin{cases} 1 & (|t| < 1) \\ 0 & (|t| > 1) \end{cases}$ を考える．このフーリエ変換を次式で定義すると，

$$P(\omega) = \frac{1}{\sqrt{2\pi}} \int_{-\infty}^{\infty} e^{i\omega t} \cdot 1\, dt = \frac{1}{\sqrt{2\pi}} \int_{-1}^{1} e^{-i\omega t} dt = \frac{1}{\sqrt{2\pi}} \frac{-1}{i\omega} (e^{-i\omega} - e^{i\omega})$$

$$= \frac{2}{\sqrt{2\pi}} \frac{1}{2i\omega} (e^{i\omega} - e^{-i\omega}) = \frac{2}{\sqrt{2\pi}} \frac{\sin \omega}{\omega} = \sqrt{\frac{2}{\pi}} \frac{\sin \omega}{\omega}$$

パーセバルの定理より，

$$\int_{-\infty}^{\infty} |P(\omega)|^2 d\omega = \int_{-\infty}^{\infty} \frac{2}{\pi} \frac{\sin^2 \omega}{\omega^2} d\omega = \int_{-\infty}^{\infty} |p(t)|^2 dt = \int_{-1}^{1} 1\, dt = 2[t]_0^1 = 2$$

よって，

$$\int_{-\infty}^{\infty} \frac{\sin^2 \omega}{\omega^2} d\omega = 2 \int_{0}^{\infty} \frac{\sin^2 \omega}{\omega^2} d\omega = \pi \quad \therefore \int_{0}^{\infty} \frac{\sin^2 \omega}{\omega^2} d\omega = \frac{\pi}{2}$$

4.24 問 1

$n = 1$ の場合, $\pi = 4 \left(\frac{1}{2 \times 1 - 1} \right) = 4$

$n = 2$ の場合, $\pi = 4 \left(1 - \frac{1}{3} \right) = \frac{8}{3} \cong 2.7$

$n = 3$ の場合, $\pi = 4 \left(1 - \frac{1}{3} + \frac{1}{5} \right) = 4 \frac{15 - 5 + 3}{15} = 4 \frac{13}{15} \cong 3.5$

$n = 4$ の場合, $\pi = 4 \left(1 - \frac{1}{3} + \frac{1}{5} - \frac{1}{7} \right) = 4 \frac{15 \times 7 - 35 + 21 - 15}{15 \times 7}$

$$= 4\frac{105 - 35 + 21 - 15}{105} \cong 2.9$$

問2　与式より，係数は

$$a_0 = \frac{1}{\pi}\int_{-\pi}^{\pi} f(x)dx = \frac{1}{\pi}\int_0^{\pi} 1\,dx = 1 \qquad ①$$

$$a_n = \frac{1}{\pi}\int_0^{\pi} 1\cos nx\,dx = \frac{1}{\pi}\left[\frac{\sin nx}{n}\right]_0^{\pi} = 0 \qquad ②$$

$$b_n = \frac{1}{\pi}\int_0^{\pi} \sin nx\,dx = \frac{-1}{\pi}\left[\frac{\cos nx}{n}\right]_0^{\pi} = \frac{1}{\pi}\frac{1-(-1)^n}{n} \qquad ③$$

①〜③を展開式に代入すると，

$$f(x) = \frac{1}{2} + \frac{1}{\pi}\sum_{n=1}^{\infty}\frac{1-(-1)^n}{n}\sin nx$$

$$= \frac{1}{2} + \frac{2}{\pi}\left(\sin x + \frac{\sin 3x}{3} + \frac{\sin 5x}{5} + \cdots\right) \qquad ④$$

問3　④で，$x = \dfrac{\pi}{2}$ とおくと，（　）内で $\sin\dfrac{2n-1}{2}\pi = (-1)^{n-1}$ $(n = 1, 2, \cdots)$

だから，

$$1 = \frac{1}{2} + \frac{2}{\pi}\left(\sin\frac{\pi}{2} + \frac{1}{3}\sin\frac{3\pi}{2} + \frac{1}{5}\sin\frac{5\pi}{2} - \frac{1}{5}\sin\frac{7\pi}{2}\right.$$

$$\left. + \cdots + \frac{1}{2n-1}\sin\frac{2n-1}{2}\pi + \cdots\right)$$

$$= \frac{1}{2} + \frac{2}{\pi}\left(1 - \frac{1}{3} + \frac{1}{5} - \frac{1}{7} + \cdots + (-1)^{n-1}\frac{1}{2n-1} + \cdots\right)$$

これを書き換えれば，式（Ⅰ）が得られ，

$$\frac{\pi}{4} = 1 - \frac{1}{3} + \frac{1}{5} - \frac{1}{7} + \cdots + (-1)^{n-1}\frac{1}{2n-1} + \cdots$$

4.25　(1)　(i)　$\mathrm{Re}\,(s) > 0$ だから，

$$\mathscr{L}\{\sin\lambda t\} = \int_0^{\infty} e^{-st}\sin\lambda t\,dt = \left[\frac{\cos\lambda t}{-\lambda}e^{-st}\right]_0^{\infty} - \int_0^{\infty}\frac{\cos\lambda t}{-\lambda}(-s)dt$$

$$= \frac{1}{\lambda} - \frac{s}{\lambda}\int_0^{\infty} e^{-st}\cos\lambda t\,dt$$

$$= \frac{1}{\lambda} - \left\{\left[\frac{\sin\lambda t}{\lambda}e^{-st}\right]_0^{\infty} - \int_0^{\infty}\frac{\sin\lambda t}{\lambda}(-s)e^{-st}\,dt\right\}$$

$$= \frac{1}{\lambda} - \frac{s}{\lambda}\frac{s}{\lambda}I \qquad \therefore\quad I = \frac{\lambda}{s^2+\lambda} \qquad ①$$

(ii) ラプラス変換公式 $\mathscr{L}\{t^2 f(t)\} = (-1)^2 \dfrac{d^2}{ds^2} F(s)$ において①を用いると,

$$\mathscr{L}\{t^2 \sin \lambda t\} = \dfrac{d^2}{ds^2} \dfrac{\lambda}{s^2 + \lambda^2} = \lambda \dfrac{d}{ds} \dfrac{-2s}{(s^2 + \lambda^2)^2}$$

$$= -2\lambda \dfrac{(s^2 + \lambda^2)^2 - 4(s^2 + \lambda^2)s^2}{(s^2 + \lambda^2)^4}$$

$$= 2\lambda \dfrac{3s^2 - \lambda^2}{(s^2 + \lambda^2)^3} \qquad ②$$

〈参考〉 Mathewatica による (ii) の計算を下に示す.

```
In[6]:= <<Calculus`LaplaceTransform`
        LaplaceTransform[t^2*Sin[λ*t],t,s]

Out[7]= - (2 λ (-3 s^2 + λ^2)) / ((s^2 + λ^2)^3)
```

(iii) ②で, $s \to \sqrt{3}$ とおけば,

$$G(\lambda) = \int_0^\infty t^2 e^{-\sqrt{3}\,t} \sin \lambda t\, dt = 2\sqrt{3}\, \dfrac{3(\sqrt{3})^2 - \lambda^2}{\{(\sqrt{3})^2 + \lambda^2\}^3}$$

(2) $\varphi(x, t) = X(x) T(t)$ と変数分離し, 偏微分方程式に代入すると,

$$X T' = X'' T, \quad \dfrac{X''}{X} = \dfrac{T'}{T} = -\alpha^2 \quad (\alpha > 0) \qquad ③$$

とおくと, ③の第一式より,

$$X'' = -\alpha^2 X, \quad X = C_1 e^{i\alpha x} + C_2 e^{-i\alpha x} = C_3 \cos \alpha x + C_4 \sin \alpha x$$

境界条件 $\varphi(0) = X(0) T(t) = 0 = C_3$

$$\varphi(x) = C_4 \sin \alpha x \qquad ④$$

③の第二式より, $\log T = -\alpha^2 t + K_1,\ T = e^{-\alpha^2 t + K_1} = K_2 e^{-\alpha^2 t}$ ⑤

④, ⑤を重ね合わせると, $u(x, t) = \displaystyle\int_0^\infty g(\alpha) e^{-\alpha^2 t} \sin \alpha x\, d\alpha$ ($g(\alpha)$:任意定数) ⑥

初期条件より〈注〉, $\varphi(x, 0) \equiv f(x) = x^2 e^{-\sqrt{3}\,x} = \sqrt{\dfrac{2}{\pi}} \displaystyle\int_0^\infty g(\alpha) \sin \alpha x\, d\alpha$

逆変換(反転)公式より〈注〉, $g(\alpha) = \sqrt{\dfrac{2}{\pi}} \displaystyle\int_0^\infty f(u) \sin \alpha u\, du$ ⑦

⑥, ⑦より,

$$u(x, t) = \sqrt{\dfrac{2}{\pi}} \int_0^\infty \int_0^\infty f(u) \sin \alpha u\, du \cdot e^{-\alpha^2 t} \sin \alpha x\, d\alpha$$

$$= \sqrt{\frac{2}{\pi}} \int_0^\infty e^{-\alpha^2 t} \sin \alpha x \, d\alpha \int_0^\infty f(u) \sin \alpha u \, du$$

$$= \sqrt{\frac{2}{\pi}} \int_0^\infty f(u) du \int_0^\infty e^{-\alpha^2 t} \sin \alpha x \sin \alpha u \, d\alpha$$

$$= \sqrt{\frac{2}{\pi}} \int_0^\infty f(u) du \int_0^\infty e^{-\alpha^2 t} \frac{\cos \alpha(x-u) - \cos \alpha(x+u)}{2} d\alpha$$

$$= \frac{1}{2}\sqrt{\frac{2}{\pi}} \int_0^\infty f(u) du \int_0^\infty e^{-\alpha^2 t} \{\cos \alpha(x-u) - \cos \alpha(x+u)\} d\alpha \qquad ⑧$$

ここで,一般に $\int_0^\infty e^{-ax^2} \cos bx \, dx = \frac{1}{2}\sqrt{\frac{\pi}{a}} e^{-b^2/4a}$ $(a > 0)$ だから, $\alpha \leftrightarrow x, t \leftrightarrow a$, $x - u \leftrightarrow b$ とすると,

$$\int_0^\infty e^{-t\alpha^2} \sin(x-u)\alpha \, d\alpha = \frac{1}{2}\sqrt{\frac{\pi}{t}} e^{-(x-u)^2/4t}$$

同様に, $\int_0^\infty e^{-t\alpha^2} \sin(x+u)\alpha \, d\alpha = \frac{1}{2}\sqrt{\frac{\pi}{t}} e^{-(x+u)^2/4t} \qquad ⑨$

$$I \equiv \int_0^\infty e^{-\alpha^2 t} \sin \alpha x \sin \alpha u \, d\alpha = \frac{1}{4}\sqrt{\frac{\pi}{t}} \{e^{-(x-u)^2/4t} - e^{-(x+u)^2/4t}\} \qquad ⑩$$

⑨, ⑩を⑧に代入すると,

$$\varphi(x,t) = \sqrt{\frac{2}{\pi}} \frac{1}{4} \sqrt{\frac{\pi}{t}} \int_0^\infty f(u) \{e^{-(x-u)^2/4t} - e^{-(x+u)^2/4t}\} du \quad (t > 0)$$

$$= \sqrt{\frac{1}{8t}} \int_0^\infty u^2 e^{-\sqrt{3}u} \{e^{-(x-u)^2/4t} - e^{-(x+u)^2/4t}\} du$$

$$= \sqrt{\frac{1}{8t}} \int_0^\infty u^2 e^{-\sqrt{3}u} e^{-(x-u)^2/4t} du - \sqrt{\frac{1}{8t}} \int_0^\infty u^2 e^{-\sqrt{3}u} e^{-(x+u)^2/4t} du \qquad ⑪$$

以下省略(⑪の積分は筆算では困難).

〈注〉 係数はテキストにより異なるが,重要ではない.

4.26 (i) $G(x,\alpha) = \sum_{n=0}^\infty c_n(x)\alpha^n$ を偏微分方程式に代入すると

$$(1-x^2)\frac{\partial^2}{\partial x^2}\sum_{n=0}^\infty c_n\alpha^n - 2x\frac{\partial}{\partial x}\sum_{n=0}^\infty c_n\alpha^n + \alpha\frac{\partial^2}{\partial \alpha^2}\left(\alpha\sum_{n=0}^\infty c_n\alpha^n\right) = 0$$

$$\sum_{n=0}^\infty (x^2-1)\frac{\partial^2 c_n}{\partial x^2}\alpha^n + \sum_{n=0}^\infty 2x\frac{\partial c_n}{\partial x}\alpha^n - \sum_{n=1}^\infty n(n+1)c_n\alpha^n = 0$$

$$(x^2-1)\frac{\partial^2 c_n}{\partial x^2} + 2x\frac{\partial c_n}{\partial x} - n(n+1)c_n = 0 \qquad ①$$

一方，

$$G(0, \alpha) = (1 + \alpha^2)^{-1/2} = \sum_{n=0}^{\infty} \frac{-\dfrac{1}{2} \cdot \left(-\dfrac{1}{2} - 1\right) \cdots \left(-\dfrac{1}{2} - n + 1\right)}{n!} \alpha^{2n}$$

$$\therefore \quad c_{2n}(0) = \frac{-\dfrac{1}{2} \cdot \left(-\dfrac{1}{2} - 1\right) \cdots \left(-\dfrac{1}{2} - n + 1\right)}{n!}$$

$$c_{2n+1}(0) = 0 \qquad (n = 0, 1, \cdots) \quad ②$$

$$\frac{\partial G(0, \alpha)}{\partial x} = \alpha(1 + \alpha^2)^{-3/2}$$

$$= \sum_{n=0}^{\infty} \frac{-\dfrac{3}{2}\left(-\dfrac{3}{2} - 1\right) \cdots \left(-\dfrac{3}{2} - n + 1\right)}{n!} \alpha^{2n+1}$$

$$\therefore \quad c'_{2n}(0) = 0 \qquad (n = 0, 1, \cdots) \quad ③$$

$$c'_{2n+1}(0) = \frac{-\dfrac{3}{2}\left(-\dfrac{3}{2} - 1\right) \cdots \left(-\dfrac{3}{2} - n + 1\right)}{n!}$$

ここで，

$$c_n(x) = \sum_{k=0}^{\infty} a_k^{(n)} x^{k+\lambda} \qquad ④$$

とおくと，

$$c'_n(x) = \sum_{k=0}^{\infty} (k + \lambda) a_k^{(n)} x^{k+\lambda-1} \qquad ⑤$$

$$c''_n(x) = \sum_{k=0}^{\infty} (k + \lambda - 1)(k + \lambda) a_k^{(n)} x^{k+\lambda-2} \qquad ⑥$$

④，⑤，⑥を①に代入すると，

$$(x^2 - 1) \sum_{k=0}^{\infty} (k + \lambda - 1)(k + \lambda) a_k^{(n)} x^{k+\lambda-2} + 2x \sum_{k=0}^{\infty} (k + \lambda) a_k^{(n)} x^{k+\lambda-1}$$

$$- n(n + 1) \sum_{n=0}^{\infty} a_k^{(n)} x^{k+\lambda} = 0$$

$$\sum_{k=0}^{\infty} (k + \lambda - 1)(k + \lambda) a_k^{(n)} x^{k+\lambda} - \sum_{k=0}^{\infty} (k + \lambda - 1)(k + \lambda) a_k^{(n)} x^{k+\lambda-2}$$

$$+ \sum_{k=0}^{\infty} 2(k + \lambda) a_k^{(n)} x^{k+\lambda} - \sum_{n=0}^{\infty} n(n + 1) a_k^{(n)} x^{k+\lambda} = 0$$

$$\sum_{k=0}^{\infty}(k+\lambda-1)(k+\lambda)a_k^{(n)}x^{k+\lambda} - (\lambda-1)\lambda a_0^{(n)}x^{\lambda-2} - \lambda(\lambda+1)a_1^{(n)}x^{\lambda-1}$$
$$-\sum_{k=0}^{\infty}(k+\lambda+1)(k+\lambda+2)a_{k+2}^{(n)}x^{k+\lambda} + \sum_{k=0}^{\infty}2(k+\lambda)a_k^{(n)}x^{k+\lambda}$$
$$-\sum_{k=0}^{\infty}n(n+1)a_k^{(n)}x^{k+\lambda} = 0$$

両辺の各係数を比較すると，
$$-(\lambda-1)\lambda a_0^{(n)} = 0 \qquad ⑥$$
$$-\lambda(\lambda+1)a_1^{(n)} = 0 \qquad ⑦$$
$$(k+\lambda-1)(k+\lambda)a_k^{(n)} - (k+\lambda+1)(k+\lambda+2)a_{k+2}^{(n)} + 2(k+\lambda)a_k^{(n)}$$
$$-n(n+1)a_k^{(n)} = 0 \quad (k=2, 3, \cdots) \qquad ⑧$$

②，③より，任意の $n=0, 1, 2, \cdots$ に対して，$a_0^{(n)}, a^{(n)}$ はすべて 0 になることができないから，⑥，⑦より，$\lambda = -1, 0, 1$ である．$\lambda = -1, 1$ のとき，②あるいは③はみたされないから，$\lambda = 0$ でなければならない．$\lambda = 0$ のとき，⑧より

$$a_{k+2}^{(n)} = -\frac{(n-k)(n+k+1)}{(k+1)(k+2)}a_k^{(n)} \quad (k=0, 1, 2, \cdots)$$

したがって，$n=2m\,(m=0, 1, \cdots)$ のとき，

$$a_2^{(2m)} = -\frac{2m(2m+1)}{1\cdot 2}a_0^{(2m)}$$

$$a_4^{(2m)} = -\frac{(2m-2)(2m+3)}{3\cdot 4}a_2^{(2m)}$$
$$= (-1)^2\frac{(2m-2)2m(2m+1)(2m+3)}{4!}a_0^{(2m)}$$

$$a_6^{(2m)} = -\frac{(2m-4)(2m+5)}{5\cdot 6}a_4^{(2m)}$$
$$= (-1)^3\frac{(2m-4)(2m-2)2m\cdot(2m+1)(2m+3)(2m+5)}{6!}a_0^{(2m)}$$

$\cdots\cdots\cdots$

$$a_{2m}^{(2m)} = (-1)^m\frac{2\cdot 4\cdots(2m-2)2m\cdot(2m+1)(2m+3)\cdots(2m+2m-1)}{(2m)!}$$

$a_{2m+2}^{(2m)} = a_{2m+4}^{(2m)} = \cdots = 0$

また，②，③より $a_{2k+1}^{(2m)} = 0\,(k=0, 1, \cdots)$．ゆえにこのとき，
$$c_{2m}(x) = a_0^{(2m)}$$

$$\times \left\{ 1 + \sum_{k=1}^{m} (-1)^k \frac{(2m-2k+2)(2m-2k+4)\cdots 2m \cdot (2m+1)(2m+3)\cdots(2m+2k-1)}{(2k)!} x^{2k} \right\} \quad ⑨$$

ただし, $a_0^{(2m)} = c_{2m}(0)$ とする.

$n = 2m+1 \,(m = 0, 1, \cdots)$ のとき, ②, ③より,

$$a_{2k}^{(2m+1)} = 0 \quad (k = 0, 1, \cdots)$$

$$a_3^{(2m+1)} = -\frac{2m(2m+3)}{2\cdot 3} a_1^{(2m+1)}$$

$$a_5^{(2m+1)} = -\frac{(2m-2)(2m+5)}{4\cdot 5} a_3^{(2m+1)}$$

$$= (-1)^2 \frac{(2m-2)2m(2m+3)(2m+5)}{5!} a_1^{(2m+1)}$$

………

$$a_{2m+1}^{(2m+1)} = (-1)^m \frac{2\cdot 4 \cdots (2m-2)2m \cdot (2m+3)(2m+5)\cdots(2m+2m+1)}{(2m+1)!} a_1^{(2m+1)}$$

$$a_{2m+3}^{(2m+1)} = a_{2m+5}^{(2m+1)} = \cdots = 0$$

ゆえに,

$$c_{2m+1}(x) = a_1^{(2m+1)}$$

$$\times \left\{ x + \sum_{k=1}^{m} (-1)^k \frac{(2m-2k+2)(2m-2k+4)\cdots 2m \cdot (2m+3)(2m+5)\cdots(2m+2k+1)}{(2k+1)!} x^{2k+1} \right\} \quad ⑩$$

ただし, $a_1^{(2m+1)} = c'_{2m+1}(0)$ とする.

ゆえに, ⑨, ⑩より, $c_n(x) \,(n = 0, 1, 2, \cdots)$ はルジャンドル多項式である.

(ⅱ) ①を書き直すと,

$$\frac{d}{dx}\{(x^2-1)c'_n\} - n(n+1)c_n = 0$$

両辺に c_m を掛けて -1 から 1 まで積分すると

$$n(n+1)\int_{-1}^{1} c_m c_n \, dx = \int_{-1}^{1} c_m \frac{d}{dx}\{(x^2-1)c'_n\} \, dx$$

$$= [c_m(x^2-1)c'_n]_{-1}^{1} - \int_{-1}^{1} (x^2-1)c'_n c'_m \, dx$$

$$= -\int_{-1}^{1} (x^2-1)c'_n c'_m \, dx$$

同様にして，
$$m(m+1)\int_{-1}^{1} c_m c_n \, dx = -\int_{-1}^{1}(x^2-1)c_n' c_m' \, dx$$
すなわち，
$$\{n(n+1) - m(m+1)\}\int_{-1}^{1} c_m c_n \, dx = 0$$
したがって，
$$\int_{-1}^{1} c_m c_n \, dx = 0 \quad (n \neq m)$$
すなわち，$c_n(x)$ ($n = 0, 1, \cdots$) の直交性が証明された．

〈注〉 $n = m$ のときは，$\int_{-1}^{1} c_n^2 \, dx = \dfrac{\alpha}{2n+1}$ である．

4.27 （1） $y = \sum_{n=0}^{\infty} a_n x^{n+\lambda}$ ①

$\therefore \ y' = \sum_{n=0}^{\infty} (n+\lambda)a_n x^{n+\lambda-1}$ ②

$y'' = \sum_{n=0}^{\infty} (n+\lambda-1)(n+\lambda)a_n x^{n+\lambda-1}$ ③

①，②，③を与えられた微分方程式の同次（斉次）方程式に代入すると，

$$\sum_{n=0}^{\infty}(n+\lambda-1)(n+\lambda)a_n x^{n+\lambda} + \sum_{n=0}^{\infty}(n+\lambda)a_n x^{n+\lambda+1} - \sum_{n=0}^{\infty} 3(n+\lambda)a_n x^{n+\lambda}$$
$$+ \sum_{n=0}^{\infty} 4a_n x^{n+\lambda} - \sum_{n=0}^{\infty} 2a_n x^{n+\lambda+1} = 0$$

すなわち，
$$\sum_{n=0}^{\infty}(n+\lambda-1)(n+\lambda)a_n x^{n+\lambda} + \sum_{n=1}^{\infty}(n+\lambda-1)a_{n-1} x^{n+\lambda}$$
$$- \sum_{n=0}^{\infty} 3(n+\lambda)a_n x^{n+\lambda} + \sum_{n=0}^{\infty} 4a_n x^{n+\lambda} - \sum_{n=1}^{\infty} 2a_{n-1} x^{n+\lambda} = 0$$

両辺の各係数を比較すると，
$$\begin{cases} \lambda(\lambda-1)a_0 - 3\lambda a_0 + 4a_0 = 0 \\ (n+\lambda-1)(n+\lambda)a_n + (n+\lambda-1)a_{n-1} - 3(n+\lambda)a_n \\ \quad + 4a_n - 2a_{n-1} = 0 \quad (n = 1, 2, \cdots) \end{cases}$$

すなわち，

$$\begin{cases}(\lambda-2)^2 a_0=0\\(\lambda^2-\lambda+2)a_1=0\\ \{(n+\lambda)(n+\lambda-4)+4\}a_n+(n+\lambda-3)a_{n-1}=0\quad(n=2,3,\cdots)\end{cases}\quad\begin{array}{l}④\\ ⑤\end{array}$$

④より, $a_1=0$. ⑤より, $a_2=a_3=\cdots=0$. ゆえに, $a_0\neq 0\Longrightarrow\lambda=2$. したがって, 与えられた微分方程式の同次方程式の基本解の一つは

$$y_1=a_0 x^2$$

(2) $y=a_0(x)x^2$ とおいて, 与えられた微分方程式に代入すると,

$$a_0''(x)x^4+4a_0'(x)x^3+2a_0(x)x^2+x(x-3)\{a_0'(x)x^2+2xa_0(x)\}$$
$$+(4-2x)a_0(x)x^2=-x^3 e^{-x}$$
$$x^4 a_0''(x)+x^3(x+1)a_0'(x)=-x^3 e^{-x}$$
$$a_0''(x)+\frac{x+1}{x}a_0'(x)=-\frac{e^{-x}}{x}$$

$$\therefore\ a_0'(x)=e^{-\int(x+1)/x\,dx}\left(c_1-\int\frac{e^{-x}}{x}e^{\int(x+1)/x\,dx}\,dx\right)$$
$$=e^{-x-\log x}\left(c_1+\int\frac{x}{x}\,dx\right)=c_1\frac{e^{-x}}{x}+e^{-x}$$
$$a_0(x)=\int\left(c_1\frac{e^{-x}}{x}+e^{-x}\right)dx+c_2=c_1\int\frac{e^{-x}}{x}\,dx+c_2-e^{-x}$$

ただし, $\int\frac{e^{-x}}{x}dx$ を $\frac{e^{-x}}{x}$ の原始関数の一つとみなす. したがって, 与えられた微分方程式の一般解は

$$y=\left(c_1\int\frac{e^{-x}}{x}\,dx+c_2-e^{-x}\right)x^2$$

4.28 (1) $H_n(x)\equiv(-1)^n e^{x^2}\dfrac{d^n}{dx^n}(e^{-x^2})=(-1)^n\varphi_n(x)$ とおくと,

$$H_0(x)=e^{x^2}e^{-x^2}=1,\quad H_1(x)=-e^{x^2}\frac{d}{dx}(e^{-x^2})=-e^{x^2}\{e^{-x^2}(-2x)\}=2x,$$

$$H_2(x)=e^{x^2}\frac{d^2}{dx^2}(e^{-x^2})=e^{x^2}\{e^{-x^2}(-2x)^2+e^{-x^2}(-2)\}=4x^2-2$$

$$H_n'(x)=(-1)^n\left\{e^{x^2}(2x)\frac{d^n}{dx^n}(e^{-x^2})+e^{x^2}\frac{d^{n+1}}{dx^{n+1}}(e^{-x^2})\right\}$$
$$=2x(-1)^n e^{x^2}\frac{d^n}{dx^n}(e^{-x^2})-(-1)^{n+1}e^{x^2}\frac{d^{n+1}}{dx^{n+1}}(e^{-x^2})$$
$$=2xH_n(x)-H_{n+1}(x)$$

$$\therefore \quad H_{n+1}(x) = 2xH_n(x) - H'_n(x)$$

ゆえに，$H_n(x)$ を n 次多項式と仮定すれば，$H_{n+1}(x)$ も $(n+1)$ 次多項式．

したがって，帰納法によって，任意の $n = 0, 1, 2, \cdots$ について，$\varphi_n(x)$ は n 次多項式である．

（2） $0 \leqq k < n$ とし，部分積分を繰り返して適用すると，

$$\begin{aligned}
\int_{-\infty}^{\infty} x^k H_n(x) e^{-x^2} dx &= (-1)^n \int_{-\infty}^{\infty} x^k \frac{d^n}{dx^n} (e^{-x^2}) dx \\
&= (-1)^n \left\{ \left[x^k \frac{d^{n-1}}{dx^{n-1}} e^{-x^2} \right]_{-\infty}^{\infty} - \int_{-\infty}^{\infty} kx^{k-1} \frac{d^{n-1}}{dx^{n-1}} e^{-x^2} dx \right\} \\
&= (-1)^n \left[x^k \frac{d^{n-1}}{dx^{n-1}} e^{-x^2} - kx^{k-1} \frac{d^{n-2}}{dx^{n-2}} e^{-x^2} + \cdots \right. \\
&\qquad \left. + (-1)^{k-1} k! x \frac{d^{n-k}}{dx^{n-k}} e^{-x^2} \right]_{-\infty}^{\infty} \\
&\qquad + (-1)^{n+k} k! \int_{-\infty}^{\infty} \frac{d^{n-k}}{dx^{n-k}} e^{-x^2} dx \\
&= (-1)^{n+k} k! \int_{-\infty}^{\infty} \frac{d^{n-k}}{dx^{n-k}} e^{-x^2} dx = 0 \quad (0 \leqq k < n)
\end{aligned}$$

$H_m(x)$ は m 次多項式だから

$$\int_{-\infty}^{\infty} e^{-x^2} H_m(x) H_n(x) dx = 0$$

$$\therefore \quad \int_{-\infty}^{\infty} e^{-x^2} \varphi_m(x) \varphi_n(x) dx = 0 \quad (m \neq n)$$

〈注〉 $\int_{-\infty}^{\infty} e^{-x^2} H_m(x) H_n(x) dx = 2^n n! \sqrt{\pi} \, \delta_{mn}$, $H_n(x)$ はエルミート多項式である．

4.29 （1） $e^{xt - t^2/2} = \sum_{n=0}^{\infty} H_n(x) \dfrac{t^n}{n!}$ ①

の両辺を x で微分すると，

$$te^{xt - t^2/2} = \sum_{n=0}^{\infty} H'_n(x) \frac{t^n}{n!} = H'_0(x) + \sum_{n=1}^{\infty} H'_n(x) \frac{t^n}{n!}$$

$$\text{左辺} = \sum_{n=0}^{\infty} H_n(x) \frac{t^{n+1}}{n!} = \sum_{n=1}^{\infty} H_{n-1}(x) \frac{t^n}{(n-1)!} \quad ②$$

$$\therefore \quad H'_n(x) \frac{1}{n!} = H_{n-1}(x) \frac{1}{(n-1)!}$$

$$\therefore \quad H'_n(x) = nH_{n-1}(x) \quad (n = 1, 2, \cdots)$$

（2） ①の両辺を x で 2 回微分すると，

$$t^2 e^{xt-t^2/2} = H_0''(x) + H_1''(x)t + \sum_{n=2}^{\infty} H_n''(x) \frac{t^n}{n!}$$

すなわち，

$$\sum_{n=0}^{\infty} H_n(x) \frac{t^{n+2}}{n!} = H_0''(x) + H_1''(x)t + \sum_{n=0}^{\infty} H_{n+2}''(x) \frac{t^{n+2}}{(n+2)!}$$

$$\Longrightarrow \begin{cases} H_0''(x) = H_1''(x) = 0 \\ H_{n+2}''(x) = (n+1)(n+2)H_n(x) \quad (n = 0, 1, 2, \cdots) \end{cases} \quad ③$$

一方，①を t で微分すると，

$$(x-t) e^{xt-t^2/2} = \sum_{n=1}^{\infty} H_n(x) \frac{t^{n-1}}{(n-1)!}$$

すなわち，

$$(x-t) \sum_{n=0}^{\infty} H_n(x) \frac{t^n}{n!} = \sum_{n=0}^{\infty} H_{n+1}(x) \frac{t^n}{n!}$$

$$\therefore \sum_{n=0}^{\infty} xH_n(x) \frac{t^n}{n!} - \sum_{n=0}^{\infty} H_n(x) \frac{t^{n+1}}{n!} = \sum_{n=0}^{\infty} H_{n+1}(x) \frac{t^n}{n!}$$

$$\sum_{n=0}^{\infty} xH_n(x) \frac{t^n}{n!} - \sum_{n=1}^{\infty} nH_{n-1}(x) \frac{t^n}{n!} = \sum_{n=0}^{\infty} H_{n+1}(x) \frac{t^n}{n!}$$

$$\Longrightarrow \begin{cases} xH_0(x) = H_1(x) \\ xH_n(x) - nH_{n-1}(x) = H_{n+1}(x) \quad (n = 1, 2, \cdots) \end{cases} \quad ④$$

以上の結論より

$$H_0''(x) - xH_0'(x) + 0 \cdot H_0(x) = -xH_0'(x) = 0 \quad (\because \ H_0(x) \text{ は定数である})$$
$$H_1''(x) - xH_1'(x) + 1 \cdot H_1(x) = -xH_1'(x) + H_1(x) = -xH_0(x) + H_1(x)$$
$$= 0$$

$n \geqq 2$ のとき，

$$H_n''(x) - xH_n'(x) + nH_n(x) = (n-1)nH_{n-2}(x) - xnH_{n-1}(x) + nH_n(x)$$
$$(\because \ ②, ③)$$
$$= n\{(n-1)H_{n-2}(x) - xH_{n-1}(x) + H_n(x)\} = 0 \quad (\because \ ④)$$

よって，$H_n(x) (n = 0, 1, 2, \cdots)$ は $y'' - xy' + ny = 0$ をみたす．

4.30 （1） $a_m(x) = \dfrac{(-1)^m}{m!(n+m)!} \left(\dfrac{x}{2}\right)^{2m}$ とおくと，

$$\lim_{m \to \infty} \left| \frac{a_{m+1}(x)}{a_m(x)} \right| = \lim_{m \to \infty} \frac{x^2}{4(m+1)(n+m+1)} = 0$$

が任意の x に対して成り立つから，$J_n(x) = \sum_{m=0}^{\infty} \dfrac{(-1)^m}{m!(n+m)!}\left(\dfrac{x}{2}\right)^{2m+n}$ はすべての x について収束する．

（2） $\dfrac{d}{dx}J_0(x) = \dfrac{d}{dx}\sum_{m=0}^{\infty}\dfrac{(-1)^m}{m!m!}\left(\dfrac{x}{2}\right)^{2m} = \sum_{m=1}^{\infty}\dfrac{(-1)^m}{m!(m-1)!}\left(\dfrac{x}{2}\right)^{2m-1}$

$= -\sum_{m=0}^{\infty}\dfrac{(-1)^m}{m!(m+1)!}\left(\dfrac{x}{2}\right)^{2m+1} = -J_1(x)$

〈注〉 $J_n(x)$ は n 次の第 1 種ベッセル関数である．

4.31 $xy'' + (2-x)y' - \dfrac{1}{2}y = 0$ ①

の $x \to \infty$ のとき近似解を
$$y = e^{\gamma x}x^{\beta}(1 + v_1 x^{-1} + v_2 x^{-2} + \cdots) \quad \text{②}$$
の形に書くと，

$y' = \gamma e^{\gamma x}x^{\beta}(1 + v_1 x^{-1} + v_2 x^{-2} + \cdots) + \beta e^{\gamma x}x^{\beta-1}(1 + v_1 x^{-1} + v_2 x^{-2} + \cdots)$
$\quad + e^{\gamma x}x^{\beta}(-v_1 x^{-2} - 2v_2 x^{-3} + \cdots)$ ③

$y'' = \gamma^2 e^{\gamma x}x^{\beta}(1 + v_1 x^{-1} + v_2 x^{-2} + \cdots) + 2\beta\gamma e^{\gamma x}x^{\beta-1}(1 + v_1 x^{-1} + v_2 x^{-2} + \cdots)$
$\quad + 2\gamma e^{\gamma x}x^{\beta}(-v_1 x^{-2} - 2v_2 x^{-3} + \cdots)$
$\quad + \beta(\beta-1)e^{\gamma x}x^{\beta-2}(1 + v_1 x^{-1} + v_2 x^{-2} + \cdots)$
$\quad + 2\beta e^{\gamma x}x^{\beta-1}(-v_1 x^{-1} - 2v_2 x^{-3} + \cdots)$
$\quad + e^{\gamma x}x^{\beta}(2v_1 x^{-3} + 6v_2 x^{-4} + \cdots)$ ④

②，③，④を①に代入し，$x^{\beta+1}$ と x^{β} の係数をそれぞれ 0 とおくと，
$$2\gamma(\gamma-1) = 0, \quad 2\gamma(\gamma-1)v_1 + 4\gamma\beta + 4\gamma - 2\beta - 1 = 0$$
ゆえに，（ⅰ）$\gamma = 0$ のとき，$\beta = -1/2$ となり，$y = x^{-1/2}(1 + v_1/x + v_2/x + \cdots)$．この基本解は $x \to \infty$ のとき $x^{-1/2}$ に近似する．
（ⅱ）$\gamma = 1$ のとき，$\beta = -3/2$ となり，$y = e^x x^{-3/2}(1 + v_1/x + v_2/x + \cdots)$．この基本解は $x \to \infty$ のとき $e^x x^{-3/2}$ に近似する．

4.32 $\displaystyle\int_{-1}^{1} Q(x)P_n(x)\,dx$

$= \displaystyle\int_{-1}^{1} Q(x)\dfrac{1}{2^n n!}\dfrac{d^n}{dx^n}(x^2-1)^n\,dx$

$= \left[Q(x)\dfrac{1}{2^n n!}\dfrac{d^{n-1}}{dx^{n-1}}(x^2-1)^n\right]_{-1}^{1} - \displaystyle\int_{-1}^{1}\dfrac{dQ}{dx}\dfrac{1}{2^n n!}\dfrac{d^{n-1}}{dx^{n-1}}(x^2-1)^n\,dx$

$= -\displaystyle\int_{-1}^{1}\dfrac{dQ}{dx}\dfrac{1}{2^n n!}\dfrac{d^{n-1}}{dx^{n-1}}(x^2-1)^n\,dx$

$$= -\left\{\left[\frac{dQ}{dx}\frac{1}{2^n n!}\frac{d^{n-2}}{dx^{n-2}}(x^2-1)^n\right]_{-1}^{1} - \int_{-1}^{1}\frac{d^2Q}{dx^2}\frac{1}{2^n n!}\frac{d^{n-2}}{dx^{n-2}}(x^2-1)^n\,dx\right\}$$

$$= (-1)^2\int_{-1}^{1}\frac{d^2Q}{dx^2}\frac{1}{2^n n!}\frac{d^{n-2}}{dx^{n-2}}(x^2-1)^n\,dx$$

$$= \cdots = (-1)^n\frac{1}{2^n n!}\int_{-1}^{1}\frac{d^nQ}{dx^n}(x^2-1)^n\,dx \qquad ①$$

よって, Q が $m(<n)$ 次多項式であるとき, $\dfrac{d^nQ}{dx^n}\equiv 0 \implies \int_{-1}^{1}Q(x)P_n(x)\,dx = 0$ である.

$Q = P_n$ のとき, ①より

$$\int_{-1}^{1}P_n^2(x)\,dx = \int_{-1}^{1}\frac{d^nP_n(x)}{dx^n}P_n(x)\,dx$$

$$= (-1)^n\frac{1}{2^n n!}\int_{-1}^{1}\frac{d^nP_n(x)}{dx^n}(x^2-1)^n\,dx \qquad ②$$

となる. ここで,

$$\frac{d^nP_n(x)}{dx^n} = \frac{1}{2^n n!}\frac{d^{2n}}{dx^{2n}}(x^2-1)^n = \frac{1}{2^n n!}\frac{d^{2n}}{dx^{2n}}(x^{2n} - nx^{2n-2} + \cdots) = \frac{(2n)!}{2^n n!}$$

を②に代入すると,

$$\int_{-1}^{1}P_n^2(x)\,dx = (-1)^n\frac{1}{2^n n!}\cdot\frac{(2n)!}{2^n n!}\int_{-1}^{1}(x^2-1)^n\,dx$$

$$= \frac{(2n)!}{2^{2n}(n!)^2}\cdot 2\int_{0}^{1}(1-x^2)^n\,dx$$

$$= \frac{(2n)!}{2^{2n}(n!)^2}\cdot\int_{0}^{1}(1-t)^{(n+1)-1}t^{1/2-1}\,dt$$

$$= \frac{(2n)!}{2^{2n}(n!)^2}\cdot\frac{\Gamma(n+1)\Gamma(1/2)}{\Gamma(n+3/2)}$$

$$= \frac{(2n)!}{2^{2n}(n!)^2}\cdot\frac{n!\sqrt{\pi}}{\left(n+\dfrac{1}{2}\right)\left(n-\dfrac{1}{2}\right)\cdots\dfrac{3}{2}\dfrac{1}{2}\sqrt{\pi}}$$

$$= \frac{(2n)!}{2^{2n}(n!)^2}\cdot\frac{n!}{\dfrac{(2n+1)(2n-1)\cdots 3\cdot 1}{2^{n+1}}} = \frac{2}{2n+1}$$

4.33 $x = 0$ は特異点であるから,

$$y = a_0 x^{\lambda} + a_1 x^{\lambda+1} + a_2 x^{\lambda+2} + \cdots + a_n x^{\lambda+n} + \cdots \quad (a_0 \neq 0) \qquad ①$$

の形で級数解を仮定する．これを形式的に項別微分して方程式の左辺の各項を計算すると

$$x(x-1)y'' = x^2 y'' - xy'' = \sum_{n=0}^{\infty}(\lambda+n)(\lambda+n-1)a_n x^{\lambda+n}$$
$$-\sum_{n=0}^{\infty}(\lambda+n)(\lambda+n-1)a_n x^{\lambda+n-1}$$
$$\{(\alpha+\beta+1)x-\gamma\}y' = (\alpha+\beta+1)\sum_{n=0}^{\infty}(\lambda+n)a_n x^{\lambda+n}$$
$$-\sum_{n=0}^{\infty}\gamma(\lambda+n)a_n x^{\lambda+n-1}$$
$$\alpha\beta y = \sum_{n=0}^{\infty}\alpha\beta a_n x^{\lambda+n}$$

これらを与えられた方程式に代入して，$x^{\lambda-1}, x^{\lambda+n-1}$ の係数を 0 とおくと

$$\{\lambda(\lambda-1)+\gamma\lambda\}a_0 = 0 \qquad ②$$
$$(\lambda+n)(\lambda+n-1)a_n + (\lambda+n-1)(\lambda+n-2)a_{n-1} + \gamma(\lambda+n)a_n$$
$$-(\alpha+\beta+1)(\lambda+n-1)a_{n-1} + \alpha\beta a_{n-1} = 0 \qquad ③$$

$a_0 \neq 0$ と②より，λ は方程式

$$\lambda(\lambda-1) + \gamma\lambda = 0$$

を満足しなければならない．この一つの根 $\lambda = 0$ をとると，③より漸化式

$$a_n\{n(n-1)+\gamma\} - a_{n-1}\{(n-1+\alpha)(n-1+\beta)\} = 0$$

が得られ，

$$a_n = \frac{(\alpha+n-1)(\beta+n-1)}{n(\gamma+n-1)}a_{n-1}$$
$$= \cdots = \frac{\alpha(\alpha+1)\cdots(\alpha+n-1)\cdot\beta(\beta+1)\cdots(\beta+n-1)}{1\cdot 2\cdots\cdot n\cdot\gamma(\gamma+1)\cdots(\gamma+n-1)}a_0$$

ゆえに，$\gamma \neq 0, -1, -2, \cdots$ の仮定のもとに，超幾何級数

$$y = F(\alpha, \beta, \gamma, x)$$
$$= 1 + \sum_{n=1}^{\infty}\frac{\alpha(\alpha+1)\cdots(\alpha+n-1)\beta(\beta+1)\cdots(\beta+n-1)}{n!\gamma(\gamma+1)\cdots(\gamma+n-1)}x^n$$

(ただし，$a_0 = 1$)

は形式的に①を満足する．

4.34 ルジャンドルの微分方程式 $\dfrac{d}{dx}[(1-x^2)y'] + n(n+1)y = 0$ より

$$\frac{d}{dx}[(1-x^2)P_n'(x)] + n(n+1)P_n(x) = 0 \qquad \text{①}$$

①の両辺に $P_m(x)$ を掛けて -1 から 1 まで (部分) 積分すると

$$n(n+1)\int_{-1}^{1} P_m(x)P_n(x)\, dx$$

$$= -\int_{-1}^{1} P_m(x) \frac{d}{dx}[(1-x^2)P_n'(x)]\, dx$$

$$= [-P_m(x)(1-x^2)P_n'(x)]_{-1}^{1} + \int_{-1}^{1} P_m'(x)(1-x^2)P_n'(x)\, dx$$

$$= \int_{-1}^{1} (1-x^2)P_m'(x)P_n'(x)\, dx$$

同様にして

$$\frac{d}{dx}\{(1-x^2)P_m'(x)\} + m(m+1)P_m(x) = 0 \qquad \text{②}$$

の両辺に $P_m(x)$ を掛けて -1 から 1 まで (部分) 積分すると

$$m(m+1)\int_{-1}^{1} P_m(x)P_n(x)\, dx = \int_{-1}^{1} (1-x^2)P_m'(x)P_n'(x)\, dx \qquad \text{③}$$

②, ③より

$$\{n(n+1) - m(m+1)\}\int_{-1}^{1} P_m(x)P_n(x)\, dx = 0$$

$$\therefore \int_{-1}^{1} P_m(x)P_n(x)\, dx = 0 \quad (m \neq n)$$

4.35 (1) $\theta = \cos^{-1}x$ とおくと,

$$\begin{aligned}
T_n(x) &= T_n(\cos\theta) = \cos n\theta \\
&= \mathrm{Re}\,(e^{in\theta}) = \mathrm{Re}\,((\cos\theta + i\sin\theta)^n) \\
&= \mathrm{Re}\sum_{k=0}^{n} \binom{n}{k} (\cos\theta)^{n-k}(i\sin\theta)^k \\
&= \binom{n}{0}\cos^n\theta - \binom{n}{2}\cos^{n-2}\theta\sin^2\theta + \binom{n}{4}\cos^{n-4}\theta\sin^4\theta \\
&\quad + \cdots + (-1)^{[n/2]}\binom{n}{\left[\frac{n}{2}\right]}\cos^{n-2[n/2]}\theta\sin^{2[n/2]}\theta \\
&= x^n - \binom{n}{2}x^{n-2}(1-x^2)
\end{aligned}$$

$$+ \cdots + (-1)^{[n/2]} \begin{pmatrix} n \\ \left[\dfrac{n}{2}\right] \end{pmatrix} x^{n-2[n/2]} (1-x^2)^{[n/2]}$$

$$= \left\{ 1 + \begin{pmatrix} n \\ 2 \end{pmatrix} + \cdots + \begin{pmatrix} n \\ \left[\dfrac{n}{2}\right] \end{pmatrix} \right\} x^n + a_{n-1} x^{n-1} + \cdots$$

$= x$ に関する n 次多項式

(2) $\displaystyle\int_{-1}^{1} \frac{T_m(x) T_n(x)}{\sqrt{1-x^2}} dx = \int_{-1}^{1} \frac{\cos(m \cos^{-1} x) \cos(n \cos^{-1} x)}{\sqrt{1-x^2}} dx$

$\displaystyle\qquad = \int_0^\pi \cos m\theta \cos n\theta \, d\theta$

$\displaystyle\qquad = \frac{1}{2} \int_0^\pi \{\cos(m+n)\theta + \cos(m-n)\theta\} d\theta$

よって, $m = n = 0$ のとき,

$$\int_{-1}^{1} \frac{T_m(x) T_n(x)}{\sqrt{1-x^2}} dx = \int_0^\pi d\theta = \pi$$

$m = n \neq 0$ のとき,

$$\int_{-1}^{1} \frac{T_m(x) T_n(x)}{\sqrt{1-x^2}} dx = \frac{1}{2} \int_0^\pi (\cos 2m\theta + 1) \, d\theta = \frac{\pi}{2}$$

$m \neq n$ のとき,

$$\int_{-1}^{1} \frac{T_m(x) T_n(x)}{\sqrt{1-x^2}} dx = \frac{1}{2} \int_0^\pi \{\cos(m+n)\theta + \cos(m-n)\theta\} d\theta$$

$$\qquad = \frac{1}{2} \left[\frac{\sin(m+n)\theta}{m+n} + \frac{\sin(m-n)\theta}{m-n} \right]_0^\pi = 0$$

4.36 $e^x = \displaystyle\lim_{n \to \infty} \left(1 + \frac{x}{n}\right)^n$ (n:整数) であるから直ちに

$$\Gamma(z) = \lim_{n \to \infty} \int_0^n \left(1 - \frac{x}{n}\right)^n x^{z-1} \, dx$$

と書ける$^{\langle 注 \rangle}$. さて,

$$\Pi(z, n) \equiv \int_0^n \left(1 - \frac{x}{n}\right)^n x^z \, dx \qquad \text{①}$$

$$\lim_{n \to +\infty} \Pi(z, n) = \Pi(z) \equiv \Gamma(z+1)$$

なるパイ関数を導入する. ①で $x = n\tau$ とおけば,

$$\Pi(z, n) = n^{z+1} \int_0^1 (1-\tau)^n \tau^z \, d\tau$$

となるから，$\mathrm{Re}\, z > 0$ を考慮して部分積分を繰り返すと，

$$\int_0^1 (1-\tau)^n \tau^z \, d\tau = \left[\frac{\tau^{z+1}}{z+1} (1-\tau)^n \right]_0^1 + \frac{n}{z+1} \int_0^1 \tau^{z+1}(1-\tau)^{n-1} \, d\tau$$

$$= \cdots = \frac{n!}{(z+1)(z+2)\cdots(z+n)} \int_0^1 \tau^{z+n} \, d\tau$$

$$= \frac{n!}{(z+1)(z+2)\cdots(z+n+1)}$$

したがって，

$$\Gamma(z) = \lim_{n \to +\infty} \Pi(z-1, n) = \lim_{n \to \infty} \frac{n! n^z}{z(z+1)\cdots(z+n)}$$

$\displaystyle \lim_{n \to +\infty} \frac{n}{z+n} = 1$ とおくと，

$$\Gamma(z) = \lim_{n \to \infty} \frac{(n-1)! n^z}{z(z+1)\cdots(z+n-1)}$$

〈注〉 厳密には証明を要する．

4.37 （1） $p = \dfrac{dy}{dx}$ とおくと，

$$\frac{d^2 y}{dx^2} = p \frac{dp}{dy}$$

ゆえに，与式は $p \dfrac{dp}{dy} = -\sin y$ になる．この解は

$$\frac{1}{2} p^2 = \cos y + c$$

初期条件 $y(0) = 0$, $p(0) = y'(0) = a$ より

$$\frac{1}{2} a^2 = 1 + c \implies c = \frac{1}{2} a^2 - 1$$

したがって，

$$\frac{1}{2} p^2 = \cos y + \frac{1}{2} a^2 - 1 = \frac{1}{2} a^2 - 2 \sin^2 \frac{y}{2}$$

$$p^2 = a^2 - 4 \sin^2 \frac{y}{2} \qquad ①$$

$p = 0$ のとき，

$$a^2 - 4\sin^2\frac{y}{2} = 0 \Longrightarrow \sin\frac{y}{2} = \pm\frac{a}{2}$$

値 $-\dfrac{a}{2}$ を捨てると（∵ $y(0) = 0, y'(0) = a > 0 \Longrightarrow y(x) > y(0) = 0$），

$x > 0$ ではじめて $\dfrac{dy}{dx} = 0$ となる y の値は $y_0 = 2\sin^{-1}\dfrac{a}{2}$ となる．

（2） ①より

$$p = \sqrt{a^2 - 4\sin^2\frac{y}{2}}$$

$$\frac{dy}{dx} = \sqrt{a^2 - 4\sin^2\frac{y}{2}}$$

$$dx = \frac{dy}{\sqrt{a^2 - 4\sin^2\dfrac{y}{2}}}$$

$$x = \int_0^y \frac{dt}{\sqrt{a^2 - 4\sin^2\dfrac{t}{2}}} = \int_0^\phi \frac{d\theta}{\sqrt{1 - k^2\sin^2\theta}} \quad \left(\text{ただし，}\sin\theta = \frac{2}{a}\sin\frac{t}{2}\right)$$

$$\sin\phi = \frac{2}{a}\sin\frac{y}{2}, \quad 0 < k = \frac{a}{2} < 1$$

（3） $y = y_0 = 2\sin^{-1}\dfrac{a}{2}$ のとき，

$$\sin\phi = \frac{2}{a}\sin\left(\frac{1}{2}\cdot 2\sin^{-1}\frac{a}{2}\right) = 1 \Longrightarrow \phi = \frac{\pi}{2}$$

したがって，

$$x_0 = \int_0^{\pi/2} \frac{d\theta}{\sqrt{1 - k^2\sin^2\theta}}$$

（4） $a \ll 1$，すなわち，$k^2 \ll 1$ のとき，

$$x_0 = \int_0^{\pi/2} \frac{d\theta}{\sqrt{1 - k^2\sin^2\theta}} = \int_0^{\pi/2} (1 - k^2\sin^2\theta)^{-1/2}\, d\theta$$

$$= \int_0^{\pi/2} \left\{ 1 + \left(-\frac{1}{2}\right)(-k^2\sin^2\theta) \right.$$

$$\left. + \frac{-\dfrac{1}{2}\left(-\dfrac{1}{2} - 1\right)}{2!}(-k^2\sin^2\theta)^2 + \cdots \right\} d\theta$$

$$= \int_0^{\pi/2} \left\{ 1 + \frac{1}{8} \sin^2 \theta \cdot a^2 + \frac{3}{128} \sin^4 \theta \cdot a^4 + \cdots \right\} d\theta$$

$$= \int_0^{\pi/2} d\theta + \frac{1}{8} \int_0^{\pi/2} \sin^2 \theta \, d\theta \cdot a^2 + \frac{3}{128} \int_0^{\pi/2} \sin^4 \theta \, d\theta \cdot a^4 + \cdots$$

$$\therefore \quad c_0 = \int_0^{\pi/2} d\theta = \frac{\pi}{2}, \quad c_1 = \frac{1}{8} \int_0^{\pi/4} \sin^2 \theta \, d\theta = \frac{1}{8} \cdot \frac{1}{2} \cdot \frac{\pi}{2} = \frac{\pi}{32}$$

4.38 （1） 一般公式

$$xf''(x) \longleftrightarrow -\frac{d}{ds}\{s^2 F(s) - sf(0) - f'(0)\}$$

$$xf'(x) \longleftrightarrow -\frac{d}{ds}\{sF(s) - f(0)\}$$

$$f'(x) \longleftrightarrow sF(s) - f(0)$$

$$f^{(n)}(x) \longleftrightarrow s^n F(s) - s^{n-1} f(0) - s^{n-1} f'(0) - \cdots - f^{(n-1)}(0)$$

$$xf(x) \longleftrightarrow -\frac{d}{ds} F(s)$$

$$x^n f(x) \longleftrightarrow (-1)^n F^{(n)}(s)$$

を思い出す．与式より，$xJ_0''(x) + J_0'(x) + xJ_0(x) = 0$ 　　　　　　　　　　①

①の両辺をラプラス変換し（$J_0(x) \longleftrightarrow y(s)$），$J_0(0) = 1$, $J_0'(0) = 0$ とおくと，

$$-\frac{d}{ds}\{s^2 y(s) - sJ_0(0) - J_0'(0)\} + \{sy(s) - J_0(0)\} - \frac{d}{ds} y(s)$$

$$= -\frac{d}{ds}\{s^2 y(s) - s - 0\} + \{sy(s) - 1\} - \frac{d}{ds} y(s)$$

$$= -\left\{2sy(s) + s^2 \frac{dy(s)}{ds} - 1\right\} + sy(s) - 1 - \frac{dy(s)}{ds}$$

$$= -(s^2 + 1) \frac{dy(s)}{ds} - sy(s) = 0$$

$$\frac{dy(s)}{y(s)} = -\frac{s}{s^2 + 1} ds$$

両辺を積分し，積分定数を C_1, C_2 とすると，

$$\log y(s) = -\frac{1}{2} \log(s^2 + 1) + C_1 = \log \frac{C_2}{\sqrt{s^2 + 1}} \quad \therefore \quad y(s) = \frac{C_2}{\sqrt{s^2 + 1}}$$

ところで，$\displaystyle \lim_{s \to \infty} sy(s) = \frac{C_2 s}{\sqrt{s^2 + 1}} = C_2$, $\displaystyle \lim_{t \to 0} J_0(t) = 1$ だから，初期値定理より，

$$C_2 = 1 \quad \therefore \quad L\{J_0(t)\} = \frac{1}{\sqrt{s^2+1}}$$

（別解） $s > 1$ に対し，$y(s)$ を級数展開し，逆変換する．

（2） 与式 $J_0'(x) = -J_1(x)$ をラプラス変換すると，
$$L\{J_1(x)\} = -L\{J_0'(x)\} = -[sL\{J_0(x)\} - f(0)]$$
$$= -\left[s\frac{1}{\sqrt{s^2+1}} - 1\right] = \frac{\sqrt{s^2+1}-s}{\sqrt{s^2+1}}$$

4.39 円筒内の水量が一定という条件下で，重力と遠心力のポテンシャルエネルギーの総和を最小にすればよい．

水の全体積 V は，円筒の半径を R とすると，
$$V = \int_0^R 2\pi r\, dr \cdot y(r) = 2\pi \int_0^R r y(r)\, dr \qquad \text{①}$$

単位体積当りの水の重力ポテンシャルエネルギーは高さ z のところで $\rho g z$ である．また，水に働く遠心力は $\rho r \omega^2$ だから，遠心力ポテンシャルエネルギーは $-\rho r^2 \omega^2/2$ である．この両者を加えると，全ポテンシャルエネルギー U は
$$U = \int_0^R \int_0^{y(r)} \left(\rho g z \cdot 2\pi r\, dr\, dz - \frac{1}{2}\rho r^2 \omega^2 \cdot 2\pi r\, dr\, dz\right)$$
$$= \int_0^R 2\pi r\, dr \int_0^{y(r)} \left(\rho g z - \frac{1}{2}\rho r^2 \omega^2\right) dz = \pi\rho \int_0^R (gry^2 - \omega^2 r^3 y)\, dr$$

V を一定として U を最小にする $y(r)$ を求めたい．U には y' が含まれないから，ラグランジュの未定乗数 λ を使って，
$$F = (gry^2 - \omega^2 r^3 y) - \lambda(ry)$$
をオイラーの方程式 $\dfrac{d}{dx}\left(\dfrac{\partial F}{\partial y'}\right) - \dfrac{\partial F}{\partial y} = -\dfrac{\partial F}{\partial y} = 0$ に代入すれば，
$$\frac{\partial}{\partial y}(gry^2 - \omega^2 r^3 y) - \lambda\frac{\partial}{\partial y}(ry) = 0$$
$$\therefore \quad y(r) = \frac{\omega^2}{2g}r^2 + \frac{\lambda}{2g} \qquad \text{②}$$

これを①に代入すれば，
$$V = 2\pi \int_0^R r\left(\frac{\omega^2}{2g}r^2 + \frac{\lambda}{2g}\right) dr = \frac{\pi}{g}\left(\frac{\omega^2 R^4}{4} + \frac{\lambda R^2}{2}\right)$$
$$\therefore \quad \lambda = \frac{2}{R^2}\left(\frac{gQ}{\pi} - \frac{\omega^2 R^4}{4}\right)$$

これを②に代入すれば，

$$y(r) = \frac{\omega^2}{2g}r^2 + \frac{1}{2g}\cdot\frac{1}{R^2}\left(\frac{gQ}{\pi} - \frac{\omega^2 R^4}{4}\right) = \frac{\omega^2}{2g}\left(r^2 - \frac{R^2}{2}\right) + \frac{U}{\pi R^2}$$

すなわち，境界面の形状は回転放物面である．

4.40 （1） $\Pi(y) = (Ly, y) - 2(y, g) = \displaystyle\int_0^1 Ly\cdot y\, dx - 2\int_0^1 yg\, dx$

$$= \int_0^1 \left(x^4 \frac{d^2y}{dx^2} + 4x^3 \frac{dy}{dx}\right) y\, dx - 2\int_0^1 y\cdot 4e^{-x}\, dx$$

$$= \int_0^1 \left(x^4 \frac{d^2y}{dx^2} y + 4x^3 \frac{dy}{dx} y - 8ye^{-x}\right) dx \qquad ①$$

（2） $y = cx(1-x)$ ②

とすると，

$$y' = c(1-x) - cx = c(1-2x), \quad y'' = -2c \qquad ③$$

①，②，③より

$$\Pi(y) = \int_0^1 \{x^4(-2c)cx(1-x) - cx + 4x^3c(1-2x)cx(1-x)$$
$$- 8c(1-x)\,e^{-x}\}\, dx$$

$$= 2\int_0^1 \{c^2(5x^6 - 7x^5 + 2x^4) - 4c(x - x^2)\,e^{-x}\}\, dx$$

$$\frac{\partial \Pi(y)}{\partial c} = 2\int_0^1 \{2c(5x^6 - 7x^5 + 2x^4) - 4c(x - x^2)\,e^{-x}\}\, dx$$

$$= 4c\int_0^1 (5x^6 - 7x^5 + 2x^4)\, dx - 8\int_0^1 (x - x^2)\,e^{-x}\, dx$$

$$= 4c\left[5\cdot\frac{x^7}{7} - 7\cdot\frac{x^6}{6} + 2\cdot\frac{x^5}{5}\right]_0^1 - 8I_1 = 4c\left[\frac{5}{7} - \frac{7}{6} + \frac{2}{5}\right] - 8I_1$$

ここで，

$$I_1 = \int_0^1 (x - x^2)\,e^{-x}\, dx = -[e^{-x}(x - x^2)]_0^1 + \int_0^1 e^{-x}(1 - 2x)\, dx$$

$$= [e^{-x}(1 - 2x)]_0^1 + \int_0^1 e^{-x}(-2)\, dx = -[-e^{-1} - e^0] + 2[e^{-x}]_0^1$$

$$= 3e^{-1} - 1$$

$$\frac{\partial \Pi(y)}{\partial c} = 4c\left(\frac{5}{7} - \frac{7}{6} + \frac{2}{5}\right) - 8(3e^{-1} - 1) = 0 \text{ より}$$

$$c = \frac{8(3e^{-1} - 1)}{4\left(\dfrac{5}{7} - \dfrac{7}{6} + \dfrac{2}{5}\right)} = -\frac{420}{11}(3e^{-1} - 1)$$

$$\fallingdotseq -\frac{420}{11}\left(\frac{3}{2.72} - 1\right) = -3.93$$

(3) $\displaystyle\int_0^1 (Ly, y)\, dx = \int_0^1 \left(x^4 \frac{d^2y}{dx^2} + 4x \frac{dy}{dx}\right) y\, dx = \int_0^1 \frac{d}{dx}\left(x^4 \frac{dy}{dx}\right) y\, dx$

$$= \left[x^4 \frac{dy}{dx} y\right]_0^1 - \int_0^1 x^4 \frac{dy}{dx}\frac{dy}{dx}\, dx = -\int_0^1 x^4 \left(\frac{dy}{dx}\right)^2 dx \leqq 0$$

4.41 (1) (1a) 長さは
$$L = \int_{x_1}^{x_2} \sqrt{(dx)^2 + (dy)^2} = \int_{x_1}^{x_2} \sqrt{1 + \left\{\frac{dy(x)}{dx}\right\}^2}\, dx$$

(1b) $y' = \dfrac{dy(x)}{dx}, L = L[y']$ とすると,

$\delta L = L[y' + \delta y'] - L[y']$

$\displaystyle = \int_{x_1}^{x_2} \{1 + (y' + \delta y')^2\}^{1/2}\, dx - \int_{x_1}^{x_2} (1 + y'^2)^{1/2}\, dx$

$\displaystyle = \int_{x_1}^{x_2} \{1 + y'^2 + 2y'\delta y' + (\delta y')^2\}^{1/2}\, dx - \int_{x_1}^{x_2} (1 + y'^2)^{1/2}\, dx$

$\displaystyle \cong \int_{x_1}^{x_2} \{1 + y'^2 + 2y'\delta y'\}^{1/2}\, dx - \int_{x_1}^{x_2} (1 + y'^2)^{1/2}\, dx$

$\displaystyle = \int_{x_1}^{x_2} \left\{(1 + y'^2)\left(1 + \frac{2y'\delta y'}{1 + y'^2}\right)\right\}^{1/2} dx - \int_{x_1}^{x_2} (1 + y'^2)^{1/2}\, dx$

$\displaystyle = \int_{x_1}^{x_2} \left\{(1 + y'^2)^{1/2}\left(1 + \frac{2y'\delta y'}{1 + y'^2}\right)^{1/2}\right\} dx - \int_{x_1}^{x_2} (1 + y'^2)^{1/2}\, dx$

$\displaystyle = \int_{x_1}^{x_2} (1 + y'^2)^{1/2}\left\{\left(1 + \frac{2y'\delta y'}{1 + y'^2}\right)^{1/2} - 1\right\} dx$

$\displaystyle \cong \int_{x_1}^{x_2} (1 + y'^2)^{1/2}\left\{1 + \frac{y'\delta y'}{1 + y'^2} - 1\right\} dx$

$\displaystyle = \int_{x_1}^{x_2} \frac{y'\delta y'}{\sqrt{1 + y'^2}}\, dx = \int_{x_1}^{x_2} \frac{y'}{\sqrt{1 + y'^2}}\frac{d(\delta y)}{dx}\, dx$

$\displaystyle = -\int_{x_1}^{x_2} \frac{d}{dx}\frac{y'}{\sqrt{1 + y'^2}}\delta y\, dx \quad (\because \text{部分積分})$

$= 0$

$$\therefore \frac{d}{dx}\frac{y'}{\sqrt{1+y'^2}} = 0 \qquad \text{①}$$

(1c) ①より，$\dfrac{y'}{\sqrt{1+y'^2}} = K_1$, $y'^2 = K_1^2(1+y'^2)$, $y' = K_2 = \dfrac{dy}{dx}$

$y = K_2 x + K_3$

この直線は点 $(x_1, y_1), (x_2, y_2)$ を通るから，

$y_1 = K_2 x + K_3$ ②,　　$y_2 = K_2 x + K_3$ ③

②, ③から，K_2, K_3 を求めると，

$$K_2 = \frac{y_1 - y_2}{x_1 - x_2}, \quad K_3 = \frac{y_2 x_1 - y_1 x_2}{x_1 - x_2}$$

$$\therefore y = \frac{y_1 - y_2}{x_1 - x_2}x + \frac{y_2 x_1 - y_1 x_2}{x_1 - x_2}$$

（2）(2a) 時間は，図1より，

$T = T[X]$

$$= n_1 \frac{\sqrt{(X-x_1)^2 + (0-y_1)^2}}{c} + n_2 \frac{\sqrt{(X-x_2)^2 + (0-y_2)^2}}{c} \qquad \text{④}$$

(2b) ④の右辺では X のみが可変だから，

$\sqrt{(X+\delta X - x_1)^2 + y_1^2} - \sqrt{(X-x_1)^2 + y_1^2}$

$= \sqrt{(X - x_1 + \delta X)^2 + y_1^2} - \sqrt{(X-x_1)^2 + y_1^2}$

$= \sqrt{\left\{(X-x_1)\left(1 + \dfrac{\delta X}{X-x_1}\right)\right\}^2 + y_1^2} - \sqrt{(X-x_1)^2\left\{1 + \dfrac{y_1^2}{(X-x_1)^2}\right\}}$

$\cong \sqrt{(X-x_1)^2\left(1 + \dfrac{2\delta X}{X-x_1}\right) + y_1^2 \dfrac{(X-x_1)^2}{(X-x_1)^2}} - (X-x_1)\sqrt{1 + \dfrac{y_1^2}{(X-x_1)^2}}$

$= (X-x_1)\sqrt{1 + \dfrac{2\delta X}{X-x_1} + \dfrac{y_1^2}{(X-x_1)^2}} - (X-x_1)\sqrt{1 + \dfrac{y_1^2}{(X-x_1)^2}}$

$= (X-x_1)\left[\sqrt{\left\{1 + \dfrac{y_1^2}{(X-x_1)^2}\right\}\left\{1 + \dfrac{2\delta X/(X-x_1)}{1 + y_1^2/(X-x_1)^2}\right\}}\right.$

$\left. - \sqrt{1 + \dfrac{y_1^2}{(X\delta X - x_1)^2}}\right]$

$\cong (X-x_1)\sqrt{1 + \dfrac{y_1^2}{(X-x_1)^2}}\left[1 + \dfrac{\delta X/(X-x_1)}{1 + y_1^2/(X-x_1)^2} - 1\right]$

$= (X-x_1)\dfrac{1}{\sqrt{1+y_1^2/(X-x_1)^2}}\dfrac{\delta X}{X-x_1} = \dfrac{(X-x_1)\delta X}{\sqrt{(X-x_1)^2 + y_1^2}}$

$= \sin\theta_1 \qquad \text{⑤}$

同様にして，
$$\sqrt{(X+\delta X-x_2)^2+y_2^2}-\sqrt{(X-x_2)^2+y_2^2}$$
$$\cong \frac{(X-x_2)\delta X}{\sqrt{(X-x_2)^2+y_2^2}}=-\sin\theta_2\delta X \qquad ⑥$$

⑤，⑥を④に代入して，変分をとると
$$\delta T=T[X+\delta X]-T[X]$$
$$=\frac{n_1}{c}\sin\theta_1\delta X+\frac{n_2}{c}(-\sin\theta_2\delta X)$$
$$=\frac{\delta X}{c}(n_1\sin\theta_1-n_2\sin\theta_2)=0$$

∴ $n_1\sin\theta_1=n_2\sin\theta_2$ （光の屈折法則，スネルの法則）

(2c)　経路と時間の関係より，
$$\sqrt{(dx)^2+(dy)^2}=\sqrt{1+\left(\frac{dy}{dx}\right)^2}dx=\sqrt{1+y'^2}\,dx=\frac{c}{n(y)}dt$$
$$dt=\frac{n(y)}{c}\sqrt{1+y'^2}\,dx$$
$$\therefore\ T[y,y']=\frac{1}{c}\int_{x_1}^{x_2}n(y)\sqrt{1+y'^2}\,dx \qquad ⑦$$

(2d)　⑦より，
$$\delta T=T[y+\delta y,y'+\delta y']-T[y,y']$$
$$=\frac{1}{c}\int_{x_1}^{x_2}\{n(y+\delta y)\sqrt{1+(y'+\delta y')^2}-n(y)\sqrt{1+y'^2}\}\,dx$$
$$=\frac{1}{c}\int_{x_1}^{x_2}\left\{n(y+\delta y)\sqrt{1+y'^2\left(1+\frac{\delta y'}{y'}\right)^2}-n(y)\sqrt{1+y'^2}\right\}dx$$
$$\cong\frac{1}{c}\int_{x_1}^{x_2}\left\{n(y+\delta y)\sqrt{1+y'^2\left(1+\frac{2\delta y'}{y'}\right)}-n(y)\sqrt{1+y'^2}\right\}dx$$
$$=\frac{1}{c}\int_{x_1}^{x_2}\{n(y+\delta y)\sqrt{1+y'^2+(2\delta y')y'}-n(y)\sqrt{1+y'^2}\}\,dx$$
$$=\frac{1}{c}\int_{x_1}^{x_2}\left\{n(y+\delta y)\sqrt{1+y'^2}\sqrt{1+\frac{(2\delta y')y'}{1+y'^2}}-n(y)\sqrt{1+y'^2}\right\}dx$$
$$\simeq\frac{1}{c}\int_{x_1}^{x_2}\left\{n(y+\delta y)\left(1+\frac{(\delta y')y'}{1+y'^2}\right)-n(y)\right\}\sqrt{1+y'^2}\,dx$$
$$\cong\frac{1}{c}\int_{x_1}^{x_2}\left\{\left(n(y)+\frac{dn(y)}{dy}\delta y\right)\left(1+\frac{(\delta y')y'}{1+y'^2}\right)-n(y)\right\}\sqrt{1+y'^2}\,dx$$

$$\cong \frac{1}{c}\int_{x_1}^{x_2}\left\{n(y)+\frac{(\delta y')y'}{1+y'^2}n(y)+\frac{dn(y)}{dy}\delta y-n(y)\right\}\sqrt{1+y'^2}\,dx$$

$$=\frac{1}{c}\int_{x_1}^{x_2}\left[-\frac{d}{dx}\left\{\frac{y'n(y)}{1+y'^2}\right\}\delta y+\frac{dn(y)}{dy}\delta y\sqrt{1+y'^2}\right]dx\quad(\because\text{部分積分})$$

$$=\frac{1}{c}\int_{x_1}^{x_2}\delta y\left[-\frac{d}{dx}\left\{\frac{y'n(y)}{1+y'^2}\right\}+\frac{dn(y)}{dy}\sqrt{1+y'^2}\right]dx=0$$

$$\therefore\quad \frac{d}{dx}\left\{\frac{y'n(y)}{\sqrt{1+y'^2}}\right\}-\frac{dn(y)}{dy}\sqrt{1+y'^2}=0 \qquad\qquad ⑧$$

⑧をさらに微分し，$y'=\dfrac{dy}{dx}$ とおくと，

$$n\frac{d}{dx}\frac{y'}{\sqrt{1+y'^2}}+\frac{dn}{dx}\frac{y'}{\sqrt{1+y'^2}}-\sqrt{1+y'^2}\frac{dn}{dy}$$

$$=n\frac{dy'}{dx}\frac{d}{dy'}\frac{y'}{\sqrt{1+y'^2}}+\frac{dn}{dy}\frac{dy}{dx}\frac{y'}{\sqrt{1+y'^2}}-\sqrt{1+y'^2}\frac{dn}{dy}$$

$$=n\frac{d^2y}{dx^2}\frac{\sqrt{1+y'^2}-y'\dfrac{1}{2}(1+y'^2)^{-1/2}2y'}{1+y'^2}+\frac{dn}{dy}y'\frac{y'}{\sqrt{1+y'^2}}-\sqrt{1+y'^2}\frac{dn}{dy}$$

$$=n\frac{d^2y}{dx^2}\frac{1}{(1+y'^2)\sqrt{1+y'^2}}-\frac{1}{\sqrt{1+y'^2}}\frac{dn}{dy}$$

$$=0$$

$$\therefore\quad n\frac{d^2y}{dx^2}-\left\{1+\left(\frac{dy}{dx}\right)^2\right\}\frac{dn}{dy}=0$$

5 編解答

5.1 （1） 与式を変形すると，

$$e^w = 1 + \sqrt{3}\,i = 2e^{i(\tan^{-1}\sqrt{3}+2n\pi)} = 2e^{i(\pi/3+2n\pi)}$$

両辺の対数をとると，

$$w = \log 2 + \left(\frac{1}{3} + 2n\right)\pi i$$

（2） 与式より，

$$z = x + iy = \sqrt{x^2+y^2}\,e^{i\tan^{-1}(y/x)} = e^w = e^{u+iv}$$

両辺の対数をとると，

$$\log\sqrt{x^2+y^2} + i\tan^{-1}\frac{y}{x} = \frac{1}{2}\log(x^2+y^2) + i\tan^{-1}\frac{y}{x} = u+iv$$

$$\begin{cases} u = \dfrac{1}{2}\log(x^2+y^2) & \text{①}\\[2mm] v = \tan^{-1}\dfrac{y}{x} & \text{②} \end{cases}$$

①と②を偏微分すると，

$$\frac{\partial u}{\partial x} = \frac{1}{2}\frac{2x}{x^2+y^2} = \frac{x}{x^2+y^2},\quad \frac{\partial u}{\partial y} = \frac{1}{2}\frac{2y}{x^2+y^2} = \frac{y}{x^2+y^2} \qquad \text{③}$$

$$\frac{\partial v}{\partial x} = \frac{1}{1+\left(\frac{y}{x}\right)^2}\left(\frac{-y}{x}\right) = \frac{-y}{x^2+y^2},\quad \frac{\partial v}{\partial y} = \frac{1}{1+\left(\frac{y}{x}\right)^2}\frac{1}{x} = \frac{x}{x^2+y^2} \qquad \text{④}$$

よって，$f(z)$ はコーシー・リーマンの関係式

$$\frac{\partial u}{\partial x} = \frac{\partial v}{\partial y},\quad \frac{\partial u}{\partial y} = -\frac{\partial v}{\partial x}$$

をみたす．また，$f(z) = w = u + iv$ に③，④を代入して，

$$f'(z) = \frac{\partial f}{\partial x} = \frac{\partial u}{\partial x} + i\frac{\partial v}{\partial x} = \frac{x}{x^2+y^2} + i\frac{-y}{x^2+y^2}$$

$$= \frac{x-iy}{x^2+y^2} = \frac{\bar{z}}{|z|^2} = \frac{\bar{z}}{z\bar{z}} = \frac{1}{z}$$

（3） $\dfrac{f(z)}{(z-1)^2}$ は $z = 1$ 以外では正則で，2位の極をもつ．

$$\text{Res}\,(z=1) = \lim_{z\to 1}\frac{d}{dz}(z-1)^2\frac{f(z)}{(z-1)^2} = \lim_{z\to 1}f'(z) = f'(1) = 1$$

よって，留数定理より，

$$\int_C \frac{f(z)}{(z-1)^2}dz = 2\pi i \operatorname{Res}(z=1) = 2\pi i$$

5.2 （a） w の式に $z = re^{i\theta}$ を代入すると，

$$z = z + \frac{1}{z} - i\log z = re^{i\theta} + \frac{1}{re^{i\theta}} - i\log re^{i\theta} = re^{i\theta} + \frac{1}{r}e^{-i\theta} - i\log r + \theta$$

$$= r(\cos\theta + i\sin\theta) + \frac{1}{r}(\cos\theta - i\sin\theta) - i\log r + \theta$$

$$= \theta + \left(r + \frac{1}{r}\right)\cos\theta + i\left\{\left(r - \frac{1}{r}\right)\sin\theta - \log r\right\}$$

$$= \varphi + i\Psi$$

$$\begin{cases} \varphi = \theta + \left(r + \dfrac{1}{r}\right)\cos\theta \\ \Psi = \left(r - \dfrac{1}{r}\right)\sin\theta - \log r \end{cases}$$

（b） $r = \sqrt{x^2 + y^2}, \quad \tan\theta = \dfrac{y}{x}$

だから，

$$\frac{\partial r}{\partial x} = \frac{\partial}{\partial x}(x^2 + y^2)^{1/2} = \frac{1}{2}(x^2 + y^2)^{-1/2}(2x)$$

$$= \frac{x}{\sqrt{x^2 + y^2}} = \frac{x}{r} = \cos\theta \qquad ①$$

$$\frac{\partial \theta}{\partial x} = \frac{\partial}{\partial x}\tan^{-1}\frac{y}{x} = \frac{\partial}{\partial X}\tan^{-1}X \cdot \frac{\partial X}{\partial x}$$

$$= \frac{1}{1+X^2}\cdot\frac{-y}{x^2} = \frac{1}{1+\left(\dfrac{y}{x}\right)^2}\cdot\frac{-y}{x^2}$$

$$= \frac{-y}{x^2+y^2} = \frac{-y}{r^2} = -\frac{\sin\theta}{r} \quad \text{〈注〉}$$

〈注〉 $y = \tan^{-1} x$ のとき，

$x = \tan y$,

$$\frac{dx}{dy} = \frac{d}{dy}\frac{\sin y}{\cos y} = \frac{\cos y \cos y + \sin y \sin y}{\cos^2 y} = \frac{1}{\cos^2 y}$$

$$\therefore \frac{dy}{dx} = \frac{1}{\dfrac{dx}{dy}} = \frac{1}{\dfrac{1}{\cos^2 y}} = \cos^2 y = \frac{1}{x^2+1} = \frac{d}{dx}\tan^{-1}x$$

(c) ①，②を用いると，$\varphi(r, \theta)$ だから，

$$\frac{\partial \varphi}{\partial x} = \frac{\partial \varphi}{\partial r}\frac{\partial r}{\partial x} + \frac{\partial \varphi}{\partial \theta}\frac{\partial \theta}{\partial x}$$

$$= \left(1 - \frac{1}{r^2}\right)\cos^2\theta + \left\{1 - \left(r + \frac{1}{r}\right)\sin\theta\right\}\left(-\frac{\sin\theta}{r}\right)$$

$$= \left(1 - \frac{1}{r^2}\right)\cos^2\theta - \frac{\sin\theta}{r} + \sin^2\theta + \frac{\sin^2\theta}{r^2}$$

$$= 1 - \frac{\sin\theta}{r} + \frac{1}{r^2}(\sin^2\theta - \cos^2\theta) \qquad \text{⑤}$$

$$\frac{\partial \Psi}{\partial y} = \frac{\partial \Psi}{\partial r}\frac{\partial r}{\partial y} + \frac{\partial \Psi}{\partial \theta}\frac{\partial \theta}{\partial y}$$

$$= \left\{\left(1 + \frac{1}{r^2}\right)\sin\theta - \frac{1}{r}\right\}\sin\theta + \left(r - \frac{1}{r}\right)\cos\theta\frac{\cos\theta}{r}$$

$$= \left(1 - \frac{1}{r^2}\right)\cos^2\theta + \left(1 + \frac{1}{r^2}\right)\sin^2\theta - \frac{1}{r}\sin\theta$$

$$= 1 - \frac{1}{r}\sin\theta + \frac{1}{r^2}(\sin^2\theta - \cos^2\theta) \qquad \text{④}$$

なぜなら，

$$\begin{cases} \dfrac{\partial r}{\partial y} = \dfrac{\partial}{\partial y}(x^2 + y^2) = \dfrac{1}{2}(x^2 + y^2)^{-1/2}(2y) = \dfrac{y}{\sqrt{x^2 + y^2}} = \sin\theta \\ \dfrac{\partial \theta}{\partial y} = \dfrac{1}{1 + \left(\dfrac{y}{x}\right)^2}\dfrac{1}{x} = \dfrac{x}{x^2 + y^2} = \dfrac{\cos\theta}{r} \end{cases}$$

(d) $\quad \dfrac{\partial \varphi}{\partial y} = \dfrac{\partial \varphi}{\partial r}\dfrac{\partial r}{\partial y} + \dfrac{\partial \varphi}{\partial \theta}\dfrac{\partial \theta}{\partial y}$

$$= \left(1 - \frac{1}{r^2}\right)\cos\theta\sin\theta + \left\{1 - \left(r + \frac{1}{r}\right)\sin\theta\right\}\frac{\cos\theta}{r}$$

$$= \cos\theta\sin\theta - \frac{\cos\theta\sin\theta}{r^2} + \frac{\cos\theta}{r} - \sin\theta\cos\theta - \frac{\sin\theta\cos\theta}{r^2}$$

$$= \frac{\cos\theta}{r} - \frac{2\sin\theta\cos\theta}{r^2} \qquad \text{⑤}$$

$$\frac{\partial \Psi}{\partial x} = \frac{\partial \psi}{\partial r}\frac{\partial r}{\partial x} + \frac{\partial \psi}{\partial \theta}\frac{\partial \theta}{\partial x}$$

$$= \left\{\left(1 + \frac{1}{r^2}\right)\sin\theta - \frac{1}{r}\right\}\cos\theta + \left(r - \frac{1}{r}\right)\cos\theta\left(\frac{-\sin\theta}{r}\right)$$

$$= \sin\theta\cos\theta + \frac{\sin\theta\cos\theta}{r^2} - \frac{\cos\theta}{r} - \sin\theta\cos\theta + \frac{\sin\theta\cos\theta}{r^2}$$

$$= \frac{2\sin\theta\cos\theta}{r^2} - \frac{\cos\theta}{r} \qquad \text{⑥}$$

③, ④および⑤, ⑥より, それぞれ

$$\frac{\partial \varphi}{\partial x} = \frac{\partial \Psi}{\partial y}, \quad \frac{\partial \varphi}{\partial y} = -\frac{\partial \Psi}{\partial x}$$

よって, w が z の正則関数.

(e) $\boldsymbol{v} = \nabla\varphi, \quad \Gamma = \int_C \boldsymbol{v}\cdot d\boldsymbol{r}$

において,

$$\boldsymbol{v}\cdot d\boldsymbol{r} = \left(\boldsymbol{i}\frac{\partial \varphi}{\partial x} + \boldsymbol{j}\frac{\partial \varphi}{\partial y}\right)\cdot d(\boldsymbol{i}x + \boldsymbol{j}y) = \frac{\partial \varphi}{\partial x}dx + \frac{\partial \varphi}{\partial y}dy$$

ここで, $r=1$ を考慮し,

$x = \cos\theta, \ y = \sin\theta, \ dx = -\sin\theta\, d\theta, \ dy = \cos\theta\, d\theta$

とおき, ③, ⑤を用いると,

$$\Gamma = \int_0^{2\pi}\left\{\left(1 - \frac{\sin\theta}{r} + \frac{\sin^2\theta - \cos^2\theta}{r^2}\right)(-\sin\theta)\right.$$

$$\left. + \left(\frac{\cos\theta}{r} - \frac{2\sin\theta\cos\theta}{r^2}\right)\cos\theta\right\}d\theta$$

$$= \int_0^{2\pi}\left(-\sin\theta + \frac{\sin^2\theta}{r} + \frac{-\sin^3\theta + \cos^2\theta\sin\theta}{r^2} + \frac{\cos^2\theta}{r} - \frac{2\sin\theta\cos^2\theta}{r^2}\right)d\theta$$

$$= \int_0^{2\pi}\{-\sin\theta + 1 - \sin^3\theta + (1 - \sin^2\theta)\sin\theta - 2\sin\theta\cos^2\theta\}d\theta$$

$$= \int_0^{2\pi}(-\sin\theta + 1 - \sin\theta)d\theta = \int_0^{2\pi}(1 - 2\sin\theta)$$

$$= [\theta + 2\cos\theta]_0^{2\pi} = 2\pi$$

5.3 (1) $x = r\cos\theta, y = r\sin\theta$ とおけば,

$$\left.\begin{aligned}\frac{\partial u}{\partial r} &= \frac{\partial u}{\partial x}\frac{\partial x}{\partial r} + \frac{\partial u}{\partial y}\frac{\partial y}{\partial r} = \frac{\partial u}{\partial x}\cos\theta + \frac{\partial u}{\partial y}\sin\theta \\ \frac{\partial v}{\partial r} &= \frac{\partial v}{\partial x}\frac{\partial x}{\partial r} + \frac{\partial v}{\partial y}\frac{\partial y}{\partial r} = \frac{\partial v}{\partial x}\cos\theta + \frac{\partial v}{\partial y}\sin\theta \\ \frac{\partial u}{\partial \theta} &= \frac{\partial u}{\partial x}\frac{\partial x}{\partial \theta} + \frac{\partial u}{\partial y}\frac{\partial y}{\partial \theta} = \frac{\partial u}{\partial x}(-r\sin\theta) + \frac{\partial u}{\partial y}r\cos\theta \\ \frac{\partial v}{\partial \theta} &= \frac{\partial v}{\partial x}\frac{\partial x}{\partial \theta} + \frac{\partial v}{\partial y}\frac{\partial y}{\partial \theta} = \frac{\partial v}{\partial x}(-r\sin\theta) + \frac{\partial v}{\partial y}r\cos\theta\end{aligned}\right\} \quad ①$$

①にコーシー・リーマンの関係

$$\frac{\partial u}{\partial x} = \frac{\partial v}{\partial y}, \quad \frac{\partial u}{\partial y} = -\frac{\partial v}{\partial x}$$

を代入すれば,

$$\left.\begin{aligned}\frac{\partial u}{\partial r} &= \frac{\partial v}{\partial y}\cos\theta - \frac{\partial v}{\partial x}\sin\theta = \frac{1}{r}\left\{\frac{\partial v}{\partial x}(-r\sin\theta) + \frac{\partial v}{\partial y}r\cos\theta\right\} = \frac{1}{r}\frac{\partial v}{\partial \theta} \\ \frac{\partial v}{\partial r} &= -\frac{\partial u}{\partial y}\cos\theta + \frac{\partial u}{\partial x}\sin\theta = -\frac{1}{r}\left(\frac{\partial u}{\partial y}r\cos\theta - \frac{\partial u}{\partial x}r\sin\theta\right) = -\frac{1}{r}\frac{\partial u}{\partial \theta}\end{aligned}\right\} \quad ②$$

（2） $f(z) = u(r,\theta) + iv(r,\theta), \quad u(r,\theta) = r^2\cos 2\theta - (a+b)r\cos\theta + ab$

②より

$$u_r = 2r\cos 2\theta - (a+b)\cos\theta = \frac{1}{r}\frac{\partial v}{\partial \theta} \quad ③$$

$$u_\theta = -2r^2\sin 2\theta + (a+b)r\sin\theta = -r\frac{\partial v}{\partial r} \quad ④$$

③より, $\dfrac{\partial v}{\partial \theta} = 2r^2\cos 2\theta - (a+b)r\cos\theta$

$$\therefore \quad v = \int u_\theta\, d\theta = \int \{2r^2\cos 2\theta - (a+b)r\cos\theta\}\, d\theta$$

$$= 2r^2\frac{\sin 2\theta}{2} - (a+b)r\sin\theta + f(r) \quad ⑤$$

⑤を④に代入すれば

$$-2r^2\sin 2\theta + (a+b)r\sin\theta = -r\{2r\sin 2\theta - (a+b)\sin\theta + f'(r)\}$$
$$= -2r^2\sin 2\theta + (a+b)r\sin\theta - rf'(r)$$

$$\therefore\ rf'(r) = 0$$

$f'(r) = 0$ のとき, $f(r) = C$ （C：定数）

$$v = r^2 \sin 2\theta - (a+b)r \sin \theta + C$$

$$\therefore\ f(z) = u + iv = r^2 \cos 2\theta - (a+b)r \cos \theta + ab$$
$$\qquad\qquad\qquad + i\{r^2 \sin 2\theta - (a+b)r \sin \theta + C\}$$
$$= r^2(\cos 2\theta + i \sin 2\theta) - (a+b)r(\cos \theta + i \sin \theta) + ab + iC$$
$$= (re^{i\theta})^2 - (a+b)re^{i\theta} + ab + iC$$
$$= z^2 - (a+b)z + ab + iC$$

5.4　（1）　$\sin z = \sin (x + iy)$
$$= \sin x \cos (iy) + \cos x \sin (iy)$$
$$= \sin x \cosh y + i \cos x \sinh y$$
$$\therefore\ |\sin z| = (\sin^2 x \cosh^2 y + \cos^2 x \sinh^2 y)^{1/2}$$
$$= \{\sin^2 x (1 + \sinh^2 y) + \cos^2 x \sinh^2 y\}^{1/2}$$
$$= (\sin^2 x + \sinh^2 y)^{1/2} \qquad\qquad ①$$

（2）　①より,
$$|\sin z| = \sqrt{\sin^2 x + \sinh^2 y} \leq 1$$

境界線は, $\sinh y = \pm \sqrt{1 - \sin^2 x} = \pm \cos x$ である.

（i）　$\sinh y = \cos x$ によって確定される関数 $y = \log [\sqrt{1 + \cos^2 x} + \cos x]$ は次の性質をもつ：

　（a）　2π を周期としての周期関数

　（b）　$\dfrac{dy}{dx} = \dfrac{d}{du} \log [\sqrt{1 + u^2} + u] \cdot \dfrac{d \cos x}{dx}$　（$u = \cos x$）
$$= \frac{1}{\sqrt{1 + u^2}} \frac{d \cos x}{dx}$$

よって, y は $\cos x$ と同様に単調増加あるいは単調減少.

$$y_{\max} = y|_{\cos x = 1} = \log (\sqrt{2} + 1)$$
$$= 0.8814$$
$$y_{\min} = y|_{\cos x = -1} = \log (\sqrt{2} - 1)$$
$$= -\log (\sqrt{2} + 1)$$
$$y|_{\cos x = 0} = 0$$

したがって, $y = \log [\sqrt{1 + \cos^2 x} + \cos x]$ の図は $y = \cos x$ の図と似ている.

（ii）　$\sinh y = -\cos x$ によって確定される関数は以上に述べた関数に x 軸に関して対称である.

ゆえに，求める領域は下図の斜線部分となる．

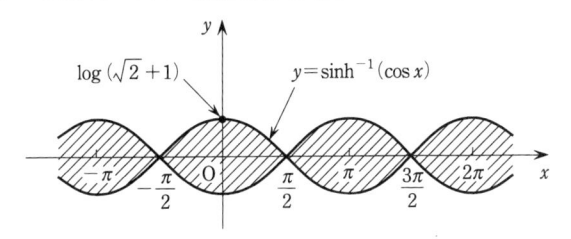

(3) $|z^2 - 5iz - 6| = |z - 2i||z - 3i|$

(2)の図によって，

$$|z - 2i|_{\min} = |z - 2i|_{z = i\log(1+\sqrt{2})}$$
$$= |i\log(1+\sqrt{2}) - 2i|$$
$$= 2 - \log(1+\sqrt{2})$$
$$|z - 3i|_{\min} = |i\log(1+\sqrt{2}) - 3i|$$
$$= 3 - \log(1+\sqrt{2})$$

したがって

$$|z^2 - 5iz - 6|_{\min} = |z^2 - 5iz - 6|_{z=i\log(1+\sqrt{2})}$$
$$= (2 - \log(1+\sqrt{2}))(3 - \log(1+\sqrt{2}))$$

5.5 $I = \int_{-\infty}^{\infty} \frac{(1-ix)^n}{(1+ix)^{n+1}} \frac{(1+ix)^m}{(1-ix)^{m+1}} dx$

$$= \int_{-\infty}^{\infty} (1-ix)^{n-m-1}(1+ix)^{m-n-1} dx$$

(i) $n = m$ のとき，

$$I = \int_{-\infty}^{\infty} \frac{1}{1-ix} \frac{1}{1+ix} dx$$

$$= \int_{-\infty}^{\infty} \frac{1}{1+x^2} dx = [\tan x]_{-\infty}^{\infty} = \pi$$

(ii) $n \neq m$ のとき，$x = \tan\theta$ とおくと

$$1 + ix = 1 + i\tan\theta = \frac{e^{i\theta}}{\cos\theta}, \quad 1 - ix = \frac{e^{-i\theta}}{\cos\theta}, \quad dx = \frac{d\theta}{\cos^2\theta}$$

$$\therefore \quad I = \int_{-\pi/2}^{\pi/2} \left(\frac{e^{-i\theta}}{\cos\theta}\right)^{n-m-1} \left(\frac{e^{i\theta}}{\cos\theta}\right)^{m-n-1} \frac{d\theta}{\cos^2\theta}$$

$$= \int_{-\pi/2}^{\pi/2} e^{i2(m-n)\theta} d\theta$$

$$= \left[\frac{e^{i2(m-n)\theta}}{i2(m-n)}\right]_{-\pi/2}^{\pi/2} = \frac{e^{i(m-n)\pi} - e^{-i(m-n)\pi}}{i2(m-n)}$$

$$= \frac{\sin(m-n)\pi}{m-n}$$

5.6 $\sin zt = 0$ より，$z = z_n = \dfrac{n\pi}{t}$ $(n = 0, \pm 1, \pm 2, \cdots)$ は被積分関数 $f(z, t)$ の特異点（1位の極）である．また，

$$\mathrm{Res}\,(f:z_n) = \left.\frac{\sin t}{\dfrac{d(\sin zt)}{dz}}\right|_{z=n\pi/t} = \frac{\sin t}{t \cos n\pi} = \frac{\sin t}{t}(-1)^n$$

$$(n = 0, \pm 1, \pm 2, \cdots)$$

（ⅰ） $(n-1)\pi < t < n\pi$ のとき，$\dfrac{(n-1)\pi}{t} < 1 < \dfrac{n\pi}{t}$ であるから，留数定理より

$$g(t) = \frac{1}{2\pi i}\oint_C f(z, t)\,dz = \sum_{k=-(n-1)}^{n-1} \mathrm{Res}\,(f:z_k)$$

$$= \frac{\sin t}{t}\sum_{k=-(n-1)}^{n-1}(-1)^k$$

$$= \frac{\sin t}{t}(-1)^{n-1}$$

（ⅱ） $t = n\pi$ のとき，$\dfrac{n\pi}{t} = 1$ であるから，下図のような積分路を考えると，留数定理より

$$\left\{\int_{\widehat{AB}} + \int_{C'_\varepsilon} + \int_{\widehat{CD}} + \int_{C_\varepsilon}\right\} f(z, t)\,dz$$

$$= 2\pi i \sum_{k=-(n-1)}^{n-1} \mathrm{Res}\,(f:z_k)$$

$$= 2\pi i \cdot \frac{\sin t}{t}(-1)^{n-1} \qquad \text{①}$$

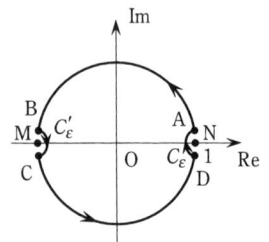

ただし，C'_ε は -1 を中心とした半径 ε の円の一部分で，C_ε は 1 を中心とした半径 ε の円の一部分である．

$$\int_{\widehat{AB}} + \int_{\widehat{CD}} \longrightarrow \int_C \quad (\varepsilon \to 0) \qquad \text{②}$$

一方，$f(z, t)$ の $z_n = -\dfrac{n\pi}{t} = -1\,(n > 0)$（1位の極）におけるローラン展開は

$$f(z,t) = \frac{\dfrac{\sin t}{t}(-1)^n}{z-(-1)} + f_1(z,t)$$

ただし, $f_1(z,t)$ は C_ε で有界である. よって,

$$\int_{C'_\varepsilon} f(z,t)\,dz = \int_{\theta_B}^{\theta_C} \frac{\dfrac{\sin t}{t}(-1)^n}{\varepsilon\,e^{i\theta}} i\varepsilon\,e^{i\theta}\,d\theta + \int_{C'_\varepsilon} f_1(z,t)\,dz$$

(θ_C, θ_B はそれぞれ $\overrightarrow{MC}, \overrightarrow{MB}$ と実軸の正方向との夾角である)

$$\longrightarrow \int_{\pi/2}^{-\pi/2} \frac{\sin t}{t}(-1)^n i\,dt = -\frac{\sin t}{t}(-1)^n(\pi i) \quad (\varepsilon \to 0) \qquad ③$$

同様にして,

$$\int_{C_\varepsilon} f(z,t)\,dz \longrightarrow -\frac{\sin t}{t}(-1)^n(\pi i) \quad (\varepsilon \to 0) \qquad ④$$

①の両辺を $\varepsilon \to 0$ として, ②, ③, ④を代入すると,

$$\int_C f(z,t)\,dz - 2\pi i \frac{\sin t}{t}(-1)^n = 2\pi i \frac{\sin t}{t}(-1)^{n-1}$$

$$\therefore\quad g(t) = \frac{1}{2\pi i}\int_C f(z,t)\,dt = 0$$

したがって,

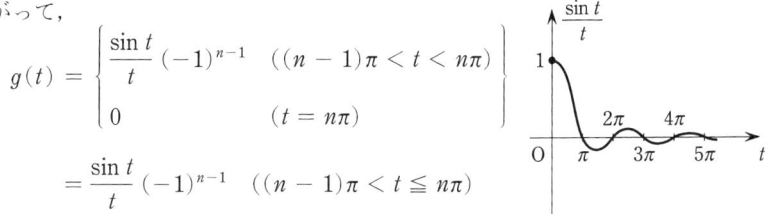

$$g(t) = \begin{cases} \dfrac{\sin t}{t}(-1)^{n-1} & ((n-1)\pi < t < n\pi) \\ 0 & (t = n\pi) \end{cases}$$

$$= \frac{\sin t}{t}(-1)^{n-1} \quad ((n-1)\pi < t \leq n\pi)$$

5.7 関数 $f(z) = \dfrac{z}{1+z^4}$ の中心角 $\arg z = \theta$ に沿う積分を $I(\theta)$ と書くと

$$I(0) = \int_0^\infty \frac{x}{1+x^4}\,dx = \frac{1}{2}\int_0^\infty \frac{dx^2}{1+x^4} = \frac{1}{2}[\tan^{-1} x^2]_0^\infty = \frac{\pi}{4}$$

$f(z)$ の特異点, 留数は

$$z = z_k = e^{i(2k+1)\pi/4} \quad (k=0,1,2,3) \quad (1 位の極)$$

$$\text{Res}\,(f:z_k) = \left.\frac{z}{(1+z^4)'}\right|_{z=z_k} = \frac{1}{4z_k^2} \quad (k=0,1,2,3)$$

(a) $0 < \theta < \dfrac{\pi}{4}$ のとき, 図 a のような半径 R の扇形の境界を積分路にとると, 留

数定理より
$$\int_{\overline{OA}} + \int_{\widehat{AB}} + \int_{\overline{BO}} = 0$$
ここで,
$$\int_{\overline{OA}: z=x} = \int_0^R \frac{x}{1+x^4} dx \longrightarrow I(0) = \frac{\pi}{4} \quad (R \to \infty)$$

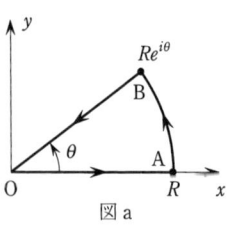

$$\int_{\overline{BO}} \longrightarrow -I(\theta) \quad (R \to \infty)$$

$$\left| \int_{\widehat{AB}: z=Re^{i\theta}} \right| \leqq \int_0^\theta \left| \frac{Re^{i\theta}}{1+R^4 e^{i4\theta}} iR e^{i\theta} \right| d\theta$$

$$\leqq \int_0^{\pi/4} \frac{R^2}{R^4-1} d\theta = \frac{\frac{\pi}{4} R^2}{R^4-1} \longrightarrow 0 \quad (R \to \infty)$$

すなわち, $\int_{\widehat{AB}} \longrightarrow 0 \ (R \to \infty)$ である.

$$\therefore \ I(0) - I(\theta) = 0, \ I(\theta) = I(0) = \frac{\pi}{4}$$

(b) $\theta = \dfrac{\pi}{4}$ のとき, 図bのような積分路を考える. ここで, C_ρ は $e^{(\pi/4)i}$ を中心として半径 ρ (十分に小さな実数) の半円である. 留数定理より
$$\int_{\overline{OA}} + \int_{\widehat{AB}} + \int_{\overline{BC}} + \int_{C_\rho} + \int_{\overline{DO}} = 0$$

$$\int_{\overline{OA}} \longrightarrow I(0), \quad \int_{\widehat{AB}} \longrightarrow 0 \quad (R \to \infty)$$

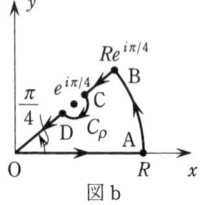

一方, $z = e^{i\pi/4}$ は $f(z)$ の1位の極で, $\mathrm{Res}\,(f: z_0) = \dfrac{1}{4i}$ であるから, $z = e^{i\pi/4}$ の近傍で,

$$f(z) = \frac{\dfrac{1}{4i}}{z - e^{i(\pi/4)}} + g(z) \quad (\text{ただし, } g(z) \text{ は正則})$$

ゆえに,
$$\int_{C_\rho: z=\rho e^{i\varphi}} = \int_{\pi/4}^{-3\pi/4} \frac{\dfrac{1}{4i}}{\rho e^{i\varphi}} i\rho e^{i\varphi} d\varphi + \int_{\pi/4}^{-3\pi/4} f(\rho e^{i\varphi}) i\rho e^{i\varphi} d\varphi \longrightarrow -\frac{\pi}{4}$$

$$\left(=2\pi i\cdot\left(-\frac{1}{2}\right)\mathrm{Res}\,(f:z_0)\right)\quad(\rho\to 0)$$

$$\int_{\overline{\mathrm{BC}}}+\int_{\overline{\mathrm{DO}}}\longrightarrow -I(\theta)\quad(R\to\infty,\rho\to 0)$$

したがって,

$$I(0)-\frac{\pi}{4}-I(\theta)=0,\quad I(\theta)=I(0)-\frac{\pi}{4}=0$$

(c) $\dfrac{\pi}{4}<\theta<\dfrac{3\pi}{4}$ のとき,

$$I(\theta)=I(0)-2\pi i\,\mathrm{Res}\,(f:z_0)=\frac{\pi}{4}-2\pi i\cdot\frac{1}{4i}=-\frac{\pi}{4}$$

(d) $\theta=\dfrac{3\pi}{4}$ のとき,

$$I(\theta)=I(0)-2\pi i\left\{\mathrm{Res}\,(f:z_0)+\frac{1}{2}\mathrm{Res}\,(f:z_1)\right\}$$
$$=\frac{\pi}{4}-2\pi i\left\{\frac{1}{4i}-\frac{1}{8i}\right\}=0$$

(e) $\dfrac{3\pi}{4}<\theta<\dfrac{5\pi}{4}$ のとき,

$$I(\theta)=I(0)-2\pi i\left\{\mathrm{Res}\,(f:z_0)+\mathrm{Res}\,(f:z_1)\right\}$$
$$=\frac{\pi}{4}-2\pi i\left\{\frac{1}{4i}-\frac{1}{4i}\right\}=\frac{\pi}{4}$$

(f) $\theta=\dfrac{5\pi}{4}$ のとき,

$$I(\theta)=I(0)-2\pi i\left\{\mathrm{Res}\,(f:z_0)+\mathrm{Res}\,(f:z_1)+\frac{1}{2}\mathrm{Res}\,(f:z_2)\right\}$$
$$=\frac{\pi}{4}-2\pi i\left\{\frac{1}{4i}-\frac{1}{4i}+\frac{1}{8i}\right\}=0$$

(g) $\dfrac{5\pi}{4}<\theta<\dfrac{7\pi}{4}$ のとき,

$$I(\theta)=I(0)-2\pi i\left\{\mathrm{Res}\,(f:z_0)+\mathrm{Res}\,(f:z_1)+\mathrm{Res}\,(f:z_2)\right\}$$
$$=\frac{\pi}{4}-2\pi i\left\{\frac{1}{4i}-\frac{1}{4i}+\frac{1}{4i}\right\}=-\frac{\pi}{4}$$

(h) $\theta = \dfrac{7\pi}{4}$ のとき,

$$I(\theta) = I(0) - 2\pi i \left\{ \text{Res}\,(f:z_0) + \text{Res}\,(f:z_1) + \text{Res}\,(f:z_2) + \dfrac{1}{2}\text{Res}\,(f:z_3) \right\}$$

$$= \dfrac{\pi}{4} - 2\pi i \left\{ \dfrac{1}{4i} - \dfrac{1}{4i} + \dfrac{1}{4i} - \dfrac{1}{8i} \right\} = 0$$

(i) $\dfrac{7\pi}{4} < \theta < 2\pi$ のとき,

$$I(\theta) = I(0) - 2\pi i \sum_{k=0}^{3} \text{Res}\,(f:z_k) = \dfrac{\pi}{4}$$

以上より

$$I(\theta) = \begin{cases} \dfrac{\pi}{4} & \left(n\pi < \theta < \dfrac{\pi}{4} + n\pi \right) \\ 0 & \left(\theta = \dfrac{\pi}{4} + n\pi \right) \\ -\dfrac{\pi}{4} & \left(\dfrac{\pi}{4} + n\pi < \theta < \dfrac{3\pi}{4} + n\pi \right) \\ 0 & \left(\theta = \dfrac{3\pi}{4} + n\pi \right) \\ \dfrac{\pi}{4} & \left(\dfrac{3\pi}{4} + n\pi < \theta < (n+1)\pi \right) \end{cases} \quad (n = 0, \pm 1, \pm 2, \cdots)$$

よって, $I(\theta)$ のグラフは図 c のようになる.

図 c

5.8 $f(z) = \dfrac{1}{az^4 + 2bz^2 + c}$

$\alpha = \sqrt{\dfrac{b}{a} + \sqrt{\left(\dfrac{b}{a}\right)^2 - \dfrac{c}{a}}}$,

$$\beta = \sqrt{\frac{b}{a} - \sqrt{\left(\frac{b}{a}\right)^2 - \frac{c}{a}}}$$

とおくと，$i\alpha, i\beta$ は $\mathrm{Im}\, z > 0$ にある関数 $f(z)$ の 1 位の極である．ゆえに留数は

$$\mathrm{Res}\,(i\alpha) = \frac{1}{(az^4 + 2bz^2 + c)'}\bigg|_{z=i\alpha} = \frac{1}{4z(az^2 + b)}\bigg|_{z=i\alpha}$$

$$= \frac{1}{4ia\alpha\left[(i\alpha)^2 + \dfrac{b}{a}\right]} = -\frac{1}{4i\alpha\sqrt{b^2 - ac}}$$

$$\mathrm{Res}\,(i\beta) = \frac{1}{(az^4 + 2bz^2 + c)'}\bigg|_{z=i\beta} = \frac{1}{4z(az^2 + b)}\bigg|_{z=i\beta}$$

$$= \frac{1}{4ia\beta\left[(i\beta)^2 + \dfrac{b}{a}\right]} = \frac{1}{4i\beta\sqrt{b^2 - ac}}$$

$$\therefore \int_0^\infty \frac{dx}{ax^4 + 2bx^2 + c} = \frac{1}{2}\int_{-\infty}^\infty \frac{dx}{ax^4 + 2bx^2 + c}$$

$$= \frac{1}{2}\cdot 2\pi i \left\{-\frac{1}{4i\alpha\sqrt{b^2 - ac}} + \frac{1}{4i\beta\sqrt{b^2 - ac}}\right\}$$

$$= \frac{\pi}{4}\frac{\alpha - \beta}{\alpha\beta\sqrt{b^2 - ac}}$$

$$= \frac{\pi}{4\sqrt{b^2 - ac}}\frac{\alpha^2 - \beta^2}{\alpha\beta(\alpha + \beta)}$$

$$= \frac{\pi}{4\sqrt{b^2 - ac}}\frac{2\sqrt{\left(\dfrac{b}{a}\right)^2 - \dfrac{c}{a}}}{\sqrt{\dfrac{c}{a}}\,(\alpha + \beta)}$$

$$= \frac{\pi}{2\sqrt{ac}\,(\alpha + \beta)} \qquad ①$$

一方，

$$(\alpha + \beta)^2 = \alpha^2 + \beta^2 + 2\alpha\beta$$

$$= \frac{2b}{a} + 2\sqrt{\frac{c}{a}} = \frac{2(b + \sqrt{ac})}{a}$$

$$\therefore \ \alpha + \beta = \frac{\sqrt{2}\,\sqrt{b+\sqrt{ac}}}{\sqrt{a}} \qquad ②$$

①, ②より

$$\int_0^\infty \frac{dx}{ax^4+2bx^2+c} = \frac{\pi}{2\sqrt{ac}} \cdot \frac{1}{\dfrac{\sqrt{2}\,\sqrt{b+\sqrt{ac}}}{\sqrt{a}}} = \frac{\pi}{2\sqrt{2c}\,\sqrt{b+\sqrt{ac}}}$$

【別解】 $D \equiv b^2 - ac > 0$ ゆえ, $ax^4 + 2bx^2 + c \equiv at^2 + 2bt + c = 0$ は異なる 2 実根 ξ, η をもつ. $\xi + \eta = -\dfrac{2b}{a} < 0$, $\xi\eta = \dfrac{c}{a} > 0$ より, $\xi, \eta < 0$, $\xi = \dfrac{-b+\sqrt{D}}{2}$, $\eta = \dfrac{-b-\sqrt{D}}{2}$ とおくと,

$$\frac{1}{ax^4+2bx^2+c} = \frac{1}{a(x^2-\xi)(x^2-\eta)} = \frac{1}{2\sqrt{D}}\left(\frac{1}{x^2-\xi} - \frac{1}{x^2-\eta}\right)$$

$$\therefore \ I \equiv \frac{1}{2\sqrt{D}}\left(\int_0^\infty \frac{dx}{x^2-\xi} - \int_0^\infty \frac{dx}{x^2-\eta}\right)$$

$$= \frac{1}{2\sqrt{D}}\left(\left[\frac{1}{\sqrt{-\xi}}\tan^{-1}\frac{x}{\sqrt{-\xi}}\right]_0^\infty - \left[\frac{1}{\sqrt{-\eta}}\tan^{-1}\frac{x}{\sqrt{-\eta}}\right]_0^\infty\right)$$

$$= \frac{1}{2\sqrt{D}}\frac{\pi}{2}\left(\frac{1}{\sqrt{-\xi}} - \frac{1}{\sqrt{-\eta}}\right)$$

$$= \frac{\pi}{4\sqrt{D}}\frac{\sqrt{-\eta}-\sqrt{-\xi}}{\sqrt{\xi\eta}}$$

$$= \frac{\pi}{4\sqrt{D}}\frac{\sqrt{b+\sqrt{D}}-\sqrt{b-\sqrt{D}}}{\sqrt{c}}$$

$$= \frac{\pi}{2\sqrt{2c}\,\sqrt{b+\sqrt{ac}}}$$

5.9 $f(z) = \dfrac{e^{iaz}}{z^2+b^2}$ とおくと, $f(z)$ の図のような閉曲線 C 内の特異点は 1 位の極 $z = ib$ だけである.

$$\mathrm{Res}\,(f:ib) = \left.\frac{e^{iaz}}{(z^2+b^2)'}\right|_{z=ib} = e^{-ab}\frac{1}{2ib}$$

また, $f(z)$ は実軸上に極をもたない. $0 \leqq \theta \leqq \pi$ に対して,

$$|Rf(Re^{i\theta})| = \left| R\frac{e^{iaR(\cos\theta+i\sin\theta)}}{R^2 e^{2i\theta}+b^2}\right| \leqq \frac{Re^{-aR\sin\theta}}{R^2-b^2} \leqq \frac{R}{R^2-b^2} \quad (\because\ a>0)$$
$$\longrightarrow 0 \quad (R\to\infty)$$
$$\therefore \int_{-\infty}^{\infty}\frac{e^{iax}}{x^2+b^2}dx = 2\pi i\,\mathrm{Res}\,(f:ib) = \frac{\pi e^{ab}}{b}$$

両辺の実部を比較すると
$$\int_{-\infty}^{\infty}\frac{\cos ax}{x^2+b^2}dx = \frac{\pi e^{ab}}{b}$$

したがって, $\displaystyle\int_0^\infty \frac{\cos ax}{x^2+b^2}dx = \frac{\pi e^{ab}}{2b}$ となる.

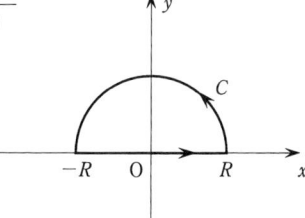

5.10 $z=e^{i\theta}$ とおくと, $d\theta = \dfrac{dz}{iz}$, $\cos\theta = \dfrac{1}{2}\left(z+\dfrac{1}{z}\right)$, $\sin\theta = \dfrac{1}{2i}\left(z-\dfrac{1}{z}\right)$

$$\therefore\ I = \oint_{|z|=1}\frac{-\dfrac{1}{4}\left(z-\dfrac{1}{z}\right)^2}{1-a\left(z+\dfrac{1}{z}\right)+a^2}\frac{dz}{iz}$$

$$= \frac{1}{4ai}\oint_{|z|=1}\frac{(z^2-1)^2}{z^2(z-a)\left(z-\dfrac{1}{a}\right)}dz$$

$0<a<1$ であるから, 円 $|z|=1$ の内部にある特異点は 2 位の極 $z=0$ と 1 位の極 $z=a$ である.

$$\mathrm{Res}\,(0) = \lim_{z\to 0}\frac{d}{dz}\left\{z^2\frac{(z^2-1)^2}{z^2(z-a)\left(z-\dfrac{1}{a}\right)}\right\}$$

$$= \lim_{z\to 0}\frac{2(z^2-1)(2z)(z-a)\left(z-\dfrac{1}{a}\right)-(z^2-1)^2\left(2z-a-\dfrac{1}{a}\right)}{(z-a)^2\left(z-\dfrac{1}{a}\right)^2}$$

$$= \frac{a^2+1}{a}$$

$$\mathrm{Res}\,(a) = \lim_{z\to a}\left\{(z-a)\frac{(z^2-1)^2}{z^2(z-a)\left(z-\dfrac{1}{a}\right)}\right\} = \frac{a^2-1}{a}$$

$$\therefore\ I = \frac{1}{4ai}\cdot 2\pi i\cdot(\text{Res}\,(0) + \text{Res}\,(a)) = \frac{\pi}{2a}\left(\frac{a^2+1}{a} + \frac{a^2-1}{a}\right) = \pi$$

5.11 $z = e^{i\theta}$ とおくと, $\cos\theta = \dfrac{1}{2}(z+z^{-1})$, $\sin\theta = \dfrac{1}{2i}(z-z^{-1})$, $d\theta = \dfrac{dz}{iz}$

$$\therefore\ I = \int_{|z|=1} \frac{\left(\dfrac{1}{2i}\right)^2 (z-z^{-1})^2}{a + b\cdot\dfrac{1}{2}(z+z^{-1})}\frac{dz}{iz} = \frac{i}{2b}\int_{|z|=1} \frac{(z^2-1)^2}{z^2\left(z^2 + \dfrac{2a}{b}z + 1\right)}dz$$

$$f(z) \equiv \frac{(z^2-1)^2}{z^2\left(z^2 + \dfrac{2a}{b}z + 1\right)} = \frac{(z^2-1)^2}{z^2(z-z_1)(z-z_2)} \text{ とおくと,}$$

$$z_2 = -\frac{a}{b} - \sqrt{\left(\frac{a}{b}\right)^2 - 1},\quad z_1 = -\frac{a}{b} + \sqrt{\left(\frac{a}{b}\right)^2 - 1}$$

$$z_1 z_2 = 1,\quad z_1 + z_2 = -\frac{2a}{b},\quad z_1 - z_2 = 2\sqrt{\left(\frac{a}{b}\right)^2 - 1}$$

$0 < b < a$ より, $z_2 < -1$, $-1 < z_1 < 0$. ゆえに $|z| < 1$ にある $f(z)$ の特異点は, 2位の極 $z = 0$, 1位の極 $z = z_1$ である.

$$\text{Res}\,(0) = \lim_{z\to 0}\frac{d}{dz}\left\{z^2\frac{(z^2-1)^2}{z^2(z-z_1)(z-z_2)}\right\}$$

$$= \lim_{z\to 0}\frac{2(z^2-1)(2z)(z-z_1)(z-z_2) - (2z-z_1-z_2)(z^2-1)^2}{\{(z-z_1)(z-z_2)\}^2}$$

$$= \frac{z_1 + z_2}{(z_1 z_2)^2} = -\frac{2a}{b}$$

$$\text{Res}\,(z_1) = \lim_{z\to z_1}(z-z_1)\frac{(z^2-1)^2}{z^2(z-z_1)(z-z_2)} = \frac{(z_1^2-1)^2}{z_1^2(z_1-z_2)} = \frac{(z_1 - z_1^{-1})^2}{z_1 - z_2}$$

$$= \frac{(z_1 - z_2)^2}{z_1 - z_2} = z_1 - z_2 = 2\sqrt{\left(\frac{a}{b}\right)^2 - 1}$$

$$\therefore\ I = \frac{i}{2b}\cdot 2\pi i\,\{\text{Res}\,(0) + \text{Res}\,(z_1)\} = \frac{2\pi}{b^2}(a - \sqrt{a^2-b^2})$$

5.12 $z = e^{ix}$ とおくと,

$$dz = ie^{ix}\,dx = iz\,dx,\quad \cos x = \left(z + \frac{1}{z}\right)\bigg/2,\quad 1 + k\cos x = \frac{kz^2 + 2z + k}{2z}$$

$$\therefore\ I \equiv \int_0^{2\pi}\frac{1}{(1+k\cos x)^2}dx = \int_{|z|=1}\frac{4z^2}{(kz^2+2z+k)^2}\frac{dz}{iz}$$

$$= \frac{4}{i}\int_{|z|=1} \frac{z\,dz}{k^2\left(z^2+\dfrac{2}{k}z+1\right)^2} = \frac{4}{ik^2}\int_{|z|=1}\frac{z\,dz}{(z-\alpha)^2(z-\beta)^2}$$

ただし，α, β は $z^2+2z/k+1=0$ の根で，

$$\alpha = -\frac{1}{k}+\sqrt{\left(\frac{1}{k}\right)^2-1},\ \ \beta = -\frac{1}{k}-\sqrt{\left(\frac{1}{k}\right)^2-1},$$

$$\alpha+\beta = -\frac{2}{k},\ \ \alpha\beta = 1$$

$$\alpha-\beta = 2\sqrt{\left(\frac{1}{k}\right)^2-1},\ \ |\alpha|<1,\ \ |\beta|>1$$

$$\text{Res}\,(\alpha) = \lim_{z\to\alpha}\frac{d}{dz}\left\{\frac{z}{(z-\alpha)^2(z-\beta)^2}(z-\alpha)^2\right\}$$

$$= \lim_{z\to\alpha}\frac{(z-\beta)^2-2(z-\beta)z}{(z-\beta)^4}$$

$$= -\frac{\alpha+\beta}{(\alpha-\beta)^3} = \frac{2}{k}\cdot\frac{1}{8\left(\left(\dfrac{1}{k}\right)^2-1\right)^{3/2}} = \frac{k^2}{4(1-k^2)^{3/2}}$$

$$\therefore\ I = \frac{4}{ik^2}\cdot 2\pi i\cdot\text{Res}\,(\alpha) = \frac{8\pi}{k^2}\cdot\frac{k^2}{4(1-k^2)^{3/2}} = \frac{2\pi}{(1-k^2)^{3/2}}$$

5.13 $a=0$ のとき，与式 $=\displaystyle\int_0^\infty\frac{dx}{1+x^2} = [\tan^{-1}x]_0^\infty = \frac{\pi}{2}$ だから，結論は明らかに正しい．次に $0<a<1$ とする．積分路 C を図のようにとると，C の内部にある関数 $f(z)=\dfrac{z^a}{z^2+1}$ の特異点は $z=i$（1位の極）だけである．留数定理より

$$\left(\int_{\overline{\text{AB}}}+\int_{C_R}+\int_{\overline{\text{CD}}}+\int_{C_\rho}\right)f(z)\,dz = 2\pi i\,\text{Res}\,(f:i) \qquad \text{①}$$

ここで，

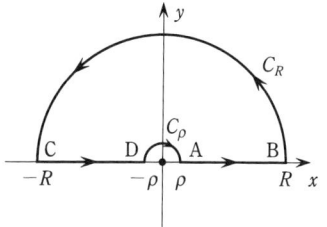

$$\int_{\overline{\text{AB}}\,:\,z=x}+\int_{\overline{\text{CD}}\,:\,z=x}$$
$$= \int_\rho^R\frac{x^\alpha}{x^2+1}dx + \int_{-R}^{-\rho}\frac{x^\alpha}{x^2+1}dx$$
$$= \int_\rho^R\frac{x^\alpha}{x^2+1}dx + \int_\rho^R\frac{(-1)^\alpha t^\alpha}{t^2+1}dt$$
$\qquad(t=-x\text{ とおく})$

$$= (1 + e^{\pi a i}) \int_\rho^R \frac{x^\alpha}{x^2+1} dx \longrightarrow (1 + e^{\pi a i}) \int_0^\infty \frac{x^\alpha}{x^2+1} dx \quad (R \to \infty, \ \rho \to 0)$$

$$\left| \int_{C_R : z = R e^{i\theta}} \right| \leqq \int_0^\pi \left| \frac{e^{a(\log R + i\theta)}}{R^2 e^{i2\theta} + 1} iRe^{i\theta} \right| d\theta$$

$$\leqq \int_0^\pi \frac{R^{a+1}}{R^2 - 1} d\theta = \frac{\pi R^{a+1}}{R^2 - 1} \longrightarrow 0 \quad (R \to \infty) \quad (\because \ a < 1)$$

すなわち,

$$\int_{C_R} \longrightarrow 0 \quad (R \to \infty)$$

$$\left| \int_{C_\rho : z = \rho e^{i\theta}} \right| \leqq \int_0^\pi \left| \frac{\rho^a a^{a\varphi i}}{\rho^2 e^{2i\varphi} + 1} i\rho e^{i\varphi} \right| d\varphi$$

$$\leqq \int_0^\pi \frac{\rho^{a+1}}{1 - \rho^2} d\varphi = \frac{\pi \rho^{a+1}}{1 - \rho^2} \longrightarrow 0 \quad (\rho \to 0) \quad (\because \ a > 0)$$

すなわち,

$$\int_{C_\rho} \longrightarrow 0 \quad (\rho \to 0)$$

$$\text{Res}\,(f : i) = \frac{z^a}{(z^2+1)'} \bigg|_{z=i} = \frac{e^{ia\pi/2}}{2i}$$

①の両辺を $R \to \infty, \rho \to 0$ とすると, 以上の計算の結論より

$$(1 + e^{\pi a i}) \int_0^\infty \frac{x^\alpha}{x^2+1} dx = 2\pi i \cdot \frac{e^{ia\pi/2}}{2i} = \pi e^{ia\pi/2}$$

$$\therefore \int_0^\infty \frac{x^\alpha}{x^2+1} dx = \frac{\pi e^{ia\pi/2}}{1 + e^{i\pi a}} = \frac{\pi/2}{\cos \dfrac{\pi}{2} a}$$

5.14 （1） 与式より, $x = (z + \bar{z})/2, \ y = (z - \bar{z})/2i$ であるから,

$$\frac{\partial u}{\partial z} = \frac{\partial u}{\partial x}\frac{\partial x}{\partial z} + \frac{\partial u}{\partial y}\frac{\partial y}{\partial z} = \frac{1}{2}\left(\frac{\partial u}{\partial x} - i\frac{\partial u}{\partial y}\right) \Longrightarrow \frac{\partial}{\partial z} = \frac{1}{2}\left(\frac{\partial}{\partial x} - i\frac{\partial}{\partial y}\right)$$

$$\frac{\partial u}{\partial \bar{z}} = \frac{\partial u}{\partial x}\frac{\partial x}{\partial \bar{z}} + \frac{\partial u}{\partial y}\frac{\partial y}{\partial \bar{z}} = \frac{1}{2}\left(\frac{\partial u}{\partial x} + i\frac{\partial u}{\partial y}\right) \Longrightarrow \frac{\partial}{\partial \bar{z}} = \frac{1}{2}\left(\frac{\partial}{\partial x} + i\frac{\partial}{\partial y}\right) \quad ①$$

（2） $\displaystyle\iint_D \frac{\partial P}{\partial \bar{z}} dx\,dy = \frac{1}{2} \iint_D \left(\frac{\partial P}{\partial x} + i\frac{\partial P}{\partial y}\right) dx\,dy \quad (\because \ ①)$

$$\frac{1}{2i} \oint_C P\,dz = \frac{1}{2i} \oint_C (P\,dx + iP\,dy) = \frac{1}{2i} \iint_D \left(i\frac{\partial P}{\partial x} - \frac{\partial P}{\partial y}\right) dx\,dy$$

（グリーンの定理より）

$$= \frac{1}{2} \iint_D \left(\frac{\partial P}{\partial x} + i \frac{\partial P}{\partial y} \right) dx\, dy$$

$$\therefore \quad \iint_D \frac{\partial P}{\partial \bar{z}} dx\, dy = \frac{1}{2i} \oint_C P\, dz \qquad ②$$

(3) $\quad \iint_D (x^2 + y^2)\, dx\, dy = \iint_D z\bar{z}\, dx\, dy = \iint_D \frac{\partial}{\partial \bar{z}} \left(\frac{z\bar{z}^2}{2} \right) dx\, dy$

$$= \frac{1}{2i} \oint_C \left(\frac{z\bar{z}^2}{2} \right) dz \quad (\because\ ②)$$

(4) $\quad S = \sum_{r=0}^{n} a_r z^r$ により,$\bar{S} = \sum_{m=0}^{n} \overline{a_m} \bar{z}^m$ と表わすと,

$$\iint_D |S(z)|^2\, dx\, dy = \iint_{x^2+y^2 \leq r^2} \left(\sum a_m \overline{a_n} z^m \bar{z}^n \right) dx\, dy$$

$$= \sum_{m,\,r=0}^{n} a_m \overline{a_n} \iint_{x^2+y^2 \leq r^2} z^m \bar{z}^n\, dx\, dy$$

ここで,(3)の結果を拡張すると,

$$\iint_{x^2+y^2 \leq r^2} z^m \bar{z}^{n+1}\, dx\, dy = \iint_D \frac{\partial}{\partial z} \frac{z^m \bar{z}^{n+1}}{n+1}\, dx\, dy$$

$$= \frac{1}{2i} \oint_C \frac{z^m \bar{z}^n}{n+1}\, dz = \frac{1}{2(n+1)i} \int_0^{2\pi} z^m \bar{z}^{n+1} \frac{dz}{d\theta}\, d\theta$$

$$= \frac{1}{2(n+1)i} \int_0^{2\pi} r^m e^{im\theta} r^{n+1} e^{-i(n+1)\theta} ir e^{i\theta}\, d\theta \quad (\text{ただし},\ z = r e^{i\theta})$$

$$= \frac{r^{m+n+2}}{2(n+1)} \int_0^{2\pi} e^{i(m-n)\theta}\, d\theta = \begin{cases} \dfrac{\pi r^{2m+2}}{m+1} & (m = n) \\ 0 & (m \neq n) \end{cases}$$

$$\therefore \quad \iint_D |S(z)|^2\, dx\, dy = \sum_{m=0}^{n} |a_m|^2 \frac{\pi r^{2m+2}}{m+1} \qquad ③$$

一方,

$$0 \leq \iint_D |S(z)|^2\, dx\, dy = \lim_{r \to R} \iint_{x^2+y^2 \leq r^2} |S(z)|^2\, dx\, dy$$

$$= \lim_{r \to R} \sum_{m=0}^{n} \frac{\pi r^{2m+2}}{m+1} = \sum_{m=0}^{n} \frac{\pi R^{2m+2}}{m+1} \leq +\infty$$

ゆえに③で $m \to r$ と置換すると,

$$\iint_D |S(z)|^2\, dx\, dy = \sum_{r=0}^{n} \frac{\pi |a_r|^2}{r+1} R^{2r+2}$$

5.15 問1 対数関数 $w = \log z$ は指数関数の逆関数として定義される．すなわち
$$w = \log z \iff z = \exp w \qquad ①$$
$\exp w$ は w の周期 $2\pi i$ の周期関数だから，$2\pi i$ だけ異なる無数に多くの w の値が同一の z の値に対応する．つまり $\log z$ は z の多価関数である．

実際，$z = re^{i\theta}, w = u + iv$ とすると，①から，
$$re^{i\theta} = \exp(u + iv) = e^u e^{iv}$$
したがって，$e^u = r, v = \theta + 2n\pi$ $(n = 0, \pm 1, \pm 2, \cdots)$ となり，w の虚部 v は 2π の整数倍だけ不定で，無限に多くの w の値が $\log z$ を表わす．

問2 $f(z) = \dfrac{(\log z)^2}{z^2 + 4} = \dfrac{(\log z)^2}{(z + i2)(z - i2)}$

よって極は $\pm i2$

$+i2$ に対応する留数は，
$$\text{Res}(i2) = \lim_{z \to i2}(z - i2)\frac{(\log z)^2}{(z + i2)(z - i2)} = \frac{(\log i2)^2}{i4} = \frac{\{\log(2e^{i(\pi/2)})\}^2}{i4}$$
$$= \frac{\{\log 2 + \log e^{i(\pi/2)}\}^2}{i4} = \frac{\left\{\log 2 + i\dfrac{\pi}{2}\right\}^2}{i4}$$
$$= \frac{(\ln 2)^2 - \left(\dfrac{\pi}{2}\right)^2 + i\pi \ln 2}{i4}$$

同様にして，$-i2$ に対応する留数は
$$\text{Res}(-i2) = \frac{(\ln 2)^2 - \left(\dfrac{\pi}{2}\right)^2 - i\pi \ln 2}{-i4}$$

問3 留数定理より，
$$J = 2\pi i\left\{\frac{(\ln 2)^2 - \left(\dfrac{\pi}{2}\right)^2 + i\pi \ln 2}{i4} + \frac{(\ln 2)^2 - \left(\dfrac{\pi}{2}\right)^2 - i\pi \ln 2}{-i4}\right\}$$
$$= 2\pi i\left(\frac{i2\pi \ln 2}{i4}\right) = i\pi^2 \ln 2$$

問4 問5より，C_2, C_4 上の積分は 0 だから，与式より，
$$J = \int_0^\infty \frac{(\ln z)^2}{z^2 + 4}dz + \int_{-\infty}^0 \frac{(\ln z)^2}{z^2 + 4}dz$$

第2項において，
$$z = -u, \quad dz = -du,$$
$$\ln z = \ln(-u) = \ln u + \ln(-1) = \ln u + \ln(e^{i\pi}) = \ln u + i\pi$$
とおくと，

$$J = \int_0^\infty \frac{(\ln x)^2}{x^2+4} dz + \int_\infty^0 \frac{(\ln u + i\pi)^2}{u^2+4} d(-u)$$

$$= \int_0^\infty \frac{(\ln x)^2}{x^2+4} dz + \int_0^\infty \frac{(\ln u)^2 + i2\pi \ln u - \pi^2}{u^2+4} du$$

$$= 2\int_0^\infty \frac{(\ln x)^2}{x^2+4} dx + i2\pi \int_0^\infty \frac{\ln x}{x^2+4} dx - \pi^2 \int_0^\infty \frac{1}{x^2+4} dx$$

$$= 2\int_0^\infty \frac{(\ln x)^2}{x^2+4} dx + i2\pi I - \pi^2 \frac{\pi}{4} \quad \left(\because \int \frac{1}{x^2+2^2} dx = \frac{1}{2}\tan^{-1}\frac{x}{2} \right)$$

問5　C_2 において，$z = Re^{i\theta}, dz = iRe^{i\theta} d\theta, \log z = \log R + i\theta$ だから，

$$\left| \int_{C_2} \frac{(\log z)^2}{z^2+4} dz \right| \leqq \frac{(\log R + 2\pi)^2}{R^2 - 4} 2\pi R$$

$$= 2\pi \frac{2(\log R + 2\pi)\frac{1}{R}R - (\log R + 2\pi)^2}{2R}$$

$$= \pi \frac{2\log R + 4\pi - (\log R + 2\pi)^2}{R}$$

$$= \pi \frac{2\frac{1}{R} - 2(\log R + 2\pi)\frac{1}{R}}{1} = 2\pi \frac{1 - \log R + 2\pi}{R}$$

$$= 2\pi \frac{-\frac{1}{R}}{1} \to 0 \quad (R \to \infty)$$

$$\left| \int_{C_4} \frac{(\log z)^2}{z^2+4} dz \right| \leqq \frac{(\log \varepsilon + \pi)^2}{4 - \varepsilon^2} 2\pi\varepsilon \to 0 \quad (\varepsilon \to 0)$$

問6　留数定理 $\int_{-\infty}^\infty f(z) dz = 2\pi i \sum \text{Res}$ を考慮すると，

$$2\int_0^\infty \frac{(\ln x)^2}{x^2+4} dx - \frac{\pi^3}{4} + i2\pi \int_0^\infty \frac{\ln x}{x^2+4} dx = \frac{1}{2} i\pi^2 \ln 2$$

両辺の実部，虚部を比較すると，

$$I = \int_0^\infty \frac{\ln x}{x^2+4}\,dx = \frac{\pi}{4}\ln 2,$$

$$\int_0^\infty \frac{(\ln x)^2}{x^2+4}\,dx = \int_0^\infty \frac{(\ln z)^2}{z^2+4}\,dz = \frac{\pi^3}{8}$$

〈参考〉 Mathematica による積分計算を下に示す ($\text{Log}[x] = \ln(x)$ を示す).

```
In[2]:= Integrate[Log[x]/(x^2+4),{x,0,∞}]
Out[2]= 1/4 π Log[2]
```

〈参考〉 Mathematica による C_4 上の極限計算を下に示す ($e = \varepsilon$ を示す).

```
In[3]:= Limit[e*(Log[e]+π)^2/(4-e^2),e→0]
Out[3]= 0
```

5.16 (1) $\displaystyle\int_C (z-a)^n\,dz = \begin{cases} 2\pi i & (n=-1) \\ 0 & (n\neq -1) \end{cases}$

を使う. $z - a = re^{i\theta}$, $dz = rie^{i\theta}\,d\theta$ とおくと,

$$\int_C (z-a)^n\,dz = \int_0^{2\pi}(re^{i\theta})^n rie^{i\theta}\,d\theta = ir^{n+1}\int_0^{2\pi} e^{i(n+1)\theta}\,d\theta = I_n$$

$\therefore\ \begin{cases} n=-1\ \text{のとき},\ I_n = i\displaystyle\int_0^{2\pi} d\theta = i2\pi \\ n\neq -1\ \text{のとき},\ I_n = ir^{n+1}\left[\dfrac{e^{i(n+1)\theta}}{n+1}\right]_0^{2\pi} = ir^{n+1}\dfrac{e^{i(n+1)2\pi}-1}{n+1} = 0 \end{cases}$

次に, $(z+z^{-1})^{2n}$ を 2 項定理[注2]により展開すると,

$$\frac{1}{z}\left(z+\frac{1}{z}\right)^{2n} = \frac{1}{z}\left\{z^{2n} + 2nz^{2n-1}\frac{1}{z} + \cdots + \frac{(2n)!}{(n!)^2}z^n\frac{1}{z^n} + \cdots + \frac{1}{z^{2n}}\right\}$$

$$= z^{2n-1} + 2nz^{2n-3} + \cdots + \frac{(2n)!}{(n!)^2 z} + \cdots + \frac{1}{z^{2n+1}} \qquad ①$$

① より, $\dfrac{1}{z}$ の項のみ残り,

$$\int_{|z|=1} \frac{1}{z}\,dz = 2\pi i\ (n=-1),\quad \int_{|z|=1} z^n\,dz = 0\ (n\neq -1)$$

だから[注3],

$$\int_{|z|=1}\left(z+\frac{1}{z}\right)^{2n}\frac{dz}{z} = 2\pi i\frac{(2n)!}{(n!)^2} \qquad ②$$

〈注2〉 2項定理

$$(a+b)^n = \sum_{r=0}^{n} {}_nC_r a^{n-r}b^r$$
$$= a^n + {}_nC_1 a^{n-1}b + {}_nC_2 a^{n-2}b^2 + \cdots + {}_nC_r a^{n-r}b^r + \cdots + {}_nC_{n-1}ab^{n-1} + b^n$$

ただし ${}_nC_r = \begin{pmatrix} n \\ r \end{pmatrix}$

〈注3〉 $\int_C \dfrac{1}{z} dz = 2\pi i z \dfrac{1}{z} = 2\pi i$

（2） 単位円 $|z| = 1$ の方程式は $z = e^{i\theta}, 0 \leq \theta \leq 2\pi$ だから，

$$dz = iz\,d\theta,\; z + \dfrac{1}{z} = e^{i\theta} + \dfrac{1}{e^{i\theta}} = e^{i\theta} + e^{-i\theta} = 2\cos\theta$$

$$\therefore \dfrac{1}{2\pi i}\int_{|z|=1}\dfrac{1}{z}\left(z+\dfrac{1}{z}\right)^{2n}dz = \dfrac{1}{2\pi i}\int_0^{2\pi}\dfrac{1}{z}(2\cos\theta)^{2n}iz\,d\theta$$

$$= \dfrac{1}{2\pi}\int_0^{2\pi}(2\cos\theta)^{2n}d\theta = \dfrac{2^{2n}}{2\pi}\int_0^{2\pi}\cos^{2n}\theta\,d\theta \qquad ③$$

②より，$\dfrac{1}{2\pi i}\int_{|z|=1}\left(z+\dfrac{1}{z}\right)^{2n}\dfrac{dz}{z} = \dfrac{(2n)!}{(n!)^2}$ ④

③, ④より，

$$\int_0^{2\pi}\cos^{2n}\theta\,d\theta = \dfrac{2\pi}{2^{2n}}\dfrac{(2n)!}{(n!)^2} = 2\pi\dfrac{(2n)(2n-1)(2n-2)\cdots 2\cdot 1}{\{2^n n(n-1)(n-2)\cdots 2\cdot 1\}^2}$$

$$= 2\pi\dfrac{(2n)(2n-1)(2n-2)\cdots 2\cdot 1}{\{2n(2n-2)(2n-4)\cdots 4\cdot 2\}^2} = 2\pi\dfrac{(2n-1)(2n-3)\cdots 5\cdot 3\cdot 1}{2n(2n-2)\cdots 4\cdot 2}$$

5.17 （1） 与式を $f(z)$ とすると，マクローリン展開より，

$$f(z) = \dfrac{1}{1-z} = -\dfrac{1}{z-1} = -(z-1)^{-1}$$

$$f'(z) = -(-1)(z-1)^{-2}$$

$$f''(z) = -(-1)(-2)(z-1)^{-3}$$

$$f'''(z) = -(-1)(-2)(-3)(z-1)^{-4}$$

……

$$f^{(n)}(z) = -(-1)^n n!\,(z-1)^{-(n+1)}$$

$f(0) = 1,\; f'(0) = -(-1)(-1)^{-2} = 1,$

$f''(0) = -(-1)2!\,(-1)^{-3},$

$f'''(0) = -(-1)^3 3!\,(-1)^{-4} = 3!,\; \cdots$

$$\therefore \quad f(z) = f(0) + \frac{f'(0)}{1!}z + \frac{f''(0)}{2!}z^2 + \frac{f'''(0)}{3!}z^3 + \cdots$$

$$= 1 + \frac{1!}{1!}z + \frac{2!}{2!}z^2 + \frac{3!}{3!}z^3 + \cdots$$

$$= \frac{1}{1-z}$$

（2） 与式より

$$\frac{1}{z^2 - 4z + 3} = \frac{a}{z-3} + \frac{b}{z-1}$$

$$= \frac{a(z-1) + b(z-3)}{(z-3)(z-1)} = \frac{(a+b)z - (a+3b)}{(z-3)(z-1)} \quad \text{①}$$

係数を比較して，

$$\begin{cases} a + b = 0 \\ -(a+3b) = 1 \end{cases} \quad \therefore \quad a = \frac{1}{2}, b = -\frac{1}{2} \quad \text{②}$$

（3） ②を①に代入し，展開すると，

$$\frac{1}{z^2 - 4z + 3}$$

$$= \frac{1}{2}\left(\frac{1}{z-3} - \frac{1}{z-1}\right) = \frac{1}{2}\left(\frac{1}{1-z} - \frac{1}{3}\frac{1}{1-z/3}\right)$$

$$= \frac{1}{2}\left[1 + z + z^2 + z^3 + \cdots - \left\{1 + \frac{z}{3} + \left(\frac{z}{3}\right)^2 + \left(\frac{z}{3}\right)^3 + \cdots\right\}\right]$$

$$= \frac{1}{2}\left[\left\{1 - \frac{1}{3}\right\}z + \left\{1 - \left(\frac{1}{3}\right)^2\right\}z^2 + \left\{1 - \left(\frac{1}{3}\right)^3\right\}z^3 + \cdots\right]$$

$$= \frac{1}{3} + \frac{4}{9}z^2 + \frac{13}{27}z^3 + \cdots$$

〈参考〉 Mathematica によるマクローリン展開を下に示す．

```
In[1]:= Series[1/(1-z), {z, 0, 3}]

Out[1]= 1 + z + z² + z³ + O[z]⁴

In[2]:= Series[1/(z^2-4*z+3), {z, 0, 3}]

Out[2]= 1/3 + 4z/9 + 13z²/27 + 40z³/81 + O[z]⁴
```

5.18 $f(z) = (e^{ipz} - e^{iqz})/z^2$ とおき，図のような積分路をとると，積分路内において，$f(z)$ は正則であるから，コーシーの積分定理より

$$\left(\int_{\overline{AB}} + \int_{C_R} + \int_{\overline{CD}} + \int_{C_\varepsilon}\right) f(z)\, dz = 0 \qquad \text{①}$$

ここで，

$$\int_{\overline{AB}: z=x} + \int_{\overline{CD}: z=x}$$
$$= \int_\varepsilon^R \frac{e^{ipx} - e^{iqx}}{x^2} dx + \int_{-R}^{-\varepsilon} \frac{e^{ipx} - e^{iqx}}{x^2} dx$$
$$= 2\int_\varepsilon^R \left(\frac{e^{ipx} + e^{-ipx}}{2x^2} - \frac{e^{iqx} + e^{-iqx}}{2x^2}\right) dx$$
$$= 2\int_\varepsilon^R \frac{1}{x^2}(\cos px - \cos qx)\, dx$$
$$\longrightarrow 2\int_0^\infty \frac{\cos px - \cos qx}{x^2} dx \quad (\varepsilon \to 0,\ R \to \infty) \qquad \text{②}$$

$$\left|\int_{C_R: z=Re^{i\theta}}\right| \leqq \int_0^\pi \left|\frac{e^{ipRe^{i\theta}} - e^{iqRe^{i\theta}}}{(Re^{i\theta})^2} iRe^{i\theta}\right| d\theta \leqq \int_0^\pi \frac{e^{-pR\sin\theta} + e^{-qR\sin\theta}}{R} d\theta$$
$$\leqq \int_0^\pi \frac{2}{R} d\theta \quad (\because\ p, q > 0)$$
$$\longrightarrow 0 \quad (R \to \infty) \qquad \text{③}$$

すなわち，

$$\int_{C_R} \longrightarrow 0 \quad (R \to \infty)$$

一方，

$$f(z) = \frac{1}{z^2}\left\{\left(1 + ipz + \frac{(ipz)^2}{2!} + \cdots\right) - \left(1 + iqz + \frac{(iqz)^2}{2!} + \cdots\right)\right\}$$
$$= \frac{i(p-q)}{z} + g(z) \quad (\text{ただし，} g(z) \text{は正則})$$

$$\therefore \int_{C_\varepsilon} f(z)\, dz = \int_{C_\varepsilon} \frac{i(p-q)}{z} dz + \int_{C_\varepsilon} g(z)\, dz$$
$$= \int_\pi^0 \frac{i(p-q)}{\varepsilon e^{i\varphi}} i\varepsilon e^{i\varphi} d\varphi + \int_\pi^0 g(\varepsilon e^{i\varphi}) i\varepsilon e^{i\varphi} d\varphi$$
$$= \pi(p-q) + \varepsilon\int_\pi^0 g(\varepsilon e^{i\varphi}) i\varepsilon e^{i\varphi} d\varphi$$

$$\longrightarrow \pi(p-q) \quad (\varepsilon \to 0) \qquad ④$$

①の両辺を $R \to \infty, \rho \to 0$ として，②, ③, ④を代入すると

$$2\int_0^\infty \frac{\cos px - \cos qx}{x^2} dx + \pi(p-q) = 0$$

$$\therefore \int_{-\infty}^\infty \frac{\cos px - \cos qx}{x^2} dx = \pi(q-p)$$

5.19 ローラン展開公式に

$$f(z) = \exp\left\{\frac{1}{2}\left(z - \frac{1}{z}\right)\right\} = \exp\left\{\frac{1}{2}(e^{i\theta} - e^{-i\theta})\right\} = e^{i\sin\theta}$$

(ただし，$z = e^{i\theta}$)

を代入すれば

$$a_n = \frac{1}{2\pi i}\int_{|z|=1} \frac{f(z)}{z^{n+1}} dz = \frac{1}{2\pi i}\int_{-\pi}^\pi \frac{e^{i\sin\theta}}{e^{i(n+1)\theta}} i e^{i\theta} d\theta = \frac{1}{2\pi}\int_{-\pi}^\pi e^{i(\sin\theta - n\theta)} d\theta$$

$$= \frac{1}{2\pi}\int_{-\pi}^\pi \cos(\sin\theta - n\theta) d\theta + \frac{i}{2\pi}\int_{-\pi}^\pi \sin(\sin\theta - n\theta) d\theta$$

第1, 第2被積分関数はそれぞれ周期 2π の偶関数，奇関数であるから，

$$a_n = \frac{1}{2\pi}\int_0^{2\pi} \cos(n\theta - \sin\theta) d\theta$$

5.20 $I_1 \equiv \int_0^{2\pi} e^{\cos\theta} \cos(n\theta - \sin\theta) d\theta$ の他に，$I_2 \equiv \int_0^{2\pi} e^{\cos\theta} \sin(n\theta - \sin\theta) d\theta$ を考え，$I \equiv I_1 - iI_2$ をつくると，

$$I = \int_0^{2\pi} e^{\cos\theta}\{\cos(n\theta - \sin\theta) - i\sin(n\theta - \sin\theta)\} d\theta$$

$$= \int_0^{2\pi} e^{\cos\theta} e^{-i(n\theta - \sin\theta)} d\theta = \int_0^{2\pi} e^{\cos\theta + i\sin\theta} e^{-in\theta} d\theta$$

$$= \int_0^{2\pi} \exp(e^{i\theta})(e^{i\theta})^{-n} d\theta = \int_{|z|=1} e^z z^{-n} \frac{dz}{iz} = \frac{1}{i}\int_{|z|=1} \frac{e^z}{z^{n+1}} dz$$

$$\equiv \frac{1}{i}\int_{|z|=1} f(z) dz \quad (\text{ただし，}z = e^{i\theta})$$

一方，$f(z) = \dfrac{e^z}{z^{n+1}}$ の単位円内の特異点は $z=0$ のみで，$(n+1)$ 位の極であるから，その留数は

$$\mathrm{Res}\, f(0) = \lim_{z\to 0} \frac{1}{n!}\frac{d^n}{dz^n}\frac{e^z}{z^{n+1}} z^{n+1} = \frac{1}{n!}$$

$$\therefore\ i\oint_{|z|=1}\frac{e^z}{z^{n+1}}\,dz = 2\pi i\frac{1}{n!}$$

$$i(I_1 - iI_2) = \frac{2\pi}{n!}i$$

したがって，$I_1 = \displaystyle\int_0^{2\pi} e^{\cos\theta}\cos(n\theta - \sin\theta)\,d\theta = \frac{2\pi}{n!}$

5.21 $\displaystyle\int_C (\sin^2 z + \bar{z})\,dz = \oint_{C+[-1,\,1]} (\sin^2 z + \bar{z})\,dz - \int_{[-1,\,1]} (\sin^2 z + \bar{z})\,dz$ ①

ここで，
$$\oint_{C+[-1,\,1]} (\sin^2 z + \bar{z})\,dz = \oint_{C+[-1,\,1]} \sin^2 z\,dz + \oint_{C+[-1,\,1]} \bar{z}\,dz$$

$$= 0 + \oint_{C+[-1,\,1]} (x - iy)(dx + i\,dy)$$

$$= \oint_{C+[-1,\,1]} (x\,dx + y\,dy) + i\oint_{C+[-1,\,1]} (-y\,dx + x\,dy)$$

$$= \iint_D \left(\frac{\partial y}{\partial x} - \frac{\partial x}{\partial y}\right) dx\,dy + i\iint_D \left(\frac{\partial x}{\partial x} - \frac{\partial (-y)}{\partial y}\right) dx\,dy$$

（グリーンの定理より）

$$= i\iint_D 2\,dx\,dy = 2i \quad (\because\ D\text{の面積} = 1) \quad ②$$

$$\int_{[-1,\,1]} (\sin^2 z + \bar{z})\,dz = \int_{-1}^1 (\sin^2 x + x)\,dx = \int_{-1}^1 \sin^2 x\,dx$$

$$= \int_0^1 2\sin^2 x\,dx = \int_0^1 (1 - \cos 2x)\,dx$$

$$= 1 - \frac{1}{2}\sin 2 \quad ③$$

②，③を①に代入すると，
$$\int_C (\sin^2 z + \bar{z})\,dz = -\left(1 - \frac{1}{2}\sin 2\right) + 2i = \frac{1}{2}\sin 2 - 1 + 2i$$

5.22 図のような積分路 C_n を考えると，n が十分に大きいとき，C_n の内部にある $\cot\left(\dfrac{\pi z}{\varDelta x}\right)\dfrac{1}{z^2 + a^2}$ の特異点は $z = \pm ai$ (1位の極)，$z = x_k = k\varDelta x$ ($k = 0, \pm 1, \pm 2,$ $\cdots, \pm n$) (1位の極)．留数定理によって，

$$\oint_{C_n} \cot\left(\frac{\pi z}{\Delta x}\right) \frac{dz}{z^2 + a^2} = 2\pi i \left\{ \text{Res}\,(ai) + \text{Res}\,(-ai) + \sum_{k=-n}^{n} \text{Res}\,(k\Delta x) \right\}$$

①

ここで，

$$\text{Res}\,(ai) = \frac{\cot\dfrac{\pi z}{\Delta x}}{(z^2+a^2)'}\bigg|_{z=ai}$$

$$= -\frac{\coth\dfrac{\pi a}{\Delta x}}{2a}$$

$$\text{Res}\,(-ai) = \frac{\cot\dfrac{\pi z}{\Delta x}}{(z^2+a^2)'}\bigg|_{z=-ai} = -\frac{\coth\dfrac{\pi a}{\Delta x}}{2a}$$

$$\text{Res}\,(k\Delta x) = \frac{\cos\dfrac{\pi z}{\Delta x}\Big/(z^2+a^2)}{\left(\sin\dfrac{\pi z}{\Delta x}\right)'}\bigg|_{z=k\Delta x} = \frac{\Delta x}{\pi} f(x_k)$$

ゆえに，①の右辺は

$$2\pi i \left\{ \text{Res}\,(ai) + \text{Res}\,(-ai) + \sum_{k=-n}^{n} \text{Res}\,(k\Delta x) \right\}$$

$$= 2\pi i \left\{ -\frac{\coth\dfrac{\pi a}{\Delta x}}{2a} - \frac{\coth\dfrac{\pi a}{\Delta x}}{2a} + \sum_{k=-n}^{n} \frac{\Delta x}{\pi} f(x_k) \right\}$$

$$\longrightarrow 2\pi i \left\{ -\frac{\coth\dfrac{\pi a}{\Delta x}}{a} + \sum_{k=-\infty}^{\infty} \frac{\Delta x}{\pi} f(x_k) \right\} \quad (n\to\infty)$$

$$= 2\pi i \left\{ -\frac{\coth\dfrac{\pi a}{\Delta x}}{a} + \frac{1}{2}\left(\sum_{k=-\infty}^{\infty} \frac{\Delta x}{\pi} f(x_k) + \sum_{k=-\infty}^{\infty} \frac{\Delta x}{\pi} f(x_{k+1}) \right) \right\}$$

$$= 2\pi i \left\{ -\frac{\coth\dfrac{\pi a}{\Delta x}}{a} + \frac{1}{\pi}\sum_{k=-\infty}^{\infty} \frac{\Delta x}{2}(f(x_k) + f(x_{k+1})) \right\}$$

次に，①の左辺の積分を考える．$\overline{AB}$ 上で

$$z = \left(n + \frac{1}{2}\right)\Delta x + iy \quad \left(|y| \leqq \left(n + \frac{1}{2}\right)\Delta x\right)$$

であるから,

$$\left|\cot\frac{\pi z}{\Delta x}\right| = \left|\frac{\cos\left[\left(n + \frac{1}{2}\right)\pi + i\frac{\pi y}{\Delta x}\right]}{\sin\left[\left(n + \frac{1}{2}\right)\pi + i\frac{\pi y}{\Delta x}\right]}\right| = \left|\frac{\sin\left(i\frac{\pi y}{\Delta x}\right)}{\cos\left(i\frac{\pi y}{\Delta x}\right)}\right| = \left|\frac{\sinh\frac{\pi y}{\Delta x}}{\cosh\frac{\pi y}{\Delta x}}\right| < 1$$

したがって,

$$\left|\int_{\overline{AB}}\right| \leqq \int_{\overline{AB}}\left|\cot\frac{\pi z}{\Delta x}\cdot\frac{1}{z^2 + a^2}\right||dz| \leqq \int_{\overline{AB}}\frac{|dz|}{|z|^2 - a^2}$$

$$= \int_{-(n+(1/2))\Delta x}^{(n+(1/2))\Delta x}\frac{dy}{\left[\left(n + \frac{1}{2}\right)\Delta x\right]^2 - a^2 + y^2}$$

$$\leqq \int_{-(n+(1/2))\Delta x}^{(n+(1/2))\Delta x}\frac{dy}{\frac{1}{2}\left[\left(n + \frac{1}{2}\right)\Delta x\right]^2}$$

$$= 2\left(n + \frac{1}{2}\right)\Delta x\cdot\frac{1}{\frac{1}{2}\left[\left(n + \frac{1}{2}\right)\Delta x\right]^2} \longrightarrow 0 \quad (n \to \infty)$$

すなわち,

$$\int_{\overline{AB}} \longrightarrow 0 \quad (n \to \infty) \tag{②}$$

同様にして

$$\int_{\overline{CD}} \longrightarrow 0 \quad (n \to \infty) \tag{③}$$

BC 上で, $z = x + i\left(n + \frac{1}{2}\right)\Delta x \quad \left(|x| \leqq \left(n + \frac{1}{2}\right)\Delta x\right)$

$$\left|\cot\frac{\pi z}{\Delta x}\right| = \left|\frac{\cos\left[\frac{\pi x}{\Delta x} + i\left(n + \frac{1}{2}\right)\pi\right]}{\sin\left[\frac{\pi x}{\Delta x} + i\left(n + \frac{1}{2}\right)\pi\right]}\right|$$

$$= \left|\frac{e^{(i\pi x/\Delta x)-(n+(1/2))\pi} + e^{-(i\pi x/\Delta x)+(n+(1/2))\pi}}{e^{(i\pi x/\Delta x)-(n+(1/2))\pi} - e^{-(i\pi x/\Delta x)+(n+(1/2))\pi}}\right|$$

$$\leq \frac{1+|e^{(2i\pi x/\Delta x)-2(n+(1/2))\pi}|}{1-|e^{(2i\pi x/\Delta x)-2(n+(1/2))\pi}|} = \frac{1+e^{-2(n+(1/2))\pi}}{1-e^{-2(n+(1/2))\pi}} \leq \frac{1+1}{1-0} = 2$$

したがって,

$$\left|\int_{\overline{BC}}\right| \leq \int_{\overline{BC}} \left|\cot\frac{\pi z}{\Delta x}\cdot\frac{1}{z^2+a^2}\right| |dz| \leq \int_{\overline{BC}} \frac{2|dz|}{|z|^2-a^2}$$

$$= 2\int_{(n+(1/2))\Delta x}^{(n+(1/2))\Delta x} \frac{dx}{x^2+\left[\left(n+\frac{1}{2}\right)\Delta x\right]^2-a^2}$$

$$\leq 2\int_{-(n+(1/2))\Delta x}^{(n+(1/2))\Delta x} \frac{dx}{\frac{1}{2}\left[\left(n+\frac{1}{2}\right)\Delta x\right]^2}$$

$$= 2\cdot 2\left(n+\frac{1}{2}\right)\Delta x\cdot\frac{1}{\frac{1}{2}\left[\left(n+\frac{1}{2}\right)\Delta x\right]^2} \longrightarrow 0 \quad (n\to\infty)$$

すなわち,

$$\int_{\overline{BC}} \longrightarrow 0 \quad (n\to\infty) \tag{④}$$

同様にして

$$\int_{\overline{DA}} \longrightarrow 0 \quad (n\to\infty) \tag{⑤}$$

①の両辺を $n\to\infty$ として, ②〜⑤を代入すると,

$$0 = 2\pi i\left\{-\frac{\cot\dfrac{\pi a}{\Delta x}}{a} + \frac{1}{\pi}\sum_{k=-\infty}^{\infty}\frac{\Delta x}{2}(f(x_k)+f(x_{k+1}))\right\}$$

$$\therefore \int_{-\infty}^{\infty} f(x)\,dx \simeq \sum_{k=-\infty}^{\infty}\frac{\Delta x}{2}\{f(x_k)+f(x_{k+1})\} = \frac{\pi}{a}\coth\frac{\pi a}{\Delta x}$$

ここで,

$$\lim_{\Delta x\to 0}\sum_{k=-\infty}^{\infty}\frac{\Delta x}{2}\{f(x_k)+f(x_{k+1})\} = \lim_{\Delta x\to 0}\frac{\pi}{a}\coth\frac{\pi a}{\Delta x}$$

$$= \frac{\pi}{a}\lim_{\Delta x\to 0}\frac{1+e^{-(2\pi a/\Delta x)}}{1-e^{-(2\pi a/\Delta x)}} = \frac{\pi}{a}$$

よって, $\Delta x\to 0$ のとき, $\displaystyle\int_{-\infty}^{\infty} f(x)\,dx$ の近似表示式 $\displaystyle\sum_{k=-\infty}^{\infty}\frac{\Delta x}{2}(f(x_k)+f(x_{k+1}))$ は真の値 $\dfrac{\pi}{a}$ に近づく.

5.23 （1） $z - z_0 = r e^{i\theta}$ とおくと，

$$f(z) = \sum_{n=0}^{\infty} a_n (z - z_0)^n = \sum_{n=0}^{\infty} a_n r^n e^{in\theta}$$

$$\overline{f(z)} = \sum_{n=0}^{\infty} \overline{a_n} r^n e^{-in\theta}$$

$$f(z)\overline{f(z)} = \left(\sum_{n=0}^{\infty} a_n r^n e^{in\theta} \right) \left(\sum_{m=0}^{\infty} \overline{a_m} r^m e^{-im\theta} \right) = \sum_{n=0}^{\infty} \sum_{m=0}^{\infty} a_n \overline{a_m} r^{n+m} e^{i(n-m)\theta}$$

すなわち，

$$|f(z_0 + r e^{i\theta})|^2 = \sum_{n=0}^{\infty} \sum_{m=0}^{\infty} a_n \overline{a_m} r^{n+m} e^{i(n-m)\theta}$$

$$\int_0^{2\pi} |f(z_0 + r e^{i\theta})|^2 \, d\theta = \int_0^{2\pi} \sum_{n=0}^{\infty} \sum_{m=0}^{\infty} a_n \overline{a_m} r^{n+m} e^{i(n-m)\theta} \, d\theta$$

$$= \sum_{n=0}^{\infty} \sum_{m=0}^{\infty} \int_0^{2\pi} a_n \overline{a_m} r^{n+m} e^{i(n-m)\theta} \, d\theta$$

$$\sum_{n=0}^{\infty} \sum_{m=0}^{\infty} |a_n \overline{a_m} r^{n+m} e^{i(n-m)\theta}| \leqq \sum_{n=0}^{\infty} \sum_{m=0}^{\infty} |a_n| |a_m| r^n \cdot r^m$$

$$= \sum_{n=0}^{\infty} |a_n r^n| \cdot \sum_{m=0}^{\infty} |a_m r^m| \quad (\text{収束する})$$

よって，$\sum_{n=0}^{\infty} \sum_{m=0}^{\infty} a_n \overline{a_m} r^{n+m} e^{i(n-m)\theta}$ は θ に関して一様収束する．ゆえに，項別積分可能である．ここで，

$$\int_0^{2\pi} e^{i(n-m)\theta} \, d\theta = \begin{cases} 2\pi & (n = m) \\ 0 & (n \neq m) \end{cases}$$

$$\therefore \int_0^{2\pi} |f(z_0 + r e^{i\theta})|^2 \, d\theta = 2\pi \sum_{n=0}^{\infty} |a_n|^2 r^{2n}$$

すなわち，

$$\frac{1}{2\pi} \int_0^{2\pi} |f(z_0 + r e^{i\theta})|^2 \, d\theta = \sum_{n=0}^{\infty} |a_n|^2 r^{2n}$$

（2） $f(z) = \dfrac{1-z^k}{1-z}$ $(f(1) \equiv k)$ とおくと，$|z| < 1$ の内部における正則な関数 $f(z)$ のテイラー展開は

$$f(z) = 1 + z + z^2 + \cdots + z^{k-1} \qquad \text{②}$$

ここで，

$$|f(re^{i\theta})|^2 = \left|\frac{1-r^k e^{ik\theta}}{1-re^{i\theta}}\right|^2 \quad (z=re^{i\theta},\ 0\leq r<1)$$

$$= \left|\frac{(1-r^k\cos k\theta)-ir^k\sin k\theta}{(1-r\cos\theta)-ir\sin\theta}\right|^2$$

$$= \frac{(1-r^k\cos k\theta)^2+(r^k\sin\theta)^2}{(1-r\cos\theta)^2+(r\sin\theta)^2} = \frac{1-2r^k\cos k\theta+r^{2k}}{1-2r\cos\theta+r^2}$$

したがって,

$$\frac{1}{2\pi}\int_0^{2\pi}\frac{1-2r^k\cos k\theta+r^{2k}}{1-2r\cos\theta+r^2}d\theta = \frac{1}{2\pi}\int_0^{2\pi}|f(re^{i\theta})|^2 d\theta = \sum_{n=0}^{k-1}1^2\cdot r^{2n}$$

$$(\because\ ①,\ ②)\quad ③$$

ここで, $f(z)=\dfrac{1-2r^k\cos k\theta+r^{2k}}{1-2r\cos\theta+r^2}$ は $|z|\leq 1$ で連続 $(\because\ f(z)$ は $z=1$ を除いて連続で, $f(z)$ の $z=1$ における定義より, $z=1$ でも連続).

$$\therefore\ \lim_{r\to 1}\frac{1}{2\pi}\int_0^{2\pi}\frac{1-2r^k\cos k\theta+r^{2k}}{1-2r\cos\theta+r^2}d\theta = \frac{1}{2\pi}\int_0^{2\pi}\lim_{r\to 1}\frac{1-2r^k\cos k\theta+r^{2k}}{1-2r\cos\theta+r^2}d\theta$$

$$= \frac{1}{2\pi}\int_0^{2\pi}\frac{1-\cos k\theta}{1-\cos\theta}d\theta$$

$$= \frac{1}{2\pi}\int_0^{2\pi}\left(\frac{\sin\dfrac{k\theta}{2}}{\sin\dfrac{\theta}{2}}\right)^2 d\theta \quad ④$$

③の両辺を $r\to 1$ として, ④を代入すると

$$\frac{1}{2\pi}\int_0^{2\pi}\left(\frac{\sin\dfrac{k\theta}{2}}{\sin\dfrac{\theta}{2}}\right)^2 d\theta = k$$

5.24 (1) $f(z)=\dfrac{i^{n+1}}{n!}e^{-iz}$ とおくと,

$$\frac{n!}{2\pi i}\int_C\frac{f(\zeta)}{\zeta^{n+1}}d\zeta = \left.\frac{d^n f(z)}{dz^n}\right|_{z=0} = \left.\frac{i^{n+1}}{n!}\frac{d^n e^{-iz}}{dz^n}\right|_{z=0} = \frac{1}{n!}i^{n+1}(-i)^n$$

$$= \frac{i}{n!}(-1)^n i^{2n} = \frac{i}{n!}$$

すなわち,

$$\frac{n!}{2\pi i}\int_C \left(\frac{i}{\zeta}\right)^{n+1}\frac{e^{-i\zeta}}{n!}d\zeta = \frac{i}{n!} \Longrightarrow \frac{1}{(n!)^2} = \frac{-1}{2\pi}\int_C \left(\frac{i}{\zeta}\right)^{n+1}\frac{e^{-i\zeta}}{n!}d\zeta$$

(2) (1)より,

$$\sum_{n=0}^{\infty}\frac{1}{(n!)^2} = \sum_{n=0}^{\infty}\frac{-1}{2\pi}\int_C \left(\frac{i}{\zeta}\right)^{n+1}\frac{e^{-i\zeta}}{n!}d\zeta = \frac{-1}{2\pi}\int_C \sum_{n=0}^{\infty}\frac{1}{n!}\left(\frac{i}{\zeta}\right)^{n+1}\cdot e^{-i\zeta}d\zeta$$

$\left(\because \sum_{n=0}^{\infty}\frac{1}{n!}\left(\frac{i}{\zeta}\right)^{n+1}\cdot e^{-i\zeta}\text{は}C\text{上で}\zeta\text{に関して一様収束するのは明らかである}\right)$

$$= -\frac{1}{2\pi}\int_C \frac{i}{\zeta}e^{i/\zeta}\cdot e^{-i\zeta}d\zeta$$

$$= -\frac{1}{2\pi}\int_{|\zeta|=\rho} \frac{i}{\zeta}e^{i((1/\zeta)-\zeta)}d\zeta \quad (\rho\text{は原点から}C\text{までの距離の半分})$$

$$= -\frac{1}{2\pi}\int_{|\zeta|=1} \frac{i}{\zeta}e^{i((1/\zeta)-\zeta)}d\zeta$$

$$= -\frac{1}{2\pi}\int_0^{2\pi} \frac{i}{e^{i\theta}}e^{i(e^{-i\theta}-e^{i\theta})}i\,e^{i\theta}d\theta \quad (\zeta = e^{i\theta}\text{とおく})$$

$$= \frac{1}{2\pi}\int_0^{2\pi} e^{2\sin\theta}d\theta$$

5.25 (1) $1 + i = \sqrt{2}\,e^{i(\pi/4+2n\pi)}$ だから,

$$\log(1+i) = \log(\sqrt{2}\,e^{i(\pi/2)}) = \log\sqrt{2} + \log e^{i(\pi/4+2n\pi)}$$

$$= \log\sqrt{2} + i\left(\frac{\pi}{4}+2n\pi\right) \quad (n=0,1,\cdots)$$

$(1+i)^{1/4} = (\sqrt{2}\,e^{i(\pi/4)})^{1/4} = (2^{1/2}e^{i(\pi/4)})^{1/4} = 2^{1/8}e^{i\pi/16}$

(2) $\text{Res}(0) = \lim_{z\to 0} z\frac{e^{\alpha z}}{z} = 1,$

$\text{Res}(0) = \lim_{z\to 0}\frac{1}{3!}\frac{d^3}{dz^3}\left(z^4\frac{e^{\alpha z}}{z^4}\right) = \frac{1}{3!}\alpha^3$

5.26 便宜的に, $\alpha \to a-1$ と変換し, $0 < a < 1$,

$$\int_0^{\infty}\frac{x^{a-1}}{1-x}dx$$

で考える. 関数 $\dfrac{z^{a-1}}{1-z} = -\dfrac{z^{a-1}}{z-1}$ を選ぶと, この関数は$z=1$に1位の極をもち,

$z=0$ に分岐点をもっている．そこで，図のような半径 r, R の同心円周 K_1, K_2 および細隙からなる積分路を作る．このとき，K 内には 1 位の極 $z=-1$ のみが存在し，その他では 1 価正則だから，留数定理より，

$$2\pi i \operatorname{Res}(1) = -2\pi i \qquad ①$$

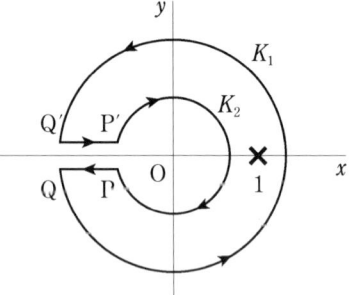

一方，

$$2\pi i \operatorname{Res}(1) = \int_K \frac{z^{a-1}}{1-z} dz$$

$$= \int_{Q'}^{P'} \frac{z^{a-1}}{1-z} dz + \int_{K_2} \frac{z^{a-1}}{1-z} dz + \int_P^Q \frac{z^{a-1}}{1-z} + \int_{K_1} \frac{z^{a-1}}{1-z} dz \qquad ②$$

ここで，$r \to 0, R \to \infty$ とすると，右辺第 2 項，第 4 項は 0 になる：

$$\left|\int_{K_2} \frac{z^{a-1}}{1-z} dz\right| \leq \int_{K_1} \frac{|z^{a-1}||dz|}{|1-z|} = \int_{K_1} \frac{R^{a-1}|dz|}{R}$$

$$= \frac{2\pi R}{R^{1-a} \cdot R} \to 0 \quad (R \to \infty) \qquad ③$$

他も同様．また，②の右辺第 1 項，第 3 項は，$z = xe^{i\pi}, \log z = \log x + i\pi, z = e^{\log x + i\pi}, dz = e^{i\pi} dx = -dx$ を用いると，

$$\lim_{\substack{P' \to 0 \\ Q' \to \infty}} \int_{Q'}^{P'} \frac{z^{a-1}}{1-z} dz = \int_\infty^0 \frac{e^{(a-1)(\log x + i\pi)}}{1-x}(-dx) = -\int_\infty^0 \frac{e^{(a-1)(\log x + i\pi)}}{1-x} dx$$

$$= \int_0^\infty \frac{e^{(a-1)(\log x + i\pi)}}{1-x} dx = e^{i\pi(a-1)} \int_0^\infty \frac{e^{\log x^{a-1}}}{1-x} dx = e^{i\pi(a-1)} \int_0^\infty \frac{x^{a-1}}{1-x} dx$$

ここで，$X = e^{\log x^{a-1}}, \log X = \log x^{a-1}, X = x^{a-1}$ を用いた．同様に，

$$z = xe^{-i\pi}, \quad \log z = \log x - i\pi, \quad z = e^{\log x - i\pi}, \quad dz = e^{-i\pi} dx = -dx$$

を用いると，

$$\lim_{\substack{P \to 0 \\ Q \to \infty}} \int_P^Q \frac{z^{a-1}}{1-z} dz = \int_0^\infty \frac{e^{(a-1)(\log x - i\pi)}}{1-x}(-dx) = -\int_0^\infty \frac{e^{(a-1)\log x - i\pi(a-1)}}{1-x} dx$$

$$= -e^{-i\pi(a-1)} \int_0^\infty \frac{x^{a-1}}{1-x} dx \qquad ④$$

①～④より，

$$-2\pi i = I\{e^{i\pi(a-1)} - e^{-i\pi(a-1)}\} = 2iI \sin \pi(a-1)$$

$$\therefore \quad I = -\frac{\pi}{\sin \pi(a-1)} = -\frac{\pi}{\sin \pi a}$$

〈**参考**〉 通常のテキストでは $\int_0^\infty \dfrac{x^{\alpha-1}}{1+x}dx\ (0<\alpha<1)$ の型が多い．関数論を使わない証明もあるが面倒（省略）．

5.27 （1） $\dfrac{e^{\pi z}}{(z^2+1)(2z-i)^2} = \dfrac{e^{\pi z}}{(z+i)(z-i)(2z-i)^2}$

だから，$z=i$ は1位の極，$z=-i$ は1位の極，$z=\dfrac{i}{2}$ は2位の極．

（2） $\mathrm{Res}\{f,i\} = \lim_{z\to i}(z-i)\dfrac{e^{\pi z}}{(z+i)(z-i)(2z-i)^2} = \dfrac{e^{i\pi}}{(2i)(i)^2}$

$= \dfrac{-1}{-2i} = -\dfrac{1}{2}i$

$\mathrm{Res}\{f,-i\} = \lim_{z\to -i}(z+i)\dfrac{e^{\pi z}}{(z+i)(z-i)(2z-i)^2} = \dfrac{e^{i\pi}}{(-2i)(-3i)^2}$

$= \dfrac{-1}{18i} = \dfrac{1}{18}i$

$\mathrm{Res}\left\{f,\dfrac{i}{2}\right\} = \dfrac{1}{4}\lim_{z\to i/2}\dfrac{d}{dz}\left(z-\dfrac{i}{2}\right)^2\dfrac{e^{\pi z}}{(z^2+1)\left(z-\dfrac{i}{2}\right)^2}$

$= \dfrac{1}{4}\lim_{z\to i/2}\dfrac{d}{dz}\dfrac{e^{\pi z}}{z^2+1} = \dfrac{1}{4}\lim_{z\to i/2}\dfrac{\pi e^{\pi z}(z^2+1)-2ze^{\pi z}}{(z^2+1)^2}$

$= \dfrac{1}{4}\lim_{z\to i/2}\dfrac{e^{\pi z}\{\pi(z^2+1)-2z\}}{(z^2+1)^2}$

$= \dfrac{1}{4}\dfrac{e^{i(\pi/2)}\left\{\pi\left(-\dfrac{1}{4}+1\right)-2\dfrac{i}{2}\right\}}{\left\{\left(\dfrac{i}{2}\right)^2+1\right\}^2} = \dfrac{1}{4}\left(\dfrac{16}{9}+i\dfrac{4\pi}{3}\right)$

$= \dfrac{4}{9}+i\dfrac{\pi}{3}$

（3） $z=i,\dfrac{i}{2}$ のみが $|z-(1+i)|=\sqrt{2}$ の円内だから，

$\int_C f(z)\,dz = 2\pi i\left(-\dfrac{i}{2}+\dfrac{4}{9}+\dfrac{\pi}{3}i\right) = \pi - \dfrac{2\pi^2}{3}+i\dfrac{8\pi}{9}$

5.28 $x^{-a} = e^{-a\log x}$ とおき，複素変数関数

$$f(z) = \frac{e^{-a}\log z}{z^2 + 1}$$

を考える．

$$\log z = \log |z| + i\arg z \quad (0 \leq \arg z \leq 2\pi)$$

を図 1 の領域 D の境界上を複素積分する．
$f(z)$ は，D では 1 価で，

$$z^2 + 1 = (z + i)(z - i) = 0$$

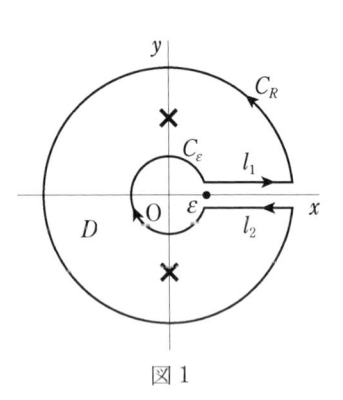

より，1 位の極 $z = i = e^{i(\pi/2)}, z = -i = e^{i(3\pi/2)}$ を除いて正則である．留数は，

$$\text{Res}\,(i) = \lim_{z\to i}(z - i)\frac{e^{-a\log z}}{(z + i)(z - i)} = \frac{e^{-a\log e^{i(\pi/2)}}}{2i} = \frac{e^{-i(\pi a/2)}}{2i}$$

$$\text{Res}\,(-i) = \lim_{z\to -i}(z + i)\frac{e^{-a\log z}}{(z + i)(z - i)} = \frac{e^{-a\log e^{i(3\pi/2)}}}{-2i} = \frac{e^{-i(3\pi a/2)}}{-2i}$$

留数定理より

$$\left(\int_{l_1} + \int_{C_R} + \int_{l_2} + \int_{C_\varepsilon}\right) f(z)\,dz = 2\pi i\{\text{Res}\,(i) + \text{Res}\,(-i)\}$$

$$= 2\pi i\left(\frac{e^{-i(\pi a/2)}}{2i} - \frac{e^{-i(3\pi a/2)}}{2i}\right) = 2\pi i\left(\frac{e^{-i(\pi a/2)} - e^{-i(3\pi a/2)}}{2i}\right)$$

$$= 2\pi i e^{-i\pi a}\left(\frac{e^{i(\pi a/2)} - e^{-i(\pi a/2)}}{2i}\right) = 2\pi i e^{-i\pi a}\sin\frac{\pi a}{2}$$

l_2 では，

$$z = xe^{i2\pi}, \log z = \log x + i2\pi \quad (x = R\text{ から }\varepsilon\text{ まで}),$$

$$e^{-a\log z} = e^{-a\log x - i2\pi a} = e^{-2\pi a}x^{-a}$$

ただし，$e^{-a\log x} = X, \log X = -a\log x = \log x^{-a}, X = x^{-a}$.

l_1 では，

$$z = xe^{i0}, \log z = \log x + i0 \quad (x = \varepsilon\text{ から }R\text{ まで}),$$

$$e^{-a\log z} = e^{-a\log x} = x^{-a}$$

$\varepsilon \to 0, R \to \infty$ とすると，C_ε, C_R 上の積分 $\to 0$ となるから $\left(\left|\dfrac{z^{-a}}{z^2 + 1}\right| \to 0\right)$,

$$\int_0^\infty \frac{x^{-a}}{x^2 + 1}dx + \int_\infty^0 \frac{x^{-a}e^{-2\pi a}}{x^2 + 1}dx = (1 - e^{-i2\pi a})\int_0^\infty \frac{x^{-a}}{x^2 + 1}dx = 2\pi i e^{-2\pi a}\sin\frac{\pi a}{2}$$

$$\therefore \int_0^\infty \frac{x^{-a}}{x^2+1} dx = \frac{2\pi i e^{-i\pi a}}{1-e^{-i2\pi a}} \sin\frac{\pi a}{2} = \frac{2\pi i}{e^{i\pi a}-e^{-i\pi a}} \sin\frac{\pi a}{2}$$
$$= \frac{\pi}{\sin \pi a} \sin\frac{\pi a}{2} = \frac{\pi}{2\sin\frac{\pi a}{2}\cos\frac{\pi a}{2}} \sin\frac{\pi a}{2} = \frac{\pi}{2} \sec\frac{\pi a}{2}$$

（別解） 一般に，$I = \int_0^\infty \frac{x^{m-1}}{x^n+1} dx$ $(0 < m < n, m, n$ は整数) を考える．図2のように，$\beta = \frac{2\pi}{n}$ の扇形の円周上で $f(z) = \frac{z^{m-1}}{z^n+1}$ を積分する．実軸の OA 間の積分は，$a \to +\infty$ のとき，I に収束し，

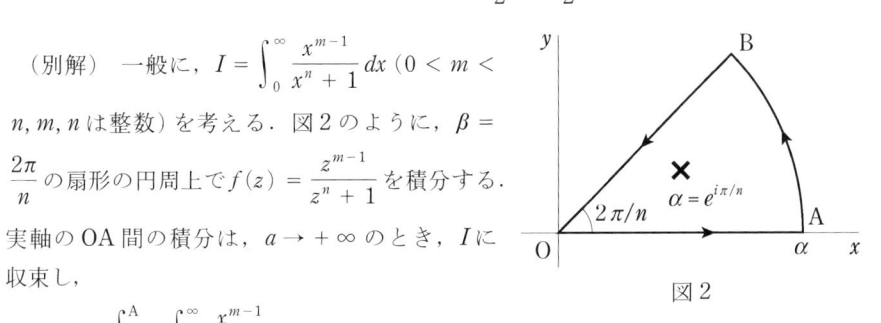

$$I = \int_O^A = \int_0^\infty \frac{x^{m-1}}{x^m+1} dx$$

図2

円弧 AB 上の積分は，$a \to +\infty$ のとき，$\int_A^B \to 0$ となる．BO 上では，$z = re^{i\beta}$ $(a \geq r \geq 0), z^n = r^n$ $(n\beta = 2\pi)$ だから，

$$\int_{BO} f(z)\,dz = \int_a^0 \frac{r^{m-1}e^{i\beta(m-1)}}{r^n e^{i\beta n}+1} e^{i\beta}\,dr = \int_a^0 \frac{r^{m-1}e^{im\beta}}{r^n+1}\,dr$$
$$= e^{i2m\pi/n}\int_a^0 \frac{r^{m-1}}{r^n+1}\,dr = -e^{i2\pi m/n}I$$

一方，この扇形中に含まれる $f(z)$ の極は $x^n+1=0$ より，$\alpha = e^{i\pi/n}$ のみだから，

$$\text{Res}\,(f(z), e^{i\pi/n}) = \frac{z^{m-1}}{nz^{n-1}}\bigg|_{z=\alpha} = \frac{\alpha^{m-1}}{n\alpha^{n-1}} = \frac{1}{n}\alpha^{m-n} = \frac{1}{n}(e^{i\pi/n})^{m-n}$$
$$= \frac{1}{n}e^{i\pi(m-n)/n} = \frac{1}{n}e^{-i\pi}e^{i\pi m/n} = -\frac{1}{n}e^{i\pi m/n} \quad \langle\text{注}\rangle$$

したがって，留数定理より，$(1-e^{i2\pi m/n})I = 2\pi i \dfrac{-1}{n} e^{im\pi/n}$

$$\therefore\quad I = \frac{2\pi i}{n}\frac{e^{i\pi m/n}}{e^{i2\pi m/n}-1} = \frac{2\pi i}{n}\frac{1}{e^{i\pi m/n}-e^{-i\pi m/n}} = \frac{\pi}{n\sin\dfrac{\pi m}{n}}$$

ここで，$n = 2, m = -a+1$ とおくと，

$$\int_0^\infty \frac{x^{-a}}{x^2+1} dx = \frac{\pi}{2}\frac{1}{\sin\left(\dfrac{-a+1}{2}\pi\right)} = \frac{\pi}{2}\frac{1}{\sin\left(\dfrac{\pi}{2}-\dfrac{a\pi}{2}\right)}$$

$$= \frac{\pi}{2} \frac{1}{\cos\frac{\pi a}{2}} = \frac{\pi}{2} \sec\frac{\pi a}{2}$$

〈注〉 $f(z) = \frac{P(z)}{Q(z)}$, α が $Q(z)$ の 1 次の零点, $P(\alpha) \neq 0 \implies \text{Res}\,(f(z), \alpha) = \frac{P(\alpha)}{Q'(\alpha)}$.

$$\text{Res}\,(f(z), \alpha) = \lim_{z \to \alpha} (z - \alpha) \frac{z^{m-1}}{z^n + 1} = \lim_{z \to \alpha} \frac{(z^m - \alpha z^{m-1})'}{(z^n + 1)'}$$
$$= \lim_{z \to \alpha} \frac{mz^{m-1} - \alpha(m-1)z^{m-2}}{nz^{n-1}} = \frac{m\alpha^{m-1} - m\alpha^{m-1} + \alpha^{m-1}}{n\alpha^{n-1}}$$
$$= \frac{\alpha^{m-1}}{n\alpha^{n-1}}$$

〈参考〉 Mathematica による積分計算を下に示す.

In[2]:= **Integrate**$\left[\frac{\mathtt{x}^{-\mathtt{a}}}{\mathtt{x}^{\wedge}2+1},\{\mathtt{x},\mathtt{0},\infty\}\right]$

Out[2]= If$\left[-1 < \text{Re}[\mathtt{a}] < 1, \frac{1}{2}\pi \text{Sec}\left[\frac{\mathtt{a}\pi}{2}\right],$
   Integrate$\left[\frac{\mathtt{x}^{-\mathtt{a}}}{1+\mathtt{x}^{\mathtt{z}}},\{\mathtt{x},0,\infty\}, \text{Assumptions} \to !\, -1 < \text{Re}[\mathtt{a}] < 1\right]\right]$

5.29 (1) $e^z - 1 = 0$ より, $z = i\omega_k = 2k\pi i$ (1 位の極) ($\omega_k = 2\pi k$, $k = 0, \pm 1, \pm 2, \cdots$)

$$\text{Res}\,(i\omega_k) = \frac{1}{(e^z - 1)'}\bigg|_{z = i\omega_k} = \frac{1}{e^z}\bigg|_{z = 2k\pi i} = 1 \quad (k = 0, \pm 1, \pm 2, \cdots)$$

(2) $f(z) = \dfrac{e^{\eta z}}{(z - x)(e^z - 1)}$ とおき, 図 1 のような積分路をとると, 留数定理より

$$\left(\int_{AB} + \int_{BC} + \int_{CD} + \int_{DA}\right) f(z)\,dz$$
$$= 2\pi i \sum_{k=-n}^{n} \text{Res}\,(f : i\omega_k) \quad ①$$

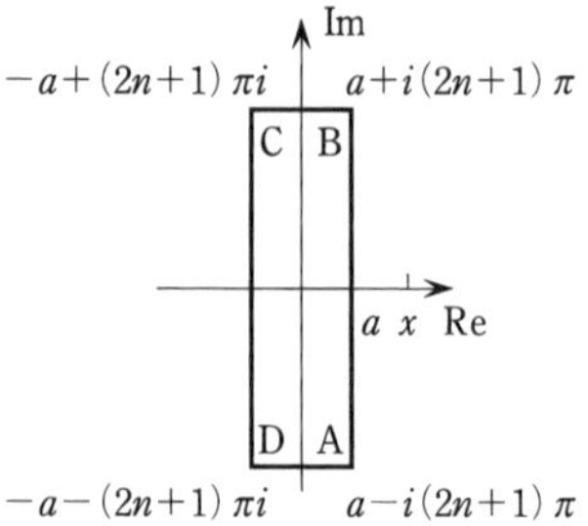

ここで,

$$\int_{AB\,:\,z = a + iv} + \int_{CD\,:\,z = -a + iv}$$
$$\longrightarrow \int_C \quad (n \to \infty) \quad\quad ②$$

図 1

$$\left| \int_{\overline{BC} : z=u+i(2n+1)\pi} \right| \leqq \int_{-a}^{a} \left| \frac{e^{\eta[u+i(2n+1)\pi]}}{(u+i(2n+1)\pi-x)(e^{u+i(2n+1)\pi}-1)} \right| du$$

$$= \int_{-a}^{a} \frac{e^{\eta u}}{\sqrt{(u-x)^2 + (2n+1)^2 \pi^2}} \frac{1}{e^u + 1} du$$

$$\leqq \frac{1}{(2n+1)\pi} \int_{-a}^{a} \frac{e^{\eta u}}{e^u + 1} du \longrightarrow 0 \quad (n \to \infty)$$

すなわち,

$$\int_{\overline{BC}} \longrightarrow 0 \quad (n \to \infty) \tag{3}$$

同様にして,

$$\int_{\overline{DA}} \longrightarrow 0 \quad (n \to \infty)$$

$$\sum_{k=-n}^{n} \text{Res}(f : i\omega_k) = \sum_{k=-n}^{n} \left. \frac{\frac{e^{\eta z}}{z-x}}{(e^z-1)'} \right|_{z=i\omega_k} = \sum_{k=-n}^{n} \frac{e^{i\eta\omega_k}}{i\omega_k - x}$$

$$\longrightarrow \sum_{k=-\infty}^{\infty} \frac{e^{i\eta\omega_k}}{i\omega_k - x} \quad (n \to \infty) \tag{5}$$

①の両辺を $n \to \infty$ として, ②〜⑤を代入すると

$$\frac{1}{2\pi i} \int_C \frac{e^{\eta z}}{(z-x)(e^z-1)} dz = \sum_{n=-\infty}^{\infty} \frac{e^{i\omega_n \eta}}{i\omega_n - x}$$

(3) (2)より,

$$\sum_{n=-\infty}^{\infty} \frac{e^{i\omega_n \eta}}{i\omega_n - x} = \frac{1}{2\pi i} \int_C \frac{e^{\eta z}}{(z-x)(e^z-1)} dz$$

$$= \frac{1}{2\pi i} \int_{a-i\infty}^{a+i\infty} f(z) + \frac{1}{2\pi i} \int_{-a+i\infty}^{-a-i\infty} f(z) dz$$

$$\equiv I_1 + I_2 \tag{6}$$

円 $|z| = R$ と直線 $z = a$ の交点をA, Bと書くと, $A' = a - i\sqrt{R^2 - a^2}$, $B' = a + i\sqrt{R^2 - a^2}$ (図2を参照)

$$I_1 = \lim_{R \to \infty} \frac{1}{2\pi i} \int_{a-i\sqrt{R^2-a^2}}^{a+i\sqrt{R^2-a^2}} f(z) dz$$

$$= -\lim_{R \to \infty} \frac{1}{2\pi i} \left(\int_{\overline{AB}} + \int_{C_R} \right) f(z) dz$$

$$+ \lim_{R \to \infty} \frac{1}{2\pi i} \int_{C_R} f(z) dz$$

図2

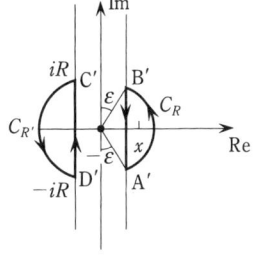

$$= -\mathrm{Res}\,(x) + \lim_{R\to\infty} \frac{1}{2\pi i}\int_{C_R} f(z)\,dz \qquad \text{⑦}$$

ここで,

$$\mathrm{Res}\,(x) = \lim_{z\to x}\{(z-x)f(x)\} = \frac{e^{\eta x}}{e^x - 1} \qquad \text{⑧}$$

C_R 上で, $z = R e^{i\theta}$

$$\left|\int_{C_R}\right| \leq \int_{-\pi/2+\varepsilon}^{\pi/2-\varepsilon} \left|\frac{e^{\eta R(\cos\theta + i\sin\theta)}\cdot iR e^{i\theta}}{(R e^{i\theta} - x)(e^{R(\cos\theta + i\sin\theta)} - 1)}\right| d\theta$$

$$\left(\text{ただし, } \sin\varepsilon = \frac{\sqrt{R^2 - a^2}}{R}\right)$$

$$\leq \int_{-\pi/2+\varepsilon}^{\pi/2-\varepsilon} \frac{R\,e^{\eta R\cos\theta}}{(R-x)(e^{R\cos\theta}-1)} d\theta \leq \int_{-\pi/2+\varepsilon}^{\pi/2-\varepsilon} \frac{R\,e^{\eta R\cos\theta}}{\dfrac{R}{2}(e^{R\cos\theta}-1)} d\theta$$

$$= 4\int_0^{\pi/2-\varepsilon} \frac{e^{\eta R\cos\theta}}{e^{R\cos\theta}-1} d\theta \leq 4\int_0^{\pi/2} \frac{e^{\eta R}}{e^{R\cos(\pi/2-\varepsilon)}-1} d\theta$$

$$= \frac{2\pi\,e^{\eta R}}{e^{R\sin\varepsilon}-1} = 2\pi\frac{e^{\eta R}}{e^{\sqrt{R^2-a^2}}-1} \longrightarrow 0 \quad (R\to\infty) \quad (\because\ \eta < 1)$$

すなわち,

$$\int_{C_R} \longrightarrow 0 \quad (R\to\infty) \qquad \text{⑨}$$

ゆえに, ⑦〜⑨より,

$$I_1 = \frac{e^{\eta x}}{1-e^x} \qquad \text{⑩}$$

同様にして (すなわち, 図2中の $\overline{D'C'}$ と $C_{R'}$ からなる積分路を考える),

$$I_2 = 0 \qquad \text{⑪}$$

⑩, ⑪を⑥に代入すると,

$$\sum_{n=-\infty}^{\infty} \frac{e^{i\eta\omega_n}}{i\omega_n - x} = \frac{e^{\eta x}}{1-e^x}$$

したがって,

$$\lim_{\eta\to 0}\sum_{n=-\infty}^{\infty} \frac{e^{i\eta\omega_n}}{i\omega_n - x} = \lim_{\eta\to 0}\frac{e^{\eta x}}{1-e^x} = \frac{1}{1-e^x}$$

5.30 (1) 図の環状領域を C_1, C_2 を結ぶ線分 C_3 で切断して単連結な領域に直し, コーシーの積分公式①を適用する. すなわち, 閉曲線 C_1 を負の向きに, 閉曲線 C_2 も負の向きにそれぞれ1周し, 積分 C_3 を往復する路を積分路にとれば, C_3 上の往復

積分はキャンセルするので，与式①より
$$f(z) = \frac{1}{2\pi i}\left\{\oint_{C_2}\frac{f(\zeta)}{\zeta-z}d\zeta - \oint_{C_1}\frac{f(\zeta)}{\zeta-z}d\zeta\right\} \qquad ③$$

（2） C_2 上では $|\zeta - z_0| > |z - z_0|$ だから，
$$\frac{1}{\zeta-z} = \frac{1}{(\zeta-z_0)-(z-\zeta_0)} = \frac{1}{\zeta-z_0}\left(1-\frac{z-z_0}{\zeta-z_0}\right)^{-1}$$
$$= \frac{1}{\zeta-z_0}\left\{1 + \left(\frac{z-z_0}{\zeta-z_0}\right) + \left(\frac{z-z_0}{\zeta-z_0}\right)^2 + \cdots\right\}$$
$$= \frac{1}{\zeta-z_0}\sum_{n=0}^{\infty}\left(\frac{z-z_0}{\zeta-z_0}\right)^n \qquad ④$$

C_1 上では $|\zeta - z_0| < |z - z_0|$ だから，
$$\frac{1}{\zeta-z_0} = -\frac{1}{(z-z_0)-(\zeta-z_0)} = -\frac{1}{z-z_0}\left(1-\frac{\zeta-z_0}{z-z_0}\right)^{-1}$$
$$= -\frac{1}{z-z_0}\left\{1 + \left(\frac{\zeta-z_0}{z-z_0}\right) + \left(\frac{\zeta-z_0}{z-z_0}\right)^2 + \cdots\right\}$$
$$= -\frac{1}{z-z_0}\sum_{n=0}^{\infty}\left(\frac{\zeta-z_0}{z-z_0}\right)^n = -\sum_{n=0}^{\infty}\frac{(\zeta-z_0)^n}{(z-z_0)^{n+1}} \qquad ⑤$$

（3） ④，⑤を③に代入し，項別積分を行えば，
$$f(z) = \frac{1}{2\pi i}\left\{\oint_{C_2}\frac{1}{\zeta-z_0}\sum_{n=0}^{\infty}\left(\frac{z-z_0}{\zeta-z_0}\right)^n f(\zeta)\,d\zeta + \oint_{C_1}\sum_{n=0}^{\infty}\frac{(\zeta-z_0)^n}{(z-z_0)^{n+1}}f(\zeta)\,d\zeta\right\}$$
$$= \left\{\sum_{n=0}^{\infty}(z-z_0)^n \frac{1}{2\pi i}\oint_{C_2}\frac{f(\zeta)}{(\zeta-z_0)^{n+1}}d\zeta\right.$$
$$\left.+ \sum_{n=0}^{\infty}(z-z_0)^{-n}\frac{1}{2\pi i}\oint_{C_1}\frac{f(\zeta)}{(\zeta-z_0)^{-n+1}}d\zeta\right\}$$
$$= \sum_{n=0}^{\infty}(z-z_0)^n c_n + \sum_{n=1}^{\infty}(z-z_0)^{-n}c_{-n}$$
$$= \sum_{n=0}^{\infty}c_n(z-z_0)^n + \sum_{n=-1}^{-\infty}c_n(z-z_0)^n = \sum_{n=-\infty}^{\infty}c_n(z-z_0)^n$$

ただし，$c_n = \dfrac{1}{2\pi i}\oint_C \dfrac{f(\zeta)}{(\zeta-z_0)^{n+1}}d\zeta$ とする．

（4） z_0 が孤立特異点のとき，
$$\text{Res}\,f(z_0) = \frac{1}{2\pi i}\oint f(z)\,dz = \frac{1}{2\pi i}\oint \frac{f(z)}{(z-z_0)^{-1+1}}dz = c_{-1}$$

ただし，c_{-1} はローラン展開における $(z-z_0)^{-1}$ の係数．

〈注〉 z_0 が $f(z)$ の k 位の極ならば,
$$\operatorname{Res} f(z_0) = c_{-1} = \lim_{z \to z_0} \frac{1}{(k-1)!} \frac{d^{k-1}}{dz^{k-1}} \{(z-z_0)^k f(z)\}$$

なぜなら,
$$f(z) = \sum_{n=0}^{\infty} c_n (z-z_0)^n + \frac{c_{-1}}{z-z_0} + \cdots + \frac{c_{-n}}{(z-z_0)^n} + \cdots$$

$$\oint f(z)\, dz = \sum_{n=0}^{\infty} c_n \oint (z-z_0)^n\, dz + c_{-1} \oint \frac{1}{z-z_0}\, dz$$
$$+ \cdots + c_{-n} \oint \frac{1}{(z-z_0)^n}\, dz + \cdots$$

一般に
$$\oint (z-z_0)^m\, dz = \begin{cases} 0 & (m \neq -1 \text{ のとき}) \\ 2\pi i & (m = -1 \text{ のとき}) \end{cases}$$

だから,
$$\oint f(z)\, dz = 2\pi i c_{-1} \quad \therefore \quad c_{-1} = \frac{1}{2\pi i} \oint f(z)\, dz$$

5.31 K_R 上で $z = R e^{i\theta}$ ($0 \leq \theta \leq \pi$)
$$\left| \int_{K_R} e^{ihz} f(z)\, dz \right| \leq \int_{K_R} |e^{ihz}| |f(z)| |dz| \leq \int_0^{\pi} e^{-hR\sin\theta} \frac{M}{R^2} \cdot R\, d\theta$$

$$\left(\because |e^{ihz}| = |e^{ihR\cos\theta - hR\sin\theta}| = e^{-hR\sin\theta}, \quad |z^2 f(z)| = |R^2 e^{i2\theta} f(z)| \leq M \right.$$
$$\left. \longrightarrow |f(z)| \leq \frac{M}{R^2} \right)$$

$$= \frac{M}{R} \left\{ \int_0^{\pi/2} e^{-hR\sin\theta}\, d\theta + \int_{\pi/2}^{\pi} e^{-hR\sin\theta}\, d\theta \right\}$$

$$= \frac{M}{R} \left\{ \int_0^{\pi/2} e^{-hR\sin\theta}\, d\theta + \int_0^{\pi/2} e^{-hR\sin t}\, dt \right\} \quad (t = \pi - \theta)$$

$$= \frac{2M}{R} \int_0^{\pi/2} e^{-hR\sin\theta}\, d\theta \leq \frac{2M}{R} \int_0^{\pi/2} e^{-hR(2\theta/\pi)}\, d\theta$$

$$(\because \text{ジョルダンの不等式}: 0 \leq \theta \leq \pi/2 \Longrightarrow \theta \geq \sin\theta \geq 2\theta/\pi)$$

$$= 2M \cdot \frac{\pi}{2hR^2} (1 - e^{-hR}) \longrightarrow 0 \quad (R \to \infty)$$

したがって, $\displaystyle\lim_{R \to \infty} \int_{K_R} e^{ihz} f(z)\, dz = 0$ となる.

〈注〉 本問はジョルダンの補助定理の変形である.

5.32 $z = re^{i\theta}, w = f(z) = u + iv$ とおき，与式に代入すると，

$$w = \frac{1}{2}\left(re^{i\theta} + \frac{1}{re^{i\theta}}\right)$$

$$= \frac{1}{2}\left(r\cos\theta + i\sin\theta + \frac{1}{r}\cos\theta - i\frac{1}{r}\sin\theta\right)$$

$$= \frac{1}{2}\left\{\left(r + \frac{1}{r}\right)\cos\theta + i\left(r - \frac{1}{r}\right)\sin\theta\right\}$$

$$= u + iv$$

$$\therefore\ u = \frac{1}{2}\left(r + \frac{1}{r}\right)\cos\theta,$$

$$v = \frac{1}{2}\left(r - \frac{1}{r}\right)\sin\theta$$

θ を消去すると，

$$\frac{u^2}{\left\{\frac{1}{2}\left(r + \frac{1}{r}\right)\right\}^2} + \frac{v^2}{\left\{\frac{1}{2}\left(r - \frac{1}{r}\right)\right\}^2} = 1$$

$r =$ const. とすると，円は楕円に写像される．
$r = 1$ とすると，

$$(u, v) = (\cos\theta, 0)$$

だから，円は 2 点 $(-1, 0)$ と $(1, 0)$ を結ぶ線分に写像される．

〈参考〉 これはジューコフスキー変換と呼ばれる．

5.33 （1） $w = \coth z$

$$= \frac{\cosh z}{\sinh z}$$

$$= \frac{\cosh(x + iy)}{\sinh(x + iy)}$$

$$= \frac{\cosh x \cos y + i \sinh x \sin y}{\sinh x \cos y + i \cosh x \sin y}$$

$$= \frac{(\cosh x \cos y + i \sinh x \sin y)(\sinh x \cos y - i \cosh x \sin y)}{(\sinh x \cos y + i \cosh x \sin y)(\sinh x \cos y - i \cosh x \sin y)}$$

$$= \frac{\cosh x \cos y \sinh x \cos y + \sinh x \sin y \cosh x \sin y}{(\sinh x \cos y)^2 + (\cosh x \sin y)^2}$$

$$+ i \frac{\sinh x \cos y \sinh x \sin y - \cosh x \cos y \cosh x \sin y}{(\sinh x \cos y)^2 + (\cosh x \sin y)^2}$$

$$= u + iv$$

$$\therefore \quad u = \frac{\cosh x \sinh x (\cos^2 y + \sin^2 y)}{\sinh^2 x (1 - \sin^2 y) + \cosh^2 x \sin^2 y}$$

$$= \frac{\cosh x \sinh x}{\sinh^2 x + (\cosh^2 x - \sinh^2 x) \sin^2 y}$$

$$= \frac{\sinh 2x}{2(\sinh^2 x + \sin^2 y)}$$

$$v = \frac{-\cos y \sin y (\cosh^2 x - \sinh^2 x)}{\sinh^2 x + \sin^2 y}$$

$$= \frac{-\sin 2y}{2(\sinh^2 x + \sin^2 y)}$$

$x = $ 一定のとき,

$$u = \frac{k_1}{2(k_2 + \sin^2 y)}, \quad v = -\frac{\sin 2y}{2(k_2 + \sin^2 y)}$$

(ただし, $k_1 = \sinh 2x$, $k_2 = \sinh^2 x$)

ゆえに,

$$v = -\frac{\sin 2y}{k_1} u \quad (-1 \leqq \sin 2y \leqq 1) \qquad ①$$

$y = $ 一定のとき,

$$u = \frac{\sinh 2x}{2(\sinh^2 x + c_1)}, \quad v = -\frac{c_2}{2(\sinh^2 x + c_1)}$$

(ただし, $c_1 = \sin^2 y$, $c_2 = \sinh 2y$)

ゆえに,

$$v = -\frac{c_2}{\sinh^2 x} u \quad (-\infty < \sinh 2x < \infty) \qquad ②$$

①も②も原点を通る直線群となる (図は省略).

（2） $w = \coth z$

$$\therefore\ w = \frac{\cosh z}{\sinh z} = \frac{e^{2z}+1}{e^{2z}-1} \implies (w-1)e^{2z} = w+1 \implies e^{2z} = \frac{w+1}{w-1}$$

$$\implies z = \frac{1}{2}\log\frac{w+1}{w-1}$$

$$\implies x = \operatorname{Re}\left(\frac{1}{2}\log\frac{w+1}{w-1}\right) = \frac{1}{2}\log\left|\frac{w+1}{w-1}\right| \quad (z = x+iy \text{ とおく})$$

$$= \frac{1}{4}\log\frac{(u+1)^2+v^2}{(u-1)^2+v^2}$$

$(w = u+iv$ とおく$)$

ゆえに，

$$\frac{\partial x}{\partial u} = \frac{1}{2}\left\{\frac{u+1}{(u+1)^2+v^2} - \frac{u-1}{(u-1)^2+v^2}\right\}$$

$$\frac{\partial x}{\partial v} = \frac{1}{2}\left\{\frac{v}{(u+1)^2+v^2} - \frac{v}{(u-1)^2+v^2}\right\}$$

$$\frac{\partial x}{\partial u} + i\frac{\partial x}{\partial v} = \frac{1}{2}\left\{\frac{w+1}{(w+1)\overline{(w+1)}} - \frac{w-1}{(w-1)\overline{(w-1)}}\right\}$$

$$= \frac{1}{2}\left\{\frac{1}{\bar{w}+1} - \frac{1}{\bar{w}-1}\right\} = \frac{1}{1-\bar{w}^2}$$

したがって，

$$|\operatorname{grad} x| = \left|\frac{1}{1-\bar{w}^2}\right| = \left|\frac{1}{1-\left(\dfrac{e^{2z}+1}{e^{2z}-1}\right)^2}\right| = \left|\frac{1}{1-\left(\dfrac{e^{2\bar{z}}+1}{e^{2\bar{z}}-1}\right)^2}\right|$$

$$= \left|\frac{(e^{2\bar{z}}-1)^2}{4\,e^{2\bar{z}}}\right| = \left|\frac{1}{2}(e^{\bar{z}}-e^{-\bar{z}})\right|^2 = |\sinh \bar{z}|^2$$

$$= |\sinh(x-iy)|^2 = |\sinh x \cosh iy - \cosh x \sinh iy|^2$$

$$= |\sinh x \cos y - i\cosh x \sin y|^2$$

$$= |\sinh^2 x \cos^2 y + \cosh^2 x \sin^2 y|$$

$$= \frac{\cosh 2x - 1}{2}\cdot\frac{1+\cos 2y}{2} + \frac{\cosh 2x + 1}{2}\cdot\frac{1-\cos 2y}{2}$$

$$= \frac{1}{2}(\cosh 2x - \cos 2y)$$

$x=1$ のとき，$|\operatorname{grad} x|$ が最大になるのは $\cos 2y = -1$ のときであるから，$y = n\pi + \pi/2$ $(n = 0, \pm 1, \pm 2, \cdots)$ のとき，

$$u + iv = w = \coth\left\{1 + i\left(n\pi + \frac{\pi}{2}\right)\right\} = \frac{e^{2\{i+i(n\pi+(\pi/2))\}} + 1}{e^{2\{1+i(n\pi+(\pi/2))\}} - 1} = \frac{-e^2 + 1}{-e^2 - 1}$$

$$= \frac{e^2 - 1}{e^2 + 1} = \tanh 1$$

$$\therefore \quad u = \tanh 1, \quad v = 0$$

5.34 （1） $1 - \bar{a}z = 0 \implies z = \dfrac{1}{\bar{a}} \implies |z| = \dfrac{1}{|\bar{a}|} = \dfrac{1}{|a|} > 1$

ゆえに，$f(z) \equiv w = e^{i\theta}\dfrac{z - a}{\bar{a}z - 1}$ は $|z| < 1$ において正則な関数である．$|z| < 1$ のとき，

$$1 - |w|^2 = 1 - \left|\frac{z - a}{1 - \bar{a}z}\right|^2 = \frac{|1 - \bar{a}z|^2 - |z - a|^2}{|1 - \bar{a}z|^2}$$

$$= \frac{(1 - \bar{a}z)(1 - a\bar{z}) - (z - a)(\bar{z} - \bar{a})}{|1 - \bar{a}z|^2}$$

$$= \frac{(1 - |a|^2)(1 - |z|^2)}{|1 - \bar{a}z|^2} > 0 \implies |w| < 1$$

$z\bar{z} = |z|^2 = 1$ では，

$$|w| = \left|e^{i\theta}\frac{z - a}{\bar{a}z - 1}\right| = \left|e^{i\theta}\frac{z - a}{\bar{a}z - z\bar{z}}\right| = \left|e^{i\theta}\frac{z - a}{z(\bar{a} - \bar{z})}\right| = |e^{i\theta}|\frac{|z - a|}{|z||z - a|} = 1$$

ゆえに，(A) は Δ を Δ の上へ写す．(A) の逆関数

$$z = e^{-i\theta}\frac{w - a e^{i\theta}}{a e^{-i\theta}w - 1}$$

も (A) と同型であるから，(A) は 1 対 1 に Δ を Δ 上へ写す．

（2） 1 次変換 $w = \dfrac{Az + B}{Cz + D}$ において，$w = 0, w = \infty$ には $z = -B/A, z = -D/C$ が対応する．$w = 0, w = \infty$ は単位円 $|w| = 1$ に関して鏡像の位置にあるから，$z = -B/A, z = -D/C$ は単位円 $|z| = 1$ に関して鏡像の位置にある．ゆえに，$-B/A = a$ とおけば，$(-B/A)(-D/C) = 1$ より $-D/C = 1/\bar{a}$ である．ゆえに，

$$w = -\frac{A}{D}\frac{z + B/A}{-(C/D)z - 1} = k\frac{z - a}{\bar{a}z - 1} \quad (|a| < 1)$$

の型となる．$z = 1$ に対しては $|w| = 1$ 上の点 w_0 が対応すべきであるから，

$$1 = |w_0| = |k|\left|\frac{1 - a}{\bar{a} - 1}\right| = |k|$$

ゆえに, $k = e^{i\theta}$ の型で, $w = e^{i\theta}\dfrac{z-a}{\bar{a}z - 1}$ ($|a| < 1$) の型となる.

5.35 （1） 与式より, $w = R\dfrac{z-a}{R^2 - \bar{a}z}$

よって, $|z| \leqq R$ のとき,

$$1 - |w|^2 = \frac{(R^2 - \bar{a}z)(R^2 - a\bar{z}) - R^2(z-a)(\bar{z}-\bar{a})}{|R^2 - \bar{a}z|^2}$$

$$= \frac{(R^2 - |z|^2)(R^2 - |a|^2)}{|R^2 - \bar{a}z|^2} \geqq 0$$

$\Longrightarrow |w| \leqq 1$

一方,

$$w|_{z=a} = R\frac{z-a}{R^2 - \bar{a}z}\bigg|_{z=a} = 0$$

すなわち, 与式は z 平面の点 $z = a$ を w 平面の点 $w = 0$ に写像する.

（2） $R^2 = |z|^2 = z\bar{z} = R^2\dfrac{(Rw+a)(R\bar{w}+\bar{a})}{(R+\bar{a}w)(R+a\bar{w})}$

$$= R^2\frac{R^2|w|^2 + aR\bar{w} + \bar{a}Rw + |a|^2}{R^2 + |a|^2|w|^2 + \bar{a}wR + a\bar{w}R}$$

$\therefore$ $R^2(1-|w|^2) + |a|^2(|w|^2-1) = (|w|^2-1)(|a|^2-R^2) = 0$

$|a| < R$ であるから, $|w| = 1$

ゆえに, 与式は z 平面の円 $|z| = R$ を w 平面の円 $w = 1$ に 1 対 1 に写像することがわかる. したがって,

$$\int_{|w|=1} d\varphi = \frac{1}{i}\int \frac{dw}{w} = \frac{1}{i}\int_{|z|=R} \frac{R \cdot \dfrac{(R^2-\bar{a}z)+(z-a)\bar{a}}{(R^2-\bar{a}z)^2}}{R \cdot \dfrac{z-a}{R^2-\bar{a}z}} dz$$

$$= \frac{1}{i}\int_{|z|=R} \frac{(R^2-\bar{a}z)+(z-a)\bar{a}}{(z-a)(R^2-\bar{a}z)} dz$$

$$= \frac{1}{i}\left[\int_{|z|=R} \frac{1}{z-a}dz + \int_{|z|=R} \frac{\bar{a}}{R^2-\bar{a}z}dz\right]$$

$$= \frac{1}{i}\{2\pi i + 0\} = 2\pi$$

$\because$ $R^2 - \bar{a}z = 0 \Longrightarrow z = \dfrac{R^2}{\bar{a}} \Longrightarrow |z| = \left|\dfrac{R^2}{\bar{a}}\right| > R$

ゆえに $\int_{|z|=R} \dfrac{\bar{a}}{R^2 - \bar{a}z} dz = 0$ である.

（3） （*）より,
$$2\pi = \int_0^{2\pi} \frac{R^2 - |a|^2}{|a - Re^{i\theta}|^2} d\theta \quad (z = Re^{i\theta})$$
$$= \int_0^{2\pi} \frac{1 - |c|^2}{|c - e^{i\theta}|^2} d\theta \quad \left(\text{ここで, } c = \frac{a}{R},\ |c| < 1\right)$$
$$= \int_0^{2\pi} \frac{1 - |c|^2}{(c - \cos\theta)^2 + \sin^2\theta} d\theta = (1 - |c|^2) \int_0^{2\pi} \frac{d\theta}{1 - 2c\cos\theta + c^2}$$
$$\therefore \int_0^{2\pi} \frac{d\theta}{1 - 2c\cos\theta + c^2} = \frac{2\pi}{1 - |c|^2} \qquad ①$$

一方, （*）より,
$$2\pi = \int_{-\pi/2}^{3\pi/2} \frac{R^2 - |a|^2}{|a - Re^{i\theta}|^2} d\theta = (1 - |c|^2) \int_{-\pi/2}^{3\pi/2} \frac{d\theta}{1 - 2c\cos\theta + c^2}$$
$$= (1 - |c|^2) \int_0^{2\pi} \frac{d\theta_1}{1 - 2c\sin\theta_1 + c^2} \quad \left(\theta_1 = \theta + \frac{\pi}{2} \text{ とおく}\right)$$
$$\therefore \int_0^{2\pi} \frac{d\theta}{1 - 2c\sin\theta + c^2} = \frac{2\pi}{1 - |c|^2} \qquad ②$$

〈注〉 ①, ②は留数計算からも求められる.

5.36 $z = f(w) = \dfrac{1}{2}\left(w + \dfrac{1}{w}\right)$ の逆関数は
$$w_1 = z + \sqrt{z^2 - 1}$$
あるいは
$$w_2 = z - \sqrt{z^2 - 1} \quad (\text{ただし, } \sqrt{z^2-1}|_{z=\sqrt{2}} = 1 \text{ とおく})$$
明らかに, w_1 も w_2 も 1 価関数である. w_1 は z 平面 $-[-1, 1]$ を w 平面の $|w| > 1$ に写す. 実は, 任意の $z \in z$ 平面 $-[-1, 1]$ に対して, z は $[-1, 1]$ を焦点とした楕円
$$\frac{x^2}{a^2} + \frac{y^2}{b^2} = 1 \quad (a > b > 0,\ a^2 - b^2 = 1)$$
上にあるから, $z = a\cos\theta + ib\sin\theta$ を $w = z \pm \sqrt{z^2 - 1}$ に代入すると
$$w = a\cos\theta + ib\sin\theta \pm \sqrt{(a\cos\theta + ib\sin\theta)^2 - 1}$$
$$= a\cos\theta + ib\sin\theta \pm \sqrt{a^2\cos^2\theta - b^2\sin^2\theta + i2ab\sin\theta\cos\theta - 1}$$
$$= a\cos\theta + ib\sin\theta \pm \sqrt{-a^2\sin^2\theta + b^2\cos^2\theta + i2ab\sin\theta\cos\theta}$$
$$= a\cos\theta + ib\sin\theta \pm (b\cos\theta + ia\sin\theta)$$
$$= (a \pm b)\cos\theta + i(b \pm a)\sin\theta$$

∴ $|w| = a \pm b$ ①

$a^2 - b^2 = 1 \implies (a-b)(a+b) = 1 \implies a+b > 1, \ a-b < 1$

よって，w_1 に対し，①は $|w| = a + b > 1$ になる．したがって，$z = f(w) = \dfrac{1}{2}\left(w + \dfrac{1}{w}\right)$ (逆関数は $w = z + \sqrt{z^2-1}$ ($\sqrt{z^2-1}|_{z=\sqrt{2}} = 1$ とおく)) は w 平面 $|w| < 1$ を z 平面 $-[-1, 1]$ に 1 対 1 に写像する変換である．

5.37（1） $w = \dfrac{1}{z+3}\bigg|_{z=x+iy} = \dfrac{1}{(x+3)+iy} = \dfrac{x+3-iy}{(x+3)^2+y^2}$

$= \dfrac{x+3}{(x+3)^2+y^2} - i\dfrac{y}{(x+3)^2+y^2}$

∴ $u = \dfrac{x+3}{(x+3)^2+y^2}$ ①

$v = -\dfrac{y}{(x+3)^2+y^2}$ ②

ただし，$0 < y < A, w = u + iv$．①，②から x を消去する：

$\dfrac{v}{u} = -\dfrac{y}{x+3}$ （∵ ②÷①）

$x + 3 = -\dfrac{-yu}{v}$

これを①に代入すると

$u = \dfrac{-\dfrac{yu}{v}}{\left(-\dfrac{yu}{v}\right)^2 + y^2} = \dfrac{-uv}{y(u^2+v^2)} \implies 1 = \dfrac{-\dfrac{v}{y}}{u^2+v^2}$

$\implies u^2 + \left(v + \dfrac{1}{2y}\right)^2 = \left(\dfrac{1}{2y}\right)^2$

$\left(z = -\dfrac{i}{2y}\text{ を中心とした半径 }\dfrac{1}{2y}\text{ の円}\right)$

$y \to 0$ のとき，円の半径 $\dfrac{1}{2y} \to \infty$ であるから，$w = \dfrac{1}{z+3}$ は z 平面上の領域 $\{z|0 < \text{Im } z < A\}$ を $\left|z + \dfrac{i}{2y}\right| \leqq \dfrac{1}{2y}$ を除いて w 下半平面に写す写像である（下図を参照）．

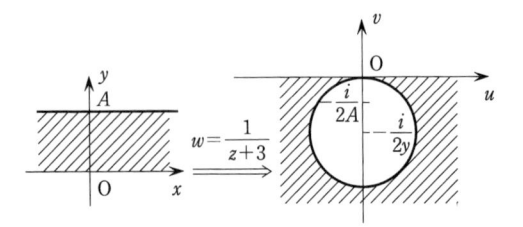

(2) 求める1次変換を $w = f_1(z)$ とすると, $w = f_1(z)$ が $z = z_0 (\mathrm{Im}\, z_0 \neq 0)$ を $w = 0$ に写像するならば, 鏡像原理によって, $z = \bar{z}_0$ が $w = \infty$ に写像される. したがって

$$w = f_1(z) = \varepsilon \frac{z - z_0}{z - \bar{z}_0}$$

なお, $z = \infty$ が必ず円 $|w| = 1$ 上のある点 w_0 に写像されるから, $\varepsilon = w_0$. ゆえに,

$$w = f_1(z) = w_0 \frac{z - z_0}{z - \bar{z}_0}$$

(3) 求める1次変換を $w = f(z_2)$ とすると, $w = f_2(z)$ が $z = \alpha (|\alpha| \neq 1)$ を $w = 0$ に写像するならば, 鏡像原理によって, $z = \dfrac{1}{\bar{\alpha}}$ が $w = 0$ に写像される. したがって

$$w = f_2(z) = \varepsilon \frac{z - \alpha}{z - \dfrac{1}{\bar{\alpha}}} = \varepsilon \bar{\alpha} \frac{z - \alpha}{\bar{\alpha} z - 1}$$

なお, $z = 1$ が必ず円 $|w| = 1$ 上のある点 w_0 に写像されるから, $w_0 = \varepsilon \bar{\alpha} \dfrac{1 - \alpha}{\bar{\alpha} - 1}$
$\implies |\varepsilon \bar{\alpha}| = 1 \implies \varepsilon \bar{\alpha} = e^{i\theta_0} (\theta_0$ は実数$)$

$$\therefore \quad w = f_2(z) = e^{i\theta_0} \frac{z - \alpha}{\bar{\alpha} z - 1}$$

(4) $f_2(z)$ の α が $|\alpha|$ をみたすとき, $w = f_2(z)$ は z 平面の単位円内の点 $z = \alpha$ を w 平面の単位円内の点 $w = 0$ に写像するから, この $w = f_2(z)$ は z 平面の単位円内を w 平面の単位円内に写像する1次変換である.

6 編解答

6.1 (ⅰ) 一般に，X, Y の確率密度関数を
$$p_1(x) = \frac{1}{\sqrt{2\pi}\sigma_1} \exp\left(-\frac{(x-\mu_1)^2}{2\sigma_1^2}\right)$$
$$p_2(x) = \frac{1}{\sqrt{2\pi}\sigma_2} \exp\left(-\frac{(x-\mu_2)^2}{2\sigma_2^2}\right)$$
とする（$\mu_1 = \mu_2 = 0$）．$U \equiv X + Y$ の確率密度関数は，たたみ込み定理より
$$p(x) = \int_{-\infty}^{\infty} p_1(x-y)\,p_2(y)\,dy = \frac{1}{2\pi\sigma_1\sigma_2}\int_{-\infty}^{\infty} e^{-(1/2)Q}\,dy$$
ただし，
$$Q = \frac{1}{\sigma_1^2}(x-y-\mu_1)^2 + \frac{1}{\sigma_2^2}(y-\mu_2)^2$$
$$= \frac{1}{\sigma_1^2}\{(y-\mu_2)-(x-\mu_1-\mu_2)\}^2 + \frac{1}{\sigma_2^2}(y-\mu_2)^2$$
$$= \left(\frac{1}{\sigma_1^2}+\frac{1}{\sigma_2^2}\right)(y-\mu_2)^2 - \frac{2}{\sigma_1^2}(x-\mu_1-\mu_2)(y-\mu_2) + \frac{1}{\sigma_1^2}(x-\mu_1-\mu_2)^2$$
$$= \frac{\sigma_1^2+\sigma_2^2}{\sigma_1^2\sigma_2^2}\left\{(y-\mu_2) - \frac{\sigma_2^2}{\sigma_1^2+\sigma_2^2}(x-\mu_1-\mu_2)\right\}^2 + \frac{1}{\sigma_1^2+\sigma_2^2}(x-\mu_1-\mu_2)^2$$

よって，
$$p(x) = \frac{1}{2\pi\sigma_1\sigma_2}\exp\left\{-\frac{(x-\mu_1-\mu_2)^2}{2(\sigma_1^2+\sigma_2^2)}\right\}$$
$$\times \int_{-\infty}^{\infty}\exp\left[-\frac{\sigma_1^2+\sigma_2^2}{2\sigma_1^2\sigma_2^2}\left\{(y-\mu_2)-\frac{\sigma_2^2}{\sigma_1^2+\sigma_2^2}(x-\mu_1-\mu_2)\right\}^2\right]dy$$
$$= \frac{1}{\sqrt{2\pi}\sqrt{\sigma_1^2+\sigma_2^2}}\exp\left\{-\frac{(x-\mu_1-\mu_2)^2}{2(\sigma_1^2+\sigma_2^2)}\right\}\int_{-\infty}^{\infty}\frac{\sqrt{\sigma_1^2+\sigma_2^2}}{\sqrt{2\pi}\sigma_1\sigma_2}$$
$$\times \exp\left[-\frac{\sigma_1^2+\sigma_2^2}{2\sigma_1^2\sigma_2^2}\left\{(y-\mu_2)-\frac{\sigma_2^2}{\sigma_1^2+\sigma_2^2}(x-\mu_1-\mu_2)\right\}^2\right]dy \quad ①$$

①の被積分関数（y の関数）は正規分布の密度関数だから，この積分の値は 1 に等しい．よって，
$$p(x) = \frac{1}{\sqrt{2\pi}\sqrt{\sigma_1^2+\sigma_2^2}}\exp\left\{-\frac{(x-\mu_1-\mu_2)^2}{2(\sigma_1^2+\sigma_2^2)}\right\}$$
ゆえに，x, y が独立に，同一正規分布 $N(0, \sigma^2)$ に従う場合，$x+y$ は正規分布 $N(\mu_1+\mu_2, \sigma_1^2+\sigma_2^2) = N(0, 2\sigma^2)$ に従う．

（ii） $u = \varphi_1(x, y) \equiv \dfrac{x}{y}, v = \varphi_2(x, y) \equiv y$

とおくと，この変換は xy 平面を uv 平面に移す1対1の変換である．これを x, y について解くと，

$$\begin{cases} x = \psi_1(u, v) \equiv uv \\ y = \psi_2(u, v) \equiv v \end{cases}$$

となるから，ヤコビアンは

$$J = \frac{\partial(x, y)}{\partial(u, v)} = \begin{vmatrix} \partial x/\partial u & \partial x/\partial v \\ \partial y/\partial u & \partial y/\partial v \end{vmatrix} = \begin{vmatrix} v & u \\ 0 & 1 \end{vmatrix} = v$$

また，x, y が独立に，共に正規分布 $N(0, \sigma^2)$ に従う場合，x, y の結合確率密度関数は

$$h(x, y) = \frac{1}{\sqrt{2\pi}\sigma} e^{-x^2/2\sigma^2} \frac{1}{\sqrt{2\pi}\sigma} e^{-y^2/2\sigma^2} = \frac{1}{2\pi\sigma^2} e^{-(x^2+y^2)/2\sigma^2}$$

ゆえに，$U = \varphi_1(X, Y) \equiv X/Y, V = \varphi_2(X, Y) \equiv Y (Y = V, X = UV)$ の結合密度関数は

$$h_1(u, v) = h(x, y) \left| \frac{\partial(x, y)}{\partial(u, v)} \right| = \frac{1}{2\pi\sigma^2} e^{-(1/2)v^2(1+u^2)} |v|$$

これから U の（周辺）確率密度関数を求めれば，

$$f_1(u) = \int_{-\infty}^{\infty} h_1(u, v) dv = \frac{1}{2\pi\sigma^2} \int_{-\infty}^{\infty} |v| e^{-(1/2)v^2(1+u^2)} dv$$

ここで，$z = \dfrac{1}{2} v^2(1 + u^2), \dfrac{dz}{dv} = (1 + u^2)v$ とおくと，積分項は

$$I \equiv 2 \int_0^{\infty} |v| e^{-z} \frac{dz}{(1+u^2)v} = \frac{2}{1+u^2} \int_0^{\infty} e^{-z} dz = \frac{2}{1+u^2} \left[\frac{e^{-z}}{-1} \right]_0^{\infty} = \frac{2}{1+u^2}$$

$$\therefore f_1(u) = \frac{1}{2\pi\sigma^2} \frac{2}{1+u^2} = \frac{1}{\pi\sigma^2} \frac{1}{1+u^2}$$

よって，x, y が独立に，同一正規分布 $N(0, \sigma^2)$ に従う場合，x/y はコーシー分布に従う．

6.2 たたみ込みの問題として解答する．

$u = \varphi_1(x_1, x_2) \equiv x_1 + x_2, v = \varphi_2(x_1, x_2) \equiv x_2$ とおくと，この変換は $x_1 x_2$ 平面から uv 平面への1対1変換である．これを x_1, x_2 について解くと，

$$\begin{cases} x_1 = \psi_1(u, v) \equiv u - v \\ x_2 = \psi_2(u, v) \equiv v \end{cases}$$

だから，

$$\frac{\partial(x_1, x_2)}{\partial(u, v)} = \begin{vmatrix} \partial x_1/\partial u & \partial x_1/\partial v \\ \partial x_2/\partial u & \partial x_2/\partial v \end{vmatrix} = \begin{vmatrix} 1 & -1 \\ 0 & 1 \end{vmatrix} = 1$$

X_1, X_2 が独立とすると，その結合確率密度関数は，

$$h(x_1, x_2) = f(x_1)g(x_2)$$

したがって，$U = \varphi_1(X_1, X_2), V = \varphi_2(X_1, X_2)$ の結合確率密度関数は，

$$h_1(u, v) = h(x_1, x_2) \left| \frac{\partial(x_1, x_2)}{\partial(u, v)} \right| = h(x_1, x_2) = f(u - v)g(v)$$

これから，U の（周辺）確率密度関数（本問の分布関数）を求めると，

$$p(u) = \int_{-\infty}^{\infty} f(u - v)g(v)dv$$

記号を改めると，

$$p(x_1 + x_2) = \int_{-\infty}^{\infty} f(x_1 - x_2)g(x_2)dx_2 \quad \text{（たたみ込み）}$$

6.3（1） 奇数，偶数は等確率で発生するから，左右への移動確率は $p = 1/2$ と考えられる．したがって，1回試行の平均は

$$E(X) \equiv E(X_1) = p \times 1 + q \times (-1) = p - q = 2p - 1 = 0$$

$$(q = 1 - p) \quad ①$$

分散は

$$V(X) \equiv V(X_1) = E(X_1^2) - \{E(X_1)\}^2$$

ここで，

$$E(X_1^2) = p \times 1^2 + (1 - p) \times (-1)^2 = p + 1 - p = 1$$

$$\therefore \quad V(X) = V(X_1) = 1 - (p - q)^2 = (1 - p - q)(1 + p - q)$$
$$= 2q \cdot 2p = 4pq = 4p(1 - p) = 1$$

（2） 時刻（回数）$n (= 0, 1, 2, \cdots)$ におけるコマの位置を $x (= 0, \pm 1, \pm 2, \cdots)$ とする．合計 n 回左右に移動し，右移動の回数を n_+，左移動の回数を n_- とすると，

$$n_+ + n_- = n, \quad n_+ - n_- = x \qquad ②$$

②を逆に解くと，

$$n_+ = \frac{n + x}{2}, \quad n_- = \frac{n - x}{2} \qquad ③$$

n 回移動のうち右移動が n_+ 回である確率は，2項分布 $B(n, 1/2)$ になり，

$$B\left(n, \frac{1}{2}\right) = \binom{n}{n_+} \left(\frac{1}{2}\right)^{n_+} \left(\frac{1}{2}\right)^{n-n_+}$$

$$= \binom{n}{n_+} \left(\frac{1}{2}\right)^n = \frac{n!}{n_+! (n - n_+)!} \left(\frac{1}{2}\right)^n \qquad ④$$

③を④に代入すると，時刻 n にコマが位置 x に存在する確率 $p(x,n)$ が得られ

$$p(x,n) = \frac{n!}{\left(\frac{n+x}{2}\right)!\left(\frac{n-x}{2}\right)!}\left(\frac{1}{2}\right)^n$$

ここで，$n=2$ とおくと，

$$P(X) = \frac{2!}{\left(\frac{2+x}{2}\right)!\left(\frac{2-x}{2}\right)!}\left(\frac{1}{2}\right)^2$$

ただし，n が偶数のとき $x=0, \pm 2, \cdots, \pm n$，$n$ が奇数のとき $x = \pm 1, \pm 3, \cdots, \pm n$.

(3) n 回試行したとき，①を用いると，

$$E(X_1 + \cdots + X_n) = E(X_1) + \cdots + E(X_n) = nE(X_1) = n(2p-1)$$

$$= n\left(2\frac{1}{2} - 1\right) = 0$$

〈参考〉 $V(X_1 + \cdots + X_n) = nV(X_1) = 4np(1-p) = 4npq = n \quad (p = q = 1/2)$

6.4 1 の長さに確率変数を 2 個配置するとき，i 番目の確率変数を $X_{(i)}$ とすると，

$$f_{X_{(1)}, X_{(2)}}(x_1, x_2) = \begin{cases} 1 & (0 < x_1 < x_2 < 1) \\ 0 & (その他) \end{cases}$$

であるから，

$$p_2 = P\{X_{(i)} > X_{(i-1)} + d, i = 2\} = \iint_{\substack{x_i > x_{i-1}+d \\ i=2}} f_{X_{(1)}, X_{(2)}}(x_1, x_2)\, dx_1\, dx_2$$

$$= \int_0^{1-d} dx_1 \int_{x_1+d}^1 dx_2 = \int_0^{1-d} (1-d-x_1)\, dx_1 = \frac{1}{2}(1-d)^2$$

ゆえに，2 個の確率変数 X_1, X_2 が $|X_1 - X_2| > d$ をみたす確率 $= 2!p_2 = (1-d)^2$.

確率変数を 3 個配置するとき，

$$f_{X_{(1)}, X_{(2)}, X_{(3)}}(x_1, x_2, x_3) = \begin{cases} 1 & (0 < x_1 < x_2 < x_3 < 1) \\ 0 & (その他) \end{cases}$$

であるから，

$$p_3 = P\{X_{(i)} > X_{(i-1)} + d, i = 2, 3\}$$

$$= \iiint_{\substack{x_i > x_{i-1}+d \\ i=2,3}} f_{X_{(1)}, X_{(2)}, X_{(3)}}(x_1, x_2, x_3)\, dx_1\, dx_2\, dx_3$$

$$= \int_0^{1-2d} dx_1 \int_{x_1+d}^{1-d} dx_2 \int_{x_2+d}^1 dx_3 = \int_0^{1-2d} dx_1 \int_{x_1+d}^{1-d} (1-d-x_2)\, dx_2$$

$$= \frac{1}{2} \int_0^{1-2d} (1-2d-x_1)^2 \, dx_1 = \frac{1}{6}(1-2d)^3$$

ゆえに，3 個の変数 X_1, X_2, X_3 が $|X_i - X_j| > d (i, j = 1, 2, 3, i \neq j)$ をみたす確率 $= 3! p_3 = (1-2d)^3$.

確率変数を n 個配置するとき，同様の方法で計算すると，

$$p_n = P\{X_{(i)} > X_{(i-1)} + d, i = 2, \cdots, n\}$$

$$= \iint \cdots \int_{\substack{x_i > x_{i-1} + d \\ i=2, \cdots, n}} f_{X_{(1)}, X_{(2)}, \cdots, X_{(n)}}(x_1, x_2, \cdots, x_n) \, dx_1 \, dx_2 \cdots dx_n$$

$$= \int_0^{1-(n-1)d} dx_1 \int_{x_1+d}^{1-(n-2)d} dx_2 \cdots \int_{x_{n-3}+d}^{1-2d} dx_{n-2} \int_{x_{n-2}+d}^{1-d} dx_{n-1} \int_{x_{n-1}+d}^{1} dx_n$$

$$= \frac{1}{n!}[1-(1-n)d]^n$$

ゆえに，n 個の変数 $X_1, X_2, \cdots, X_n$ が $|X_i - X_j| > d (i, j = 1, 2, \cdots, n, i \neq j)$ をみたす確率 $= n! p_n = [1-(n-1)d]^n$.

6.5 （1） $w_1 = 0, \ w_2 = 1, \ w_3 = 2$

（2） $n \geqq 3$ のとき，数字 1 を数字 2 の位置，数字 2 を数字 1 の位置に入れる完全置換操作の個数は w_{n-2} であるが，数字 1 を数字 $j (j \neq 2)$ の位置に入れる完全置換操作の個数は w_{n-1} である．よって，

$$w_n = (n-1)(w_{n-2} + w_{n-1})$$

（3） 数字 i が位置 i にあるとき，位置 i が正しいということにする．

$$A_i = (位置 i が正しい) \quad (i = 1, 2, \cdots)$$

とおくと，

$$P_n = P(\overline{A_1 + A_2 + \cdots + A_n}) = 1 - P(A_1 + A_2 + \cdots + A_n)$$
$$= 1 - \{S_1 - S_2 + S_3 - \cdots + (-1)^{n-1} S_n\} \quad \text{①}$$

ただし，

$$S_1 = \sum_{i=1}^n P(A_i) = \binom{n}{1} P(A_1) = n \cdot \frac{(n-1)!}{n!} = 1$$

$$S_2 = \sum_{\substack{i,j=1 \\ (i \neq j)}}^n P(A_i A_j) = \binom{n}{2} P(A_1 A_2) = \frac{n(n-1)}{2!} \cdot \frac{(n-2)!}{n!} = \frac{1}{2!}$$

$$S_3 = \sum_{\substack{i,j,k=1 \\ (i,j,k \text{ が互いに異なる})}}^n P(A_i A_j A_k) = \binom{n}{3} P(A_1 A_2 A_3)$$

$$= \frac{n(n-1)(n-2)}{3!} \cdot \frac{(n-3)!}{n!} = \frac{1}{3!}$$

....

$$S_{n-1} = \binom{n}{n-1} P(A_1 A_2 \cdots A_{n-1}) = \frac{n(n-1)\cdots 2}{(n-1)!} \frac{(n-(n-1))!}{n!}$$

$$= \frac{1}{(n-1)!}$$

$$S_n = P(A_1 A_2 \cdots A_n) = \binom{n}{n} \frac{(n-n)!}{n!} = \frac{1}{n!}$$

$S_1, S_2, S_3, \cdots, S_{n-1}, S_n$ を①に代入して,

$$P_n = 1 - \left\{1 - \frac{1}{2!} + \frac{1}{3!} - \cdots + (-1)^{n-1}\frac{1}{n!}\right\} = \sum_{i=0}^{n}(-1)^i \frac{1}{i!} \qquad ②$$

(4) ②より,

$$\lim_{n\to\infty} P_n = \sum_{i=0}^{\infty}(-1)^i \frac{1}{i!} = \frac{1}{e}$$

6.6 円 C_1 上に任意の点 A をとって, A から円 C_2 の二本の接線 A_a, A_b を, a, b からそれぞれ円 C_2 の接線 aa′, bb′ を引くと, B は $\widehat{ab'}$ と $\widehat{ba'}$ 上の点しかとれない(図を参照).

$\widehat{ab'}$ と $\widehat{a'b}$ の長さはあわせて $2\pi R - (\widehat{ba}$ と $\widehat{b'A}$ と $\widehat{Aa'})$ の長さで, $\widehat{ba}$, $\widehat{b'A}$, $\widehat{Aa'}$ は等長であるから,

$$\widehat{ab'} \text{ と } \widehat{a'b} \text{ の長さ} = 2\pi R - 3\widehat{ba} \text{ の長さ}$$
$$= 2\pi R - 3(2\cdot 2\theta)R$$
$$= 2(\pi - 6\theta)R$$

$$\widehat{ab'} \text{ の長さ} = \frac{1}{2}\cdot 2(\pi - 6\theta)R = (\pi - 6\theta)R$$

ここで, B が $\widehat{ab'}$ 上の点をとるとき, C が $\widehat{a'b}$ 上の点しかとれない. また, B が $\widehat{a'b}$ 上の点をとるとき, C が $\widehat{ab'}$ 上の点しかとれない.

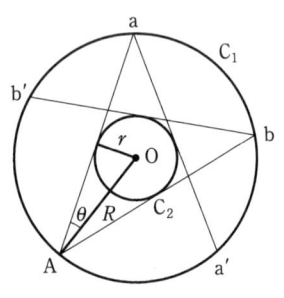

ゆえに, 求める確率 p は次式のようになる.

$$p = \frac{(\pi-6\theta)R}{2\pi R}\cdot \frac{(\pi-6\theta)R}{2\pi R} + \frac{(\pi-6\theta)R}{2\pi R}\cdot \frac{(\pi-6\theta)R}{2\pi R} = \frac{1}{2}\left(\frac{\pi-6\theta}{\pi}\right)^2$$

6.7 $p_0 = P(少なくとも一つの線分の長さが 0.4 を越える)$
$\qquad = 1 - P(すべての線分の長さが 0.4 を越えない)$
$\qquad \equiv 1 - p_1 \qquad\qquad\qquad\qquad\qquad\qquad\qquad\qquad ①$

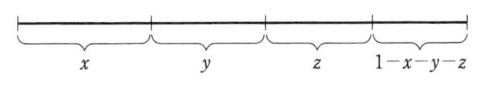

一般に，四つの線分の長さ
$$x, \ y, \ z, \ 1-x-y-z$$
は次式をみたす
$$\begin{cases} 0 < x, y, z < 1 \\ 0 < 1-(x+y+z) < 1 \end{cases} \Longleftrightarrow \begin{cases} 0 < x, y, z < 1 \\ 0 < x+y+z < 1 \end{cases} \quad ②$$

②をみたす領域の体積は
$$V = \iiint_{②} dx\,dy\,dz = \int_0^1 dx \int_0^{1-x} dy \int_0^{1-x-y} dz = \frac{1}{6}$$

すべての線分の長さが 0.4 を越えない場合，$x, y, z, 1-x-y-z$ は次式をみたす．
$$\begin{cases} 0 < x, y, z < 0.4 \\ 0 < 1-(x+y+z) < 0.4 \end{cases} \Longleftrightarrow \begin{cases} 0 < x, y, z < 0.4 \\ 0.6 < x+y+z < 1 \end{cases} \quad ③$$

③をみたす領域の体積は
$$V_1 = \iiint_{③} dx\,dy\,dz = \frac{1}{2} \cdot \text{立方体}\{(x,y,z) \mid 0 \leqq x, y, z \leqq 0.4\} \text{の体積}$$
$$= \frac{1}{2} \cdot (0.4)^3$$
$$\therefore \ p_1 = \frac{V_1}{V} = 3 \cdot (0.4)^3$$

①に代入すると，
$$p_0 = 1 - 3 \cdot (0.4)^3 = 0.818$$

6.8 （1） $A_z = (\text{A はリンゴを } z \text{ 個もっているとき，勝者になる})$
$Q = (\text{ゲームを 1 回して，A が勝つ})$

とおくと，
$$A_0 = \phi, \quad A_n = \Omega, \quad A_z = QA_{z+1} + Q^c A_{z-1} \quad (z = 1, 2, \cdots, n-1)$$

ゆえに，
$$p_0 = p(A_0) = 0, \quad p_n = p(A_n) = 1 \quad ①$$
$$p_z = p(A_z) = p(QA_z) + p(Q^c A_z)$$
$$= p(Q)p(A_z|Q) + p(Q^c)p(A_z|Q^c)$$
$$= p(Q)p(A_{z+1}) + p(Q^c)p(A_{z-1})$$
$$= pp_{z+1} + (1-p)p_{z-1} \quad (z = 1, 2, \cdots, n-1) \quad ②$$

（2） ②より，
$$(1-p)(p_z - p_{z-1}) = p(p_{z+1} - p_z)$$
$$p_{z+1} - p_z = \frac{1-p}{p}(p_z - p_{z-1}) \quad (z = 1, 2, \cdots, n-1)$$

$$\therefore \quad p_{z+1} - p_z = \left(\frac{1-p}{p}\right)^2 (p_{z-1} - p_{z-2}) = \cdots$$
$$= \left(\frac{1-p}{p}\right)^z (p_1 - p_0) \quad (z = 0, 1, \cdots, n-1)$$

ゆえに,

$$\sum_{i=0}^{z}(p_{i+1} - p_i) = \sum_{i=0}^{z}\left(\frac{1-p}{p}\right)^i (p_1 - p_0)$$

$$p_{z+1} - p_0 = \frac{1 - \left(\frac{1-p}{p}\right)^{z+1}}{1 - \frac{1-p}{p}}(p_1 - p_0) \quad \left(p \neq \frac{1}{2} \Longrightarrow 1 - \frac{1-p}{p} \neq 0\right)$$

①を用いて,

$$p_{z+1} = \frac{1 - \left(\frac{1-p}{p}\right)^{z+1}}{1 - \frac{1-p}{p}} p_1 \qquad ③$$

$z = n - 1$ とおくと

$$p_n = \frac{1 - \left(\frac{1-p}{p}\right)^n}{1 - \frac{1-p}{p}} p_1$$

①を用いて,

$$1 = \frac{1 - \left(\frac{1-p}{p}\right)^n}{1 - \frac{1-p}{p}} p_1 \Longrightarrow p_1 = \frac{1 - \frac{1-p}{p}}{1 - \left(\frac{1-p}{p}\right)^n}$$

③に代入すると,

$$p_{z+1} = \frac{1 - \left(\frac{1-p}{p}\right)^{z+1}}{1 - \left(\frac{1-p}{p}\right)^n}$$

すなわち,

$$p_z = \frac{1 - \left(\dfrac{1-p}{p}\right)^z}{1 - \left(\dfrac{1-p}{p}\right)^n} \quad (z = 0, 1, \cdots, n)$$

同様にして,

$$q_z = \frac{1 - \left(\dfrac{1-q}{q}\right)^z}{1 - \left(\dfrac{1-q}{q}\right)^n} \quad (z = 0, 1, 2, \cdots, n)$$

6.9 (1) $P_a = P(E_a)$

$$= \sum_{A=1, B=1}^{A+B=r-1} \frac{r!}{A!B!(r-A-B)!} \left(\frac{1}{3}\right)^r$$

$$= \sum_{A=1}^{r-2} \sum_{B=1}^{r-1-A} \frac{r!}{A!B!(r-A-B)!} \left(\frac{1}{3}\right)^r$$

$$= \left(\frac{1}{3}\right)^r \sum_{A=1}^{r-2} \frac{r!}{A!(r-A)!} \sum_{B=1}^{r-1-A} \frac{(r-A)!}{B!(r-A-B)!}$$

$$= \left(\frac{1}{3}\right)^r \sum_{A=1}^{r-2} \frac{r!}{A!(r-A)!} (2^{r-A} - 1 - 1)$$

$$= \left(\frac{2}{3}\right)^r \sum_{A=1}^{r-2} \frac{r!}{A!(r-A)!} \left(\frac{1}{2}\right)^A - 2\left(\frac{1}{3}\right)^r \sum_{A=1}^{r-2} \frac{r!}{A!(r-A)!}$$

$$= \left(\frac{2}{3}\right)^r \left\{\left(\frac{3}{2}\right)^r - 1 - r\left(\frac{1}{2}\right)^{r-1} - \left(\frac{1}{2}\right)^r\right\}$$

$$\quad - 2\left(\frac{1}{3}\right)^r (2^r - 1 - r - 1)$$

$$= 1 - \left(\frac{2}{3}\right)^r - 2r\left(\frac{1}{3}\right)^r - \left(\frac{1}{3}\right)^r - 2\left(\frac{2}{3}\right)^r - 4\left(\frac{1}{3}\right)^r$$

$$\quad + 2r\left(\frac{1}{3}\right)^r$$

$$= 1 - 3\left(\frac{2}{3}\right)^r + \left(\frac{1}{3}\right)^{r-1}$$

(2) $E_b = \{$点が領域 S を通過, または S に接触すると$\}$ とおくと,

(i) $r < m+n$ のとき,

$P\{E_b\} = 0$

(ii) $r \geqq m+n$ のとき, $l = \min\{r, m+n+k\}$ とおくと, はじめの l 回サイコ

ロのふった中に，E_a が起こる回数 i は，$m \leq i \leq l-m$ をみたすならば，E_b が起こることができるから，二項分布によって，

$$P\{E_b\} = \sum_{i=m}^{l-m} \binom{l}{i} P_a^i (1-P_a)^{l-i}$$

6.10 （1） 与式 $E[(N-1)(N-2)] = E[N(N-1)] - 2E[N] + 2$ の第2項，第1項は，

$$E[N] = \sum_{n=0}^{\infty} n \frac{\lambda^n}{n!} e^{-\lambda} = \sum_{n=1}^{\infty} \frac{\lambda \lambda^{n-1}}{(n-1)!} e^{-\lambda}$$
$$= \lambda \sum_{n=0}^{\infty} \frac{\lambda^n}{n!} e^{-\lambda} = \lambda e^{\lambda} e^{-\lambda} = \lambda \qquad ①$$

$$E[N(N-1)] = \sum_{n=0}^{\infty} n(n-1) \frac{\lambda^n}{n!} e^{-\lambda}$$
$$= \sum_{n=2}^{\infty} \frac{\lambda^2 \lambda^{n-2}}{(n-2)!} e^{-\lambda} = \lambda^2 \sum_{n=0}^{\infty} \frac{\lambda^n}{n!} e^{-\lambda}$$
$$= \lambda^2 e^{\lambda} e^{-\lambda} = \lambda^2 \qquad ②$$

①，②を与式に代入して，

$$E[(N-1)(N-2)] = E[N(N-1)] - 2E[N] + 2$$
$$= \lambda^2 - 2\lambda + 2 \qquad ③$$

（2） 条件付き確率の定義より，

$$P(A \cap B) = P(A|B)P(B)$$

（3） 与式より

$$P\{X=k, N=n\} = P\{X=k|N=n\}P\{N=n\}$$
$$= {}_nC_k p^k q^{n-k} \frac{\lambda^n}{n!} e^{-\lambda} = \frac{n!}{k!(n-k)!} p^k q^{n-k} \frac{\lambda^n}{n!} e^{-\lambda}$$
$$= \frac{1}{k!(n-k)!} p^k q^{n-k} \lambda^n e^{-\lambda} = \frac{1}{k!(n-k)!} p^k q^{n-k} \lambda^{k+n-k} e^{-\lambda}$$
$$= \frac{(\lambda p)^k (\lambda q)^{n-k}}{k!(n-k)!} e^{-\lambda}$$

よって，

$$P\{X=k, N=n\} = \begin{cases} \dfrac{(\lambda p)^k (\lambda q)^{n-k}}{k!(n-k)!} & (k=0,1,\cdots; n=0,1,\cdots) \\ 0 & (その他) \end{cases}$$

（4） $\displaystyle P\{X=k\} = \sum_{n=k}^{\infty} P\{X=k|N=n\} = \sum_{n=k}^{\infty} \frac{(\lambda p)^k (\lambda q)^{n-k}}{k!(n-k)!} e^{-\lambda}$

$$= e^{-\lambda} \frac{(\lambda p)^k}{k!} \sum_{n=k}^{\infty} \frac{(\lambda q)^{n-k}}{(n-k)!} = e^{-\lambda} \frac{(\lambda p)^k}{k!} \sum_{n=0}^{\infty} \frac{(\lambda q)^n}{n!} = e^{-\lambda} \frac{(\lambda p)^k}{k!} e^{\lambda q}$$

$$= \frac{(\lambda p)^k}{k!} e^{-(1-q)} = \frac{(\lambda p)^k}{k!} e^{-\lambda p} \quad (\because \ p+q=1)$$

$$E[X] = \sum_{k=0}^{\infty} k \frac{(\lambda p)^k}{k!} e^{-\lambda p} = \sum_{k=0}^{\infty} \frac{\lambda p (\lambda p)^{k-1}}{(k-1)!} e^{-\lambda p} = \lambda p \sum_{k=0}^{\infty} \frac{(\lambda p)^{k-1}}{(k-1)!} e^{-\lambda p}$$

$$= \lambda p e^{\lambda p} e^{-\lambda p} = \lambda p \qquad ④$$

(5) 便宜上,式(I)を $P\{N=n\} = P_n$ とおくと,

$$E[X \cdot (N-1)(N-2)] = \sum_{n=0}^{\infty} \sum_{k=0}^{n} k(n-1)(n-2) P_n \cdot {}_nC_k p^k q^{n-k}$$

$$= \sum_{n=0}^{\infty} (n-1)(n-2) P_n \sum_{k=0}^{n} k {}_nC_k p^k q^{n-k}$$

$$= \sum_{n=0}^{\infty} (n-1)(n-2) P_n \cdot np \quad (\because \ 2項分布平均)$$

$$= p \sum_{n=0}^{\infty} n(n-1)(n-2) P_n = p \sum_{n=0}^{\infty} n(n-1)(n-2) \frac{\lambda^n}{n!} e^{-\lambda}$$

$$= p \sum_{n=3}^{\infty} \frac{\lambda^n}{(n-3)!} e^{-\lambda} = p \sum_{n=3}^{\infty} \frac{\lambda^3 \lambda^{n-3}}{(n-3)!} e^{-\lambda} = p \lambda^3 \qquad ⑤^{〈注〉}$$

共分散の公式に③, ④, ⑤を代入すると,

$$\text{Cov}[X, (N-1)(N-2)]$$
$$= E[\{X - E[X]\}\{(N-1)(N-2) - E[(N-1)(N-2)]\}]$$
$$= E[X \cdot (N-1)(N-2)] - E[X] \cdot E[(N-1)(N-2)]$$
$$= p\lambda^3 - p\lambda(\lambda^2 - 2\lambda + 2) = 2p\lambda(\lambda - 1)$$

〈注〉 $\displaystyle E(X) = \sum_{k=0}^{n} k \cdot {}_nC_k p^k q^{n-k} = \sum_{k=0}^{n} k \frac{n!}{k!(n-k)!} p^k q^{n-k}$

$$= \sum_{k=1}^{n} k \frac{1 \cdots (n-k)(n-(k-1)) \cdots (n-2)(n-1)n}{k!(n-k)!} p^k q^{n-k}$$

$$= p \sum_{k=1}^{n} \frac{(n-(k-1)) \cdots (n-2)(n-1)n}{(k-1)!} p^{k-1} q^{n-k}$$

$$= pn \sum_{k=1}^{n} \frac{(n-(k-1)) \cdots (n-2)(n-1)}{(k-1)!} p^{k-1} q^{n-k}$$

$$= pn \sum_{k=1}^{n} \frac{1 \cdots (n-k)(n-(k-1)) \cdots (n-2)(n-1)}{(k-1)!1 \cdots (n-k)} p^{k-1} q^{n-k}$$

$$= pn \sum_{k=1}^{n} \frac{1 \cdots (n-1)}{(k-1)!(n-k)!} p^{k-1} q^{n-k}$$

$$= pn \sum_{k=1}^{n} \frac{(n-1)!}{(k-1)!(n-k)!} p^{k-1} q^{n-k} \quad (k-1 \text{を} l \text{とおく})$$

$$= pn \sum_{l=0}^{n-1} {}_{n-1}C_{k-1} p^{k-1} q^{n-k} = pn(p+q)^{n-1} = pn \quad (\because 2 項定理)$$

〈注〉 $\mathrm{Cov}(X_1, X_2) = E[\{X_1 - E[X_1]\}\{X_2 - E[X_2]\}]$
$\qquad\qquad\qquad = E[X_1 X_2] - E[X_1]E[X_2]$
2 項分布平均 $= np$, ポアソン分布平均 $= \lambda$

6.11 (1) 一様分布の確率密度関数を次のようにおくと,

$$f(x) = \begin{cases} \dfrac{1}{2} & (-1 \leq x \leq 1) \\ 0 & (その他) \end{cases} \quad (図1 参照)$$

$$E(X) = \int_{-\infty}^{\infty} x f(x) dx = \int_{-1}^{1} x \frac{1}{2} dx = 0$$

$$E(X^2) = \int_{-\infty}^{\infty} x^2 f(x) dx = \int_{-1}^{1} x^2 \frac{1}{2} dx = 2 \frac{1}{2} \int_{0}^{1} x^2 dx = \left[\frac{x^3}{3}\right]_{0}^{1} = \frac{1}{3}$$

よって, 分散は

$$V(X) = E(X^2) - E(X) = \sigma_X^2 = \frac{1}{3} - 0 = \frac{1}{3}$$

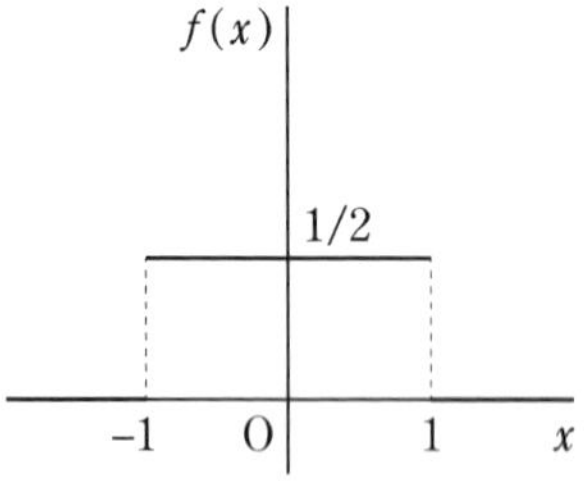

図1　1変数の密度関数 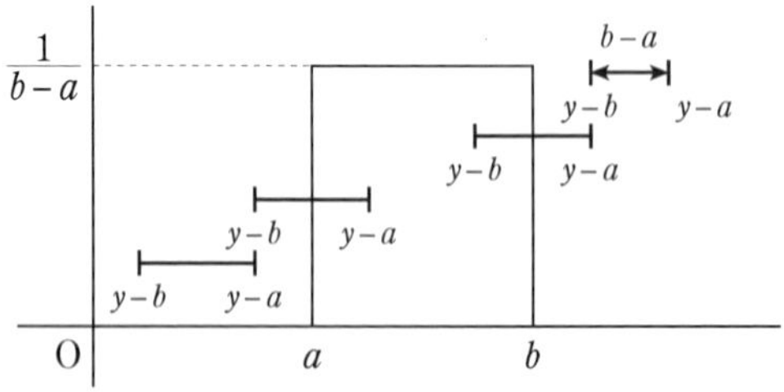　　　　図2　積分範囲

(2) 便宜的に $a \Rightarrow -1, b \Rightarrow 1$ とおく. S の密度関数を $f(y)$, X_1, X_2 の密度関数を $f_1(x), f_2(x)$ とすると, たたみ込みより,

$$f(y) = \int_{-\infty}^{\infty} f_1(y-x) f_2(x) dx$$

ただし,

$$f_1(x) = f_2(x) = \begin{cases} \dfrac{1}{b-a} & (a < x < b) \\ 0 & (その他) \end{cases}$$

$$\therefore \quad f(y) = \int_a^b f_1(y-x)f_2(x)dx = \frac{1}{b-a}\int_a^b f_1(y-x)dx$$

積分区間は次の4つに分けられる(図2参照).

(ⅰ) $y - b > b \ (y > 2b)$ のとき,
$$f(y) = 0$$

(ⅱ) $a < y - b \leqq b \ (a+b < y \leqq 2b)$ のとき,
$$f(y) = \frac{1}{(b-a)^2}\int_{y-b}^b dx = \frac{1}{(b-a)^2}[x]_{y-b}^b = \frac{2b-y}{(b-a)^2} = \frac{2-y}{4} \qquad ①$$

(ⅲ) $a < y - a \leqq b \ (2a < y \leqq a+b)$ のとき,
$$f(y) = \frac{1}{(a-b)^2}\int_a^{y-a} dx = \frac{1}{(a-b)^2}[x]_a^{y-a} = \frac{y-2a}{(b-a)^2} = \frac{y+2}{4} \qquad ②$$

(ⅳ) $y - a \leqq a \ (y \leqq 2a)$ のとき,
$$f(y) = 0$$

よって,$S(2)$ の確率密度関数は図3のようになる.

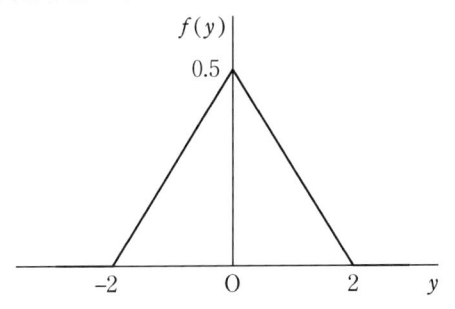

図3 $S(2)$ の確率密度関数

次に,一般に
$$E(X_1 + X_2) = E(X_1) + E(X_2)$$
$$X_1, X_2 \text{ が独立} \iff V(X_1 + X_2) = V(X_1) + V(X_2)$$
$$E(X_1) = E(X_2) = 0, \quad E(X_1^2) = E(X_2^2) = \frac{1}{3}$$

$$\therefore \quad V(X_1 + X_2) = \sigma_{S(2)}^2 = \frac{1}{3} \times 2 = \frac{2}{3}$$

(別解) ①,②を用いると,
$$E(Y) = \int_{-2}^2 yf(y)dy = \int_{-2}^0 y\frac{y+2}{4}dy + \int_0^2 y\frac{2-y}{4}dy = 0$$

$$E(Y^2) = \int_{-2}^{2} y^2 f(y) dy = \int_{-2}^{0} y^2 \frac{y+2}{4} dy + \int_{0}^{2} y^2 \frac{2-y}{4} dy = \frac{2}{3}$$

(途中計算省略)

（3） 特性関数は

$$\varphi_X(t) = \int_{-\infty}^{\infty} e^{itx} \frac{1}{2} dx = \frac{1}{2}\int_{-1}^{1} e^{itx} dx = \frac{1}{2}\frac{[e^{itx}]_{-1}^{1}}{it} = \frac{e^{it} - e^{-it}}{i2t} = \frac{\sin t}{t}$$

（4） $X_1, \cdots, X_n$ が独立, 同 正規分布 $N(0, \sigma^2)$ に従うのとき,

$$\varphi_{S(n)}(t) = \left(\frac{\sin t}{t}\right)^n$$

（別解） $\varphi_{X_1+X_2}(t) = \varphi_{S(n)}(t) = \int_{-2}^{0} e^{iyt}\frac{y+2}{4} dy + \int_{0}^{2} e^{iyt}\frac{2-y}{4} dy$

$$= \frac{1}{4}\left[\int_{-2}^{0}(ye^{ity} + e^{ity})dy + \int_{0}^{2}(2e^{ity} - ye^{ity})dy\right]$$

$$= \left(\frac{\sin t}{t}\right)^2 \quad (途中計算省略)$$

〈注〉 特性関数：$\varphi(t) = E(e^{itX})$, 積率母関数：$\varphi(t) = E(e^{tX})$「特に愛 (i) がある」

6.12 平均を λ とすると, 1変数の指数分布 $f(y) = \lambda e^{-\lambda y}$ は多変数ではガンマ分布 $f(y) = \dfrac{\lambda e^{-\lambda y}(\lambda y)^{n-2}}{(n-1)!}$ の型となることを証明する.

パラメータ $\lambda (=1)$ の指数分布の確率密度は, パラメータ $1, \lambda$ の確率密度であることは明らか. したがって, $n=1$ の場合は正しい. 数学的帰納法により, $n-1$ で正しいと仮定すると,

$$f_{X_1+X_2+\cdots+X_n}(y) = \lambda e^{-\lambda y}\frac{(\lambda y)^{n-2}}{(n-2)!} \quad \text{①}$$

ところで, たたみ込み定理より, 累積分布関数は

$$F_{X_1+X_2+\cdots+X_n}(t_n) = \int_{0}^{\infty} F_{X_1}(t_n - y)f_{X_2+\cdots+X_n}(y)dy \quad \text{②}$$

①を②に代入し, 積分すると,

$$F_{X_1+X_2+\cdots+X_n}(t_n) = \int_{0}^{t_n}[1 - e^{-\lambda(t_n-y)}]\lambda e^{-\lambda y}\frac{(\lambda y)^{n-2}}{(n-2)!} dy$$

$$= \int_{0}^{t_n}\lambda e^{-\lambda y}\frac{(\lambda y)^{n-2}}{(n-2)!} dy - \lambda e^{-\lambda t_n}\int_{0}^{t_n}\frac{(\lambda y)^{n-2}}{(n-2)!} dy$$

$$= \int_{0}^{t_n}\lambda e^{-\lambda y}\frac{(\lambda y)^{n-2}}{(n-2)!} dy - e^{-\lambda t_n}\frac{(\lambda t_n)^{n-1}}{(n-1)!}$$

ここで，これを t_n で微分すると，次の密度関数が得られる．

$$f_{X_1+X_2+\cdots+X_n}(t_n) = \lambda e^{-\lambda t_n}\frac{(\lambda t_n)^{n-2}}{(n-2)!} + \lambda e^{-\lambda t_n}\frac{(\lambda t_n)^{n-1}}{(n-1)!} - \lambda e^{-\lambda t_n}\frac{(\lambda t_n)^{n-2}}{(n-2)!}$$

$$= \lambda e^{-\lambda t_n}(\lambda t_n)^{n-1}\frac{(\lambda a)^{-1} + 1 - (\lambda a)^{-1}}{(n-1)!}$$

$$= \lambda e^{-\lambda t_n}\frac{(\lambda t_n)^{n-1}}{(n-1)!} = e^{-t_n}\frac{(t_n)^{n-1}}{(n-1)!}$$

(別解)　1 変数の場合の積率母関数は，

$$m(t) = \int_{-\infty}^{\infty} e^{tx}f(x)dx = \int_0^{\infty} e^{tx}\lambda e^{-\lambda x}dx = \lambda \int_0^{\infty} e^{-(t-\lambda)}dx$$

$$= \frac{\lambda}{\lambda - t} = \left(1 - \frac{t}{\lambda}\right)^{-1}$$

$X_1, \cdots, X_n$ が独立だから，$T_n = \sum_{i=1}^n X_i$ の積率母関数は

$$\{m(t)\}^n = \left(1 - \frac{t}{\lambda}\right)^{-n}$$

一方，

$$\tilde{m}(t) \equiv \int_0^{\infty} e^{tx}\frac{\lambda^{\alpha}}{\Gamma(\alpha)}x^{\alpha-1}e^{-\lambda x}dx = \frac{\lambda^{\alpha}}{\Gamma(\alpha)}\int_0^{\infty}x^{\alpha-1}e^{-(\lambda-t)x}dx = \left(1 - \frac{t}{\lambda}\right)^{-\alpha}$$

だから，

$$f(x) = \frac{\lambda^n}{\Gamma(n)}x^{n-1}e^{-\lambda x} = \frac{\lambda^n}{(n-1)!}x^{n-1}e^{-\lambda x}$$

ここで，$\lambda = 1, x = t_n$ で置き換えれば求める式が得られる．

6.13 X が離散型のときは

$$\sigma^2 = \sum_{i=1}^n (x_i - \mu)^2 P_i$$

となる．この和を $|x_i - \mu| < k\sigma$ なる i についての和 $\sum_1$ と，$|x_i - \mu| \geqq k\sigma$ なる i についての和 $\sum_2$ とに分割すると，

$$\sigma^2 = \sum_1 (x_i - \mu)^2 P_i + \sum_2 (x_i - \mu)^2 P_i \geqq \sum_2 (x_i - \mu)^2 P_i \qquad ①$$

さらに，$\sum_2 P_i$ の部分については $(x_i - \mu)^2 \geqq k^2\sigma^2$ だから，これを①に代入して

$$\sigma^2 \geqq k^2\sigma^2 \sum_2 P_i$$

$\sum_2 P_i = P(|X - \mu| \geqq k\sigma)$ だから，

$$\sigma^2 \geqq k^2\sigma^2 P(|X-\mu| \geqq k\sigma) \qquad \therefore \quad P(|X-\mu| > k\sigma) \leqq \frac{1}{k^2}$$

6.14 直線 ST の方程式は $(t-s)y - x + s = 0$ であるから，
$u = at + (1-a)s$

（1） $p_1 = P(|u| \leqq u_0) = P(|at_0 + (1-a)s_0| \leqq u_0)$
$$= P\left(\frac{-u_0 + at_0}{a-1} \leqq s \leqq \frac{u_0 + at_0}{a-1}\right)$$
$$= F\left(\frac{u_0 + at_0}{a-1}\right) - F\left(\frac{-u_0 + at_0}{a-1}\right)$$

ただし，$F(\sigma)$ は S の分布関数で，
$$F(\sigma) = \begin{cases} 0 & (\sigma < -1) \\ \dfrac{1}{2}\sigma + \dfrac{1}{2} & (-1 \leqq \sigma < 1) \\ 1 & (\sigma \geqq 1) \end{cases}$$

（2） $p_0 = P(|u| \leqq 0.5) = P(|3t - 2s| \leqq 0.5)$
$= P(-0.5 \leqq 3t - 2s \leqq 0.5)$

ここで，t, s は互いに独立で，密度関数は共に
$$f(x) = \begin{cases} \dfrac{1}{2} & (-1 \leqq x < 1) \\ 0 & (その他) \end{cases}$$

であるから，t, s の結合密度関数は
$$\varphi(\tau, \sigma) = \begin{cases} \dfrac{1}{4} & (\tau, \sigma \in [-1, 1)) \\ 0 & (その他) \end{cases}$$

ゆえに，
$p_0 = p(|u| \leqq 0.5)$
$= p(|3t - 2s| \leqq 0.5)$
$= p(-0.5 \leqq 3t - 2s \leqq 0.5)$
$= \iint_{-0.5 \leqq 3\tau - 2\sigma \leqq 0.5} \varphi(\tau, \sigma)\, d\tau\, d\sigma$
$= \iint_{平行四辺形 ABCD} \dfrac{1}{4}\, d\tau\, d\sigma \quad (右図)$

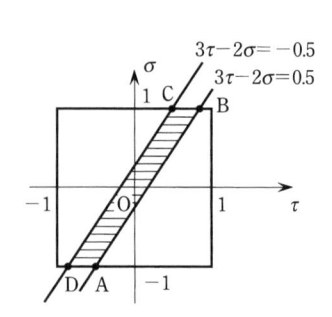

$$= \frac{1}{4} \cdot 平行四辺形 ABCD の面積$$

$$= \frac{1}{4} \cdot \left\{ \frac{2+0.5}{3} - \frac{2-0.5}{3} \right\} \cdot 2 = \frac{1}{6}$$

6.15 $X_1, X_2, \cdots, X_n$ が $N(0,1)$ の標本変量であるから，$X_1, X_2, \cdots, X_n$ が独立に $N(0,1)$ に従う．したがって，$X_1, X_2, \cdots, X_n$ の結合密度関数は

$$f(x_1, x_2, \cdots, x_n) = (2\pi)^{-n/2} \exp\left\{-\frac{1}{2}(x_1^2 + x_2^2 + \cdots + x_n^2)\right\} \quad \text{①}$$

与式

$$\begin{bmatrix} Y_1 \\ Y_2 \\ \vdots \\ Y_n \end{bmatrix} = P \begin{bmatrix} X_1 \\ X_2 \\ \vdots \\ X_n \end{bmatrix}$$

より，$Y_1, Y_2, \cdots, Y_n$ の結合密度関数は

$$\varphi(y_1, y_2, \cdots, y_n) = f(x_1, x_2, \cdots, x_n) \left| \frac{\partial(x_1, \cdots, x_n)}{\partial(y_1, \cdots, y_n)} \right| \quad \text{②}$$

ただし，

$$\begin{bmatrix} y_1 \\ y_2 \\ \vdots \\ y_n \end{bmatrix} = P \begin{bmatrix} x_1 \\ x_2 \\ \vdots \\ x_n \end{bmatrix} \implies \begin{bmatrix} x_1 \\ x_2 \\ \vdots \\ x_n \end{bmatrix} = P^{-1} \begin{bmatrix} y_1 \\ y_2 \\ \vdots \\ y_n \end{bmatrix} = {}^tP \begin{bmatrix} y_1 \\ y_2 \\ \vdots \\ y_n \end{bmatrix} \quad \text{③}$$

$$\implies \left| \frac{\partial(x_1, \cdots, x_n)}{\partial(y_1, \cdots, y_n)} \right| = |\det {}^tP| = 1,$$

$$\sum_{i=1}^n x_i^2 = (x_1, \cdots, x_n) \begin{bmatrix} x_1 \\ \vdots \\ x_n \end{bmatrix} = (y_1, \cdots, y_n) {}^tPP \begin{bmatrix} y_1 \\ \vdots \\ y_n \end{bmatrix} = (y_1, \cdots, y_n) \begin{bmatrix} y_1 \\ \vdots \\ y_n \end{bmatrix}$$

$$= \sum_{i=1}^n y_i^2 \quad \text{④}$$

①，③，④を②に代入すると

$$\varphi(y_1, y_2, \cdots, y_n) = (2\pi)^{-n/2} \exp\left\{-\frac{1}{2}(y_1^2 + y_2^2 + \cdots + y_n^2)\right\} \cdot 1$$

$$= (2\pi)^{-n/2} \exp\left\{-\frac{1}{2}(y_1^2 + y_2^2 + \cdots + y_n^2)\right\}$$

一方，Y_i の密度関数 $\varphi_{Y_i}(y_i)$ は

$$\varphi_{Y_i}(y_i) = \int_{-\infty}^{\infty} \cdots \int_{-\infty}^{\infty} \varphi(y_1, \cdots, y_n) \, dy_1 \cdots dy_{i-1} \, dy_i \cdots dy_n$$

$$= \left(\int_{-\infty}^{\infty} \frac{1}{\sqrt{2\pi}} \exp\left\{ -\frac{t^2}{2} \right\} dt \right)^{n-1} \cdot \frac{1}{\sqrt{2\pi}} \exp\left(-\frac{y_i^2}{2} \right)$$

$$= \frac{1}{\sqrt{2\pi}} e^{-(1/2)y_i^2} \quad (i = 1, 2, \cdots, n)$$

であるから,

$$\varphi_{Y_1}(y_1) \cdots \varphi_{Y_n}(y_n) = (2\pi)^{-n/2} \exp\left\{ -\frac{1}{2}(y_1^2 + y_2^2 + \cdots + y_n^2) \right\} = \varphi(y_1, \cdots, y_n)$$

したがって, $Y_1, Y_2, \cdots, Y_n$ は独立に $N(0, 1)$ に従う.

6.16 （1） Y の周辺密度関数は

$$f_Y(y) = \int_{-\infty}^{\infty} f(x, y) \, dx$$

$$= \int_{-\infty}^{\infty} \frac{1}{2\pi \sigma_x \sigma_y \sqrt{1-\rho^2}} \exp\left\{ -\frac{1}{2(1-\rho^2)} \left(\frac{x^2}{\sigma_x^2} - 2\rho \frac{xy}{\sigma_x \sigma_y} + \frac{y^2}{\sigma_y^2} \right) \right\} dx$$

ここで,

$$\text{中括弧内} = \frac{-1}{2(1-\rho^2)\sigma_x^2} \left(x^2 - \frac{2\sigma_x \rho xy}{\sigma_y} + \frac{\sigma_x^2 y^2}{\sigma_y^2} \right)$$

$$= \frac{-1}{2(1-\rho^2)\sigma_x^2} \left(x - \frac{\sigma_x \rho y}{\sigma_y} \right)^2 - \frac{y^2}{2\sigma_y^2}$$

$$\therefore \quad f_Y(y) = \frac{1}{2\pi \sigma_x \sigma_y \sqrt{1-\rho^2}} \exp\left(-\frac{y^2}{2\sigma_y^2} \right)$$

$$\times \int_{-\infty}^{\infty} \exp\left\{ -\frac{1}{2(1-\rho^2)\sigma_x^2} \left(x - \frac{\sigma_x \rho y}{\sigma_y} \right)^2 \right\} dx$$

$$= \frac{1}{2\pi \sigma_x \sigma_y \sqrt{1-\rho^2}} \exp\left(-\frac{y^2}{2\sigma_y^2} \right) \cdot \sqrt{2\pi(1-\rho^2)\sigma_x^2}$$

$$= \frac{1}{\sqrt{2\pi}\sigma_y} \exp\left(-\frac{y^2}{2\sigma_y^2} \right) \qquad ①$$

同様にして, X の周辺密度関数は

$$f_X(x) = \frac{1}{\sqrt{2\pi}\sigma_x} \exp\left(-\frac{x^2}{2\sigma_x^2} \right) \qquad ②$$

（2） $Y = y$ が与えられたときの X の条件付き密度関数 $f_{X|Y}(x|y)$ は

$$f_{X|Y}(x|y) = \frac{f(x, y)}{f_Y(y)}$$

$$= \frac{1}{2\pi\sigma_x\sigma_y\sqrt{1-\rho^2}}$$
$$\times \exp\left\{-\frac{1}{2(1-\rho^2)}\left(\frac{x^2}{\sigma_x^2} - 2\rho\frac{xy}{\sigma_x\sigma_y} + \frac{y^2}{\sigma_y^2}\right)\right\} \cdot \sqrt{2\pi}\sigma_y$$
$$\times \exp\left(\frac{y^2}{2\sigma_y^2}\right)$$
$$= \frac{1}{\sqrt{2\pi}\sigma_x\sqrt{1-\rho^2}}\exp\left\{-\frac{1}{2(1-\rho^2)\sigma_x^2}\left(x - \frac{\sigma_x\rho y}{\sigma_y}\right)^2\right\}$$

ゆえに，$Y = y$ が与えられたときの X は $N\left(\dfrac{\sigma_x\rho y}{\sigma_y},\, (1-\rho^2)\sigma_x^2\right)$ に従う．

（3） ①, ②より，

X, Y 独立 $\iff f(x,y) = f_X(x) \cdot f_Y(y)$

$$\iff \frac{1}{2\pi\sigma_x\sigma_y\sqrt{1-\rho^2}}\exp\left\{-\frac{1}{2}\left(\frac{x^2}{\sigma_x^2} - 2\rho\frac{xy}{\sigma_x\sigma_y} + \frac{y^2}{\sigma_y^2}\right)\right\}$$
$$= \frac{1}{\sqrt{2\pi}\sigma_x}\exp\left(-\frac{x^2}{2\sigma_x^2}\right) \cdot \frac{1}{\sqrt{2\pi}\sigma_y}\exp\left(-\frac{y^2}{2\sigma_y^2}\right)$$

$\iff \rho = 0$

6.17 $\begin{cases} U = \dfrac{1}{3}(X+Y+Z) \\ V = Y \\ W = Z \end{cases}$ ①

とおくと，U, V, W の結合密度関数は

$$\varphi(u,v,w) = f(x,y,z)\left|\frac{\partial(x,y,z)}{\partial(u,v,w)}\right|$$

①より，

$\begin{cases} u = \dfrac{1}{3}(x+y+z) \\ v = y \\ w = z \end{cases} \implies \begin{cases} x = 3u - v - w \\ y = v \\ z = w \end{cases}$

$$\therefore\ \frac{\partial(x,y,z)}{\partial(u,v,w)} = \begin{vmatrix} 3 & -1 & -1 \\ 0 & 1 & 0 \\ 0 & 0 & 1 \end{vmatrix} = 3$$

$\therefore\ \varphi(u,v,w) = f(3u-v-w, v, w)$

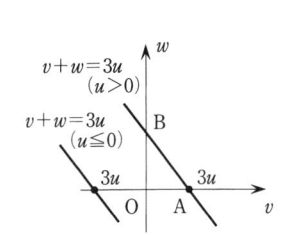

$$= \begin{cases} 3\,e^{-3u} & (3u - v - w > 0, \quad v, w > 0) \\ 0 & (その他) \end{cases}$$

したがって，U の確率密度関数は

$$g(u) = \int_{-\infty}^{\infty} \int_{-\infty}^{\infty} \varphi(u, v, w)\,dv\,dw$$

$$= \begin{cases} 0 & (u \leqq 0) \\ \iint_{\triangle\mathrm{OAB}} 3\,e^{-3u}\,dv\,dw = \int_0^{3u} dv \int_0^{3u-v} 3\,e^{-3u}\,dw & (u > 0) \end{cases} \quad (上図)$$

$$= \begin{cases} 0 & (u \leqq 0) \\ \dfrac{27}{2} u^2\, e^{-3u} & (u > 0) \end{cases}$$

（別解）　U の分布関数を $G(u)$ とおくと，

$$G(u) = P\left\{\frac{1}{3}(X + Y + Z) \leqq u\right\} = P\{X + Y + Z \leqq 3u\}$$

$$= \begin{cases} 0 & (u \leqq 0) \\ \iiint_{x+y+z \leqq u} e^{-(x+y+z)}\,dx\,dy\,dz & (u > 0) \end{cases}$$

$$= \begin{cases} 0 & (u \leqq 0) \\ \int_0^{3u} dx \int_0^{3u-x} dy \int_0^{3u-x-y} e^{-(x+y+z)}\,dz & (u > 0) \end{cases}$$

$$= \begin{cases} 0 & (u \leqq 0) \\ 1 - e^{-3u} - 3u\,e^{-3u} - \dfrac{9}{2} u^2\,e^{-3u} & (u > 0) \end{cases}$$

ゆえに，

$$g(u) = G'(u) = \begin{cases} 0 & (u \leqq 0) \\ \dfrac{27}{2} u^2\, e^{-3u} & (u > 0) \end{cases}$$

6.18　$X_1, X_2, \cdots, X_n$ は互いに独立で同一の密度関数 $f(x)$ をもつ確率変数であるから，$X_1, X_2, \cdots, X_n$ の結合密度関数は

$$f(x_1, x_2, \cdots, x_n) = f(x_1) f(x_2) \cdots f(x_n)$$

$$= \begin{cases} \lambda^n\, e^{-\lambda(x_1+x_2+\cdots+x_n)} & (x_1, x_2, \cdots, x_n > 0) \\ 0 & (その他) \end{cases}$$

$$\begin{cases} Y = X_1 + \cdots + X_n \\ Y_2 = X_2 \\ \cdots\cdots \\ Y_n = X_n \end{cases} \qquad ①$$

とおくと,$Y, Y_2, \cdots, Y_n$ の結合密度関数は

$$h(y_1, y_2, \cdots, y_n) = f(x_1, x_2, \cdots, x_n) \left| \frac{\partial(x_1, x_2, \cdots, x_n)}{\partial(y, y_2, \cdots, y_n)} \right|$$

① より,

$$\begin{cases} y = x_1 + \cdots + x_n \\ y_2 = x_2 \\ \cdots\cdots \\ y_n = x_n \end{cases} \implies \begin{cases} x_1 = y - y_2 - \cdots - y_n \\ x_2 = y_2 \\ \cdots\cdots \\ x_n = y_n \end{cases}$$

$$\therefore \quad \frac{\partial(x_1, x_2, \cdots, x_n)}{\partial(y, y_2, \cdots, y_n)} = \begin{vmatrix} 1 & -1 & \cdots & -1 \\ & 1 & & \\ & & \ddots & \\ & & & 1 \end{vmatrix} = 1$$

$$\therefore \quad h(y, y_2, \cdots, y_n) = f(y - y_2 - \cdots - y_n, y_2, \cdots, y_n) \cdot 1$$
$$= \begin{cases} \lambda^n e^{-\lambda y_1} & (y - y_2 - \cdots - y_n > 0, \quad y_2, y_3, \cdots, y_n > 0) \\ 0 & (その他) \end{cases}$$

したがって,$X_1 + X_2 + \cdots + X_n$ の密度関数は

$$g(y) = \int_{-\infty}^{\infty} \int_{-\infty}^{\infty} \cdots \int_{-\infty}^{\infty} h(y, y_2, \cdots, y_n) \, dy_2 \cdots dy_n$$

$y \leqq 0$ のとき,$g(y) = 0$.

$y > 0$ のとき

$$g(y) = \iint \cdots \int_{\substack{y_2 + \cdots + y_n < y \\ y_2, \cdots, y_n > 0}} \lambda^n e^{-\lambda y} \, dy_2 \cdots dy_n$$

$$= \lambda^n e^{-\lambda y} \int_0^y dy_2 \int_0^{y-y_2} dy_3 \cdots \int_0^{y-y_2-\cdots-y_{n-2}} dy_{n-1} \int_0^{y-y_2-\cdots-y_{n-1}} dy_n$$

$$= \lambda^n e^{-\lambda y} \int_0^y dy_2 \int_0^{y-y_2} dy_3 \cdots \int_0^{y-y_2-\cdots-y_{n-2}} (y - y_2 - \cdots - y_{n-1}) \, dy_{n-1}$$

$$= \lambda^n e^{-\lambda y} \int_0^y dy_2 \int_0^{y-y_2} dy_3 \cdots \int_0^{y-y_2-\cdots-y_{n-3}} \frac{1}{2} (y - y_2 - \cdots - y_{n-2})^2 \, dy_{n-2}$$

$$= \lambda^n e^{-\lambda y} \int_0^y dy_2 \int_0^{y-y_2} dy_3 \cdots \int_0^{y-y_2-\cdots-y_{n-4}} \frac{1}{3!} (y - y_2 - \cdots - y_{n-3})^3 \, dy_{n-3}$$

$$= \cdots$$
$$= \lambda^n e^{-\lambda y} \int_0^y \frac{1}{(n-2)!}(y-y_2)^{n-2} dy_2$$
$$= \lambda^n e^{-\lambda y} \frac{y^{n-1}}{(n-1)!}$$
$$\therefore \quad g(y) = \begin{cases} \dfrac{1}{(n-1)!} \lambda^n y^{n-1} e^{-\lambda y} & (0 < y) \\ 0 & (y \leq 0) \end{cases}$$

6.19 （1） x の分布関数を $F(x_0)$ とすると，$x_0 \leq 0$ に対して，明らかに $F(x_0) = 0$ で，$0 < x$ に対して，

$$F(x_0) = P(x \leq x_0) = P\left(\log \frac{1}{\xi} \leq x_0\right) = P\left(\frac{1}{\xi} \leq e^{x_0}\right) = P(\xi \geq e^{-x_0})$$
$$= 1 - P(\xi < e^{-x_0}) = 1 - F(e^{-x_0}) = 1 - e^{-x_0}$$
$$\therefore \quad f(x_0) = F'(x_0) = \begin{cases} e^{-x_0} & (0 < x_0) \\ 0 & (x_0 \leq 0) \end{cases} \Longrightarrow f(x) = \begin{cases} e^{-x} & (0 < x) \\ 0 & (x \leq 0) \end{cases}$$

（別解）　x がある正数 x_0 より小さい確率を $F(x_0)$ とすると，

$$f(x_0) = \begin{cases} \dfrac{dF(x_0)}{dx_0} & \text{（微分可能点）} \\ 0 & \text{（その他）} \end{cases}, \quad F(x_0) = \int_{-\infty}^{x_0} f(x)\, dx$$

$x = -\log_e \xi \,(0 < \xi < 1)$ より，$\xi = e^x (0 < x < \infty)$ となる。
また，$x < x_0$ となる確率は，$\xi > e^{-x_0}$ となる確率に対応するから（図1）

$$F(x_0) = \int_{e^{-x_0}}^1 d\xi = 1 - e^{-x_0}$$
$$\therefore \quad f(x_0) = F'(x_0) = e^{-x_0}$$
$$\Longrightarrow f(x) = e^{-x}$$

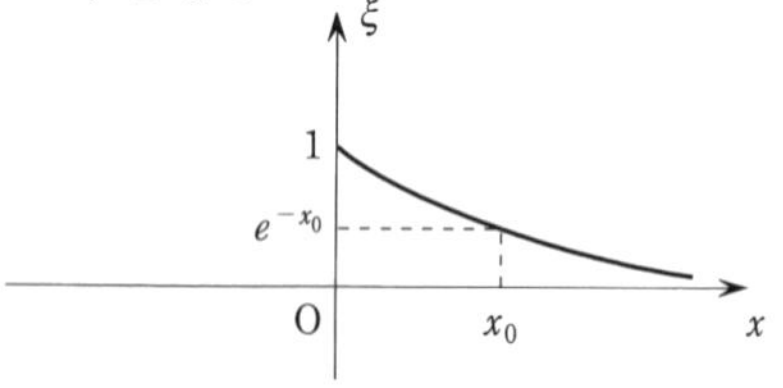

図 1

（2）　$\xi_1, \xi_2 (0 < \xi_1, \xi_2 < 1)$ 平面を考えると，$y = \xi_1 \xi_2$ は図2のような双曲線．y の分布関数を $G(y_0)$ とすると，$y < y_0$ の面積 $G(y_0)$ となり，

$$G(y_0) = P(y \leq y_0)$$
$$= P(\xi_1 \xi_2 \leq y_0)$$
$$= \int_0^{y_0} 1 \cdot d\xi_1 + \int_{y_0}^1 \frac{y_0}{\xi_1} d\xi_1$$
$$= y_0 + \int_{y_0}^1 \frac{y_0}{\xi_1} d\xi_1$$

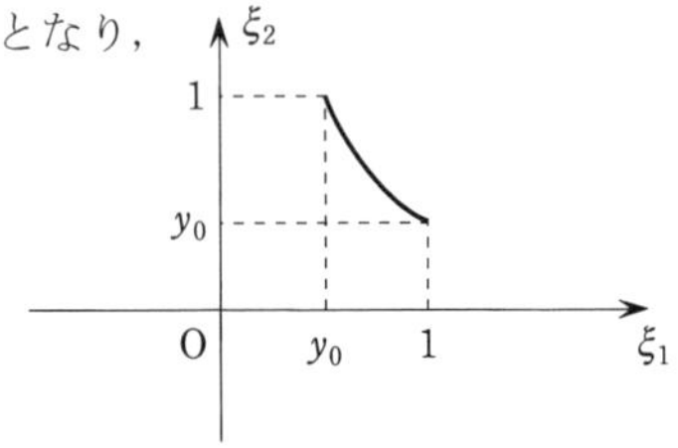

図 2

$$\therefore \quad g(y_0) = \frac{d}{dy_0} G(y_0) = 1 + \int_{y_0}^1 \frac{1}{\xi_1} d\xi_1 + y_0 \frac{\partial}{\partial y_0} \int_{y_0}^1 \frac{1}{\xi_1} d\xi_1$$

$$= 1 + [\log \xi_1]_{y_0}^1 + y_0 \frac{\partial}{\partial y_0} [\log \xi_1]_{y_0}^1 = -\log y_0$$

$\implies g(y) = -\log y$

(3) z の分布関数を $H(z_0)$ とすると，

$$H(z_0) = P(z \leqq z_0) = P(-\log_e y \leqq z_0)$$
$$= P(y \geqq e^{-z_0}) = 1 - P(y < e^{-z_0})$$
$$= 1 - G(e^{-z_0})$$

$$\therefore \quad h(z_0) = \frac{d}{dz_0} H(z_0) = -\frac{d}{dz_0} G(e^{-z_0})$$
$$= -g(e^{-z_0})(-e^{-z_0})$$
$$= g(e^{-z_0}) e^{-z_0} = z_0 e^{-z_0} \quad (\because \ (2))$$

$\implies h(z) = z e^{-z}$

(別解 1) (2) の結果を用いると，

$$H(z_0) = \int_{e^{-z_0}}^1 g(y) \, dy = \int_{e^{-z_0}}^1 (-\log y) \, dy$$
$$= -[y \log y - y]_{e^{-z_0}}^1$$
$$= 1 - z_0 e^{-z_0} - e^{-z_0}$$

$$\therefore \quad h(z_0) = H'(z_0) = -e^{-z_0} + z_0 e^{-z_0} + e^{-z_0}$$
$$= z_0 e^{-z_0}$$

$\implies h(z) = z e^{-z}$

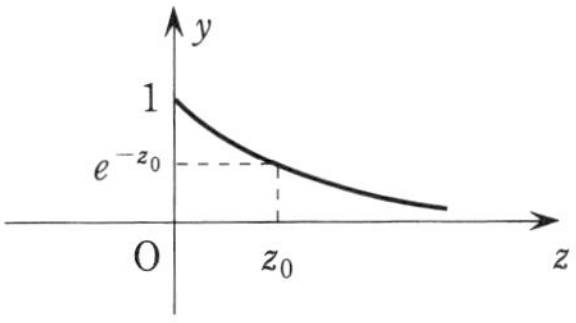

図 3

(別解 2) $z = \log \xi_1 \xi_2 = -(\log \xi_1 + \log \xi_2)$
$-\log \xi_i = x_i$ とおくと，$z = x_1 + x_2$．(1) の結果より，$f(x_i) = e^{-x_i}$．ゆえに，（周辺）確率密度関数は，たたみ込みにより

$$h(z) = \iint f(x_1) f(x_2) \, dx_1 \, dx_2 = \int_0^z f(x_1) f(z - x_1) \, dx_1$$
$$= \int_0^z e^{-x_1} e^{-z+x_1} \, dx_1 = z e^{-z}$$

6.20 x, y の平均はそれぞれ

$$\bar{x} = \frac{7 + 9 + 11 + 13 + 10}{5} = 10,$$

$$\bar{y} = \frac{10 + 6 + 18 + 14 + 12}{5} = 12$$

x, y の不偏分散はそれぞれ

$VAR(x)$
$= \dfrac{(7-10)^2 + (9-10)^2 + (11-10)^2 + (13-10)^2 + (10-10)^2}{5-1} = 5$ ①

$VAR(y)$
$= \dfrac{(10-12)^2 + (6-12)^2 + (18-12)^2 + (14-12)^2 + (12-12)^2}{5-1} = 20$ ②

x, y の分散は，①，②の分母を 5 として計算すると<注>

$VAR(x) = \dfrac{(7-10)^2 + (9-10)^2 + (11-10)^2 + (13-10)^2 + (10-10)^2}{5} = 4$

$VAR(y) = \dfrac{(10-12)^2 + (6-12)^2 + (18-12)^2 + (14-12)^2 + (12-12)^2}{5} = 16$

共分散は

$S(x, y) = \dfrac{\begin{array}{c}(7-10)(10-12) + (9-10)(6-12) + (11-10)(18-12) \\ + (13-10)(14-12) + (10-10)(12-12)\end{array}}{5}$

$= \dfrac{(-3) \times (-2) + (-1) \times (-6) + 1 \times 6 + 3 \times 2}{5} = 4.8$

よって，相関係数は

$CORREL(x, y) = \dfrac{S(x, y)}{\sqrt{VAR(x)}\sqrt{VAR(y)}}$

$= \dfrac{4.8}{2 \times 4} = 0.6$

〈注〉 分母を $5-1$ としても，キャンセルされるため，相関係数は同じ．

6.21 $L = \sum_{i=1}^{n}(y_i - a - bx_i)^2$

最小化させるため，L を a, b で偏微分し，0 とおくと，

$\dfrac{\partial L}{\partial a} = \sum_{i=1}^{n} 2(y_i - a - bx_i)(-1) = -2\sum_{i=1}^{n} 2(y_i - a - bx_i) = 0$

$\dfrac{\partial L}{\partial b} = \sum_{i=1}^{n} 2(y_i - a - bx_i)(-x_i) = -2\sum_{i=1}^{n} (y_i - a - bx_i)x_i = 0$

$\begin{cases} na + \left(\sum_{i=1}^{n} x_i\right) b = \sum_{i=1}^{n} y_i \\ \left(\sum_{i=1}^{n} x_i\right) a + \left(\sum_{i=1}^{n} x_i^2\right) b = \sum_{i=1}^{n} x_i y_i \end{cases}$ ①

よって,

$$\Delta \equiv \begin{vmatrix} n & \sum_{i=1}^{n} x_i \\ \sum_{i=1}^{n} x_i & \sum_{i=1}^{n} x_i^2 \end{vmatrix}$$

$$= n \sum_{i=1}^{n} x_i^2 - \left(\sum_{i=1}^{n} x_i\right)^2 \neq 0$$

のとき, $(a, b) = (\alpha, \beta)$ が存在し, 一意に定まる. そこで,

$$\bar{x} = \frac{\sum_{i=1}^{n} x_i}{n}, \quad \bar{y} = \frac{\sum_{i=1}^{n} y_i}{n}$$

を用いて①の第1式を書き直すと,

$$a = \frac{\sum_{i=1}^{n} y_i}{n} - b \frac{\sum_{i=1}^{n} x_i}{n} = \bar{y} - b\bar{x} \qquad ②$$

これを①の第2式に代入し, 整理すると,

$$\left(\sum_{i=1}^{n} x_i^2 - n\bar{x}^2\right) b = \left(\sum_{i=1}^{n} x_i y_i\right) - n\bar{x}\bar{y} \qquad ③$$

ここで,

$$\sigma_X^2 = \frac{1}{n} \sum_{i=1}^{n} (x_i - \bar{x})^2 = \frac{1}{n} \sum_{i=1}^{n} x_i^2 - \bar{x}^2 = \sigma_{XX} - \mu_X^2$$

$$\mathrm{Cov}_{XY} = \frac{1}{n} \sum_{i=1}^{n} (x_i - \bar{x})(y_i - \bar{y}) = \frac{1}{n} \sum_{i=1}^{n} x_i y_i - \bar{x}\bar{y} = \sigma_{XY} - \mu_X \mu_Y$$

を導入すると, ③より,

$$\beta = \frac{\sum_{i=1}^{n} x_i y_i - n\bar{x}\bar{y}}{\sum_{i=1}^{n} x_i^2 - n\bar{x}^2} = \frac{\mathrm{Cov}_{XY}}{\sigma_X^2} = \frac{\sigma_{XY} - \mu_X \mu_Y}{\sigma_{XX} - \mu_X^2}$$

②より,

$$\alpha = \mu_Y - \frac{\sigma_{XY}}{\sigma_{XX} - \mu_X^2} \mu_X$$

6.22 $x_i (i = 1, 2)$ の確率密度関数は

$$f(x) = \begin{cases} 1 & (0 \leqq x \leqq 1) \\ 0 & (その他) \end{cases}$$

x_1, x_2 は独立であるから，x_1 と x_2 の結合密度関数は

$$f(u, v) = \begin{cases} 1 & (0 \leq u, v \leq 1) \\ 0 & (その他) \end{cases}$$

δ の期待値は

$$E(\delta) = \iint_D |u - v| \, du \, dv$$

$$= 2 \iint_{D_1} (u - v) \, du \, dv$$

$$= 2 \int_0^1 du \int_0^u (u - v) \, dv = 2 \int_0^1 \frac{1}{2} u^2 \, du = \frac{1}{3}$$

$$E(\delta^2) = \iint_D |u - v|^2 \, du \, dv = \int_0^1 du \int_0^1 (u - v)^2 \, dv$$

$$= \frac{1}{3} \int_0^1 \{u^3 - (u - 1)^3\} \, du = \frac{1}{12} [u^4 - (u - 1)^4]_0^1 = \frac{1}{6}$$

ゆえに，分散は

$$V(\delta) = E(\delta^2) - E^2(\delta) = \frac{1}{6} - \left(\frac{1}{3}\right)^2 = \frac{1}{18}$$

6.23 （1） ある質点が半径 a の円内に存在しない確率は $(S - \pi a^2)/S = 1 - \pi a^2/S$. 1 個の質点はこの円の中心にあるので，他の $(\rho S - 1)$ 個の質点がこの円内に存在しない確率は

$$p_0 = (1 - \pi a^2/S)^{\rho S - 1}$$

（2） （1）より

$$p_0 = \left[\left(1 - \frac{\pi a^2}{S}\right)^{S/\pi a^2}\right]^{\pi a^2 \rho} \left(1 - \frac{\pi a^2}{S}\right)^{-1}$$

$$\longrightarrow (e^{-1})^{\pi a^2 \rho} = e^{-\pi a^2 \rho} \quad (S \to \infty) \qquad \text{①}$$

（3） $F(r) = \int_0^r f(r) \, dr$ とおくと，$F(r)$ は 1 個の質点から，それに最も近い質点までの距離が，半径 r の円内にくる確率を与える．ゆえに①より

$$F(r) = 1 - e^{-\pi r^2 \rho}$$

$$\therefore \quad f(r) \, dr = F'(r) \, dr = 2\pi r \rho \, e^{-\pi r^2 \rho} \, dr$$

（4） 期待値 $E(r^2) = \int_0^\infty r^2 \cdot 2\pi r \rho \, e^{-\pi r^2 \rho} \, dr = 2\pi \rho \int_0^\infty r^3 \, e^{-\pi \rho r^2} \, dr$

$$= 2\pi \rho \cdot \frac{1}{2(\pi \rho)^2} \int_0^\infty t^{2-1} \, e^{-t} \, dt \quad (t = \pi \rho r^2 \text{ とおく})$$

$$= \frac{1}{\pi\rho}\Gamma(2) = \frac{1}{\pi\rho}$$

6.24 番号 k の球が k 番目の箱にあるかないかで1または0をとる確率変数を X_k とすると，

$$R = X_1 + X_2 + \cdots + X_n \quad (X_i, X_j \ (i \neq j) \text{ は独立ではない})$$

一方，

$$P(X_k = 1) = \frac{(n-1)!}{n!} = \frac{1}{n}, \quad P(X_k = 0) = 1 - \frac{1}{n} \quad \therefore \ E(X_k) = \frac{1}{n}$$

$$\therefore \ E(R) = E(X_1) + \cdots + E(X_n) = n \cdot \frac{1}{n} = 1$$

また，

$$V(X_k) = E(X_k^2) - E^2(X_k)$$

$$= \left\{ 0^2 \cdot \left(1 - \frac{1}{n}\right) + 1^2 \cdot \left(\frac{1}{n}\right) \right\} - \left(\frac{1}{n}\right)^2 = \frac{n-1}{n^2}$$

$$E(X_j X_k) = P(X_j = 1, X_k = 1) = \frac{(n-2)!}{n!} = \frac{1}{n(n-1)} \quad (j \neq k)$$

$$\therefore \ \text{Cov}(X_j, X_k) = E[(X_j - E(X_j))(X_k - E(X_k))]$$

$$= E(X_j X_k) - E(X_j) E(X_k)$$

$$= \frac{1}{n(n-1)} - \left(\frac{1}{n}\right)^2 = \frac{1}{n^2(n-1)} \quad (j \neq k)$$

$$\therefore \ V(R) = V(X_1) + \cdots + V(X_n) + 2 \sum_{j<k} \text{Cov}(X_j, X_k)$$

$$= n \frac{n-1}{n^2} + 2 \binom{n}{2} \frac{1}{n^2(n-1)} = 1$$

6.25 与式より，その積率母関数は

$$\phi(\theta) = \int_{-\infty}^{\infty} e^{\theta x} T_n(x) \, dx = \int_0^{\infty} e^{\theta x} \frac{1}{2^{n/2} \Gamma(n/2)} x^{(n-2)/2} e^{-x/2} \, dx$$

$$= \int_0^{\infty} \frac{1}{2^{n/2} \Gamma(n/2)} x^{(n-2)/2} e^{-(1-2\theta)x/2} \, dx$$

$$= \int_0^{\infty} \frac{1}{2^{n/2} \Gamma(n/2)} \left(\frac{v}{1-2\theta}\right)^{(n-2)/2} e^{-v/2} \frac{dv}{1-2\theta} \quad (v = (1-2\theta)x \text{ とおく})$$

$$= (1-2\theta)^{-n/2} \int_0^{\infty} \frac{1}{2^{n/2} \Gamma(n/2)} v^{(n-2)/2} e^{-v/2} \, dv = (1-2\theta)^{-n/2} \cdot 1$$

ゆえに，y_1, y_2 の積率母関数はそれぞれ

$$\phi_1(\theta) = (1-2\theta)^{-n_1/2}, \quad \phi_2(\theta) = (1-2\theta)^{-n_2/2}$$

で与えられる. y_1, y_2 は独立であるから, y_1+y_2 の積率母関数は

$$\phi(\theta) = \phi_1(\theta)\phi_2(\theta) = (1-2\theta)^{-(n_1+n_2)/2}$$

これは自由度 (n_1+n_2) の χ^2 分布の積率母関数であるから, y_1+y_2 は (n_1+n_2) の χ^2 分布に従う.

6.26 (1) $E(X)=\mu_1, E(Y)=\mu_2$ とすると

$$\begin{aligned}
V(X+Y) &= E[\{X+Y-E(X+Y)\}^2] \\
&= E[\{X+Y-(E(X)+E(Y))\}^2] \\
&= E[\{(X-\mu_1)+(Y-\mu_2)\}^2] \\
&= E\{(X-\mu_1)^2\}+E\{(Y-\mu_2)^2\}+2E\{(X-\mu_1)(Y-\mu_2)\} \\
&= V(X)+V(Y)+2\operatorname{Cov}(X,Y) \qquad ①
\end{aligned}$$

ここで,

$$\begin{aligned}
\operatorname{Cov}(X,Y) &= E\{(X-\mu_1)(Y-\mu_2)\} = E(XY-\mu_1 Y-\mu_2 X+\mu_1\mu_2) \\
&= E(XY)-\mu_1 E(Y)-\mu_2 E(X)+\mu_1\mu_2 = E(XY)-\mu_1\mu_2 \quad ②
\end{aligned}$$

一方, X, Y が独立ならば,

$$E(XY)-E(X)E(Y) = \mu_1\mu_2 \qquad ③$$

②, ③ より,

$$\operatorname{Cov}(X,Y) = 0$$

ゆえに, ①, ③ より

$$V(X+Y) = V(X)+E(Y)$$

(2) X, Y が共に $B(n,p)$ で独立として, X, Y の積率母関数を g_X, g_Y とすると, $X+Y$ のそれは

$$g_{X+Y}(\theta) = g_X(\theta)g_Y(\theta) = (pe^\theta+q)^n(pe^\theta+q)^n = (pe^\theta+q)^{2n}$$

ゆえに, $X+Y$ は $B(2n,p)$ の分布に従うことがわかる.

6.27 (1) $E(Z_i^2) = V(Z_i)+E^2(Z_i) = 0+1^2 = 1$

$$\therefore\ E(X_n) = E(Z_1^2)+\cdots+E(Z_n^2) = n$$

また

$$\begin{aligned}
E(Z_i^4) &= \int_{-\infty}^{\infty} z^4 \frac{1}{\sqrt{2\pi}} e^{-z^2/2}\,dz = 2\int_0^\infty z^4 \frac{1}{\sqrt{2\pi}} e^{-z^2/2}\,dz \\
&= \frac{4}{\sqrt{\pi}}\int_0^\infty u^{(5/2)-1} e^{-u}\,du \quad \left(u=\frac{z^2}{2}\ \text{とおく}\right) \\
&= \frac{4}{\sqrt{\pi}}\Gamma\left(\frac{5}{2}\right) = \frac{4}{\sqrt{\pi}}\cdot\frac{3}{2}\cdot\frac{1}{2}\sqrt{\pi} = 3
\end{aligned}$$

$$\therefore\ V(Z_i^2) = E(Z_i^4)-E^2(Z_i^2) = 3-1^2 = 2$$

$$\therefore \quad V(X_n) = V(Z_1^2) + \cdots + V(Z_n^2) = 2n$$

（2） Z_i^2 の分布関数と確率密度関数をそれぞれ $F_1(z)$ と $f_1(z)$ とおくと，

（i） $z \leqq 0$ のとき, $F_1(z) = 0$.

（ii） $z > 0$ のとき，

$$F_1(z) = P\{Z_i^2 \leqq z\} = P\{-\sqrt{z} \leqq Z_i \leqq \sqrt{z}\}$$

$$= \int_{-\sqrt{z}}^{\sqrt{z}} \frac{1}{\sqrt{2\pi}} e^{-t^2/2} dt = \frac{2}{\sqrt{2\pi}} \int_0^{\sqrt{z}} e^{-t^2/2} dt$$

$$\therefore \quad f_1(z) = \begin{cases} \dfrac{d}{dz} \displaystyle\int_0^{\sqrt{z}} \dfrac{2}{\sqrt{2\pi}} e^{-t^2/2} dt & (z > 0) \\ 0 & (z \leqq 0) \end{cases}$$

$$= \begin{cases} \dfrac{2}{\sqrt{2\pi}} e^{-t^2/2}|_{\sqrt{z}} (\sqrt{z})' & (z > 0) \\ 0 & (z \leqq 0) \end{cases}$$

$$= \begin{cases} \dfrac{1}{\sqrt{2\pi}} e^{-z/2} z^{1/2-1} & (z > 0) \\ 0 & (z \leqq 0) \end{cases} = \begin{cases} \dfrac{1}{2^{1/2} \Gamma(1/2)} e^{-z/2} z^{1/2-1} & (z > 0) \\ 0 & (z \leqq 0) \end{cases}$$

$X_2 = Z_1^2 + Z_2^2$ の密度関数を $f_2(z)$ とおくと，

$$f_2(z) = \int_{-\infty}^{\infty} f_1(u) f_1(z-u) \, du = \int_0^{\infty} f_1(u) f_1(z-u) \, du$$

（i） $z \leqq 0$ のとき, $f_2(z) = 0$.

（ii） $z > 0$ のとき，

$$f_2(z) = \int_0^z \frac{1}{\sqrt{2\pi}} e^{-u/2} u^{1/2-1} \cdot \frac{1}{\sqrt{2\pi}} e^{-(z-u)/2} (z-u)^{-1/2} du$$

$$= \left(\frac{1}{\sqrt{2\pi}}\right)^2 e^{-z/2} \int_0^z u^{-1/2} (z-u)^{-1/2} du$$

$$= \left(\frac{1}{\sqrt{2\pi}}\right)^2 e^{-z/2} \int_0^1 v^{-1/2} (1-v)^{-1/2} dv \quad \left(v = \frac{u}{z} \text{ とおく}\right)$$

$$= \left(\frac{1}{\sqrt{2\pi}}\right)^2 e^{-z/2} \beta\left(\frac{1}{2}, \frac{1}{2}\right)$$

$$= \left(\frac{1}{\sqrt{2\pi}}\right)^2 e^{-z/2} \frac{\Gamma\left(\dfrac{1}{2}\right) \Gamma\left(\dfrac{1}{2}\right)}{\Gamma\left(\dfrac{1}{2} + \dfrac{1}{2}\right)} = \frac{1}{2} e^{-z/2}$$

$$\therefore f_2(z) = \begin{cases} \dfrac{1}{2^{2/2}\Gamma(2/2)} e^{-z/2} z^{2/2-1} & (z > 0) \\ 0 & (z \leq 0) \end{cases}$$

$X_k = Z_1^2 + Z_2^2 + \cdots + Z_k^2$ の確率密度関数 $f_k(z)$ を

$$f_k(z) = \begin{cases} \dfrac{1}{2^{k/2}\Gamma(k/2)} e^{-z/2} z^{k/2-1} & (z > 0) \\ 0 & (z \leq 0) \end{cases}$$

とすると, $X_{k+1} = X_k + Z_{k+1}^2$ の確率密度関数 $f_{k+1}(z)$ は

$$f_{k+1}(z) = \int_{-\infty}^{\infty} f_k(u) f_1(z-u)\, du = \int_0^{\infty} f_k(u) f_1(z-u)\, du$$

(i) $z \leq 0$ のとき, $f_{k+1}(z) = 0$.

(ii) $z > 0$ のとき,

$$f_{k+1}(z) = \int_0^z \dfrac{1}{2^{k/2}\Gamma\left(\dfrac{k}{2}\right)} e^{-u/2} u^{k/2-1} \cdot \dfrac{1}{\sqrt{2\pi}} e^{-(z-u)/2}(z-u)^{-1/2}\, du$$

$$= \dfrac{1}{2^{(k+1)/2}\Gamma\left(\dfrac{k}{2}\right)\sqrt{\pi}} e^{-z/2} \int_0^z u^{(k/2)-1}(z-u)^{-1/2}\, du$$

$$= \dfrac{1}{2^{(k+1)/2}\Gamma\left(\dfrac{k}{2}\right)\sqrt{\pi}} e^{-z/2} z^{(k+1)/2-1} \int_0^1 v^{k/2-1}(1-v)^{1/2-1}\, dv$$

$$\left(v = \dfrac{u}{z} \text{ とおく}\right)$$

$$= \dfrac{1}{2^{(k+1)/2}\Gamma\left(\dfrac{k}{2}\right)\sqrt{\pi}} e^{-z/2} z^{(k+1)/2-1} \dfrac{\Gamma\left(\dfrac{k}{2}\right)\Gamma\left(\dfrac{1}{2}\right)}{\Gamma\left(\dfrac{k}{2}+\dfrac{1}{2}\right)}$$

$$= \dfrac{1}{2^{(k+1)/2}\Gamma\left(\dfrac{k+1}{2}\right)} e^{-z/2} z^{(k+1)/2-1}$$

$$\therefore f_{k+1}(z) = \begin{cases} \dfrac{1}{2^{(k+1)/2}\Gamma((k+1)/2)} e^{-z/2} z^{(k+1)/2-1} & (z > 0) \\ 0 & (z \leq 0) \end{cases}$$

したがって, 帰納法によって, 任意の自然数 n に対して,

$$f_n(z) = \begin{cases} \dfrac{1}{2^{n/2}\Gamma(n/2)} e^{-z/2} z^{n/2-1} & (z > 0) \\ 0 & (z \leqq 0) \end{cases}$$

（3） $Z_k^2 (k = 1, \cdots, n)$ の積率母関数は，k に無関係で

$$\varphi(t) = E(e^{tZ_k^2}) = \int_{-\infty}^{\infty} e^{tz^2} \frac{1}{\sqrt{2\pi}} e^{-z^2/2} dz = \frac{1}{\sqrt{2\pi}} \int_{-\infty}^{\infty} e^{-(1/2)(1-2t)z^2} dz$$

$$= (1-2t)^{-1/2} \int_{-\infty}^{\infty} \frac{1}{\sqrt{2\pi}} e^{-u^2/2} du = (1-2t)^{-1/2}$$

（ただし，$\sqrt{1-2t} = u$）

$Z_1^2, \cdots, Z_n^2$ が互いに独立だから，$X_n = (Z_1^2 + \cdots + Z_n^2)/n$ の積率母関数は

$$\phi_n(t) = \varphi\left(\frac{t}{n}\right) \cdots \varphi\left(\frac{t}{n}\right) = \left\{\varphi\left(\frac{t}{n}\right)\right\}^n = \left(1 - \frac{2t}{n}\right)^{-n/2}$$

$$\therefore \quad \log \phi(t) = -\frac{n}{2} \log\left(1 - \frac{2t}{n}\right)$$

$$= -\frac{n}{2}\left(-\frac{2t}{n} + O(t^2)\right) \longrightarrow t \quad (n \to \infty)$$

$$\therefore \quad \phi(t) = e^t \quad (n \to \infty)$$

一方，

$$P\{Z = 1\} = 1 \qquad \qquad ①$$

の特性関数は

$$\varphi(t) = E\{e^{Zt}\} = e^t$$

ゆえに，n を十分大きくしたとき X_n/n の近似分布は①となる．

6.28 （1） X の平均値

$$E(X) = \sum_{m=0}^{\infty} mP(X = m) = \sum_{m=0}^{\infty} m e^{-\lambda} \frac{\lambda^m}{m!} = \sum_{m=1}^{\infty} m e^{-\lambda} \frac{\lambda^m}{m!}$$

$$= \sum_{m=1}^{\infty} e^{-\lambda} \frac{\lambda^m}{(m-1)!} = \lambda e^{-\lambda} \sum_{m=1}^{\infty} \frac{\lambda^{m-1}}{(m-1)!} = \lambda e^{-\lambda} e^{\lambda} = \lambda$$

$$E(X^2) = \sum_{m=0}^{\infty} m^2 P(X=m) = \sum_{m=0}^{\infty} m(m-1)P(X=m) + \sum_{m=0}^{\infty} mP(X=m)$$

$$= \sum_{m=2}^{\infty} m(m-1) e^{-\lambda} \frac{\lambda^m}{m!} + \lambda = \lambda^2 e^{-\lambda} \sum_{m=2}^{\infty} \frac{\lambda^{m-2}}{(m-2)!} + \lambda$$

$$= \lambda^2 e^{-\lambda} \cdot e^{\lambda} + \lambda = \lambda^2 + \lambda$$

よって，X の分散

$$V(X) = E(X^2) - (E(X))^2 = \lambda^2 + \lambda - \lambda^2 = \lambda$$

(2) (i) $P(X_1 + X_2 = m) = \sum_{k=0}^{m} P(X_1 = k, X_2 = m - k)$

$$= \sum_{k=0}^{m} P(X_1 = k) P(X_2 = m - k)$$

$$= \sum_{k=0}^{m} e^{-\lambda_1} \frac{\lambda_1^k}{k!} \cdot e^{-\lambda_2} \frac{\lambda_2^{m-k}}{(m-k)!}$$

$$= e^{-(\lambda_1 + \lambda_2)} \sum_{k=0}^{m} \frac{\lambda_1^k \lambda_2^{m-k}}{k!(m-k)!}$$

$$= \frac{e^{-(\lambda_1 + \lambda_2)}}{m!} \sum_{k=0}^{m} \frac{m!}{k!(m-k)!} \lambda_1^k \lambda_2^{m-k}$$

$$= \frac{e^{-(\lambda_1 + \lambda_2)}}{m!} (\lambda_1 + \lambda_2)^m \qquad ①$$

すなわち, $X_1 + X_2$ はパラメータ $\lambda_1 + \lambda_2$ のポアッソン分布に従う.

(ii) $P(X_1 = m | X_1 + X_2 = n) = \dfrac{P(X_1 = m, X_1 + X_2 = n)}{P(X_1 + X_2 = n)}$

$$= \frac{P(X_1 = m, X_2 = n - m)}{P(X_1 + X_2 = n)}$$

$$= \frac{P(X_1 = m) P(X_2 = n - m)}{P(X_1 + X_2 = n)}$$

$(\because\ X_1, X_2 : 独立)$

①の結果より

$$P(X_1 = m | X_1 + X_2 = n) = \frac{e^{-\lambda_1} \lambda_1^m}{m!} \frac{e^{-\lambda_2} \lambda_2^{n-m}}{(n-m)!} \Big/ \frac{e^{-(\lambda_1 + \lambda_2)} (\lambda_1 + \lambda_2)^n}{n!}$$

$$= \frac{n!}{(n-m)! m!} \frac{\lambda_1^m \lambda_2^{n-m}}{(\lambda_1 + \lambda_2)^n}$$

$$= \binom{n}{m} \left(\frac{\lambda_1}{\lambda_1 + \lambda_2} \right)^m \left(\frac{\lambda_2}{\lambda_1 + \lambda_2} \right)^{n-m}$$

すなわち, $X_1 + X_2 = n$ の下での $X_1 = m$ の条件付き分布は, パラメータ n および $\lambda_1/(\lambda_1 + \lambda_2)$ の2項分布に従う.

6.29 平均 m のポアッソン分布の特性関数は

$$\varphi(t) = E(e^{ixt}) = \sum_{x=0}^{\infty} e^{ixt} \frac{e^{-m} m^x}{x!} = e^{-m} \sum_{x=0}^{\infty} \frac{(m e^{it})^x}{x!} = e^{-m} \exp(m e^{it})$$

$$= \exp\{m(e^{it} - 1)\} \qquad ①$$

$x_1, \cdots, x_n$ が独立のとき, 各特性関数は①に従うから,

$$y = \sum_{i=1}^n x_i = x_1 + \cdots + x_n$$

の特性関数は

$$\varphi(t) = \varphi_1(t)\cdots\varphi_n(t) = [\exp\{m(e^{it}-1)\}]^n = \exp\{mn(e^{it}-1)\} \quad ②$$

一方,特性関数の定義より

$$\varphi(t) = E(e^{iXt}) = \int_{-\infty}^{\infty} e^{ixt}f(x)\,dx, \quad \varphi'(t) = i\int_{-\infty}^{\infty} x\,e^{ixt}f(x)\,dx$$

$$\varphi'(0) = i\int_{-\infty}^{\infty} xf(x)\,dx = iE(X) \quad ③$$

②,③より,

$$E(y) = \frac{\varphi'(0)}{i} = \frac{1}{i}\frac{d}{dt}\exp\{mn(e^{it}-1)\}|_{t=0} = mn$$

したがって,$\sum_{i=1}^n x_i$ は平均 mn のポアッソン分布に従う.

6.30 (1) $P_1(t+\varDelta t) = P_1(t)(1-\lambda\varDelta t)$

$$\frac{P_1(t+\varDelta t) - P_1(t)}{\varDelta t} = -\lambda P_1(t) \quad \therefore\ \frac{d}{dt}P_1(t) = -\lambda P_1(t)$$

$P_n(t+\varDelta t) = P_n(t)(1-\lambda\varDelta t)^n$

$$+ P_{n-1}(t)\begin{pmatrix}n-1\\1\end{pmatrix}(\lambda\varDelta t)(1-\lambda\varDelta t)^{n-2}$$

$$+ P_{n-2}(t)\begin{pmatrix}n-2\\2\end{pmatrix}(\lambda\varDelta t)^2(1-\lambda\varDelta t)^{n-4} + \cdots$$

$$\frac{P_n(t+\varDelta t) - P_n(t)}{\varDelta t} = -n\lambda P_n(t) + (n-1)\lambda P_{n-1}(t) + O(\varDelta t)$$

$$\therefore\ \frac{d}{dt}P_n(t) = -n\lambda P_n(t) + (n-1)\lambda P_{n-1}(t) \quad ①$$

〈注〉 $n \geqq 2$ として

$p_n(t+\varDelta t) = P\{N_{t+\varDelta t} = n\}$
$= P\{N_t = n\}P\{N_{t+\varDelta t}|N_t = n\}$
$\quad + P\{N_t = n-1\}P\{N_{t+\varDelta t}|N_t = n-1\}$
$\quad + P\{N_t \leqq n-2, N_{t+\varDelta t} = n\}$
$= p_n(t)\{1 - n\lambda\varDelta t + O(\varDelta t)\} + p_{n-1}(t)\{(n-1)\lambda\varDelta t$
$\quad + O(\varDelta t)\} + O(\varDelta t)$

$$\therefore\ \frac{p_n(t+\varDelta t) - p_n(t)}{\varDelta t} = -n\lambda p_n(t) + (n-1)\lambda p_{n-1}(t) + O(\varDelta t)$$

$\Delta t \to 0$ として
$$\frac{dp_n(t)}{dt} = -n\lambda p_n(t) + (n-1)\lambda p_n(t) \quad (n \geq 2)$$
これはユール過程と呼ばれる.

（2） $\dfrac{dP_1}{dt} = -\lambda P_1, \quad P_1(0) = 1 \quad \therefore \quad P_1(t) = e^{-\lambda t}$

$$\frac{dP_2}{dt} = -2\lambda P_2 + \lambda P_1 = -2\lambda P_2 + \lambda e^{-\lambda t}, \quad P_2(0) = 0$$

$\therefore \quad P_2(t) = e^{-\lambda t}(1 - e^{-\lambda t})$

同様にして
$$P_3(t) = e^{-\lambda t}(1 - e^{-\lambda t})^2$$

（3） （2）の結果より，$P_n = e^{-\lambda t}(1 - e^{-\lambda t})^{n-1}$ が予測される．これは次のようにして証明する．$P_k = e^{-\lambda t}(1 - e^{-\lambda t})^{k-1}$ が成立すると仮定すると，①より

$$\frac{dP_{k+1}}{dt} = -(k+1)\lambda P_{k+1} + k\lambda P_k$$
$$= -(k+1)\lambda P_{k+1} + k\lambda e^{-\lambda t}(1 - e^{-\lambda t})^{k-1} \qquad ②$$
$$P_{k+1}(0) = 0 \qquad ③$$

②，③より
$$P_{k+1} = e^{-\lambda t}(1 - e^{-\lambda t})^k$$

ゆえに，帰納法によって，任意の自然数 n に対して
$$P_n(t) = e^{-\lambda t}(1 - e^{-\lambda t})^{n-1}$$

（4） $\bar{n} = \sum_{k=1}^{\infty} kP_k(t) = \sum_{k=1}^{\infty} k\, e^{-\lambda t}(1 - e^{-\lambda t})^{k-1} = \dfrac{1}{\lambda} \sum_{k=1}^{\infty} \dfrac{d}{dt}(1 - e^{-\lambda t})^k$

$\qquad = \dfrac{1}{\lambda} \dfrac{d}{dt} \sum_{k=1}^{\infty} (1 - e^{-\lambda t})^k = \dfrac{1}{\lambda} \dfrac{d}{dt} \dfrac{1 - e^{-\lambda t}}{1 - (1 - e^{-\lambda t})} = \dfrac{1}{\lambda} \dfrac{d}{dt}(e^{\lambda t} - 1)$

$\qquad = e^{\lambda t}$

$\bar{n}^2 = \sum_{k=1}^{\infty} k^2 P_k(t) = \dfrac{1}{\lambda} \sum_{k=1}^{\infty} k \{k\lambda\, e^{-\lambda t}(1 - e^{-\lambda t})^{k-1}\}$

$\qquad = \dfrac{1}{\lambda} \sum_{k=1}^{\infty} k \dfrac{d}{dt}(1 - e^{-\lambda t})^k = \dfrac{1}{\lambda} \dfrac{d}{dt} \sum_{k=1}^{\infty} k(1 - e^{-\lambda t})^k$

$\qquad = \dfrac{1}{\lambda} \dfrac{d}{dt} \left\{ \sum_{k=1}^{\infty} (k+1)(1 - e^{-\lambda t})^k - \sum_{k=1}^{\infty} (1 - e^{-\lambda t})^k \right\}$

$\qquad = \dfrac{1}{\lambda} \dfrac{d}{dt} \left\{ \dfrac{1}{\lambda} e^{\lambda t} \sum_{k=1}^{\infty} \dfrac{d}{dt}(1 - e^{-\lambda t})^{k+1} - \dfrac{1 - e^{-\lambda t}}{1 - (1 - e^{-\lambda t})} \right\}$

$$= \frac{1}{\lambda}\frac{d}{dt}\left\{\frac{1}{\lambda}e^{\lambda t}\frac{d}{dt}\sum_{k=1}^{\infty}(1-e^{-\lambda t})^{k+1} - e^{\lambda t} + 1\right\}$$

$$= \frac{1}{\lambda}\frac{d}{dt}\left\{\frac{1}{\lambda}e^{\lambda t}\frac{d}{dt}\frac{(1-e^{-\lambda t})^2}{1-(1-e^{-\lambda t})} - e^{\lambda t} + 1\right\}$$

$$= \frac{1}{\lambda}\frac{d}{dt}\left\{\frac{1}{\lambda}e^{\lambda t}\frac{d}{dt}(e^{\lambda t} - 2 + e^{-\lambda t}) - e^{\lambda t} + 1\right\}$$

$$= \frac{1}{\lambda}\frac{d}{dt}\left\{\frac{1}{\lambda}e^{\lambda t}\lambda(e^{\lambda t} - e^{-\lambda t}) - e^{\lambda t} + 1\right\}$$

$$= \frac{1}{\lambda}\frac{d}{dt}\{e^{2\lambda t} - e^{\lambda t}\} = 2e^{2\lambda t} - e^{\lambda t}$$

$\therefore\ \sigma^2 = \bar{n}^2 - (\bar{n})^2 = e^{2\lambda t} - e^{\lambda t}$

(別解) $\dfrac{d}{dt}[\bar{n}] = \dfrac{d}{dt}\sum_{k=1}^{\infty}kP_k(t) = \sum_{k=1}^{\infty}k\dfrac{dP_k(t)}{dt}$

$$= \sum_{k=1}^{\infty}k[-k\lambda P_k(t) + (k-1)\lambda P_{k-1}(t)]$$

$$= -\sum_{k=1}^{\infty}k^2\lambda P_k(t) + \sum_{k=1}^{\infty}(k-1)k\lambda P_{k-1}(t)$$

$$= -\lambda\sum_{k=1}^{\infty}k^2 P_k(t) + \lambda\sum_{k=1}^{\infty}(k-1)^2 P_{k-1}(t) + \lambda\sum_{k=1}^{\infty}(k-1)P_{k-1}(t)$$

$$= -\lambda\sum_{k=1}^{\infty}k^2 P_k(t) + \lambda\sum_{k=2}^{\infty}(k-1)^2 P_{k-1}(t) + \lambda\sum_{k=2}^{\infty}(k-1)P_{k-1}(t)$$

$$= -\lambda\sum_{k=1}^{\infty}k^2 P_k(t) + \lambda\sum_{k=1}^{\infty}k^2 P_{k-1}(t) + \lambda\sum_{k=1}^{\infty}kP_k(t) = \lambda\bar{n}$$

$\therefore\ \bar{n} = A\,e^{\lambda t}$

$\bar{n}(0) = 1$ より, $A = 1$

$\therefore\ \bar{n} = e^{\lambda t}$

$$\frac{d}{dt}[\bar{n}^2] = \frac{d}{dt}\sum_{k=1}^{\infty}k^2 P_k(t) = \sum_{k=1}^{\infty}k^2\frac{dP_k(t)}{dt}$$

$$= \sum_{k=1}^{\infty}k^2[-k\lambda P_k(t) + (k-1)\lambda P_{k-1}(t)]$$

$$= -\lambda\sum_{k=1}^{\infty}k^3 P_k(t) + \lambda\sum_{k=1}^{\infty}k^2(k-1)P_{k-1}(t)$$

$$= -\lambda\sum_{k=1}^{\infty}k^3 P_k(t) + \lambda\sum_{k=2}^{\infty}(k-1)^3 P_{k-1}(t) + 2\lambda\sum_{k=2}^{\infty}(k-1)^2 P_{k-1}(t)$$

$$+ \lambda \sum_{k=2}^{\infty} (k-1) P_{k-1}(t)$$
$$= 2\lambda \bar{n}^2 + \lambda \bar{n} = 2\lambda \bar{n}^2 + \lambda e^{\lambda t}$$
$$\therefore \quad \bar{n}^2 = e^{2\lambda t}(-e^{\lambda t} + B)$$

$\bar{n}^2(0) = 1$ より, $B = 2$
$$\therefore \quad \bar{n}^2 = e^{2\lambda t}(2 - e^{\lambda t})$$

ゆえに
$$\sigma^2 = \bar{n}^2 - (\bar{n})^2 = e^{2\lambda t}(2 - e^{\lambda t}) - e^{2\lambda t} = e^{\lambda t}(e^{\lambda t} - 1)$$

6.31 $p_n = \lambda/n$, $q_n = 1 - \lambda/n$ とおくと,
$$B(n, p_n) = \binom{n}{k} p_n^k q_n^{n-k} = \frac{n(n-1)\cdots(n-k+1)}{k!} \left(\frac{\lambda}{n}\right)^k \left(1 - \frac{\lambda}{n}\right)^{n-k}$$
$$= \frac{\lambda^k}{k!} \cdot 1 \cdot \left(1 - \frac{1}{n}\right) \cdots \left(1 - \frac{k-1}{n}\right) \left(1 - \frac{\lambda}{n}\right)^n \left(1 - \frac{\lambda}{n}\right)^{-k}$$

ところが,
$$1 \cdot \left(1 - \frac{1}{n}\right) \cdots \left(1 - \frac{k-1}{n}\right) \longrightarrow 1, \quad \left(1 - \frac{\lambda}{n}\right)^{-k} \longrightarrow 1 \quad (n \to \infty)$$
$$\left(1 - \frac{\lambda}{n}\right)^n = \left[\left(1 - \frac{\lambda}{n}\right)^{-n/\lambda}\right]^{-\lambda} \longrightarrow e^{-\lambda} \quad (n \to \infty)$$
$$\therefore \quad \lim_{n\to\infty} B(n, p_n) = e^{-\lambda} \frac{\lambda^k}{k!} = P(\lambda) \quad (\text{ポアッソン分布})$$

ゆえに X_n は X に法則収束する.

(別解) $B(n, p_n), P(\lambda)$ の特性関数はそれぞれ
$$\varphi_B(t) = \sum_{k=0}^{n} e^{ikt} \binom{n}{k} p_n^k q_n^{n-k} = \sum_{k=0}^{n} \binom{n}{k} (p_n e^{it})^k q_n^{n-k} = (q_n + p_n e^{it})^n$$
$$\varphi_P(t) = \sum_{k=0}^{\infty} e^{ikt} e^{-\lambda} \frac{\lambda^k}{k!} = e^{-\lambda} \sum_{k=0}^{\infty} \frac{(\lambda e^{it})^k}{k!} = e^{-\lambda} \exp(\lambda e^{it})$$

前者の対数をとれば
$$\log \varphi_B(t) = \log (q_n + p_n e^{it})^n = n \log \left(1 - \frac{\lambda}{n} + \frac{\lambda}{n} e^{it}\right)$$
$$= n \log \left\{1 + \frac{\lambda}{n}(e^{it} - 1)\right\}$$
$$= n \log \left\{\frac{\lambda}{n}(e^{it} - 1) + O(n^{-2})\right\} = \lambda(e^{it} - 1) + O(n^{-1})$$
$$\longrightarrow \lambda(e^{it} - 1) = \log \varphi_P(t) \quad (n \to \infty)$$

6.32 平均値 $\mu = E(X_k)$，分散 $\sigma^2 = V(X_k)$ が存在するものとすると，
$$E\left(\frac{X_1 + \cdots + X_n}{n}\right) = \frac{E(X_1) + \cdots + E(X_n)}{n} = \mu$$
また $X_1, X_2, \cdots$ は独立であるから
$$V\left(\frac{X_1 + \cdots + X_n}{n}\right) = \frac{V(X_1) + \cdots + V(X_n)}{n^2} = \frac{\sigma^2}{n}$$
ε を任意の正数とし，確率変数 $(X_1 + \cdots + X_n)/n$ にチェビシェフの不等式
$$P\{|X - \mu| \geqq k\sigma\} \leqq 1/k^2$$
を適用すると，
$$0 \leqq P\left\{\left|\frac{X_1 + \cdots + X_n}{n} - \mu\right| > \varepsilon\right\} \leqq \frac{\sigma^2}{n\varepsilon^2} \longrightarrow 0 \quad (n \to \infty)$$
$$\therefore \quad P\left\{\left|\frac{X_1 + \cdots + X_n}{n} - \mu\right| > \varepsilon\right\} \longrightarrow 0$$
$$\therefore \quad \frac{X_1 + \cdots + X_n}{n} \longrightarrow \mu \quad (確率収束)$$

〈注〉 これは**大数の法則**である．

6.33 (1) 3個のボールを a, b, c とすると，$r-1$ 回目の操作まで，a, b が共に選択されて，r 回目の操作で c が初めて選択されるならば，このときの確率は
$$p_3' = \sum_{\substack{a=1, b=1 \\ a+b=r-1}} \frac{(r-1)!}{a! b!} \left(\frac{1}{3}\right)^{r-1} \cdot \frac{1}{3}$$
$$= \left(\frac{1}{3}\right)^r (2^{r-1} - 1 - 1) = \frac{1}{3}\left(\frac{2}{3}\right)^{r-1} - 2\left(\frac{1}{3}\right)^r$$
a, b, c の対称性によって，r 回目の操作で初めて 3 個のボールすべてが少なくとも 1 回選択される確率は
$$p_3 = 3p_3' = 3\left\{\frac{1}{3}\left(\frac{2}{3}\right)^{r-1} - 2\left(\frac{1}{3}\right)^r\right\} = \left(\frac{2}{3}\right)^{r-1} - 6\left(\frac{1}{3}\right)^r \quad ①$$

(2) 期待値の定義と①によって，3 個のボールすべてが少なくとも 1 回選択されるまでに要する操作の回数の期待値は
$$m_3 = \sum_{r=3}^{\infty} r\left\{\left(\frac{2}{3}\right)^{r-1} - 6\left(\frac{1}{3}\right)^r\right\} = \sum_{r=3}^{\infty} r\left(\frac{2}{3}\right)^{r-1} - 2\sum_{r=3}^{\infty} r\left(\frac{1}{3}\right)^{r-1}$$
$$②$$

$|x| < 1$ のとき，
$$\sum_{r=3}^{\infty} x^r = \frac{x^3}{1-x}$$

上式の両辺を x に関して微分すると,

$$\sum_{r=3}^{\infty} rx^{r-1} = \frac{(3-2x)x^2}{(1-x)^2}$$

であるから,

$$\sum_{r=3}^{\infty} r\left(\frac{2}{3}\right)^{r-1} = \frac{(3-2x)x^2}{(1-x)^2}\bigg|_{x=2/3} = \frac{20}{3}$$

$$\sum_{r=3}^{\infty} r\left(\frac{1}{3}\right)^{r-1} = \frac{(3-2x)x^2}{(1-x)^2}\bigg|_{x=1/3} = \frac{7}{12}$$

これらを②に代入すると,

$$m_3 = \frac{20}{3} - 2\cdot\frac{7}{12} = \frac{33}{6} \approx 6$$

（3） 初めて N 個のボールすべてが少なくとも 1 回選択される回数を r とすると, この確率は

$$p_N = c_N^1 \cdot \sum_{\substack{a_1,\cdots,a_{N-1}=1 \\ a_1+\cdots+a_{N-1}=r-1}} \frac{(r-1)!}{a_1!a_2!\cdots a_{N-1}!}\left(\frac{1}{N}\right)^{r-1}\cdot\frac{1}{N}$$

$$= \left(\frac{1}{N}\right)^{r-1} \sum_{\substack{a_1,\cdots,a_{N-1}=1 \\ a_1+\cdots+a_{N-1}=r-1}} \frac{(r-1)!}{a_1!a_2!\cdots a_{N-1}!}$$

$$= \left(\frac{1}{N}\right)^{r-1}\{(N-1)^{r-1} - c_{N-1}^1(N-2)^{r-1} + c_{N-1}^2(N-3)^{r-1}$$
$$- \cdots + (-1)^{N-2}c_{N-1}^{N-2}[(N-1)-(N-2)]^{r-1}\}$$

$$= \left(1-\frac{1}{N}\right)^{r-1} - c_{N-1}^1\left(1-\frac{2}{N}\right)^{r-1} + c_{N-1}^2\left(1-\frac{3}{N}\right)^{r-1}$$
$$- \cdots + (-1)^{N-2}c_{N-1}^{N-2}\left(1-\frac{N-1}{N}\right)^{r-1}$$

$$= \sum_{i=0}^{N-2}(-1)^i c_{N-1}^i\left(1-\frac{i+1}{N}\right)^{r-1}$$

ゆえに, このときの期待値は

$$m_N = \sum_{r=N}^{\infty} rp_N = \sum_{r=N}^{\infty}\sum_{i=0}^{N-2} r(-1)^i c_{N-1}^i\left(1-\frac{i+1}{N}\right)^{r-1}$$

$$= \sum_{i=0}^{N-2}(-1)^i c_{N-1}^i \sum_{r=N}^{\infty} r\left(1-\frac{i+1}{N}\right)^{r-1} \quad ③$$

ここで, $|x| < 1$ のとき,

$$\sum_{r=N}^{\infty} x^r = \frac{x^N}{1-x}$$

$$\therefore \sum_{r=N}^{\infty} rx^{r-1} = \frac{d}{dx}\sum_{r=N}^{\infty} x^r = \frac{d}{dx}\frac{x^N}{1-x} = \frac{(1-x)Nx^{N-1}+x^N}{(1-x)^2}$$

$$= \frac{[N-(N-1)x]x^{N-1}}{(1-x)^2}$$

$$\therefore \sum_{r=N}^{\infty} r\left(1-\frac{i+1}{N}\right)^{r-1} = \frac{[N-(N-1)x]x^{N-1}}{(1-x)^2}\bigg|_{x=1-(i+1)/N}$$

$$= \frac{[N^2+N(N-1)(i+1)]\left(1-\dfrac{i+1}{N}\right)^{N-1}}{(i+1)^2}$$

③に代入すると

$$m_N = \sum_{i=0}^{N-2}(-1)^i c_{N-1}^i \frac{[N^2+N(N-1)(i+1)]\left(1-\dfrac{i+1}{N}\right)^{N-1}}{(i+1)^2}$$

6.34 平面内の任意の点を Q, Q を中心とする半径 r の円中の点の個数を N_r, Q から k 番目に近い点に至るまでの距離を $r_k(k=1,2,\cdots)$ とすると,

$$P\{r_k \leqq r\} = P\{N_r \geqq k\} = 1 - \sum_{i=0}^{k-1}\frac{(n\pi r^2)^i}{i!}e^{-n\pi r^2} \quad (r>0)$$

r_k の密度関数

$$f_k(r) = \frac{d}{dr}P\{r_k \leqq r\} = -\sum_{i=0}^{k-1}\frac{(n\pi r^2)^{i-1}2n\pi r}{(i-1)!}e^{-n\pi r^2} + \sum_{i=0}^{k-1}\frac{(n\pi r^2)^i 2n\pi r}{i!}e^{-n\pi r^2}$$

$$= \frac{2n\pi r(n\pi r^2)^{k-1}}{(k-1)!}e^{-n\pi r^2}$$

(1) $\displaystyle r_1 = \int_0^\infty rf_1(r)\,dr = \int_0^\infty 2n\pi r^2 e^{-n\pi r^2}\,dr$

$$= \int_0^\infty 2t\,e^{-t}\frac{1}{\sqrt{n\pi}}\frac{1}{2}t^{-1/2}\,dt \quad (t=n\pi r^2 \text{ とおく})$$

$$= \frac{1}{\sqrt{n\pi}}\int_0^\infty e^{-t}t^{(3/2)-1}\,dt = \frac{1}{\sqrt{n\pi}}\Gamma\left(\frac{3}{2}\right)$$

$$= \frac{1}{\sqrt{n\pi}}\frac{1}{2}\Gamma\left(\frac{1}{2}\right) = \frac{1}{\sqrt{n\pi}}\frac{1}{2}\sqrt{\pi} = \frac{1}{2\sqrt{n}}$$

ただし,

$$\Gamma\left(\frac{1}{2}\right) = \int_0^\infty e^{-t} t^{(1/2)-1} dt = 2\int_0^\infty e^{-s^2} ds \quad (s = t^2)$$

$$= 2 \cdot \frac{\sqrt{\pi}}{2} = \sqrt{\pi}$$

(2) $\displaystyle r_2 = \int_0^\infty rf_2(r)\,dr = \int_0^\infty r\frac{2n\pi r(n\pi r^2)}{1!} e^{-n\pi r^2}\,dr = \frac{1}{\sqrt{n\pi}} \int_0^\infty t^{5/2-1} e^{-t}\,dt$

$$= \frac{1}{\sqrt{n\pi}} \Gamma\left(\frac{5}{2}\right) = \frac{1}{\sqrt{n\pi}} \cdot \frac{3}{2} \cdot \frac{1}{2} \sqrt{\pi} = \frac{3}{4\sqrt{n}}$$

(3) $\displaystyle r_m = \int_0^\infty rf_m(r)\,dr = \int_0^\infty r\frac{2n\pi r(n\pi r^2)^{m-1}}{(m-1)!} e^{-n\pi r^2}\,dr$

$$= \frac{1}{\sqrt{n\pi}} \int_0^\infty t^{(m+1/2)-1} e^{-t}\,dt = \frac{1}{\sqrt{n\pi}} \Gamma\left(m + \frac{1}{2}\right)$$

$$= \frac{1}{\sqrt{n\pi}} \left(m - \frac{1}{2}\right)\left(m - \frac{3}{2}\right) \cdots \frac{3}{2} \cdot \frac{1}{2} \Gamma\left(\frac{1}{2}\right)$$

$$= \frac{(2m-1)(2m-3)\cdots 3 \cdot 1}{2^m \sqrt{n}}$$

6.35 (1) $B = \begin{bmatrix} 6 & -2 & 2 \\ -2 & 10 & 2 \\ 2 & 2 & 4 \end{bmatrix}$ とおくと, X_1, X_2, X_3 の結合密度関数は

$$f(x_1, x_2, x_3) = \frac{1}{(2\pi)^{3/2} |B|^{1/2}} \exp\left\{-\frac{1}{2} \sum_{i,j=1}^3 r_{ij}(x_i - \mu_i)(x_j - \mu_j)\right\}$$

ただし,

$$|B| = \begin{vmatrix} 6 & -2 & 2 \\ -2 & 10 & 2 \\ 2 & 2 & 4 \end{vmatrix} = 144$$

$$(r_{ij}) = B^{-1} = \frac{1}{144} \begin{bmatrix} 36 & 12 & -24 \\ 12 & 20 & -16 \\ -24 & -16 & 56 \end{bmatrix} = \begin{bmatrix} \dfrac{1}{4} & \dfrac{1}{12} & -\dfrac{1}{6} \\ \dfrac{1}{12} & \dfrac{5}{36} & -\dfrac{1}{9} \\ -\dfrac{1}{6} & -\dfrac{1}{9} & \dfrac{7}{18} \end{bmatrix}$$

$$\therefore f(x_1, x_2, x_3) = \frac{1}{(2\pi)^{3/2} \cdot 12} \exp\left(-\frac{1}{2}\left\{\frac{1}{4}(x_1 - \mu_1)^2\right.\right.$$

$$+ \frac{1}{6}(x_1-\mu_1)(x_2-\mu_2) - \frac{1}{3}(x_1-\mu_1)(x_3-\mu_3)$$
$$+ \frac{5}{36}(x_2-\mu_2)^2 - \frac{2}{9}(x_2-\mu_2)(x_3-\mu_3)$$
$$+ \frac{7}{18}(x_3-\mu_3)^2 \Big\} \Big)$$

（2） X_1, X_2 の結合周辺分布の密度関数は

$$f_1(x_1, x_2) = \int_{-\infty}^{\infty} f(x_1, x_2, x_3)\, dx_3$$
$$= \frac{1}{(2\pi)^{3/2} \cdot 12} \exp\Big(-\frac{1}{2}\Big\{\frac{1}{4}(x_1-\mu_1)^2 + \frac{1}{6}(x_1-\mu_1)(x_2-\mu_2)$$
$$+ \frac{5}{36}(x_2-\mu_2)^2\Big\}\Big) \exp\Big(\frac{7}{36}\Big\{\frac{3}{7}(x_1-\mu_1) + \frac{2}{7}(x_2-\mu_2)\Big\}^2\Big)$$
$$\times \int_{-\infty}^{\infty} \exp\Big(-\frac{7}{36}\Big\{(x_3-\mu_3)^2 - 2\Big[\frac{3}{7}(x_1-\mu_1)$$
$$+ \frac{2}{7}(x_2-\mu_2)\Big](x_3-\mu_3) + \Big[\frac{3}{7}(x_1-\mu_1)$$
$$+ \frac{2}{7}(x_2-\mu_2)\Big]^2\Big\}\Big)\, dx_3$$
$$= \frac{1}{(2\pi)^{3/2} \cdot 12} \exp\Big\{-\frac{5}{56}(x_1-\mu_1)^2 - \frac{1}{28}(x_1-\mu_1)(x_2-\mu_2)$$
$$- \frac{3}{56}(x_2-\mu_2)^2\Big\} \cdot \sqrt{2\pi} \cdot 3\sqrt{\frac{2}{7}}$$
$$= \frac{1}{2\pi} \frac{\sqrt{2}}{4\sqrt{7}} \exp\Big(-\frac{1}{56}\{5(x_1-\mu_1)^2 + 2(x_1-\mu_1)(x_2-\mu_2)$$
$$+ 3(x_2-\mu_2)^2\}\Big)$$

（3） $X_1 = \alpha, X_2 = \beta$ のとき，x_3 の条件付き分布の密度関数は

$$f_3(x_3) = \frac{f(x_1, x_2, x_3)}{f_1(x_1, x_2)}\Big|_{\substack{x_1=\alpha \\ x_2=\beta}}$$
$$= \frac{1}{\sqrt{2\pi}} \frac{\sqrt{7}}{3\sqrt{2}} \exp\Big\{-\frac{1}{28}(\alpha-\mu_1)^2 - \frac{1}{21}(\alpha-\mu_1)(\beta-\mu_2)$$
$$- \frac{1}{63}(\beta-\mu_2)^2\Big\} \exp\Big\{\frac{1}{6}(\alpha-\mu_1)(x_3-\mu_3)$$

$$+ \frac{1}{9}(\beta - \mu_2)(x_3 - \mu_3) - \frac{7}{36}(x_3 - \mu_3)^2 \right\}$$
$$= \frac{1}{\sqrt{2\pi}} \frac{\sqrt{7}}{3\sqrt{2}} \exp\left(-\frac{7}{36}\left\{(x_3 - \mu_3) - \frac{3}{7}(\alpha - \mu_1) - \frac{2}{7}(\beta - \mu_2)\right\}^2\right)$$

6.36 (a) 時刻 t_{n+1} に x_m にある粒子は

$\begin{cases} 時刻\ t_n\ に\ x_{m-1}\ にあり，確率\ p\ で\ x_m\ に移動 \\ 時刻\ t_n\ に\ x_{m+1}\ にあり，確率\ q\ で\ x_m\ に移動 \end{cases}$

のいずれかであるから，

$$P(x_m, t_{n+1}) = pP(x_{n-1}, t_n) + qP(x_{m+1}, t_n) \qquad ①$$

(b) ①より

$$P(x, t+\Delta t) = pP(x - \Delta x, t) + qP(x + \Delta x, t)$$

$\Delta x, \Delta t \ll 1$ として，両辺をテイラー展開すると

$$P(x, t) + \Delta t \frac{\partial P}{\partial t} + o((\Delta t)^2)$$
$$= p\left\{P - \Delta x \frac{\partial P}{\partial x} + \frac{1}{2}(\Delta x)^2 \frac{\partial^2 P}{\partial x^2} + o((\Delta x)^3)\right\}$$
$$+ q\left\{P + \Delta x \frac{\partial P}{\partial x} + \frac{1}{2}(\Delta x)^2 \frac{\partial^2 P}{\partial x^2} + o((\Delta x)^3)\right\}$$
$$= P(x, t) - (p - q)\Delta x \frac{\partial P}{\partial x} + \frac{1}{2}(\Delta x)^2 \frac{\partial^2 P}{\partial x^2} + o((\Delta x)^3)$$
$$\therefore\quad \Delta x \frac{\partial P}{\partial t} + o((\Delta t)^2) = -(p-q)\Delta x \frac{\partial P}{\partial x} + \frac{1}{2}(\Delta x)^2 \frac{\partial^2 P}{\partial x^2} + o((\Delta x)^3)$$

ここで，題意より，

$$\frac{(\Delta x)^2}{\Delta t} = D, \quad \frac{(p-q)}{\Delta x} = c$$

を一定に保ちながら $\Delta x \to 0$ の極限をとり（$(\Delta x)^2$ のオーダまで残す），Δt で割ると，

$$\frac{\partial P}{\partial t} = -c\frac{\partial P}{\partial x} + \frac{1}{2}D\frac{\partial^2 P}{\partial x^2}$$

(c) x_m にいた粒子が結局 $x_0 = 0$ で吸収されるのは，

最初，確率 p で x_{m+1} に移動し，その後 x_0 に移動

最初，確率 q で x_{m-1} に移動し，その後 x_0 に移動

のいずれかであるから

$$Q_m = pQ_{m+1} + qQ_{m-1} \qquad ②$$

$Q_0 = 1, Q_L = 0$ と定義すると，②より

$$Q_{m+1} - Q_m = \frac{q}{p}(Q_m - Q_{m-1}) \quad (0 < m < L)$$

$$\therefore \quad Q_m - Q_{m-1} = \frac{q}{p}(Q_{m-1} - Q_{m-2}) = \cdots = \left(\frac{q}{p}\right)^{m-1}(Q_1 - Q_0)$$
$$(0 < m < L)$$

$$\therefore \quad Q_m = Q_0 + \sum_{i=1}^{m}(Q_i - Q_{i-1}) = Q_0 + \sum_{i=1}^{m}\left(\frac{q}{p}\right)^{i-1}(Q_1 - Q_0)$$

$$= 1 + \frac{1 - (q/p)^m}{1 - q/p}(Q_1 - 1) \qquad ③$$

ここで, $m = L$ とおくと

$$0 = 1 + \frac{1 - (q/p)^L}{1 - q/p}(Q_1 - 1) \qquad ④$$

③, ④から Q_1 を消去すると

$$Q_m = 1 - \frac{1 - (q/p)^m}{1 - (q/p)^L} = \frac{(q/p)^m - (q/p)^L}{1 - (q/p)^L} \quad (0 < m < L)$$

6.37 $X_1, X_2, \cdots$ の確率密度関数をすべて $f(x)$ とすると, 対応する確率分布は
$$F(x) = \int_{-\infty}^{x} f(x)\,dx$$

(1) $P(1) = 0$

$$P(2) = P(X_2 < X_1)$$
$$= \int_{-\infty}^{\infty} f(x_1)\,dx_1 \int_{-\infty}^{x_1} f(x_2)\,dx_2 = \int_{-\infty}^{\infty} f(x_1)F(x_1)\,dx_1$$
$$= \int_{-\infty}^{\infty} F(x_1)\,dF(x_1) = \frac{1}{2}F^2(x_1)\bigg|_{-\infty}^{\infty} = \frac{1}{2} = \frac{1}{2 \cdot 0!}$$

$$P(3) = P(X_1 < X_2, X_3 < X_2)$$
$$= \int_{-\infty}^{\infty} f(x_2)\,dx_2 \int_{-\infty}^{x_2} f(x_3)\,dx_3 \int_{-\infty}^{x_2} f(x_1)\,dx_1$$
$$= \int_{-\infty}^{\infty} f(x_2)F(x_2) \cdot F(x_2)\,dx_2 = \int_{-\infty}^{\infty} F^2(x_2)\,dF(x_2)$$
$$= \frac{1}{3}F^3(x_2)\bigg|_{-\infty}^{\infty} = \frac{1}{3} = \frac{1}{3 \cdot 1!}$$

……

$$P(n) = P(X_1 < X_2, X_2 < X_3, X_3 < X_4, \cdots, X_{n-2} < X_{n-1}, X_{n-1} < X_n)$$

$$= \int_{-\infty}^{\infty} f(x_{n-1})\,dx_{n-1} \int_{-\infty}^{x_{n-1}} f(x_n)\,dx_n \int_{-\infty}^{x_{n-1}} f(x_{n-2})\,dx_{n-2}$$

$$\cdots \int_{-\infty}^{x_4} f(x_3)\,dx_3 \int_{-\infty}^{x_3} f(x_2)\,dx_2 \int_{-\infty}^{x_2} f(x_1)\,dx_1$$

$$= \int_{-\infty}^{\infty} f(x_{n-1}) F(x_{n-1}) \left(\int_{-\infty}^{x_{n-1}} f(x_{n-2})\,dx_{n-2} \right.$$

$$\left. \cdots \int_{-\infty}^{x_4} f(x_3)\,dx_3 \int_{-\infty}^{x_3} f(x_2)\,dx_2 \int_{-\infty}^{x_2} f(x_1)\,dx_1 \right) dx_{n-1}$$

$$= \int_{-\infty}^{\infty} f(x_{n-1}) F(x_{n-1}) \left(\int_{-\infty}^{x_{n-1}} f(x_{n-2})\,dx_{n-2} \right.$$

$$\left. \cdots \int_{-\infty}^{x_4} f(x_3)\,dx_3 \int_{-\infty}^{x_3} f(x_2) F(x_2)\,dx_2 \right) dx_{n-1}$$

$$= \int_{-\infty}^{\infty} f(x_{n-1}) F(x_{n-1}) \left(\int_{-\infty}^{x_{n-1}} f(x_{n-2})\,dx_{n-2} \right.$$

$$\left. \cdots \int_{-\infty}^{x_4} f(x_3) \cdot \frac{1}{2} F^2(x_3)\,dx_3 \right) dx_{n-1}$$

$$= \cdots$$

$$= \int_{-\infty}^{\infty} f(x_{n-1}) F(x_{n-1}) \cdot \frac{1}{(n-2)!} F^{n-2}(x_{n-1})\,dx_{n-1}$$

$$= \int_{-\infty}^{\infty} \frac{1}{(n-2)!} F^{n-1}(x_{n-1})\,dF(x_{n-1})$$

$$= \frac{1}{n \cdot (n-2)!} F^n(x_{n-1}) \Big|_{-\infty}^{\infty} = \frac{1}{n \cdot (n-2)!}$$

(2) $E(N) = \sum_{n=1}^{\infty} nP(n) = \sum_{n=2}^{\infty} n \cdot \frac{1}{n \cdot (n-2)!} = \sum_{n=2}^{\infty} \frac{1}{(n-2)!}$

$$= \sum_{l=0}^{\infty} \frac{1}{l!} \quad (l = n-2)$$

$$= e \quad (自然対数の底)$$

6.38 (a) j 秒後の質点の位置 x_j を黒丸で示すと下図のようになる.

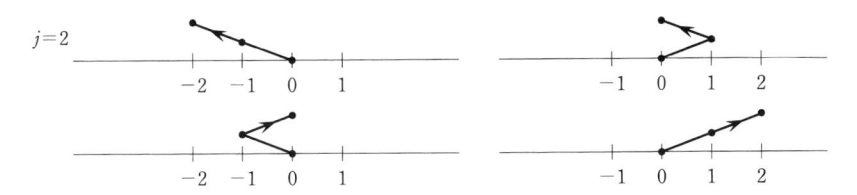

j が偶数 2ν のとき,
$$x_j = 0, \pm 2, \cdots, \pm 2\nu \quad (\nu : 正整数)$$
j が奇数 $2\nu - 1$ のとき,
$$x_j = \pm 1, \pm 3, \cdots, \pm 2\nu - 1 \quad (\nu : 正整数)$$
$$\therefore \quad X_n = \sum_{j=1}^{n} x_j = \begin{cases} 0 \pm 2 \pm \cdots \pm 2\nu = \pm \nu(\nu+1) & (n : 偶数) \\ \pm 1 \pm 3 \pm \cdots \pm (2\nu-1) = \pm \nu^2 & (n : 奇数) \end{cases}$$
$$X_1 = \pm 1, \quad X_2 = \pm 2$$

（b） 右移動の回数を n_+, 左移動の回数を n_- とすると，明らかに
$$n_+ + n_- = n, \quad n_+ - n_- = m \quad \text{①}$$
n 回の移動のうち，右移動が n_+ 回で，左移動が $n_-(= n - n_+)$ 回である確率は，2項分布 $B(n, 1/2)$ から
$$\binom{n}{n_+} \cdot \left(\frac{1}{2}\right)^n = \frac{n!}{n_+!(n - n_+)!}\left(\frac{1}{2}\right)^n \quad \text{②}$$
①より，$n_+ = \dfrac{n+m}{2}, \quad n_- = \dfrac{n-m}{2}$. これを②に代入すれば，質点が n 秒後に位置 m に存在する確率 $P_n(m)$ は
$$P_n(m) = \frac{n!}{\left(\dfrac{n+m}{2}\right)!\left(\dfrac{n-m}{2}\right)!}\left(\frac{1}{2}\right)^n$$

（c） 省略

6.39 （a） $\begin{cases} dF^+(x)/dx = -(a+b)F^+(x) + bF^-(x) \\ -dF^-(x)/dx = -(a+b)F^-(x) + bF^-(x) \end{cases}$

（b） $\begin{bmatrix} 1 \\ (\alpha + \sqrt{\alpha^2 - \beta^2})/\beta \end{bmatrix}, \quad \begin{bmatrix} 1 \\ (\alpha - \sqrt{\alpha^2 - \beta^2})/\beta \end{bmatrix}$

（c） $\begin{cases} F^+(x) = \dfrac{\gamma^- e^{\lambda^- + \lambda^+ x} - \gamma^+ e^{\lambda^+ + \lambda^- x}}{\gamma^- e^{\lambda^-} - \gamma^+ e^{\lambda^+}} \\ F^-(x) = \dfrac{\gamma^+ \gamma^- e^{\lambda^- + \lambda^+ x} - \gamma^+ \gamma^- e^{\lambda^+ + \lambda^- x}}{\gamma^- e^{\lambda^-} - \gamma^+ e^{\lambda^+}} \end{cases}$

索　引

―――あ　行―――

1次関数　154
1次変換　154
一様分布　170
裏関数　3
F 分布　172
エルミートの多項式　62
エルミートの微分方程式　62
オイラーの方程式　89
オイラー・ラグランジュの方程式　89
表関数　3

―――か　行―――

回帰直線　186
χ^2 分布　171
解析的　58
ガウスの超幾何微分方程式　58
ガウス表示　103
確定特異点　58
確率過程　186
確率分布　165
確率母関数　189
確率密度関数　165
加法定理　164
ガレルキン法　90, 96
ガンマ関数　63
ガンマ分布　171
幾何分布　170
期待値　167
逆ラプラス変換　1
共分散　168
共分散行列　169
極　113
虚部　103
矩形分布　170
組合せ　163

クンメルの合流型超幾何微分方程式　59
結合確率密度関数　166
原始関数　111
懸垂線　93
コーシー・アダマールの定理　106
コーシーの積分定理　111
コーシーの積分表示（公式）　112
コーシーの評価式　112
コーシー分布　171
コーシー・リーマンの関係　103
合成積　1, 26, 167
合流型超幾何関数（級数）　59
孤立特異点　113

―――さ　行―――

最小2乗法　185
再生性　193
最大値の原理　112
最頻度　184
試行関数　90
指数分布　170
実　部　103
写　像　154
シュヴァルツ・クリストッフェル変換　155
ジューコフスキー変換　154, 321
重畳積　1, 26
収　束　106
収束域　1
収束半径　106
主　値　105
主要部　113
順序統計量　186
順　列　163

条件付き確率　164
条件付き確率密度関数　166
条件付き分布関数　166
条件付き変分問題　90
乗法定理　165
真性特異点　113
スチューデント分布　171
スネデッカー分布　172
整関数　113
正規分布　170
正　則　103
正則点　58
正則特異点　58
積　率　168
積率母関数　168
相関行列　169
相関係数　168, 185
相関表　185

―――た　行―――

第1変分　89
代数学の基本定理　112
大数の（弱）法則　172, 365
楕円積分　63
たたみ込み　167
たたみ込み（重畳）定理　1, 26
ダランベールの定理　106
チェビシェフ多項式　86
チェビシェフの不等式　172
中央値　184
中心極限定理　172
超幾何関数（級数）　58
超幾何分布　169
直接法　90
直交関数　24

索　引

通常点　58
t 分布　171
テイラー展開　112
ディラックのデルタ関数
　　3
停留値　89
等角写像　154
統計量　186
同時確率密度関数　166
等周問題　90
特異点　58
特性関数　168
独　立　167
度数分布表　184
ド・モアブルの定理
　　103

――――な　行――――

2 項分布　169
2 次変換　154
ノイマン関数　61

――――は　行――――

パーシバルの等式
　　25, 26
パスカル分布　169
発　散　106
範　囲　184
汎関数　89
ハンケル関数　61
微分可能　103
微分係数　103

標準偏差　167, 184
標本確率変数　186
標本値　186
フーリエ逆変換　25
フーリエ級数　24
フーリエ正弦変換　26
フーリエ変換　25
フーリエ余弦変換　26
複素数　103
不定積分　111
負の 2 項分布　169
フレネルの積分　128
分　散　167, 184
分布関数　165
平　均　184
平均値　167
ベータ関数　63
ベータ分布　171
ベッセル（円柱）関数
　　61
ベッセルの微分方程式
　　61
ヘビサイドの単位関数
　　2
変　換　154
変分法　89
ポアッソン分布　169
ポリヤ・エゲンベルガー分
　　布　170

――――ま　行――――

マーフィの公式　60

マクローリン展開　112
密度関数　165
無限乗積　106
メービウス変換　154
メジアン　184
メリン変換型　115
モード　184
モーメント　168

――――や　行――――

ヤコビの楕円関数　63
有理型関数　113
有理関数　104
ユール過程　362

――――ら　行――――

ラゲールの多項式　62
ラゲールの微分方程式
　　62
ラプラス変換　1
リウヴィルの定理　112
リッツの方法　90, 94
留　数　113
留数定理　114
ルジャンドル（球）関数
　　59, 60
ルジャンドルの微分方程式
　　59
零点　113
レンジ　184
ローラン展開　112
ロドリグの公式　60

375

著者略歴

姫野 俊一
ひめの しゅんいち

東京大学大学院修了
(北海道大学大学院,東京工業大学大学院,
電気通信大学大学院,国家公務員試験合格)
前花園大学教授,前大東文化大学非常勤講師
工学修士,理学修士,工学博士,放射線取扱主任者,
[電気通信]工事担任者,電気工事士,電気主任技術者

陳 啓浩
ちん けい こう

(中国)浙江大学数学力学学部応用数学科卒業
千葉大学数学科留学
前北京郵電大学教授

演習 大学院入試問題［数学］II〈第3版〉

1991年2月10日 ⓒ	初 版 発 行
1995年12月10日	初版第7刷発行
1997年6月25日 ⓒ	第 2 版 発 行
2013年6月10日	第2版第12刷発行
2015年12月10日 ⓒ	第 3 版 発 行
2024年5月25日	第3版第7刷発行

| 著 者 | 姫野俊一 | 発行者 | 森平敏孝 |
| | 陳 啓浩 | 印刷者 | 小宮山恒敏 |

発行所　株式会社　サイエンス社

〒151-0051　東京都渋谷区千駄ケ谷1丁目3番25号
営 業 ☎(03)5474-8500(代)　振替00170-7-2387
編 集 ☎(03)5474-8600(代)
FAX ☎(03)5474-8900

印刷・製本　小宮山印刷工業(株)
《検印省略》

本書の内容を無断で複写複製することは，著作者および出版社の
権利を侵害することがありますので，その場合にはあらかじめ小
社あて許諾をお求め下さい．

ISBN 978-4-7819-1371-1

PRINTED IN JAPAN

サイエンス社のホームページのご案内
http://www.saiensu.co.jp
ご意見・ご要望は
rikei@saiensu.co.jp まで.